리처드 도킨스 Richard Dawkins

영국의 진화생물학자. 세계에서 가장 영향력 있는 과학 저술가. 〈프로스펙트〉가 전 세계 100여 개국의 독자를 대상으로 실시한 투표에서 '세계 최고의 지성'으로 뽑혔다.
1941년 케냐 나이로비에서 태어나 영국 옥스퍼드대학교를 졸업했다. 1995년부터 2008년까지 [illegible] 대중적 이해를 위한 [illegible] 지의 펠로로 있다. [illegible] 과학을 위한 리처드 [illegible] 력을 높이기 위한 교 [illegible] 를 연구하던 과학자 [illegible] 이해에 공헌한 바를 기려 새로운 어류 속명을 '도킨시아'라고 짓기도 했다.
1976년 첫 책《이기적 유전자》로 주목받기 시작했고,《만들어진 신》(2006)으로 과학계와 종교계에 뜨거운 논쟁을 몰고 왔다. 그 외에도《확장된 표현형》(1982),《눈먼 시계공》(1986),《에덴의 강》(1995),《리처드 도킨스의 진화론 강의》(1996),《무지개를 풀며》(1998),《악마의 사도》(2003),《조상 이야기》(2004),《지상 최대의 쇼》(2009),《현실, 그 가슴 뛰는 마법》(2011),《영혼이 숨 쉬는 과학》(2017),《신, 만들어진 위험》(2019)과 두 권의 자서전 등을 펴냈다.
왕립문학원상, 왕립학회 마이클 패러데이 상, 인간과학에서의 업적에 수여하는 국제 코스모스 상, 키슬러 상, 셰익스피어 상, 과학에 대한 저술에 수여하는 루이스 토머스 상, 영국 갤럭시 도서상 올해의 작가상, 데슈너 상, 과학의 대중적 이해를 위한 니렌버그 상 등 수많은 상과 명예학위를 받았다.

옮김 **김명주**

성균관대학교 생물학과, 이화여자대학교 통번역대학원을 졸업했다. 주로 과학과 인문 분야의 책들을 우리말로 옮기고 있다. 옮긴 책으로 리처드 도킨스의《영혼이 숨 쉬는 과학》《신, 만들어진 위험》《신 없음의 과학》(공저)《왜 종교는 과학이 되려 하는가》(공저)를 비롯해,《호모 데우스》《사피엔스: 그래픽 히스토리》《우리 몸 연대기》《세상을 바꾼 길들임의 역사》《생명, 최초의 30억 년》《공룡 오디세이》《다윈 평전》《도덕의 궤적》등이 있다.

리처드 도킨스,
내 인생의 책들

리처드 도킨스, 내 인생의 책들

1판 1쇄 발행 2023. 11. 3.
1판 3쇄 발행 2023. 12. 10.

지은이 리처드 도킨스
옮긴이 김명주

발행인 고세규
편집 임지숙 디자인 유상현 마케팅 박인지 홍보 강원모
발행처 김영사
등록 1979년 5월 17일(제406-2003-036호)
주소 경기도 파주시 문발로 197(문발동) 우편번호 10881
전화 마케팅부 031)955-3100, 편집부 031)955-3200 | 팩스 031)955-3111

값은 뒤표지에 있습니다.
ISBN 978-89-349-7808-4 03400

홈페이지 www.gimmyoung.com
블로그 blog.naver.com/gybook
인스타그램 instagram.com/gimmyoung
이메일 bestbook@gimmyoung.com

좋은 독자가 좋은 책을 만듭니다.
김영사는 독자 여러분의 의견에 항상 귀 기울이고 있습니다.

Design by R.Shailer/TW
Images © Getty Images and Shutterstock

리처드 도킨스, 내 인생의 책들

Books Do Furnish A Life

리처드 도킨스 지음
김명주 옮김

RICHARD
DAWKINS

김영사

일러두기

1. 단행본은 《 》, 정기간행물이나 영상물은 〈 〉, 글 제목은 ' ' 안에 표시했다.
2. 단행본 제목의 경우, 문맥에 따라 한국어판 제목이 아니라 영어판 제목을 직역하여 적기도 했다.
3. 도서 인용문은 해당 도서의 한국어판과 관계없이 새로 번역했다.
4. 《성경》 번역의 기준은 성서공동번역위원회가 1977년 편찬한 《공동번역성서》를 따랐다.

피터 메더워를 기리며

차례

편집자 서문

요즘처럼 과학 커뮤니케이션이 중요했던 적은 없다. 문자 그대로나 은유적으로 '르네상스인'이었던 프랜시스 베이컨의 믿음처럼 지식 그 자체가 힘이라면, 인간은 지구의 미래와 구조, 그리고 거기 사는 수많은 거주자에게 유익한 방식으로 행동할 수 있는 힘을 지금보다 많이 가진 적이 없었다. 하지만 필요한 변화를 일으키기 위한 정치적 의지를 지금보다 적게 가진 적도 없는 것 같다.

우리는 과학 지식과 기술 진보가 그것을 현명하게 사용하려는 의지를 훨씬 앞지르는 것처럼 보이는 시대에 살고 있다. 따라서 정치, 사회, 교육, 상업 활동 전 범위에 걸쳐 인간의 의사결정에 정보를 제공할 지식을 가진 사람들, 그리고 주목을 끌고 매혹하고 놀라게 하고 무엇보다 설득할 수 있는 언어적 재능을 지닌 사람들의 어깨가 무겁다. 둘 모두를 가진 이들은 인류가 그 잠재력을 지구를 탕진하는 데 낭비하지 않도록 권력자에게 진실을 말할 수 있고 또 말해야 하는 사람들이다.

내가 이 글을 쓸 때 코로나19 팬데믹이 전 세계로 확산됨에 따라 인류는 과거 어느 때보다도 큰 비상벨을 듣고 있었다. 몇 달 동안 엄청난 규모의 헌신적 노력, 정치적 의지, 대중의 열정과 신속한 행동이 이 질병의 원인을 알아내고 그 영향에 맞서 싸우기 위한 노력에 투입되었다. 오래 서서히 타오른 기후변화에는 수십 년 동안 늑장 대응으로 일관해온 것과 비교하며 냉소하는 사람들의 심정도 이해는 된다. 우리 모두가 자신의 생명과 생계를 구하기 위해 노력하고 있는 동안에도 기후변화는 굳건히 계속되고 있으니 말이다. 두 전선에서 우리는 과학이 대처 방법, 생존 방법, 개선 방법을 알려줄 것이라고 기대한다. 그리고 우리는 과학자들이 그들의 복잡하고 힘들고 까다로운 작업을 수행하기를 기대할 뿐만 아니라, 나머지 사람들에게 그들이 무엇을 어떻게 하고 있으며 그들의 발견이 어떤 영향을 미칠지 알려주기를 기대한다.

따라서 과학 커뮤니케이션이 그 어느 때보다 중요해졌으며, 과학 커뮤니케이터의 어깨에도 그 어느 때보다 많은 압박이 가해지고 있다. 우리는 다양한 매체, 다방면에서 쏟아지는 논쟁과 폭로와 주장, 수많은 온·오프라인 학술 출판, (너무나도 자주 반사회적인) 소셜미디어에서 끊임없이 일어나는 속사포 같은 의견교환 가운데 살고 있다. 이 불협화음 속에서 우리는 이성과 과학, 우리가 살고 있는 이 지구에 대한 존중과 책임이라는 대의를 위해 자신의 입장을 열정적으로 주장하는 가운데서도 인내심을 잃지 않는 논증, 엄격한 규칙에 따라 단호하게 심문하면서도 발견의 흥분을 잃지 않는 정신을 어디서 찾을 수 있을까?

우리는 우선 리처드 도킨스를 읽을 수 있다. 우리로서는 다행스럽게도 전 세계에는 과학을 실행하고 알리는 일에 헌신하는 결연한 개인들(사상가, 연구자, 연설가, 작가 등)이 많이 있다. 그들은 혼자 또는 팀을 이루어 일한다. 거인들의 어깨 위에서 동료들과 손을 맞잡고, 손을 뻗어 자기 세계 밖에 있는 사람들에게 과학을 알리고 그들을 끌어당긴다. 리처드 도킨스는 그들 중 가장 유명한 인사다. 특유의 열정과 관대한 정신을 지닌 그는 같은 업종에 종사하는 타인들의 노력을 홍보하는 일에 가장 적극적인 사람이기도 하다.

그러므로 이 책은 과학 커뮤니케이션의 대가로 인정받는 사람의 글 모음집이다. 모든 글이 어떤 식으로든 '책'과 관련이 있다. 주로 과학책이고, 리처드의 과학 인생을 풍요롭게 한 책들이다. 이 책에 재수록된 머리말, 후기, 서문, 서평, 에세이는 모두 타인이 생산한 작품을 지지하고, 비판하고, 논평하기 위해 작성되었다. 또한 과학적 방법을 통해 진실로 밝혀진 사실들을 전파하고, 그것을 부정 또는 거부하거나 잘못 전달하는 사람들로부터 진실을 방어하는 중차대한 임무에 기여하기 위해 작성되었다.

커뮤니케이션 글을 모은 책에서 각 부문을 소개하기에 대담보다 더 좋은 방법이 있을까? 이 모음집의 여섯 부문은 리처드 도킨스와 각각 다른 작가의 대화로 시작된다. 대화들은 각각의 주제를 성찰하고 그것을 우리 시대의 시급한 과제와 연결시킨다. 그리고 이 모음집 전체의 서문은 리처드가 이 책을 위해 특별히 쓴 새로운 에세이로, 여기서 그는 '문학으로서의 과학'에 대해 고찰한다.

과학 커뮤니케이션 작업은 끝이 없는 일이다. 우리는 과학에 인생을 바친 사람들에게 감사해야 한다. 그들이 하는 과학에 대해서만이 아니라, 그들이 자신의 저서와 타인의 책에 대해 쓴 글에 대해서도 감사해야 한다. 이런 책들은 우리 인생을 풍요롭게 해줄 것이다.

질리언 서머스케일스

저자 서문

문학으로서의 과학

Literature (문학, 문헌)

a. 형식이나 정서적 효과의 특성들 때문에 가치 있게 평가되는 종류의 작문.

b. 특정 주제를 다루는 책과 글.

_《옥스퍼드 영어사전 축약본》

옥스퍼드대학교 시절 내 스승이었던 한 분이 어느 날 보들리언도서관(옥스퍼드대학교 중앙도서관—옮긴이)의 과학책 코너에서 우연히 후배를 만났다. 그분은 독서삼매경에 빠진 후배를 향해 몸을 구부리고 귓속말을 했다. "이봐 친구, '더 리터러처the literature'를 참고하려고? 그만둬, 혼란스러워질 뿐이야." 그분이 '리터러처'를 무슨 뜻으로 썼는지 알 수 있는 열쇠는 '참고하다'와 정관사(the)다. 그는 리터러처를 과학자들의 특수 용법, 즉《옥스퍼드 영어사전 축약본OED》의 'b' 정의로 사용했다.

과학자들이 '더 리터러처'라고 말할 때 그것은 특정 연구 주제와 관련해, 대체로 난해하고 밀도 있게 쓰인 모든 논문을 가리킨다. 존 메이너드 스미스John Maynard Smith는 이렇게 말했다고 한다. "리터러처를 읽는 사람들이 있지만 나는 쓰는 것을 더 좋아한다." 그런데 이 재치 있는 말은 본인의 공적을 제대로 평가하지 못한다. 그는 동료 과학자들의 연구를 꼼꼼하게 읽고 그 공로를 인정한 너그러운 학자였기 때문이다. 하지만 그의 농담은 '리터러처'의 두 가지 뜻을 설명하는 데 도움이 된다.

이 에세이의 제목 '더 리터러처 오브 사이언스the literature of science'에서 나는 《OED》의 'a' 정의에 더 가까운 뜻으로 리터러처를 사용했다. 제목을 풀이하면, 과학을 주제로 쓴 좋은 글, 즉 문학으로서의 과학을 말한다. 이는 통상적으로 과학 학술지보다는 책을 뜻한다. 여담이지만 나는 그것이 영 못마땅하다. 왜 과학 논문은 흥미롭고 재미있으면 안 되는가? 과학자들이 직업적으로 읽어야 하는 논문은 왜 재미있으면 안 되는가? 나는 학술지 〈동물행동학Animal Behavior〉의 편집자로 일할 때 논문 저자들에게 이렇게 조언했다. "주어가 드러나지 않는 수동태 문장(예를 들어 '이 논문에서는 다른 접근법이 취해질 것이다')을 버려라. 더불어 '서문, 방법, 결과, 토의'라는 판에 박힌 따분한 논문 작성 관행도 버려라. 대신 스토리를 들려주어라." 하지만 이제 책으로 돌아가보겠다.

'과학을 주제로 쓴 좋은 글'이라는 말이 자칫 잘못된 인상을 줄지도 모르겠다. 좋은 글이란 꼭 '기술적으로 뛰어난' 글을 의미하지는 않는다. 가식적인 글이나 미문이라는 뜻은 확실히 아니다.

내가 이 책의 헌사를 바친 피터 메더워Peter Medawar에 대해 이 에세이의 후반에 언급할 생각인데, 그는 내가 생각하는 의미에 딱 맞는 '과학문학'의 대가였다. 그의 말에 따르면, "과학자의 손가락은 역사가의 손가락과 달리, 절대로 오르간의 다이어페이슨diapason(음색을 선택하는 장치—옮긴이) 쪽으로 움직여서는 안 된다." 글쎄, '절대로'까지는 아닐지도 모른다. 과학의 설렘, 이를테면 팽창하는 우주의 상상할 수 없는 규모, 깊이를 모를 지질학적 시간의 웅장함, 살아 있는 세포, 산호초나 열대우림의 복잡성을 생각하면 가끔은 화려한 문단을 써도 용서되지 않을까? 로렌 아이슬리Loren Eiseley나 루이스 토머스Lewis Thomas의 자연사에 대한 산문시, 칼 세이건의 우주에 대한 몽상, 제이컵 브로노프스키Jacob Bronowski의 예언자적 지혜를 생각해보라. 메더워도 그것까지 안 된다고 하지는 않을 것이다. 절대로 그럴 리 없다.

과학은 시적으로 들리기 위해 언어를 치장할 필요가 없다. 시적 감수성은 주제인 '실재實在'에 들어 있다. 과학은 오직 명료하고 정직하게만 쓰면 독자에게 시적인 느낌을 전달할 수 있다. 그리고 조금만 더 노력하면, 관례상 미술과 음악, 시, 그리고 '위대한' 문학의 전유물로 여겨지는, 짜릿한 전율을 줄 수 있다.

그런 감각은 노벨문학상 수상자들이 추구하는 것이다. 이는 노벨문학상이 왜 거의 항상 소설가나 시인, 극작가에게 주어지는지를 설명해준다. 이따금 철학자에게도 주어지지만, 지금까지 과학자에게 돌아간 적은 단 한 번도 없다. 유일한 예외는 앙리 베르그송인데, 그를 과학자라고 할 수 있다면 그는 분명 불행한 선례를 남겼다. 노벨위원회는 아무래도 '실재를 노래하는 시'인 과학이 위대한 문학에 적합한 수단이라는 생각을 한 번도 해보지 않은 것 같다. 제임스 진스 경Sir James Jeans은 1930년에 《신비로운 우주The Mysterious Universe》에서 이렇게 썼다.

> 우리는 모래 알갱이를 잘게 부순 조각처럼 작은 이곳에 서서 이 지구를 시공간적으로 둘러싸고 있는 우주의 성질과 목적을 발견하려고 시도한다. 이때 우리가 첫 번째로 받는 인상은 공포에 가까운 어떤 것이다. 끝없이 펼쳐진 무의미한 거리 때문에 두렵고, (인간의 역사를 눈 깜빡할 사이로 보이게 하는) 상상할 수도 없이 긴 시간적 척도 때문에 두렵고, 극한의 외로움 때문에 두렵고, 그리고 우리가 사는 곳이 우주에서 보잘것없는 존재이기 때문에 두렵다. 전 세계의 모든 모래사장을 우주라고 치면, 모래 알갱이의 100만분의 1이 지구다. 하지만 우리가 우주를 두렵게 느끼는 이유는 무엇보다 우주가 우리와 같은 생명체에 무관심한 것처럼 보이기 때문이다. 우리의 감정, 야망, 성취, 예술, 종교는 우주의 계획과는 무관한 일처럼 보인다.

칼 세이건도 훗날 《창백한 푸른 점Pale Blue Dot》에 나오는 그 유명한 독백에서 비슷한 말을 했다.

> 다시 한번 저 점을 보라. 저것이 '여기', 우리의 고향이다. 저것이 우리다. 당신이 사랑하는 모든 사람, 당신이 아는 모든 사람, 당신

이 들어본 모든 사람, 존재했던 모든 사람이 그 위에서 살았다. 우리의 기쁨과 고통의 총계, 저마다 확신에 찬 수천 가지 종교, 이념, 경제 독트린, 모든 수렵채집인, 모든 영웅과 겁쟁이, 문명의 모든 창조자와 파괴자, 모든 왕과 농부, 사랑에 빠진 모든 젊은 연인, 모든 어머니와 아버지, 희망에 부푼 어린이, 발명가와 탐험가, 도덕의 모든 스승, 모든 부패한 정치인, 모든 '슈퍼스타', 모든 '최고 지도자', 우리 종의 역사에 있었던 모든 성인과 죄인이 그 위—햇빛 속에 떠 있는 한 톨의 먼지 위—에서 살았다.

지구는 광대한 우주 속에 있는 아주 작은 장소에 지나지 않는다. 생각해보라. 수많은 장군과 황제가 환희와 승리의 절정에서 이 점의 한 부분을 아주 잠시 지배하기 위해 흘린 피의 강물을. 또한 이 점의 한구석에 사는 사람들이 그곳과 거의 분간되지 않는 다른 구석에 사는 사람들에게 저지른 끝없는 잔악 행위를. 그리고 얼마나 자주 오해가 반복되는지, 서로를 죽이기 위해 얼마나 열심인지, 얼마나 열렬하게 증오를 불태우는지를.

이 창백한 점은 우리의 마음가짐, 우리 자신이 중요하다는 확신, 그리고 우주에서 우리는 특별한 존재라는 착각에 도전한다. 우리 행성은 끝이 없는 우주의 암흑 속에 있는 고독한 점일 뿐이다. 우리 존재의 미미함을 생각하면, 우주의 광대함을 생각하면, 다른 곳에서 도움의 손길이 와 우리를 우리 자신으로부터 구할 것이라고 전혀 기대할 수 없다.

지구는 지금까지 생명을 품고 있다고 알려진 유일한 세계다. 우리 종이 이주할 수 있는 곳은 아무 데도 없다. 적어도 가까운 미래에는 그렇다. 방문은 가능하다. 하지만 아직 정착은 불가능하다. 좋든 싫든, 지구는 당분간 우리가 살아갈 곳이다.
천문학은 겸손과 인격 수양에 도움이 된다는 말들을 한다. 우리가 사는 이 작은 세계를 멀리서 바라본 이미지만큼 인간의 어리석은 자만심을 잘 보여주는 것은 없을 것이다. 그 이미지는 서로에게 더 친절하게 대하고, 우리가 아는 유일한 집인 이 창백한 푸른 점을 보존하고 소중히 여겨야 할 책임을 강조한다.

닐 디그래스 타이슨Neil deGrasse Tyson과 함께 우리 시대의 칼 세이건에 가장 가까운 사람이라고 할 수 있는 캐럴린 포코Carolyn Porco는 2013년 아름다운 기념 촬영에 착수했다. 토성의 궤도를 돌고 있던 카시니 우주선이 돌아서서 14억 4,500만 킬로미터 떨어진 '창백한 푸른 점'을 바라볼 때, 나사의 영상팀은 전 세계 사람들에게 하늘을 올려다보며 카메라를 향해 웃으라고 했다.

위를 올려다보며 우주 안의 우리 위치에 대해 생각해보세요. 우리 행성에 대해 생각해보세요. 그것이 얼마나 특별한지, 그것이 얼마나 풍요롭고 생명으로 충만한지. 그리고 여러분 자신의 존재에 대해 생각해보세요. 또 이 사진을 찍는 것을 가능하게 만든 성취의 규모에 대해 생각해보세요. 우리는 토성에 우주선을 띄웠습니다. 우리는 진정한 행성 간 탐험가입니다. 이 모든 것에 대해 생각해보고 미소를 지으세요.

내 마음속에서 캐럴린이 시적 과학자들의 전당에 자신만의 지위를 확보한 것은, 그녀의 사랑하는 남편이자 멘토였던 유진 슈메이커Eugene Shoemaker가 살아서는 이루지 못한, 달에 간 최초의 지질학자가 되겠다던 야심을 이루어주기 위해 캐럴린이 그의 유해를 무인 달 탐사선의 탑재물에 포함시켰을 때다. 그녀는 직접 고른 셰익스피어의 글귀를 동봉했다.

그가 죽으면
데려가 조각내어 작은 별로 만들어주세요.
그러면 그가 하늘의 얼굴을 아주 멋지게 만들 거예요.
그때는 온 세상이 밤과 사랑에 빠져
화려한 태양에게 더 이상 경배하지 않을 거예요.•

현존하는 과학자들 중 가장 유려한 영어 문장가 중 한 명인 피터 앳킨스Peter Atkins는 텅 빈 허공의 공포를 가져와 명랑한 무심함으로 그것을 길들인다. 누군가는 그것을 '과학만능주의'라고 비난할지 모르지만, 나는 그것이 멋지다고 생각한다.

태초에 아무것도 없었다. 단순히 텅 빈 공간이 아니라 절대적 허공이었다. 공간도 없었고 시간도 없었다. 왜냐하면 시간 이전이었

• 〈로미오와 줄리엣〉, 제3막 2장.

기 때문이다. 우주는 형태 없는 허공이었다.
우연히 동요가 일어났고, 일군의 점이 무에서 생겨나 패턴을 형성함으로써 존재를 얻었다. 이것이 시간을 정의했다. 우연히 형성된 패턴이 정반대 것들을 서로 융합하게 했고, 그럼으로써 무에서 시간이 출현한 것이다. 아무런 간섭이 없는 절대적 무에서 원초적 존재가 생겨났다. 점들이 출현하고 그것이 패턴을 형성해 시간을 탄생시킨 일은 그 점들을 생겨나게 한, 바로 그 계획도 동기도 없는 작용이었다. 정반대 것들, 지극히 단순한 것들이 무에서 생겨났다.

내가 후기를 쓴(이 책《리처드 도킨스, 내 인생의 책들》5장의 챕터 5를 보라) 로렌스 크라우스의《무로부터의 우주A Universe from Nothing》도 비슷한 주제를 전개한다. 방금 인용한 앳킨스의 문장이 포함된 책《창조The Creation》는 과학의 힘을 확신하는 팡파르로 끝을 맺는다.

우리가 기본 상수들의 값을 그렇게 될 수밖에 없는 값이라고 생각하고 다룰 때, 그 상수들을 우리와 무관한 것으로 다룰 때 비로소 우리는 완전한 이해에 도달할 것이다. 그때 비로소 기초과학은 편히 쉴 수 있다. 이제 거의 다 왔다. 완전한 앎이 우리 손아귀에 막 들어왔다. 이해가 해돋이처럼 지구 표면을 가로질러 움직이고 있다.

화학자 피터 앳킨스는 산문시인이라 부를 만한 사람이지만 절대로 스타일을 명료함보다 우선하지 않았다. 그리고 로렌 아이슬리도 시인의 눈을 가졌으면서도 여전히 확고한 과학자의 눈으로 세상을 바라본다.

최초의 인류의 눈이 데본기 사암 속의 이파리를 보고 어리둥절한 손가락을 뻗어 만져본 뒤로 슬픔이 인간의 가슴 위에 내려앉았다. 생명의 원형질이 만든 이 미약한 실은 시간을 거슬러 올라가고, 그 실을 따라 우리는 오래전에 사암으로 굳은 모래가 펼쳐져 있던 사라진 해변들과 영원히 연결된다. 맹목적인 양서류의 시선을 사로잡았던 별들은 이미 자신들의 진로를 따라 멀리 이동했거나 사라졌지만, 노출되어 반짝이는 그 실은 계속해서 앞으로 감긴다. 그것이 어디서 시작되고 어디서 끝나는지는 아무도 모른다. 그것이 취하는 형태는 허깨비다. 실만이 진짜다. 그 실은 바로 생명이다.•

과학자이자 의학자였던 루이스 토머스는 실재에 관한 사실들을 쓰고 나서 상상력의 불을 붙인다. 그러면 산문이 시로 변한다.

우리는 춤추듯 뛰어다니는 바이러스들 속에서 산다. 그들은 벌처럼 쏜살같이 이 유기체에서 저 유기체로 간다. 식물에서 곤충으로 가고, 포유류에서 내게로 왔다가 다시 바다로 간다. 바이러스들은

• 《시간의 창공The Firmament of Time》에서.

유기체의 게놈에 들어가 일련의 유전자들을 힘겹게 밀치고 자신의 DNA를 이식한다. 마치 거대한 파티에서처럼 유전물질을 나눠주고 다닌다.•

당신이 바이러스를 꼭 그런 식으로 볼 필요는 없다. 사실 그 자체는 문학적 이미지를 허용하지만 강요하지는 않는다. 하지만 문학적 이미지가 더해지면 독자는 요점을 더 잘 볼 수 있다. 루이스 토머스가 미토콘드리아에 대해 어떻게 이야기하는지 보라(이번에도 《세포의 삶》에서).

우리 생각과 달리, 우리는 꾸러미들이 모여 더 큰 꾸러미를 만들듯 순차적으로 커지는 부분들로 구성되어 있지 않다. 우리 몸은 공유되고, 임대되고, 점령당한다. 우리 세포들 내부에는, 산소로 에너지를 생산함으로써 세포들에게 동력을 제공해 우리가 빛나는 하루를 살아갈 수 있게 해주는 미토콘드리아가 있는데, 이들은 엄밀한 의미에서 우리가 아니다.

내 옥스퍼드대학교 동료였던 데이비드 스미스 경은 미토콘드리아에 적절한 문학적 비유를 발견했다. 미토콘드리아는 숙주 세

• 《세포의 삶The Lives of a Cell》에서.

포에 너무나도 철저히 통합되어 있어서, 애초에 숙주를 침범한 박테리아에서 비롯되었다는 사실이 최근에야 밝혀졌다.

> 세포 환경에 침입한 유기체는 차츰 자기 자신의 조각들을 잃고 배경과 서서히 융합된다. 이전의 존재를 말해주는 건 일부 잔재들뿐이다. 실제로 그것은 '이상한 나라의 앨리스'가 체셔 고양이를 만나는 대목을 떠올리게 한다. 앨리스가 보았을 때 "고양이는 아주 서서히 사라졌다. 꼬리부터 사라지기 시작해 씩 웃는 웃음이 맨 마지막으로 사라졌는데, 그 웃음은 고양이의 나머지 부분이 사라진 후에도 한동안 그대로 남아 있었다".•

내가 이 책의 헌사를 바친 동물학자이자 면역학자이며 노벨상 수상자인 피터 메더워를 나는 20세기 과학자 중 가장 위대한 문장가라고 생각하며, 이 에세이의 다음 부분에서 그를 본보기로 삼을 것이다. 그는 확실히 내가 만난 가장 재치 있는 과학자였다. 실제로 누군가 나에게 단순한 농담과 비교해 '위트'의 정의를 내려보라고 한다면, 나는 "피터 메더워가 일반 대중을 위해 쓴 거의 모든 글"이라고 말할 것이다. 1968년에 열린 '과학과 문학'에 관한 옥스퍼드대학교 로마네스 강연에서 그가 했던 개회사를 들어보라.

• M. H. 리치먼드와 공동 저술한 《서식지로서의 세포The Cell as a Habitat》 1장.

제가 곧 하게 될 강연에 저라면 무슨 일이 있어도 참석했을 거라고 말해도 무례하게 듣지 않으셨으면 좋겠습니다.

한 문학자는 이 대단한 메더워식 재치에 이렇게 응수했다. "이 강연자는 평생 무례하다는 말을 들어본 적이 없는 사람이다."

메더워는 신랄한 말을 쏟아내거나 빈정거리기도 했으며, 가식은 절대로 그냥 넘기지 못했다. 그렇더라도 저속한 독설로 빠지는 일은 결코 없었다. 우리가 '프랑스사이비francophoneyism(포스트모더니즘 헛소리)'—나는 피터가 이 단어를 좋아했을 거라고 생각하고 싶다—라고 부를 만한 것에 대한 메더워의 풍자는 인정사정없었다. 그가 무심코 던진 통달한 경지의 재치를 읽으면 거리로 뛰쳐나가 누군가에게 보여주고 싶어진다. 명료함을 위해 스타일을 사용한 진정한 문장가였던 그는 스타일을 내용보다 중시하는 자기 본위적인 '지식인'을 단칼에 해치웠다.

스타일이 최우선 목표가 되었다. 그 대단한 스타일이 내게는 마치 자기 잘난 맛에 취해서 다리를 높이 쳐들고 뽐내며 걷는 것처럼 보인다. 정말 의기양양하긴 한데, 그 와중에 발레리나처럼 이따금 박수가 터져나오기를 기다리는 듯 계산적으로 멈춘다. 그런 태도는 현대 사상의 질에 정말 개탄할 영향을 미쳤다.

메더워는 같은 표적을 또 다른 각도에서 공격했다.

나는 명료함의 미덕을 버리라고 부추기는 활동이 시작된 증거를 포착했다. 〈타임스 문학 부록Times Literary Supplement〉에 구조주의에 대한 글을 쓴 한 작가는, 난해해서 헷갈리고 복잡한 개념을 표현할 때는 일부러 불분명하게 쓰는 게 가장 좋다고 제안했다. 이 무슨 말도 안 되는 소린가! 나는 전시 옥스퍼드의 공습경비원이 떠오른다. 밝은 달빛이 등화관제의 취지를 무색케 하자 그 경비원은 우리에게 시꺼먼 안경을 쓰라고 권했다. 그는 물론 농담으로 한 이야기였다.

메더워는 과학과 문학에 관한 이 강연을 다음과 같은 웅장한 선언으로 끝맺었다.

문학이 적절한 권리를 주장할 수 있는 영역을 포함해, 과학 또는 철학이 권리를 주장할 수 있는 모든 사고 영역에서 무언가 독창적이거나 중요한 할 말이 있는 사람들은 오해받을 위험을 감수하지 않을 것이다. 모호하게 쓰는 사람들은 글재주가 없거나 무언가 일을 꾸미고 있는 것이다. 하지만 그런 작가들은 순수하게 문학적인 의미에서는 기술이 매우 뛰어나다.

문제의 '몽매주의'(일부러 의도를 애매하게 하는 표현법—옮긴이)가 풍자해주기를 적극적으로 간청하자, 물리학자 앨런 소칼Alan Sokal이 나섰다. 그의 〈경계를 넘어서: 양자중력에 대한 혁신적 해석을 향하여〉는 더할 나위 없는 걸작이다. 처음부터 끝까지 완전한 헛소리지만, 그럼에도 권위 있는 문예학술지에 수록되었다. 아무런 의미가 없는 뜻 모를 말들을 출판하는 것이 바로 그 학술지가 존재하는 이유였기 때문이다. 더 최근에는 피터 버고지언Peter Boghossian, 제임스 린지James Lindsay, 헬렌 플럭크로스Helen Pluckrose가 학술지 편집자들을 속여 일련의 비슷한 풍자글을 발표했다. 이번 풍자 대상은 그들이 '불만학'이라고 부르던 것이었다. 불만학이란 '누가 더 피해자인가' 따지는 정치적 자기연민 장르다. 피터 메더워가 있었다면 이 장난을 얼마나 즐거워했을까? '포스트모더니즘 생성 장치Postmodernism Generator'도 있는데, 이것은 실제 저자가 쓴 무의미한 '포스트모더니즘' 글과 구별이 불가능한 조롱 기사들을 무한히 생산하도록 설계된 컴퓨터 프로그램이다.

내가 인용한 메더워의 글에 은근히 반프랑스 정서가 깔려 있다고 느낀 사람이라면, 아래 인용문에서도 그런 의심이 가라앉지 않을 것이다. 이 문장이 등장하는 메더워의 글은 '지금껏 쓰인 가장 부정적인 서평'의 후보라 할 만한 것으로, 프랑스의 고생물학자이자 철학자 테야르 드 샤르댕Pierre Teilhard de Chardin의 《인간현상The Phenomenon of Man》에 대한 평이다. 하지만 그의 화살은 프랑스 지식인과 그 동조자들에게만 향하지 않았다. 테야르의 책을 한때 독일 사상을 지배했던 학파—"라인강 깊은 곳에서 들려오는 튜바 소리"(정말 절묘한 은유다!)—와 비교하는 대목을 보면, 그는 가식에 구멍을 낼 기회라면 어디든 마다하지 않고 달려갔음을 알 수 있다. ("라인강 깊은 곳에서 들려오는 튜바 소리"는 심오하게 보이려는 시도를 비꼰 것이다.—옮긴이)

《인간현상》은 자연철학의 전통 안에 반듯하게 서 있는데, 자연철학은 독일에서 기원한 일종의 철학적 취미생활로, 인간 사고의 창고에 영구적인 가치가 있는 것을 (기회가 많이 있었음에도) 우연으로라도 기여한 것 같지 않다. 프랑스어는 자연철학의 모호하고 장황한 표현에 어울리는 언어가 아니라서, 테야르는 몽롱하고 완곡한 산문시에 의지했다. 그런데 그렇게 하니 그 프랑스 사상이 더 따분하게 느껴진다.

이런 부드러운 유머는 가시가 뭉툭해서 상대방을 화나게 하는 법이 좀처럼 없다. 역시 "이 강연자는 평생 무례하다는 말을 들어본 적이 없는 사람"이다. 하지만 뭉툭해 보이기는 해도, 그 가시는 어떤 식으로든 날카롭게 꿰뚫는 힘을 유지한다. "권총의 개머리판을 휘두른다"고 피터가 멋지게 형상화한 새뮤얼 존슨의 방식과 사뭇 대조적이다.

테야르의 책에 대한 서평에서 피터가 내린 결론은, 테야르만이 아니라 깊이 없는 문예문화의 암흑가 전체에 해당하는 말이다(우리는 그가 '암흑가Underworld'라는 단어를 의도적으로 골랐음을 알 수 있다).

사람들이 《인간현상》에 어떻게 속아넘어가게 되었을까? 이런 '철학적 허구'의 시장 규모를 과소평가해서는 안 된다. 초등교육 의무화로 값싼 일간지와 주간지 시장이 창출된 것처럼, 중등 및 고등 교육의 확산에 따라 문학적 · 학문적으로 세련된 감수성을 지닌 대규모 독자층이 생겨났는데, 이들은 자신의 분석적 사고 능력을 훨씬 뛰어넘는 교육을 받고 있다. 우리는 이들의 눈을 통해 테야르의 매력을 보려고 시도해야 한다.

"자신의 분석적 사고 능력을 훨씬 뛰어넘는 교육을 받은"이라니, 정말 다른 말이 필요 없을 정도로 절묘한 표현 아닌가!

가끔은 피터가 너무 지나쳤을까? 내 여성 친구들은 메더워가 《플루톤의 공화국Pluto's Republic》에서 자신의 책 제목에 대해 설명한 대목을 읽고 분개했다.

기사도 정신에 따라 성별은 밝힐 수 없는 한 이웃이 수년 전 내가 철학에 관심이 있는 걸 알고 이렇게 소리친 일이 있었다. "어머, 플루톤의 《공화국》을 엄청 좋아하시겠네요?" (플라톤의 《공화국The Republic》이라고 해야 맞지만, 잘 모르고 아는 척하는 이웃 '여성'을 두고 장난친 것.—옮긴이)

그는 장난기가 철철 넘치는 사람이었음이 분명하다. 이례적으로 젊은 나이였고 아직 유명하지 않았을 때 런던 유니버시티칼리지의 '조드럴 교수'로 부임했는데, 그때 존 메이너드 스미스가 J. B. S. 홀데인에게 메더워라는 친구가 어떤 사람인지 물었다. 홀데인은 셰익스피어의 표현을 빌려 한마디로 요약했다. "웃고 또 웃으면서 악당일 수 있는 사람입니다."(〈햄릿〉 제1막 5장에 나오는 대사—옮긴이) 제임스 왓슨의 《이중나선》에 대한 메더워의 서평 〈재수 좋은 짐Lucky Jim〉의 아래 부분을 읽으며 키득거릴 때, 우리는 속으로 죄책감과 대리만족을 느낀다.

> 분자생물학의 첫 번째 전성기였던 1950년대에 옥스퍼드와 특히 케임브리지에 있는 영국 학교들은 뛰어난 능력을 지닌 20여 명의 졸업생을 배출했다. 그들은 모두 대부분의 젊은 과학자보다 훨씬 총명하고 창의적이며, 생각이 명료하고 논증 기술이 뛰어난, 말하자면 '짐 왓슨 급'이었다. 하지만 왓슨은 그들 모두가 갖지 못한 한 가지 탁월한 이점을 가지고 있었다. 지극히 똑똑했을 뿐 아니라 똑똑함을 발휘할 중요한 무언가를 가지고 있었던 것이다.•

화가 날 만도 한 말이었는데, 그 점에 대해 피터는 언제나처럼 무례하다는 소리를 듣지 않도록 절반의 사과를 했다. 그리고 피터의 엄청난 장점은 노벨상을 수상한 과학자들 사이에서 전례를 찾아볼 수 없을 정도로 문학에 정통하고 조예가 깊다는 것이었다. 그는 자기 분야뿐만 아니라 거의 모든 분야의 학자들에게 대항할 수 있었던, 진정한 의미의 박식한(남용된 이 단어를 진정한 의미로 사용하자면) 사람이었다.

메더워가 자신의 진정한 영웅 다시 톰슨D'Arcy Thompson을 어

• 1968년 3월 28일 〈뉴욕리뷰오브북스〉에 실림.

떻게 그려내는지 보라. 그처럼 박식한 사람만이 이렇게 관대하고 아름다운 초상화를 글로 써낼 수 있을 것이다.

> 두 번 다시 한 사람 안에서 결합되기 힘든 지적 재능을 지닌 학문의 귀족이었다. 그는 잉글랜드, 웨일스, 스코틀랜드 고전협회들의 회장을 맡을 정도로 뛰어난 고전학자였고, 왕립학회가 그의 수학 논문을 출판할 정도로 훌륭한 수학자였으며, 64년 동안 중요한 의장직들을 역임한 자연학자였다. (…) 유명한 이야기꾼이자 강연자였고(두 능력은 흔히 함께 간다고 여겨지지만 그런 경우는 좀처럼 드물다), 문학으로 여겨지는 작품의 저자였는데, 그의 작품은 시적인 문장을 완벽하게 구사하는 것에서 월터 페이터나 로건 피어솔 스미스의 작품에 필적할 만한 것이었다. 게다가 그는 180센티미터가 넘는 장신으로, 바이킹의 체격과 태도, 그리고 멋진 외모에서 나오는 자부심까지 갖추고 있었다.•

피터는 자신이 많은 면에서 이 묘사와 겹친다는 것을 알았을까? 아마 몰랐을 것이다. 만일 나에게 롤모델로 여기는 단 한 명의 과학자, 특히 글 쓰는 스타일에서 누구보다 많은 영감을 준 단 한 명의 작가를 꼽으라면, 나는 또 한 명의 "학문의 귀족"인 피터

• 《플루톤의 공화국》에 실림.

메더워를 지명할 것이다.

메더워급이 아니더라도 과학자는 문학을 깊이 사랑할 수 있고, 실제로 많은 과학자가 문학을 사랑한다. 책은 항상 내 삶의 중요한 부분이었다. 많은 생물학자와 달리, 나는 야생의 새나 자연사에 대한 사랑을 통해서가 아니라(그건 나중이었다) 책과, 존재에 대한 깊은 철학적 질문을 통해 생물학에 입문했다. 동물에 대한 사랑과 동물의 복지에 대해 도덕적 관심을 갖게 된 것도 어린 시절 '둘리틀 박사'에 푹 빠졌을 때였다.《영혼이 숨 쉬는 과학》에서는 휴 로프팅의 주인공을 나의 다정한 영웅, 비글호의 젊은 '철학자' 찰스 다윈과 비교하기도 했다.

그다음에 나를 사로잡은 것은 만화 주간지 《이글Eagle》에 연재되던 시리즈 만화 〈댄 데어, 미래의 조종사Dan Dare, Pilot of the Future〉였다. 나는 우주여행의 낭만에 매료되었지만, 이 만화 속의 과학은 부적절할 정도로 엉성했다(조이스틱을 잡고 금성으로 순간이동하는 대신, 궤도를 계산하고 새총 효과와 중력의 힘을 이용해야 한다). 훗날 아서 C. 클라크의 소설들을 읽으며 그런 오류를 바로잡고 과학소설에 제대로 빠져들게 되었다.

나는 학교 친구들과 《멋진 신세계Brave New World》의 도덕적·정치적 함의에 대해 열띤 토론을 했고, 이후 올더스 헉슬리의 다른 소설들로 옮겨갔다. 그 작품들은 그 자체로 과학소설은 아니지만, 과학을 잘 알고 과학을 실제로 하는 사람들의 마음과 감정을 들여다본 누군가가 쓴 것이 분명하다. 《연애대위법Point Counter-point》에 등장하는 몽상가 탠터마운트 경 같은 과학자들은 헉슬리가 가장 공감한 인물 중 한 부류다. 그의《수많은 여름을 보낸 후After Many a Summer》•는 과학 문헌의 영향을 받은 것이 분명한데, 그중 하나는 형 줄리언의 아홀로틀(멕시코산 도롱뇽—옮긴이)에 대한 연구로, 줄리언은 아홀로틀에게 갑상선 호르몬을 주입해 이전에 본 적 없는 형태의 도롱뇽으로 변신시켰다. 우리가 어린 유인원의 형태라면(조상 종이 일련의 발생 단계를 거쳐 성체가 되었다고 할 때, 자손 세대에서 발생이 조기에 멈춤으로써 조상 종의 유생과 비슷한 모습을 띤다는 생각—옮긴이), 만일 우리가 200년을 살게 된다면, 헉슬리가 창조한 허구적 인물인 고니스터 백작처럼 털북숭이 사수류(네 개의 손을 가진 영장류—옮긴이)로 변할까?

나는 과학소설을 읽으며 과학을 배운 사람으로서(예를 들어, 프레드 호일의《검은 구름》을 위해 쓴 서문을 보라) 이런 궁금증이 든다. 왜 그런 교훈들을 얻기 위해 이따금 허구가 필요할까? 왜 우리는 소설을 좋아할까? 존재하지 않는 사람들과 일어나지 않은 일들을 다룬 이야기에는 어떤 매력이 있을까? 왜 우리는 실제로 일어난 일에 대해 읽은 후 긴장을 풀기 위해 소설을 찾을까? 긴

• 미국의 몇몇 판본 제목은, 테니슨의 완전한 시구('dies the swan'까지)로 되어 있다. (영국 빅토리아시대 시인 앨프리드 테니슨의 시 〈티토노스Tithonus〉의 한 구절 "after many a summer dies the swan"을 말한다. 티토노스가 자신의 불멸에 지쳐 죽음을 갈망하는 내용이다.—옮긴이)

장을 풀기 위한 소설의 좋은 예라고는 할 수 없지만, 왜 윌리엄 골딩은《파리대왕Lord of the Flies》을 소설로 썼을까? 한 무리의 소년이 어른 없이 섬에 고립되면 어떤 일이 벌어질지 진지하게 예측하는 심리학 논문을 쓸 수도 있었을 텐데 말이다. H. G. 웰스는 양쪽을 모두 시도했다.《타임머신The Time Machine》같은 예언 소설을 쓴 동시에, 기계와 과학의 발전이 인간의 삶과 사고에 끼치는 반작용에 대한 탁월한 (그리고 현대 독자들에게는 부분적으로 비참한) 예상을 담은 논픽션(《Anticipations of the Reaction of Mechanical and Scientific Progress upon Human Life and Thought》)을 썼다. 하지만 사람들이 소설에 매력을 느끼는 이유는 뭘까? 나는 답을 막연하게나마 알 것 같지만 헨리 제임스, E. M. 포스터, 밀란 쿤데라가 걸어온 길로 성급하게 들어서는 것은 주제넘은 일일 것이다.

이 책《리처드 도킨스, 내 인생의 책들》에는 내가 수년 동안 감탄하며 읽은 책들의 머리말과 서문, 후기, 에세이 모음집에 기고한 글, 추천할 만한(그렇지 않은 경우도 있다) 책들에 대한 서평을 담았다. 한마디로 책에 대한 사랑을 담은 책이다. 이번에도 역시 질리언 서머스케일스가 이 글들을 골라 책으로 묶는 일을 함께 해주었다(그녀의 문학적 성실함에 무한히 감사한다). 어떤 글은 다른 모음집인《영혼이 숨 쉬는 과학》에 등장했을지도 모르지만, '책 관련 책'이라는 것이 다시 넣을 타당한 이유가 되어주었다. 아무쪼록 이 모음집이 과학문학의 범위와 질에 걸맞은 것이기를 바란다.

1장

두 업계의 도구

1

닐 디그래스 타이슨과의 대화

과학과 과학자들의 공적인 면과 사적인 면

2015년 4월 나는 뉴욕 자연사박물관의 헤이든 천체투영관 관장인 닐 디그래스 타이슨Neil deGrasse Tyson을 그의 사무실에서 만났다. 우리는 거의 한 시간 반 동안 여러 공통 관심사에 대해 이야기를 나눴다. 우리 대화는 닐의 라디오 쇼 〈스타토크StarTalk〉를 위해 촬영 및 녹음되었다. 다음은 그 대화의 일부를 축약한 것이다.

우리 뇌는 애초에 논리적으로 생각하도록 되어 있지 않은 걸까?
비과학적인 것을 믿는 의사들을 믿을 수 있을까?
어떻게 하면 사람들의 생각을 바꿀 수 있을까?
얼마나 많은 과학자가 종교적 믿음을 갖고 있는가, 그리고 그 사실은 중요할까?

타이슨 세상에 단 하나뿐인 리처드 도킨스의 실물을 이곳에 모셨습니다. 와주셔서 감사합니다, 리처드.

도킨스 감사합니다.

타이슨 저는 인간의 마음이 가진 이해하고 생각하고 믿는 능력에 대해 이야기를 나눠보고 싶습니다. 사람들은 일반적으로 수학을 몹시 어려워합니다. 사람들이 "나는 잘 못해"라고 말하는 분야가 있다면 십중팔구는 수학일 겁니다. 저는 속으로 '우리 뇌가 애초에 논리적 사고를 위해 배선되었다면 수학은 모두에게 가장 쉬운 주제일 텐데'라는 생각을 합니다. 그랬다면 수학을 빼고 모든 것이 어렵게 느껴졌겠지만요. 그래서 저는 우리의 뇌가 애초에 논리적이지 않게 만들어졌다는 결론에 이르게 됩니다.

도킨스 아주 좋은 지적입니다. 그리고 사실은, 잘 못하는 것 이상입니다. 사람들은 수학을 잘 못하는 것에 자부심마저 느끼는 것 같습니다. 부당한 자부심이죠. 셰익스피어를 모르는 것을 자랑스러워하는 사람은 없지만, 많은 사람이 수학을 모르는 것을 자랑으로 여겨요.

타이슨 '자랑스럽다'는 단어를 사용하지 않아도 이런 식으로 말하죠. "나는 수학을 못했지, 하하하." 그들은 수학을 못하는 걸 재미있어합니다. 마치 농담처럼요.

도킨스 그렇습니다. 영국의 한 신문에, 지구가 태양을 도는 데 한 달이 걸린다고 생각하는 영국인이 많다는 사실을 한탄하는 과학

기자의 기사가 실렸는데, 그 기사 끝에 편집자가 '한 달이 아니었나?—편집자'라는 농담을 덧붙였습니다. 이 편집자는 "일간지 편집기자인 나는 물론 한 달이 걸린다고 생각하지 않지만, 천문학의 기초적인 사실도 모르는 것에 대해 농담하는 것은 괜찮다"고 말한 겁니다. 바이런과 베르길리우스를 혼동했다면 절대로 그렇게 하지 않았겠죠.

타이슨 또 자랑스러워하지도 않을 겁니다. 그러니까 도킨스 씨, 당신은 인간이라는 생물은 애초에 합리적·논리적·과학적으로 생각하는 것이 몹시 어렵다는 사실을 인정하셔야 합니다.

도킨스 네, 우리 뇌가 애초에 논리적이지 않게 만들어졌다는 지적은 매우 흥미롭습니다. 수학을 논리로 일반화하셨지만 말입니다. 하지만 또 하나 흥미로운 점은, 야생에 살았던 우리 조상들은 사자라든지 가뭄이나 기근에 맞서 살아남을 필요가 있었죠. 그렇다면 수학까지는 아니더라도 논리적 사고는 생존을 위해 꽤 중요하지 않았을까요?

타이슨 조상 중에는 물론 '오, 저기 이빨이 엄청나게 큰 동물이 있어. 좀 더 조사해봐야겠군'이라고 생각한 사람도 있었겠죠.

도킨스 네, 맞습니다. 어떤 면에서는 호기심을 갖는 것이 나쁜 일일 수도 있겠네요.

타이슨 호기심이 항상 좋은 건 아니죠.

도킨스 제 사촌은 어릴 때 호기심에 전기 콘센트에 손가락을 넣어봤어요. 찌릿, 전기가 통했죠. 그러자 그는 정말인지 확인하려고 다시 한번 손가락을 넣었어요! 그는 진정한 과학자였지만, 그것은 생존에 별로 도움이 되지 않죠.

타이슨 맞아요! 어쩌면 도망치거나, 겁먹거나, 소리치려는 본능적 반응은… 음, 그러니까 제가 하고 싶은 말은… 인간 문명의 많은 부분이 논리적 사고가 아니라, 우리가 '비논리적 사고'라고 부르는 것에서 생겨났을지도 모른다는 겁니다. 비논리적 사고의 예로 예술을 생각해봅시다. 우리 집 벽에 반 고흐의 그림이 걸려 있는데, 그것을 보며 아무도 '별이 빛나는 밤을 그릴 때 고흐가 얼마나 논리적이었을까?'라는 궁금증을 품지 않을 겁니다. 그렇다면 이런 식으로 생각하는 사람들에게 반대한다는 건 어떤 의미일까요? 제가 당신에게 이 질문을 하는 이유는, 당신은 최전선에 서 있고 저는 당신이 전투 치르는 것을 멀찌감치 물러나 지켜보는 입장이기 때문입니다. 사람들은 때때로 생각하기보다는 그냥 느끼고 싶어 하는 것처럼 보입니다.

도킨스 맞습니다. 저는 이런 성향에는 진화적 기원이 있다고 생각합니다. 가혹한 환경에서 살아남으려면 어느 정도는 비논리적일 필요가 있어요.

타이슨 네, 본능적 감정이 필요하죠.

도킨스 네, 논리적으로는 두려워할 필요가 없는 뭔가를 두려워할 필요가 있을지도 모릅니다. 하지만 어쩌면 실제로 위험할 가능성의 문제일 수도 있습니다.

타이슨 그 뭔가가 위험할 경우 치르게 될 대가의 문제라고 말할 수도 있죠.

도킨스 네, 대가를 치러야 합니다. 만일 숲속에서 뭔가 부스럭거렸다면, 그것은 당신에게 달려들려는 표범일 수도 있지만 바람일 가능성이 훨씬 높습니다. 논리적이고 합리적인 설명은 아마 '바람'일 겁니다. 하지만 가능성이 아무리 희박해도 만에 하나 표범일 경우에는 목숨이 위태롭죠. 솔직히 말해 표범일 가능성은 희박하지 않습니다. 확률은 낮지만 그럴 가능성이 분명히 있죠. 그럴 경우 위험을 피하는 것이 현명합니다.

타이슨 통계적 확률이 아무리 낮아도.

도킨스 맞아요.

타이슨 좋습니다. 따라서 이 세상에서 우리는 유전자가 만들어놓은 틀에 갇혀 있습니다. 제가 당신만큼이나 이 사실에 이의가 없다는 점을 말씀드리고 싶군요.

도킨스 네, 좋아요.

타이슨 그러니까 이제… 뭐라고 표현하더라, '목엣가시'인가? 어서 뱉어놔보세요.

도킨스 옥스퍼드대학교에 재직했던 한 교수에게 들은, 미국의 천체물리학자 이야기입니다. 그는 천문학 학술지에 어려운 논문을 기고하는 사람입니다. 수학 논문을 쓰죠. 그의 수학은 우주의 역사가 130억~140억 년이라는 믿음을 전제로 합니다. 요컨대 이 천체물리학자는 논문을 쓰고 수학을 하는 사람입니다. 하지만 그는 사적으로는 이 세계가 6천 년밖에 되지 않았다고 믿습니다. 당신은 '그가 수학만 제대로 한다면, 논문만 제대로 쓴다면, 그 정도는 참을 수 있다'고 생각할지도 모릅니다.

타이슨 네, 논문을 제대로 쓴다면야.

도킨스 저는 그런 물리학자는 해고되어야 한다고 생각합니다. 그는 미국 대학의 천체물리학 교수가 되어서는 안 됩니다. 그 점에 대해 당신과 나는 생각이 다를지도 모릅니다. 당신은 그의 사적인 믿음은 그의 소관이므로 우리와는 관계없다고 말할 수도 있죠. 그가 천문학을 제대로 하기만 한다면 상관없다고.

타이슨 맞습니다. 저는 그렇게 반응할 것 같습니다. 그가 일요일에 집에서 뭘 하든 그건 그 사람의 문제죠. 그 문제를 과학 교실로 가져오지만 않는다면, 저는 그가 어떻게 생각하든 상관없습니다.

도킨스 좋아요. 그러면 더 극단적인 예를 들어볼게요. 이건 허구입니다. 당신이 의사의 진찰을 받는다고 상상해보세요. 안과의사로 하겠습니다. 허리 위를 보는 의사여야 하니까요. 당신은 우연히 그 안과의사가 유성생식을 믿지 않는다는 사실을 알게 됩니다. 그는 황새가 아기를 데려다준다고 믿어요.

타이슨 저는 그 의사에게는 가지 않을 겁니다.

도킨스 당신은 그 의사에게 가지 않겠지만, 저는 이런 식으로 말하는 사람들을, 특히 미국에서 많이 봤습니다. "허리 아래에 대해 뭘 믿는지는 당신이 상관할 바가 아니다. 그는 안과의사다. 중요한 건 그 의사가 유능한가, 백내장을 치료할 수 있는가다." 저는 병원에서 그를 고용하면 안 된다고 생각합니다. 그의 정신이 현실에서 너무 벗어나 있기 때문이죠. 설령 유능한 안과의사라 해도 저는 그를 믿을 수 없습니다.

타이슨 흥미롭군요. 당신은 지금, 숲에서 부스럭거리는 소리를 들은 우리 조상들처럼 반응하고 있습니다. 대체로는 바람이지만 가끔은 표범이고, 그것이 다른 모든 것을 압도하는 공포를 불러일으키죠. 마찬가지로 그는 좋은 안과의사지만, 황새가 아기를 물어다준다는 믿음이 그가 잡고 있는 메스에 어떤 식으로든 영향을 미칠 위험이 늘 도사리고 있어요. 당신은 그것을 두려워하는 거고요.

도킨스 그런 믿음이 꼭 메스에 영향을 미치는지는 모르겠어요. 그건….

타이슨 좋아요, 당신은 원칙상 반대하는 거군요.

도킨스 네, 그런 것 같아요.

타이슨 네, 실제로 문제를 일으키기 때문이 아니라, 원칙상으로.

도킨스 지리학 교수를 예로 들어봅시다. 그는 지구가 평평하다고 믿지만….

타이슨 강의실에서는 지구를 완벽한 구로 그리죠.

도킨스 네, 맞습니다. 그런 사람들이 있어요.

타이슨 좋아요. 그러면 당신은 원칙적인 사람이군요. 일관된 사고를 원하는 거죠.

도킨스 그런 것 같아요.

타이슨 좋아요. 그럼, 이런 상황을 해결하기 위해 당신은 뭘 하시죠? 저는 아무것도 하지 않지만, 당신은 이런 상황을 바꾸고 싶어 합니다. 인간이 신비주의적이고 마술적인 사고방식, 비논리적인 사고방식의 포로라는 것을 우리 둘 다 인정했습니다. 당신은 인간의 마음을 좌지우지하는 생물학적 명령을 바꾸고 싶어 합니다. 어떻게 하면 되겠습니까?

도킨스 저는 '의식 고취consciousness-raising'라는 표현을 좋아합니다. 저는 고압적으로 굴고 싶지 않아요. 비논리적 사고를 금지하는 법이 있어야 한다고 말하고 싶지 않습니다. 저는 파시스트가 아닙니다! 하지만….

타이슨 만일 미래에 비논리적인 사람들은 모조리 특정 주로 이사해야 한다고 상상해봅시다. 모든 음악과 미술은 그 주에서 나오겠죠? 진정으로 창의적인 사람들은 제가 만나본 가장 논리적이지 않은 사람들이었어요. 하지만 그들은 창조적인 사람들이고, 그래서 세상을 좀 더 흥미진진한 곳으로 만들죠. 그렇다고 해도 그건 물론 다른 문제겠지만요. 좋아요, 그래서 당신은 어떻게 합니까? 의식을 고취시키고 싶어 하는데, 전술이 있나요? 저도 의식을 고취시키고 싶거든요. 한번 비교해봅시다.

도킨스 당신의 전술이 제 전술보다 나을 것 같은데요. 당신의 전술은 모범을 보이는 것일 테니까요.

타이슨 네.

도킨스 제 전술은 논리를 실천하고, 과학을 실천하고, 과학의 경이를 보여주는 거예요. 저는 이 모든 것을 좋아합니다.

타이슨 실제로 당신의 저서 가운데 제목에 '경이'가 들어 있는 책이 있습니다. 자서전 《경이에 대한 욕구An Appetite for Wonder》죠. 모든 과학자와 대부분의 사람이 그런 욕구를 가지고 있습니다.

도킨스 맞아요. 그리고 그건 제가 쓴 또 다른 책 《무지개를 풀며Unweaving the Rainbow》의 부제이기도 합니다. 정확하게는 '과학, 망상, 그리고 경이에 대한 욕구'죠. 참고로 《무지개를 풀며》는 과학에 시를 접목하려는 시도였습니다. 제목의 문구는 키츠의 표현이고요. 키츠는 뉴턴이 무지개를 풀어헤쳤다고 공격했죠. 뉴턴이 분광 현상을 설명함으로써 무지개의 시적 감수성을 파괴했다고 생각했습니다. 제 책의 메시지는 그렇지 않다는 것이고요. 무지개의 신비를 풀면 시적 감수성이 줄어드는 게 아니라 늘어납니다.

타이슨 모든 저서에서 제가 추구하는 목표가 그겁니다. 성공하든 실패하든 그게 제 의도죠. 당신은 저와 어떻게 다릅니까? 혹시 목표가 다른가요?

도킨스 저도 당신과 추구하는 목표가 같습니다. 저는 리처드 파인먼의 말에 동의합니다. 그는 이렇게 말했죠. "장미를 볼 때 나는 시인이나 화가가 장미에서 보는 것 같은 아름다움을 보지만, 동시에 꽃의 색깔이 곤충을 유혹하기 위한 것이며 자연선택을 통해 만들어졌다는 사실에서도 시적 영감을 얻는다."

타이슨 아름다운 노을을 볼 때 저도 똑같이 느낍니다. 저는 사람들이 신을 떠올리고 싶다면, 빛줄기가 퍼지는 석양만큼 신의 이미지를 잘 재현하는 것은 없다고 생각합니다.

도킨스 그건 내부의 불순물….

타이슨 대기 중의 불순물 때문이죠! 저 역시 짙은 파랑에서 하늘색, 그리고 붉은 태양까지 황혼의 커튼을 드리우는 장엄한 일몰 광경에서 아름다움을 느끼지만, 동시에 태양의 표면이 6천 도이고, 태양 광선이 대기 중에서 산란되고 있으며, 물방울이 응결되어 구름을 만든다는 사실을 압니다. 그래서 저는 파인먼의 접근법에 동의합니다. 하지만 당신은 그 밖에 무엇을 추구하나요? 또 어디로 가시나요?

도킨스 저는 점성술이나 동종요법 같은 터무니없는 소리들을 가볍게 조롱하는 쪽으로 좀 더 가는 것 같습니다.

타이슨 '가볍게'라고 말씀하셨지만, 당신의 반대편에 있는 사람들도 가볍다고 말하나요?

도킨스 아닐 수도 있습니다. 저는 그것에 대해 별로 신경 쓰지 않습니다. 제가 이야기하는 대상은 점성술사만이 아니니까요. 라디오 청취자들도 있고, 누구든 제 말을 듣고 있는 사람은 모두 제 청중입니다.

타이슨 알겠습니다. 당신은 저보다 넓은 플랫폼에서 불특정 다수와 생각을 나누시는군요.

도킨스 우리 둘 다 그렇지 않나요? 저는, 누군가를 바보라고 부르는 것으로는 그 사람의 마음을 바꾸지 못한다는 지적을 자주 받습니다. 아마 사실일 거예요. 하지만 저는 제 말을 듣고 있는 수천 명의 마음을 바꿀 수 있고, 그래서 그 누군가를 바보라고 부르는 것을 망설이지 않습니다.

타이슨 좋습니다. 그러면 당신은 더 폭넓은 청중이 있다는 것을 알고 있기 때문에, 개인과 대화를 나눌 때 설령 그 사람이 모욕감을 느끼거나 기분이 나쁘거나 바보처럼 느껴질 수 있는 상황에서도, 당신의 주장에 흔들릴 수 있는 사람들이 있다는 사실에 기대를 걸고 있는 건가요? 저는 일대일을 추구하는 편입니다. 저는 일대일로 대화하고, 거기 있는 다른 사람들은 그 대화를 엿듣고 있다고 상상하기를 원합니다. 이게 제 전술입니다. 만일 그것을 전술이라고 부를 수 있다면요. 저는 청중을 의식하기보다는 일대일이라고 생각하고 대화합니다.

도킨스 하지만 당신에게는 엄청나게 많은 청중이 있습니다.

타이슨 제가 예를 하나 들어볼까요. 당신이라면 이 사건을 어떻게 처리하셨겠습니까? 제 조카가 최근에 아버지의 죽음을 겪었습니다. 그 아이의 돌아가신 아버지가 제 사촌입니다. 몇 주 후 조카가 저에게 아버지와 함께 방에 있었다고 이야기하더군요. 아버지는 반쯤 열린 관 속에 있었다고. 제 조카는 부동산중개인이고 회계를 전공했습니다. 그 아이는 아버지가 일어나 앉았고 함께 이야기를 나눴다고 했어요. 그래서 제가 물었습니다. "무슨 이야기를 나눴어?" 조카는 이렇게 말했습니다. "아버지는 '걱정 말거라. 나는 좋은 곳에 왔으니'라고 말씀하셨고, 저는 아버지에게 '다행이에요. 아버지가 떠나서 슬펐는데, 그렇다니 기뻐요'라고 말했어요." 그 말을 듣고 저는 생각했죠. 이 일을 어떻게 다뤄야 할까? 이건 가족 일인데, 이 상황을 내가 어떻게 처리해야 하지? 저는 조카에게 이렇게 말했습니다. "다음에 또 이런 일이 일어나면 우리에게 도움이 되는 질문을 해봐. 예를 들어, 아버지는 지금 어디에 있느냐? 옷은 입고 있느냐? 옷은 어디서 났느냐? 그곳에 돈이 있나? 날씨는 어떤가? 다른 사람은 누가 있나? 거기서 아버지는 몇 살인가? 아버지는 자신이 젊다고 생각하나, 아니면 늙었다고 생각하나? 할머니가 거기 계신가? 할머니는 몇 살인가? 할머니가 그곳에 함께 있다면, 할머니도 늙었나, 아니면 젊을 때 모습 그대로인가?"

도킨스 멋진 답변이라고 생각합니다.•

타이슨 정보를 얻는 거죠. 지금 조카는 기회를 노리고 있어요. 만날 때마다 말하죠. "알았어요, 그렇게 해볼게요." 그 아이는 다음번에 죽은 사람이 일어나 말을 걸면 자신만의 작은 실험을 할 겁니다. 당신이라면 어떻게 하셨겠습니까?

도킨스 저는 그런 생각을 하지 못했을 겁니다. 그런 생각을 할 수 있다면 좋을 테지만. 그런데 궁금한 게 있어요. 당신은 조카가 거짓말을 했다고 생각하십니까? 환각을 경험했다고 생각하세요?

• 외계인에게 잡혀가면 물어볼 질문들에 대해 칼 세이건도 비슷하게 말했다. 이 책《리처드 도킨스, 내 인생의 책들》2장의 챕터 2를 보라.

타이슨 모르겠어요. 저는 천체물리학자니까, 가장 먼저 그건 환각이었다고 설명할 수 있겠죠. 우리는 죽은 사람은 일어나 말을 걸지 않는다고 알고 있으니까요. 물론 목격자도 영상도 없습니다. 하지만 저는 조카가 정말로 그렇게 믿었는지는 신경 쓰지 않았어요. 저는 단지 그 아이에게 도구를 주었을 뿐입니다. 다음에 그런 일이 일어나면 조카가 객관적인 현실과 마음속에 떠오른 환각을 구별할 수 있도록 말이죠. 그러면 그 아이는 스스로 결론에 도달할 겁니다. 환각을 경험한 거라고 누가 말해줘서가 아니라.

도킨스 네, 아주 좋은 방법 같아요. 조카가 아직도 아버지를 그리워하고 여전히 슬퍼하고 있다면, 저 역시도 '네가 본 것은 환각이었다'고 말하지는 않았을 거예요.

타이슨 조카가 상처받지 않도록.

도킨스 맞아요, 상처받지 않도록.

타이슨 리처드 도킨스 씨에게 그런 부드러운 면이 있군요.

도킨스 아, 물론이죠.

타이슨 자, 리처드가 이렇게 마음이 여린 사람이라는 것을 보여줍시다!

도킨스 그건 그렇고… 저라면 이렇게 말할 것 같습니다. "아마 잠이 들어 꿈을 꾼 걸 거야."

타이슨 그건 현실이 아니니까요, 그렇죠?

도킨스 그러니까 제 말은, 우리는 모두 매일 밤 꿈을 꾸고, 꿈속에서 완전히 비현실적이고 초현실적인 경험을 합니다. 그리고 우리 대부분은 자신이 꿈을 꾸고 있다는 사실을 모르죠. 우리는 꿈을 통해 정신이상이 어떤 것인지 간접적으로 경험할 수 있습니다. 매일 밤 저는 꿈 때문에 정신이상자가 되죠. 어떤 이성적인 사람도 꿈을 꾸는 와중에 즉시 "이건 현실이 아니야"라고 말할 수 없습니다. 따라서 꿈을 꾼 것이라고 말하는 것이 또 다른 방법이라고 생각합니다. 즉, 이성적으로 공감을 표현하는 방법이죠. 하지만 당신의 방법이 더 마음에 듭니다.

타이슨 그건 말하자면 제 '작업 방식'이죠. 제가 타인과 소통하는 방법입니다. 그런데 저는 무신론자들에게 일종의 '토지 수탈'을 당했습니다. 그들은 제가 '무신론자'라고 주장했죠. 하지만 저는 어떤 칭호도 원치 않습니다. 뭐라고 불리기를 원치 않아요. 만일 누군가가 저에게 특정 칭호에 걸맞기를 기대하고 다가오거나, 특정 꼬리표가 제가 무슨 말을 할지 암시한다면, 사람들은 제가 뭐라고 주장할지 미리 알고 있다고 생각할 겁니다. 저는 사람들이 아무것도 모르는 상태에서 제 말을 들었으면 좋겠어요. 먼저 제가 어떤 주장을 펼치고 무슨 말을 하는지 듣고 나서 함께 대화해 나가기를 원합니다. 제가 대학에서 가르칠 때 바로 그랬죠. 학생들은 투명한 유리를 통해 볼 수 있었습니다. 그 위에 적을 수 있는 투명한 유리를 준비했죠. 하지만 몇몇 교수들은 유리를 미리 채워서 탁 내려놓습니다. 유리에는 뭔가가 빼곡하게 적혀 있고, 교수들은 적힌 대로 말할 뿐이죠.

도킨스 차곡차곡 쌓아올리는 대신에….

타이슨 그렇습니다. 저라면 이렇게 말할 겁니다. "싫어요! 그건 그냥 복사하는 거예요!" 반면 당신이 그래프의 첫 번째 부분을 그리고 여기는 온도 축이고 여기는 시간 축이라고 표시하고 나서 아이디어를 조립해나간다면, 무슨 일이 일어나고 있는지 훨씬 더 깊이 이해할 수 있습니다.

도킨스 현장에서 가르치는 사람들이 귀담아들으면 좋을 지적입니다. 이것이 방금 말씀하신, 특정 칭호로 불리고 싶지 않다는 말씀에도 적용되는지는 잘 모르겠습니다. 제 말은….

타이슨 아뇨, 대화에서 그렇다는 뜻입니다. 당신이 저에 대해 아무것도 모른다면 선입견이 없는 상태에서 알아가야 합니다.

도킨스 하지만 당신이 예를 들어 합리주의자나 현실주의자라는 꼬리표를 달고 있다 해도, 즉 증거를 토대로 결론을 내리는 사람으로 알려져 있다 해도, 같은 이유로 그 꼬리표를 감출 필요가 있다고 느낄까요?

타이슨 대화에 들어오는 누군가는 방어적일 수도 있으니까요. 사전에 특정 입장을 가질지도 모르고, 어떤 논증들을 미리 준비할 가능성도 있어요. 그럴 경우 꼬리표는 그게 없었다면 가능했을 순수한 대화를 망칩니다. 제가 일대일 상황에서 가치 있게 여기는 대화의 진정성을 해치죠.

도킨스 저도 마찬가지일 것 같군요. 만일 제가 누군가와 저녁을 함께 먹을 예정이고, 그 사람에게 제 생각을 납득시키고 싶다면, "맞아, 나는 무신론자야"라고 말하지 않을 것 같습니다. 아마 단계적으로 설명을 진전시키겠죠. 투명한 상태에서 한 번에 한 단계씩 진전시킬 겁니다. 하지만 미국처럼 그런 꼬리표 없이는 선거에서 당선될 수 없는 나라에 산다면, 저는 게이 프라이드Gay Pride(동성애자임을 공개하고 자긍심을 갖자는 의식 고취 운동—옮긴이)처럼 할 것 같습니다. "나는 게이다!" 또는 "나는 게이가 아니지만 게이 결혼을 찬성한다!"라고 입장을 밝히는 거죠.

타이슨 하지만 차이가 좀 있다고 생각해요. 세속주의 운동에는 더 많은 사람의 생각을 이렇게 또는 저렇게 바꾸려는 열망이 존재합니다. 그렇게 하면 더 좋은 사회가 된다는 이유로, 아니면 더 이성적인 결정을 내리는 사회가 된다는 이유로. 그러나 모든 사람을 동성애자로 바꾸겠다는 목표를 가진 동성애자는 한 명도 보지 못했습니다. 그들은 단지 생긴 그대로 존중받기를 원할 뿐 다른 모든 사람을 동성애자로 만들려고 하지는 않습니다. 당신의 책《만들어진 신》과는 다릅니다. "옳은 존재 방식이 있다"라고 말하는 '만들어진 이성애자'라는 책은 존재하지 않습니다. 따라서 저는 동성애 운동과 세속주의 운동 사이에는 목표의 차이가 있다고 생각합니다.

도킨스 세속주의 운동이 모든 사람을 우리 관점으로 바꾸려는 열망을 가지고 있다고 말하는 것은 과장이라고 생각합니다. 세속주의 운동의 목표는 오히려 '당신을 무신론자로 만드는 게 아니라, 무신론자들이 차별받아서는 안 된다는 생각을 받아들이게 하려는 것'입니다.

타이슨 그렇다면 우리는 한 세기 전과는 다른 시대에 살고 있나요? 다윈이 더 깊은 분열을 일으켰나요? 다윈 이후 종교집단이 더 강한 고집을 부리고 있는 건가요? 왜냐하면 갈등이 지금처럼 심한 때가 있었나 싶기 때문입니다. 제가 잘 몰랐을 수도 있으니까요. 저는 전 세계의 사회·문화적 관습을 다 알고 있다고 주장할 생각은 없지만, 종교인들이 주말에 교회나 유대교 회당 또는 회교 사원에 가면서도 주중에는 학교에 가서 과학을 배웠던 시절을 기억합니다.

도킨스 오늘날 미국에서 종교가 없는 사람들은 따돌림당할 위험에 처해 있는 것이 현실인 것 같습니다. 하지만 실리콘밸리 같은 곳에서는 그렇지 않죠. 저는 실리콘밸리에서 이렇게 말하는 사람들을 계속 만납니다. "뭐가 문제죠? 저는 무신론자입니다. 제가 무신론자인 걸 모두가 알아요." 그들은 실리콘밸리에 살고 있으니까 그렇죠!

타이슨 영국이나 유럽은 일반적으로 분위기가 어떻습니까? 유럽은 무신론이 강하지 않나요?

도킨스 맞아요. 하지만 역설적으로 유럽의 많은 국가가 국교를 가지고 있는데, 그건 우연이 아닐지도 몰라요. 국교는 종교를 태생적인 것으로 만듭니다. 반면 미국에서는 종교가….

타이슨 우리는 종교를 선택하죠.

도킨스 개인의 자유입니다. 선택이죠.

타이슨 네.

도킨스 목사들은 대형 교회를 광고합니다.

타이슨 그리고 신도들은 자신이 좋아하는 설교자들을 따를 수 있고, 따라서….

도킨스 저 교회가 아니라 이 교회를 가죠.

타이슨 그건 정말 좋아요.

도킨스 영국 사람들은 결혼식과 장례식을 빼고는 교회에 가지 않습니다.

타이슨 〈코스모스〉를 촬영하는 동안 영국에 잠시 머문 적이 있는데, 그때 알았죠. '영국성공회'라고 불리는 것이 있다는 사실을요. 하지만 그건 실질적으로 행정기관이고, 아무도 교회에 가지 않더라고요.

도킨스 네, 국왕에게 왕관을 씌워주는 곳이죠.

타이슨 그것으로 끝이군요!

도킨스 네.

타이슨 유럽의 다른 국가들은 어떤가요?

도킨스 저는 유럽이 매우 다양하다고 생각합니다. 프랑스, 이탈리아, 스페인 등 전통적인 가톨릭 국가에서는 성직자의 정치세력화에 대해 강한 반감이 있지만, 미국은 종교성이 두드러지죠. 종교에 대한 이 정도의 집착은 중동에나 가야 볼 수 있습니다.

타이슨 시간을 거슬러 올라간다면, 20세기 이전의 모든 유명한 과학자는 사실상 종교적 성향을 가지고 있었을 겁니다. 갈릴레오도 신자였고, 게다가 독실한 가톨릭 신자였죠. 뉴턴은 성공회 신자였지만 삼위일체에 반대했어요. 그에게는 몇 가지 문제점이 있었습니다. 그리고 현대에 종교적인 사람들이 과거 과학자들의 종교적 성향을 들먹이는 일은 드물지 않죠. 오늘날 종교적인 과학자들의 수치를 보면, 최근 수치는 살펴보지 않았지만 제가 체크했을 때만 해도, 미국에서 실제 논문을 투고하는 과학자 중 3분의 1이 자신이 분명하게 종교적이라고 주장했습니다. 즉, "기도를 합니까? 당신의 일상생활에 개입하는 전지전능한 존재가 있다고 생각합니까?"라는 질문에 "그렇다"라고 응답한 과학자가 3분의 1이라는 거죠. 따라서 종교적인 성향 자체를 문제 삼을 수는 없습니다. "종교를 가지고 '이것'을 하고 싶으면 문제지만 그렇지 않으면 괜찮다"로 당신의 주장을 수정해야 할 겁니다.

도킨스 좋습니다, 그 점을 말씀드리죠. 먼저 저는 과거와 현재를 구별해야 한다고 생각합니다.

타이슨 물론입니다. 제가 둘을 뭉뚱그려 말했습니다, 죄송합니다.

도킨스 뉴턴과 갈릴레오 등은 다윈 이전의 인물입니다. 다윈 이전 사람들은 종교적이지 않을 수가 없었죠. 종교적이지 않다 해도, 확고한 회의주의적 입장을 취해야 했습니다. 왜냐하면 어디를 봐도, 다윈이 등장하기 전에는 '설계자'가 있어야 한다는 것이 분명해 보였으니까요. 누가 뉴턴과 갈릴레오를 탓할 수 있을까요? 따라서 저는 그 주장에 별로 감명을 받지 않습니다. 미국 과학자들의 3분의 1이 그렇다는 건, 제가 본 여론조사들에 따르면 대략 맞습니다. 하지만 과학자 일반에서 엘리트 과학자로 초점을 옮겨서 미국 국립아카데미와 영국에서 그에 상응하는 기관인 영연방왕립협회British Commonwealth Royal Society를 대상으로 조사했더니, 그 비율이 약 10퍼센트였습니다. 그러니까 당신은 우리가 걱정할 대상이 아직 약 10퍼센트라는 점을 지적하신 셈입니다.

타이슨 '걱정'이라는 단어를 사용해도 될지 잘 모르겠군요. 사람들은 제가 걱정한다고 생각하고 싶어 하지만, 제가 실제로 하고 싶은 말은 당신 같은 사람들이 대중에게는 문제를 제기하면서도 3분의 1의 과학자, 즉 우리 동업자들에게 문제를 제기하는 것은 보지 못했다는 겁니다. 우리 과학계에서 3분의 1이 그렇고, 심지어 엘리트 집단에서도 10퍼센트이지 0퍼센트가 아닌데, 대중을 더 합리적인 길로 이끌 수 있다고 기대할 수 있을까요?

도킨스 맞습니다. 하지만 약간 주의가 필요합니다. 그 과학자들에게 종교에 대해 묻는다면, 그들은 자신이 종교적이라고 말할 수도 있고 "나는 유대교도다" 또는 "나는 기독교도다"라고 말할 수도 있습니다. 만일 그 3분의 1에게, 특히 그 10퍼센트에게 실제로 무엇을 믿느냐고 물어보면, 그들은 우주의 신비에 대해 말할 겁니다. 그들은 일종의 경외감을 가지고 있어요. 저도 마찬가지고, 당신도 그럴 겁니다. 하지만 그러고 나서 "당신은 초자연적인 것을 실제로 믿습니까? 당신이 스스로를 기독교도라고 칭한다는 건 알지만 예수가 처녀에게서 태어났고 죽은 후 부활했다는 것을 믿습니까?"라고 물으면, 당연히 그들은 그렇지 않다고 대답할 겁니다. 따라서 당신은 그 사람들을 계산에서 빼야 합니다. '아인슈타인교도' 말입니다.

타이슨 아인슈타인의 신은 스피노자의 신입니다. 법칙과 존재하는 것들에 관여했으며, 과학이 관찰하는 우주에 관여한 신이죠. 그냥 그렇다는 것일 뿐, 검증할 수는 없습니다.

도킨스 저는 '우주에 관여'했다고 생각하지도 않습니다. 그냥 신이 우주라고 생각합니다. 모든 것을 시작한 지능이 존재한다는 생각과는 좀 다릅니다. 당신은 그런 부류를 계산에서 빼고 싶을 거예요. 그러면 처녀 잉태를 실제로 믿는 소수만 남게 되는데, 저는 그들을 어떻게 이해해야 할지 모르겠습니다. 그들은 말하자면 '과학의 배신자'라고 생각해요.

타이슨 하지만 그들도 과학을 합니다! 따라서 당신의 반대는 철학적인 것입니다.

도킨스 제가 처음에 말씀드린 천체물리학자처럼 말이죠. 그 이야기는 이미 한 것 같군요. 하지만 또 하나 말씀드릴 게 있습니다. 영국에 있는 제 재단에서 조사를 했습니다. 여론조사 기관에 의뢰했죠. 우리는 2011년에 실시된 인구조사 주간을 선택했습니다. 영국의 인구조사는 실제로 종교가 무엇인지 물어요. 응답자는 기독교, 유대교, 이슬람 등, 또는 없음이라고 적힌 칸에 체크해야 하죠. 그래서 우리는 여론조사 기관에, 기독교 칸에 체크한 사람들을 표본으로 추출해 그들이 실제로 무엇을 믿는지 조사해달라고 의뢰했습니다. 표본조사일 뿐이고, 표본은 2천 명 정도였지만 전문적인 조사였습니다. 우리는 이런 질문들을 요청했습니다. "기독교 칸에 체크하셨는데, 당신은 예수가 당신의 주인이자 구세주라고 믿습니까?" 아니다. "당신은 예수가 처녀에게서 태어났다고 믿습니까?" 아니다. "당신은 예수가 죽은 자들 가운데서 부활했다고 믿습니까?" 아니다. "그럼 왜 자신을 기독교도라고 부릅니까?" 내가 좋은 사람이라고 생각하고 싶기 때문이다. 그래서 사람들은 기독교도라는 꼬리표를 얻기 위해 기독교 칸에 체크하고 기독교도라는 꼬리표를 받아들이는 수준까지 가는 거죠.
그다음에 우리는 이렇게 질문했습니다. 이건 연속적인 질문이 아니라 모두 별개의 문항이었습니다. "좋아요, 당신은 자신을 좋은 사람이라고 생각하고 싶어 하는군요. 그러면 삶에서 도덕적 딜레마에 직면하면 종교에 의지합니까, 아니면 친구에게 의지합니까,

아니면 문화적 배경에 의지합니까?"

타이슨 아주 좋은 질문입니다. 이 질문에 대해 저도 한마디 논평하고 싶지만, 일단 끝까지 들어보죠.

도킨스 기독교 칸에 체크한 사람의 약 9퍼센트만이 종교에 의지한다고 응답했습니다. 대다수는 스스로 좋은 사람이라고 생각하고 싶기 때문에 기독교 칸에 체크했다고 말했죠. 이것이 보여주는 것은, 사람들이 종교가 있다고 말해도 곧이곧대로 받아들이면 안 된다는 겁니다. 사람들이 "나는 기독교도다" 또는 "나는 유대교도다"라고 말하면 의심해보세요. 특히 "나는 유대교도다"라고 말한다면, 그건 아마 유대교 전통을 지키고 싶다는 뜻일 겁니다. 그리고….

타이슨 미국에서는 일반적으로 그런 뜻입니다. 하시드파(유대교의 신비주의 종파—옮긴이)가 아니라면. 미국에서는 유대교가 종교라기보다는 문화죠.

도킨스 그건 괜찮습니다.

타이슨 잡지 〈뉴요커〉와 인터뷰를 하던 중 어느 시점에 진행자가 물었습니다. "당신은 종교적 배경 속에서 자랐습니까?" 저는 그렇다고 대답했죠. 실제로 저는 가톨릭 신자로 자랐습니다. 다만 그 사실을 공개적으로 말한 건 그때가 처음이었습니다. 감추려고 한 적은 없습니다. 아무도 묻지 않았을 뿐이죠. 저는 인터뷰 진행자에게 말했습니다. 그건 매주 교회에 가다가 한 달에 한 번 가고, 그러다 기념일에만 가게 되었다는 뜻이라고. 물론 크리스마스를 기념했죠. 제가 이 인터뷰 기사에서 말하고 싶었던 진짜 요점은, 그것이 우리가 내리는 그 어떤 결정에도 분명한 방식으로 영향을 미치지 않았다는 겁니다. 제 어머니는 우리에게 한 번도 이렇게 말씀하시지 않았습니다. "예수님이 지켜보고 계시니 이런 짓을 하면 안 돼!" 우리 집에서 그런 식의 대화는 없었어요. 하지만 기자는 '그는 가톨릭 신자였지만 지금은 과학자이고 가톨릭 신앙을 잃었다'라고 쓰고 싶은 열망이 있었죠. 마치 그사이에 큰 변화가 있었던 것처럼 말이에요.

도킨스 하지만 변화는 없었군요.

타이슨 변화는 전혀 없었습니다! 사람들은 이런 식으로 저를 종교와 엮고 싶어 하지만, 우리 집안에서 '예수님이라면 어떻게 하셨을까?'라는 사고방식은 전혀 없었습니다. 단지 '합리적으로 생각하는 사람은 이런 상황에서 어떻게 할까?'만 있었죠. 저는 평생 그런 식으로 살아왔습니다. 저는 여전히 어떤 꼬리표도 갖고 싶지 않습니다. 저를 무슨 '주의자'라고 부를 수 있다면 오직 '과학자'뿐입니다. 저에 대해 그 이상을 알고 싶다면 우리가 방금 한 것처럼 저와 대화를 나누면 됩니다. 리처드, 오늘 이 자리에 와주셔서 감사합니다. 예정보다 긴 대화였습니다.

도킨스 네.

타이슨 당신을 볼 때마다 '이 얘기를 하고 싶다', '저 얘기에 대해 생각해보고 싶다'고 말하며 의견을 듣고 싶었는데, 당신과 함께 이야기 나눌 수 있어서 정말 좋았습니다. 다시 한번 감사드립니다.

리처드 고맙습니다!

2

상식적이지 않은 과학

루이스 월퍼트 Lewis Wolpert**의 《과학의 부자연스러운 본성**The Unnatural Nature of Science**》에 대한 이 서평은 1992년 〈선데이타임스〉에 실렸다. 1929년 남아프리카에서 태어난 저명한 영국인 발생학자 월퍼트 박사는 과학을 위해 거침없이 그리고 '과학적으로' 싸우는 투사로 명성이 자자하다('과학적'이라는 묘사는 내 입장에서는 칭찬이지만, 그렇게 말하는 사람들로서는 칭찬이 아닐 것이다).**
그는 장난기 있는 유머러스한 목소리로 철학의 유용성에 대한 의심을 표현하는 데 주저함이 없다(그중에서도 과학철학의 유행하는 특정 학파에 대해). 평소에는 유쾌하고 재미있는 사람이지만 이따금 심한 우울증에 시달리는 그는 《악성 슬픔 Malignant Sadness**》에서 자신의 우울을 유려하고 감동적으로 묘사했다.**

물 한 잔을 바다에 붓고 전 세계 바다에 완전히 섞일 때까지 기다린다. 그다음에 바다 아무 곳에서나 물 한 잔을 퍼낸다. 그러면 처음에 부은 물잔 속 물 분자를 적어도 한 개는 회수할 수 있다. 그 이유를 루이스 월퍼트는 이렇게 말한다. "물 한 잔에는 바닷물의 물잔 수보다 더 많은 수의 분자가 들어 있기 때문이다." 이 간단한 진술에는 놀라운 함축적 의미가 담겨 있다. 내가 곧 마실 커피 한 잔에는 올리버 크롬웰과 당신의 콩팥, 그리고 교황의 콩팥을 통과한 원자들이 포함되어 있다는 뜻이니까. 이는 우리 모두를 행복한 대가족으로 묶는 것처럼 보인다. 하지만 월퍼트는 이보다 덜 감상적이지만 더 흥미로운 점을 지적한다. 바로 과학은 상식과는 거리가 멀다는 점이다.

T. H. 헉슬리는 이런 유명한 말을 남겼다. "과학은 훈련되고 조직된 상식일 뿐이다. 과학의 방법과 상식의 방법은 근위병이 칼을 휘두르는 방식과 야만인이 몽둥이를 휘두르는 방식만큼만 다르다." 짐작건대 월퍼트는 과학적 방법의 특정 측면들에 대해서는 헉슬리의 말을 지지할 것이다. 여기서 말하는 '상식'이 저속한 미신이 아니라 견고하고 올바른 분별력이라고 한다면 말이다. 미신을 믿는 사람들은 소름 끼치는 우연을 마주하면 초자연적인 믿음에 매달린다. 하지만 그런 우연이 있을 수 있다고 생각하는 것이 바로 견실하고 올바른 분별력이다. 과학자들은 우연이 일어날 확률을 계산하는 훈련을 받은 '통계 근위병'들인 셈이다.

하지만 과학이 상식일 뿐인 건 어디까지나 과학적 방법의 경우다. 월퍼트가 과학은 상식과는 거리가 멀다고 말할 때, 그것은 아마 방법보다는 결과에 대한 입장일 것이다. 과학은 양자이론과 상대성이론처럼 머리가 터질 것같이 난해한 분야에서는 상식적이지 않기로 악명 높다. 하지만 뉴턴의 고전물리학조차 우리의 불쌍한 직관으로는 이해하기 힘들다. 소총으로 총알 한 발을 쏘는 동시에 다른 한 발을 떨어뜨리면 두 총알이 동시에 땅에 떨어질 거라고 누가 상상이나 했겠는가?

"만일 어떤 것이 상식과 일치한다면 그건 거의 확실히 과학이 아니다. 우리의 뇌와 행동은 우리 주변의 가까운 세계를 다루도록 진화했기 때문이다"라고 월퍼트는 장난스럽게 말한다. 내가 증명할 수 있는데, 진화는 블랙홀의 특이점(블랙홀 내부에 밀도가 무한대인 점—옮긴이)에 비하면 유치할 정도로 쉽지만, 그럼에도 우리의 집요하게 둔한 상식에 위배된다. 기껏 몇 초에서 몇 세기에 이르는 인간의 시간 척도에 맞춰져 있는 상식은 수십억 년에 걸쳐 느리게 돌아가는 지질학의 맷돌 앞에서는 바보처럼 멍해질 뿐이다.

루이스 월퍼트는 저명한 발생학자이고, 성공한 대중과학 전도사인 동시에 왕립학회 회원이다(당신이 실패한 과학 전도사라면 이것이 얼마나 대단한 일인지 깨닫기 쉽지 않을 것이다). 올해 그는 문예지 지면에서 똑 부러지는 과학 대변인으로 이름을 날렸다. 상대는, 과학이 인간에게서 '영혼'을 앗아갔다며 우는소리를 하는 여성 소설가,* 일류 언론인, 삼류 철학자들이었다. 월퍼트는 그들

* 내가 여성 소설가들을 하나의 계층으로 묶어서 공격한다는 생각은 버리기를. 이 서평이 발표되었을 때 독자들은 내가 특정 '여성'을 염두에 두고 있다는 것을 쉽게 알 수 있었다. 오래전 일이고, 그 여성이 자신의 생각을 바꿨을지도 모르는 지금에 와서 이름을 밝히

모두를 권위 있게, 그리고 신속하게 처리했다. 그는 자신의 책에서 그들의 이름을 언급하지는 않는 올바른 판단을 내리면서, 대신 그들보다 더 나은 작가인 D. H. 로렌스가 했던 똑같이 어리석은 말을 인용했다. "지식은 태양을 죽여 점박이 공으로 만들었다."

이 책은 과학, 과학의 중요성, 과학이 어떻게 이루어지고 다른 분야와 어떻게 관련되어 있는지에 대한 생각을 모은 책이다. 월퍼트는 과학은 상식에 과감히 맞선다는 중심 논제를 소개한 후, 기술은 과학과 상당히 분리되어 있고 역사에 훨씬 자주 출현했다는, 흥미롭지만 놀랍지는 않은 소견을 제시한다. 그러고는 다음 장에서 마치 의무를 따르는 것처럼 '이 모두는 그리스인들로부터 시작되었다'고 말한다. 나는 왜 우리가 불, 흙, 물 같은 것에 감명을 받아야 하는지 이해할 수 없지만, 이런 종류의 책을 쓰는 사람은 누구도 그것을 생략할 수 없는 것 같다. 월퍼트의 경우는 심지어 여기에 열정까지 실었다.

우리 과학자들은 우리만의 야망이 있고, 우리만의 인간적 약점이 있다. 루이스 월퍼트는 그것을 솔직하게 밝힌다. 일부 과학자들은 우선권을 뺏길까 봐 걱정하고, 적어도 동료들에게 인정받기를 갈망한다. 존경스러운 예외로, 내가 이 글을 쓰는 날 100세 생

는 것은 너무 가혹한 처사라고 생각한다.

일을 맞이한 J. B. S. 홀데인이 떠오른다. 그는 "비록 발견에 대한 공적을 인정받지는 못해도 자신의 아이디어가 널리 쓰이는 것을 보는 것이 큰 기쁨"인 사람이었다. 물론 소수이긴 하지만 부정을 저지르는 과학자들도 있다. 그들은 자신이 소중히 여기는 가설을 위해 숫자를 바꾸거나 하지도 않은 실험을 꾸며낸다. 그런데 중요한 것은, 이런 사례들이 존재한다는 사실이 아니라 과학계가 그런 부정을 가차 없이 무섭게 처리한다는 사실이다.

만일 정원사가 현금으로 대금을 지불해달라고 요청하면, 우리는 알았다고 눈짓을 하고 세무서에 신고하지 않는다. 만일 친구가 '조드'•처럼 차표 없이 기차에 무임승차한다면, 우리는 대수롭지 않게 넘기지는 못해도 신고까지 하지는 않는다. 하지만 과학자가 데이터를 조작한 것으로 밝혀지면, 그 사람은 동정 없이 학계에서 쫓겨난다. 두 번의 기회는 주어지지 않는다. 물론 과학에서 부정행위는 끔찍한 망신이고 불명예라서 교수들은 고발당한 동료를 감싸고돌기 일쑤고, 오히려 내부고발자가 자신의 주장을 입증하는 고통을 겪기 쉽다. 그렇다 해도 과학자들은 부정행위가 입증된 사람이 다시는 과학자로 활동해서는 안 되며, 본인의 재

• 철학자 조드C. E. M. Joad는 영국의 유명 방송인이자 대중 지식인이었지만, 기차에 무임승차하는 만성적 습관이 밝혀지면서 몰락했다. 그가 돈이 필요했을 리는 없다. 무임승차는 그에게 일종의 게임, 위트 전쟁이었을 것이다. 비록 어리석은 게임이었지만.

능에 걸맞은 법이나 다른 일을 찾아야 한다는 견해를, 적어도 지지하는 척이라도 한다.

과학자들이 때때로 업계 기준을 위반한다는 사실을 부정하는 사람은 없다. 그들은 자신의 주장을 뒷받침하기 위해 증거를 위조하거나 적어도 조작한다. 그런데 과학의 인상적인 점은, 위반하면 안 되는 기준이 애초에 높게 설정되어 있다는 것이다. 변호사들은 변론을 뒷받침하기 위해 (부드럽게 말해서) 증거를 조작하는 일로 돈을 번다. 정치인과 기자들은 각각 '정책'과 '편향된 시각'을 위해 증거를 조작하는 일로 존경을 받는다.

과학자들이 유독 깐깐한 이유를 찾기는 그리 어렵지 않다. 일상생활에서는 부정행위를 막기 위해 지속적인 단속이 이루어지는 것을 당연한 일로 받아들인다. 사람들은 영수증, 서명, 신원증명을 제시하도록 요구받는다. 그러나 과학은 (그리고 특정한 다른 학문 분야도) 분야 전체가 확인이나 단속 없이 신뢰에 의존한다. 만일 증인 없이 혼자 일하는 과학자가 자신이 X를 했으며 Y를 관찰했다고 보고하면, 그의 동료들은 X를 그 사람이 정말로 했으며 Y를 그 사람이 실제로 관찰했다고 가정하는 것 외에 다른 것을 할 시간이 없다. 따라서 부정행위가 만연해진다면 해당 분야 전체가 붕괴될 것이다. 과학에서 부정행위가 그처럼 용서받을 수 없는 죄인 이유가 여기에 있다.

만일 직업적 기준이 개인의 행동에 영향을 미친다면 과학자들은 분명 세계에서 가장 도덕적인 집단일 것이다. 또한 그들은 신뢰를 당연하게 여기기 때문에 심령술사, 영매, 기타 사기꾼들의 가면을 벗기려면 월퍼트의 말("도둑은 도둑으로 잡는다")에 따라 직업마술사•를 데려오면 좋을 것이다.

• 악명 높은 예로, "물이 기억한다"는 자크 방브니스트 등의 주장을 조사하기 위해 당시 〈네이처〉 편집자 존 매덕스가 마법사 제임스 '어메이징' 랜디를 데려온 일이 있었다. 그런 주장은, 거의 무한히 희석해도 성분의 약효가 약해지기는커녕 강화된다는, 동종요법의 역설적인 원리의 핵심이다. 지금까지 알려지지 않은 완전히 혁명적인 물리학 원리가 존재하는 경우에만 이 주장이 사실일 수 있다. 물의 분자 조성의 무언가가 물이 '기억'을 보유할 수 있게 해주어야 한다. 희석으로 지금은 사라진 성분과 접촉했던 어떤 신비로운 각인을 물에 남길 수 있어야 한다. 그런 놀라운 결론을 증명할 수 있다면 노벨 물리학상과 생리의학상 감인데도 그동안 동종요법 관계자들이 그것을 조사하려고 시도조차 하지 않은 것에 대해 나는 종종 빈정거렸다. 조사 대신 그들은 환자들이 치유되었다고 주장하는 것에 만족했다. 물론 그것은 잘 입증된 위약 효과의 결과일 터였다. 하지만 방브니스트 팀은 예외였다. 그들은 연구를 제대로 한 것처럼 보였고, 〈네이처〉에 논문도 제출했다. 존 매덕스는 그것을 출판하기로 용기 있는 결정을 내렸다. 하지만 그 결과가 대단히 중요한 의미를 갖는다는 점, 그리고 매우 뜻밖이라는 점을 고려해 그는 조건을 제시했다. 자신과 두 동료의 감독하에 방브니스트의 실험실에서 실험을 재현해야 한다는 것이었다. 두 동료 중 한 명이 제임스 랜디였다. 랜디는 마술에 대한 자신의 정상급 지식을 초자연적 주장의 실체를 밝히는 일에 써왔다. 그는 많은 사례에서 심령술의 영매, 유명세를 노리고 숟가락을 구부리는 사람들 등의 정체

월퍼트는 철학자들의 역할에 대해서도 몇 가지 날카로운 지적을 한다. 그는 철학자들이 대체로 무해하다고 결론짓지만, 이어서 사회과학의 한 가지 해로운 영향을 지적한다. 이른바 '문화상대주의'라고 하는 것이다. "2+2=4라는 진술조차 사회학에서는 의문을 품을 수 있는 정당한 표적이 된다. 논리와 합리성도 마찬가지다." 대학의 임금을 억제하고 학생들에게 영향력을 행사하는 특정 사회학자들을 보지 못했다면, 나는 월퍼트가 과장하고 있다고 생각했을 것이다. 월퍼트는 "과학자들이여, 자랑스럽게 순진한 현실주의자가 되자"고 도발적으로 선언한다. 사회학자들은 적어도 마법의 카펫이나 순록이 끄는 공중썰매가 아니라 제트비행기를 탈 때만큼은 과학적 현실주의에 감사할 수 있을 것이다.

비행기가 하늘을 날 수 있는 건 공학자들이 '2+2=4'와 같은 것들을 가정하기 때문이다. 이건 월퍼트의 말이 아니라 내 말이다. 그럼에도 만일 당신이 이 말이 경박하고, 단순하고, '환원주의적'이고, 순진하다고 생각하는 사람이라면 아마 월퍼트의 책이 마음에 들지 않을 것이다. 또한 과학적 진실도 궁극적으로는 믿음에 기초하므로 점성술이나 종교, 부족의 미신, 프로이트 이론에 비

를 폭로했다. 방브니스트의 결과를 재현하는 시도에서 얻은 결론은, 대조군 이중맹검 조건에서 이른바 방브니스트 효과가 이따금 입증되는 것처럼 보였지만 어디까지나 방브니스트 팀 소속의 특정인이 실험을 수행할 때뿐이었다는 것이다. 참 이상하지 않은가?

해 특별한 지위를 갖지 않는다고 생각하는 사람들도 월퍼트의 책을 좋아하지 않을 것이다. 그리고 오늘날의 과학적 세계관이 이전 시대의 세계관보다 나을 게 없다고 생각하는 사람들, 과학이 인간의 영혼을 죽였다고 생각하는 사람들도 역시 그럴 것이다. 이런 믿음 중 어느 하나라도 가지고 있는 사람이라면 이 책이 불편할 것이다.

하지만 당신이 상식을 가진 사람이라면 이 책을 재미있게 읽을 수 있을 것이다. 그리고 이 책의 핵심 논제(상식적이지 않은 과학)를 고려해 한마디 덧붙이자면, 만일 당신이 지나치게 상식적인 사람이라면 이 책이 유익할 것이다. 어느 경우든 일독을 권한다.

3

우리는 모두 친척일까?

옥스퍼드대학교 전 총장이 이런 말을 한 적이 있다. "젊은 시절, 내가 강사로 막 일을 시작했을 때, 나는 한 번의 강의에서 한 가지만 지적하라는 조언을 들었다. 그런데 요즘에는 그것도 과하다는 말을 듣는다."
이 짧은 에세이는 한 가지만 지적하지만, 그것은 직관에 반하는 것이고 따라서 가치가 있다. 이 에세이는 한 가지만을 다루기 때문에 간략하며, 실제로 어린이를 위한 글 모음집에 알맞게 간략하게 써달라는 의뢰를 받기도 했다. 2012년에 《어른을 일깨우는 아이들의 위대한 질문 Big Questions from Little People**》이라는 제목으로 출판되었다.**

맞아, 우리는 모두 친척이야. 너는 영국 여왕, 미국 대통령, 그리고 나랑 친척일 거야. 좀 먼 친척이겠지만. 너와 나는 먼 사촌지간인 셈이지. 넌 그것을 직접 증명할 수 있어.

모든 사람에게는 아빠와 엄마가 있어. 즉, 부모님도 각각 부모가 두 분 있으니 우리 모두에게는 네 분의 조부모가 계신다는 뜻이야. 조부모님도 저마다 부모가 둘 있으니, 모든 사람에게는 여덟 분의 증조부모가 있고, 열여섯 분의 고조부모, 서른두 분의 현조부모가 있지.

몇 세대를 거슬러 올라가든 그 세대에 너의 조상이 몇 명인지 계산할 수 있어. 계속 2를 곱하기만 하면 돼. 10세기를 거슬러 올라간다고 가정해보자. 이때 영국은 정복왕 윌리엄 1세가 노르만 왕조를 열기 직전 앵글로색슨계 왕이 나라를 다스릴 때야. 당시 네 조상이 몇 명이었는지 계산해보자. 한 세기가 4세대라고 하면, 이때는 대략 40세대 전이겠지.

2를 40번 곱하면 1조보다 큰 수가 돼. 그런데 당시 세계 인구는 겨우 3억 명이었지. 심지어 지금도 세계 인구는 70억 명 정도야. 하지만 네 계산으로는, 1천 년 전 네 조상이 그보다 150배 이상 많았다고 나왔지. 게다가 우리는 지금까지 너의 조상만 계산했어. 내 조상과 영국 여왕의 조상, 미국 대통령의 조상까지 모두 더하면? 현재 이 세계에 살고 있는 70억 명 각각의 조상을 다 합치면? 그 70억 명 각자에게 1조 명의 조상이 있겠지?

더 큰 일은, 우리가 겨우 10세기(1천 년) 전으로 거슬러 올라갔다는 거야. 율리우스 카이사르 시대까지 거슬러 올라간다고 가정해봐. 그건 약 80세대 전이야. 2를 80번 곱하면 1조 곱하기 1조보다 더 큰 수가 돼. 이 사람들을 지구의 육지에 모두 세운다면 1제곱미터에 10억 명 정도를 몰아넣어야 할 거야. 그러려면 서로의 머리 위에 수천 명씩 겹쳐서 서 있어야겠지!

그렇다면 우리 계산이 어딘가 잘못된 게 틀림없어. 모든 사람에게는 두 명의 부모가 있다는 전제부터 틀린 걸까? 아냐, 그건 확실히 옳아. 그렇다면 모든 사람에게 네 명의 조부모가 있는 것도 맞잖아? 글쎄, 맞는 말이긴 한데, 모든 사람에게 네 명의 조부모가 각각 따로 있진 않아. 그게 핵심이야. 사촌끼리 결혼하는 나라도 있어. 사촌끼리 결혼해서 낳은 아이들은 저마다 조부모가 넷이지만, 증조부모는 여덟 명이 아니라 여섯 명이야(증조부모 두 분은 서로 겹치기 때문이지).

친척끼리의 결혼을 계산에 넣으면 조상의 수가 줄어들어. 물론 사촌끼리 결혼하는 일이 그리 흔하진 않아. 하지만 먼 친척끼리 결혼하는 경우에도 조상의 수가 줄어드는 건 같아. 우리 계산에서 말도 안 되게 큰 수가 나온 비밀이 여기 있어. 그건 우리 모두가 친척이기 때문이야. 율리우스 카이사르 시대에 세계 인구는 겨우 몇백만 명에 불과했고, 현재 지구에 사는 70억 명은 그 몇백만 명의 자손이야. 그러니까 우리는 실제로 모두 친척인 셈이지. 사실상 모든 결혼이 먼 친척 사이의 결혼이야. 이미 서로 겹치는 조상이 아주 많은 사람끼리 결혼해서 자식을 낳는 거야.

같은 논리에 따르면, 우리는 사람만이 아니라 동식물하고도 먼 친척관계야. 너는 우리 집 강아지, 점심에 먹은 상추, 네 방 창밖을 지금 막 날아서 지나간 새와도 친척이지. 너와 나는 이 동식물 모두와 조상이 같아. 하지만 이건 또 다른 이야기야.

4

영원함과 화제성

2000년에 호턴 미플린Houghton Mifflin이 매년 《과학과 자연에 관한 미국 최고의 저술The Best American Science and Nature Writing》이라는 선집을 펴내기 시작했다. 나는 시리즈 편집자인 팀 폴저Tim Folger의 요청으로 2003년 선집의 객원 편집자로 참여했다. 이 글은 그 선집을 위해 쓴 서문을 편집한 것이다.

칼 세이건은 후기작 중 하나에 '어둠을 밝히는 촛불로서의 과학Science as a candle in the dark'이라는 세이건 특유의 기억에 남을 만한 소제목을 붙였다. 같은 책에서 똑같이 기억에 남을 만한 큰 제목은 '악령이 출몰하는 세상The Demon-Haunted World'•이었고, 그 책의 주제는 무지라는 어둠과 그 어둠이 낳는 두려움이었다.

• 〈타임스〉에 기고한 세이건의 책에 대한 내 서평을 이 책 《리처드 도킨스, 내 인생의 책들》 2장의 챕터 2에 실었다.

다음은 내가 어린 시절에 콘월 출신인 할머니에게 배운 기도문이다.

> 악귀와 귀신과 다리 긴 짐승들로부터
> 그리고 밤에 나타나는 무서운 것들로부터
> 신이시여, 우리를 구하소서.

콘월이 아니라 스코틀랜드 지방의 기도라고 말하는 사람들도 있지만, 어디에서 왔든 이 기도에 담긴 감정은 전 세계인이 공유하는 것이다. 사람들은 어둠을 두려워한다. 세이건이 주장하고 개인적으로 예증했듯이, 과학은 무지를 줄이고 두려움을 쫓아내는 힘을 가지고 있다. 우리 모두가 과학을 읽고 과학자처럼 생각하는 법을 배워야 한다. 과학이 쓸모가 있어서가 아니라(물론 쓸모가 있다), 지식의 빛은 경이롭기 때문이며, 마음을 약해지게 만들고 시간을 낭비하는 어둠에 대한 두려움을 추방하기 때문이다.

불행히도 과학은 그 자체에 대한 두려움을 불러일으킨다. 이는 대개 과학을 기술과 혼동해서 생기는 두려움이다. 기술도 그 자체는 두려운 것이 아니지만, 기술은 당연히 좋은 일뿐만 아니라 나쁜 일도 할 수 있다. 어쨌든 당신이 도움이 되고 싶거나 해를 끼치고 싶다면, 어느 경우든 과학이 가장 효과적인 방법을 제공할 것이다. 관건은 나쁜 것보다 좋은 것을 선택하는 것인데, 내가 두려워하는 것은 사회로부터 그런 선택을 위임받은 사람들의 판단이다.

과학은 우리가 살아가는 현실 세계에 대해 무엇이 사실인지 이해하는 체계적인 방법이다. 만일 당신이 위안을 찾거나, 선하게 살기 위한 윤리적 지침을 원한다면, 다른 곳을 쳐다봐도 된다(그러나 실망할 것이다). 하지만 실재에 대해 무엇이 사실인지 알고 싶다면, 과학만이 유일한 방법이다. 혹시 더 나은 방법이 있다 해도 과학이 그것을 감싸안을 것이다.

과학은 자연이 우리에게 준 감각기관의 정교한 확장으로 볼 수 있다. 제대로 사용하면, 과학이라는 세계적인 협력사업은 실재를 가리키는 망원경처럼 작동한다. 또는 반대로 세부를 낱낱이 해부해 원인을 분석하는 현미경처럼 작동한다. 이렇게 보면 과학은 기본적으로 선한 힘이다. 과학이 낳은 기술은 강력한 힘을 가지고 있어서, 오용될 경우 위험하지만 말이다. 과학을 모르는 것은 결코 좋은 일이 아니며, 과학자들은 자신의 연구 주제를 설명하고 가능한 한 단순하게 (하지만 아인슈타인의 말처럼 너무 단순하지는 않게) 만들어야 할 막중한 의무가 있다.

무지는 일반적으로 수동적인 상태다. 일부러 추구하는 것도, 본질적으로 비난받을 일도 아니다. 하지만 불행히도 무지를 적극적으로 편들면서 진실을 말하는 것에 반감을 느끼는 사람들이 있는 것 같다. 잡지 〈스켑틱Skeptic〉의 멋진 편집자이자 경영인 마이클 셔머Michael Shermer는 무대 위에서 전문 사기꾼의 정체를 폭로했을 때 청중이 보인 반응에 대해 이야기했다. 청중은 자신들을 속이고 있는 사기꾼의 정체를 폭로해준 것에 대해 마땅한 감사를 표하기는커녕 적의를 품었다. "한 여성이 나를 노려보며, 애도 기간을 보내고 있는 사람들의 희망을 꺾는 것은 '부적절하다'고 말했다."

셔머가 언급한 사기꾼은 죽은 사람들과 소통할 수 있다고 주장했기 때문에 유족들이 과학적인 폭로자를 원망할 특별한 이유가 있다고 볼 수도 있다. 하지만 셔머의 경험은 무지를 옹호하는 일반적인 분위기에서 결코 드물지 않은 일이다. 오히려 흔하다. 어둠을 밝히는 촛불이나 시적 영감의 훌륭한 원천으로 여겨지기는커녕, 과학은 시의 흥을 깬다고 비난받기 일쑤다.*

과학에 대한 더 속물적인 비난을 문학계 일부(전체가 그렇지는 않다)에서 찾을 수 있다. '과학만능주의'는 오늘날 지식인이 입에 올리는 어떤 것보다 야비한 단어다. 단순한 것이 미덕인 과학적 설명은 그 단순함으로 인해 조롱당한다. 사람들은 무지몽매주의는 뭔가 심오한 것이라 착각하고, 단순하고 명료한 설명은 오만한 것이라고 여긴다. 분석적인 사고방식은 '환원주의'로 폄훼된다. ('죄'와 마찬가지로) 우리는 그것이 무엇을 의미하는지는 몰라도 반대해야 한다는 것은 알고 있다. 노벨상을 수상한 면역학자이자 박식한 사람으로서 피터 메더워는 바보들을 기꺼이 참아주는 사람이 아니었다. 그는 "환원주의적 분석은 지금까지 고안된 가장 성공적인 연구 전략"이라면서 이렇게 덧붙였다. "어떤 사람

* 키츠가 뉴턴을 비난한 그 일이 내 책 《무지개를 풀며》의 제목과 주제를 제공했다.

들은 익숙하고 위협적이지 않은 몰이해의 늪에서 시들어갔을 어떤 실체나 상태를 해명한다는 생각 자체에 분개한다."•

직관, 감정, 상상력과 같은 과학 외의 사고방식이(마치 과학에는 상상력이 없는 것처럼 들린다!) 냉정하고 엄격하고 과학적인 '이성'보다 본질적으로 우월하다고 생각하는 사람들이 있다. 여기서 메더워가 다시 등장한다. 유명한 강의 '과학과 문학'••에서 그가 한 말을 들어보자. "낭만주의의 공식 견해는 이성과 상상력이 상반된다고 생각한다. 또는 기껏해야 진리에 도달하는 두 가지 경로라고 생각한다. '이성의 경로는 길고 구불구불하며 정상에 닿지 못한다. 따라서 이성이 가쁜 숨을 몰아쉬는 동안 상상력은 가뿐하게 언덕을 오른다'는 것이다."

메더워는 과학자들 자신조차 이 견해를 지지했던 적이 있다고 지적한다. 뉴턴은 '나는 가설을 세우지 않는다'고 주장했고(1713년에 나온《프린키피아》제2판에 덧붙인 '일반 주해general scholium'로 기술되었다—옮긴이), 과학자들이 일반적으로 사용하는 "발견의 미적분학, 즉 과학자가 진리를 향해 나아가도록 이끄는 믿을 수 있는 지적 행동의 공식은 상상력에 대한 해독제로 취

• 《아리스토텔레스에서 동물원까지Aristotle to Zoos》에서.

•• 1968년 옥스퍼드에서 한 강연. 이 강연과 피터 메더워에 대해 더 자세히 알고 싶다면 이 책《리처드 도킨스, 내 인생의 책들》의 서문 '문학으로서의 과학'을 보라.

급되었다." (피터 메더워는 모든 발견은 상상력의 선입견으로 시작되며, 가설은 상상력의 선입견으로 우리 내부에서 나오고, 알려진 어떤 '발견의 미적분학'을 사용해 달성될 수 없는 것이라고 말했다.—옮긴이)

오늘날 대부분의 과학자가 공유하는 메더워의 견해는 거의 '개인적 스승' 칼 포퍼Karl Popper에게 물려받은 것으로, 상상력은 모든 과학에 필수적이지만 실제 세계에 대한 비판적 검증을 통해 단련된다는 것이었다. 창의적인 상상과 비판적인 엄격함 둘 다, 과학에 관한 미국 최고의 글을 묶은 이 선집에서 찾을 수 있는 덕목이다.

미국인이 아닌 사람이 미국의 저명한 출판사로부터 미국인이 쓴 과학 관련 글을 묶는 편집자로 초청받는 것은 영광스러운 일이다. 미국 과학은 우리가 떠올릴 수 있는 거의 모든 지표에 비춰봐도 세계 최고이기 때문이다. 연구에 쓰는 돈을 계산해봐도 그렇고, 활동하는 과학자의 수나 출판된 학술지 논문의 수 또는 주요 과학상 수상자의 수를 세어봐도 그렇고, 미국은 큰 차이로 세계 선두를 달린다. 나는 미국 과학에 큰 존경심과 감사하는 마음을 품고 있다. 따라서 여기서 한 가지 경고로 약간의 불협화음을 일으킨다 해도 주제넘은 것으로 여겨지지 않기를 바란다. 미국 과학은 세계를 이끌고 있지만, 미국의 반反과학도 역시 그렇다. 내가 몸담고 있는 '진화'에서보다 이것을 더 명확하게 볼 수 있는 분야는 없다.

진화는 모든 과학을 통틀어 가장 확실하게 입증된 사실 중 하나다. 우리가 유인원, 캥거루, 박테리아와 친척 간이라는 것은 교육을 받은 모든 사람이 의심의 여지 없이 받아들이는 사실이다. 그것은 우리가 (한때 의심했던) 다음과 같은 사실들만큼이나 확실하다. 행성들이 태양 주위를 돈다는 사실, 남아메리카가 한때 아프리카와 붙어 있었고 인도는 아시아에서 멀리 떨어져 있었다는 사실, 그리고 특히 생명체의 진화가 수십억 년 전에 시작되었다는 사실. 그럼에도 불구하고, 여론조사를 믿을 수 있다면, 미국인의 대략 45퍼센트가 기본적으로 거짓인 그 반대 사실을 굳게 믿는다.• 즉, 모든 종은 1만 년이 채 안 된 '지적 설계' 과정에 각자의 존재를 빚지고 있다는 것이다.

• 그사이에 수치가 떨어졌다고 말할 수 있어서 기쁘다. 2019년에는 38퍼센트였다. 이 문제는 종교적 세뇌와 함께 교육에도 원인이 있다. 미국의 중등학교 과학교사들은 과학 교과과정의 진화 부분에 이르자마자 시작되는, 종교의 영향을 받은 학생들, 무지한 부모들, 그리고 학교 이사회의 적대적인 공격에 대처할 준비가 되어 있지 않다. 나는 내가 창설한 자선재단인 '이성과 과학을 위한 리처드 도킨스 재단RDFRS'이 이 안타까운 상황을 해결하기 위해 무언가 시도하고 있다는 사실이 자랑스럽다. 우리는 '진화과학을 위한 교사 연구소TIES'를 통해 그 일을 하고 있다. 카리스마 있는 교사 버사 바스케스Bertha Vasquez의 지휘 아래 TIES는 교사들을 위한 워크숍을 열어 진화를 가르치는 방법을 훈련시킨다. 버사가 만든 파워포인트 프레젠테이션 등의 교재를 이용하는 TIES 워크숍은 현재 50개 주에서 운영되어 매우 성공적인 결과를 얻고 있다.

설상가상으로, 청개구리 심보가 아닌가 싶을 정도로 무지한 이 절반의 인구(덧붙이자면, 선도적인 성직자 또는 어떤 분야의 선도적인 학자는 여기에 포함되지 않는다)가 미국의 민주주의 제도에 힘입어 많은 주의 교육 정책에 강력한 영향을 미치고 있다. 내가 만나본 다양한 주의 생물교사들이 자기 과목의 핵심 정리를 가르칠 때 신체적 위협을 느낀다. 심지어 유명한 출판사들도 생물 교과서를 검열할 정도로 위협을 느낀다.

이 45퍼센트는 국가 교육의 수치다. 이와 비교할 만한 수준의 반과학적이고 잘못된 교육을 보려면, 유럽을 지나쳐 중동 주변의 신정주의 사회로 가야 할 것이다. 미국이 세계 최고의 과학 국가인 동시에 제삼세계 이외의 지역에서 과학 문맹률이 가장 높다는 사실은 난처한 역설이다. 1957년 러시아 인공위성 스푸트니크가 발사되었을 때 미국은 그것을 유익한 교훈으로 삼고, 자기만족에서 벗어나 과학 교육에 두 배로 투자했다. 그런 노력은 놀라운 성공을 거뒀다. 그것을 보여주는 예가 우주 프로그램과 인간게놈 프로젝트의 눈부신 성공이다.

하지만 스푸트니크 이후 40년이 지난 지금 또 다른 자극이 필요하다고 생각하는 미국 애호가는 나만이 아니다. 거기까지 가지 않더라도(그리고 어떤 경우든) 우리에게는 일반 대중을 위한 훌륭한 과학 글쓰기가 필요하다. 다행히도 미국에는 양질의 재화가 풍부하게 공급되고 있으며, 덕분에 이 선집의 편집은 쉽고도 즐거운 일이었다. 유일한 어려움은, 사실 유일한 고통이라고 해야 할 텐데, 무엇을 뺄지 결정하는 일이었다.

이런 선집은 시의적절해야 할까, 아니면 시대를 초월해야 할까? 화제성과 시의성이 필요할까, 아니면 스피노자의 말처럼 '영원한 본질을 지향해야sub specie aeternitatis' 할까? 나는 둘 다 필요하다고 생각한다. 한편으로 보면, 이 선집은 시리즈 중 하나로 특정 연도와 관련이 있다는 점에서, 전작과 후작 사이에 끼여 있다. 이 점은 편집의 방향을 화제성으로 향하게 한다. 2003년의 뜨거운 과학 주제는 무엇인가? 지난해 과학 글쓰기에서 다뤘을지도 모를 정치적·사회적 이슈는 무엇이었나? 다른 한편으로, 과학의 야심(나는 어느 분야보다 크다고 말하겠다)은 시대를 초월한 진리, 영원한 진리에 다가가는 것이다. 이런 관점에서는 해마다 바뀌는 자연법칙, 심지어 이언eon마다 바뀌는 자연법칙도 '자연법칙'이라는 이름을 얻기에는 너무 편협해 보인다. 물론 자연법칙에 대한 우리의 이해는 10년이 지날 때마다 더 나은 쪽으로 바뀐다. 하지만 그건 다른 문제다. 게다가 불변하는 우주법칙들 안에서도 그 법칙의 물리적 표현들은 기가년(10억 년)에서 펨토초femtosecond(10^{-15}초) 단위로 바뀐다.

생물학은 물리학과 마찬가지로 동일과정설(과거의 지질 현상은 현재와 같은 작용으로 이루어졌다는 생각—옮긴이)에 닻을 내리고 있다. 생물학의 엔진인 진화는 변화, 그것도 탁월한 변화지만, 그렇다 해도 백악기 때와 같은 종류의 변화이며, 우리가 상상할 수 있는 모든 미래에도 마찬가지일 것이다. 극본은 같지만 무대에 오르는 연기자들은 다르다. 그러나 연기자들의 의상이 충분히 비슷해서, 우리는 트리케라톱스와 코뿔소, 알로사우루스와 호랑이를 연결하는 생태적 유사성을 찾을 수 있다. 만일 생태학자, 생리학자, 생화학자, 유전학자가 백악기나 석탄기로 탐험을 떠난다면, 이 과학자들이 2003년에 배운 기술과 교육이 오늘날 마다가스카르에 갈 때만큼이나 도움이 될 것이다. DNA는 그때나 지금이나 DNA이고, 단백질은 그때나 지금이나 단백질이다. 이 분자들과 분자들 간 상호작용은 아주 사소하게만 변한다. 다윈의 자연선택 원리, 멘델의 원리와 분자유전학 원리, 생리학과 생태학의 원리, 섬생물지리학에 관한 법칙들은 공룡에도 똑같이 적용되었고, 현대의 조류와 포유류에 적용되듯 그 이전에 산 포유류를 닮은 파충류에게도 적용되었다. 이 법칙들은 우리가 멸종하고 다른 동물들이 등장해 새로운 동물상을 구성할 1억 년 후에도 여전히 적용될 것이다.

티라노사우루스가 뜨거운 입김을 내뿜으며 달릴 때 그 다리 근육에 연료를 제공한 것은 현대의 모든 생화학자가 알아볼 수 있는 바로 그 ATP(생명의 연료인 아데노신삼인산)이고, 이 연료는 오늘날의 크레브스 회로Krebs cycles(세포호흡에서 ATP 등을 생성하는 과정으로, 발견자의 이름을 따서 크레브스 회로라고 부른다—옮긴이)와 차이가 없는 크레브스 회로를 통해 충전되었다. 생명체 자체는 변해도 생명과학은 이언이 지나도 변하지 않는다.

지금까지 시간을 너무 초월했는데, 우리는 2003년에 살고 있다. 우리의 삶은 수십 년 단위로 측정되고, 우리의 심리적 지평은 몇 초와 몇백 년 사이의 어디쯤에 있을 뿐 더 멀리 도달하지 못한다. 과학의 법칙과 원리들은 시간을 초월하지만, 한순간 머물다 사라지는 존재인 우리는 과학으로부터 많은 영향을 받는다. 2002년의 과학과 자연 글쓰기는 10년 전의 그것과 같지 않다. 이는 우리가 '영원한 진리'를 더 많이 알게 되었기 때문이기도 하지만, 다른 한편으로는 우리가 사는 세계가 변하고 그에 따라 과학의 영향도 달라지기 때문이다. 이 책의 에세이와 논문 중 일부는 현실에 굳건히 발 도장을 찍고 있지만, 또 다른 일부는 시대를 초월한다. 우리에게는 둘 다 필요하다.

5

두 전선에서 싸우다

2013년 문학 에이전트이자 과학 감독 존 브로크만John Brockman이 위대한 인류학자이자 현장 민족지학자 나폴리언 섀그넌Napoleon Chagnon을 기념하고자 동료 몇 명을 소집했다(https://www.edge.org/conversation/napoleon_chagnon-steven_pinker-richard_wrangham-david_haig-napoleon-chagnon-blood-is). 그 자리에는 섀그넌 본인과 함께 철학자 대니얼 데닛Daniel Dennett, 심리학자 스티븐 핑커Steven Pinker, 진화이론가 데이비드 헤이그David Haig, 영장류학자 리처드 랭엄Richard Wrangham이 참석했다. 존 브로크만은 이 회의의 회보를 '엣지The Edge' 웹사이트에 게재했다. 나는 그 자리에 참석하지 못했지만, 존은 나에게 회보의 서문을 써달라고 부탁했다. 2019년 섀그넌이 세상을 떠났을 때 그 회보가 엣지 웹사이트에 내 서문과 함께 다시 올라왔다. 그 서문을 약간 축약해 여기에 다시 싣는다.

나는 1970년대 말 파리의 한 학회에서 나폴리언 섀그넌을 처음 만났다. 로빈 폭스Robin Fox 등이 소집한 회의였고, 회의의 목적은 인류학자와 진화생물학자 사이의 대화를 촉진하는 것이었다. 로버트 트리버스Robert Trivers, 존 메이너

드 스미스, 리처드 알렉산더Richard D. Alexander 같은 유명인사들이 그곳에 있었다. 초대받은 인류학자들 중 일부는 단호하게 자리를 피했고, 그중 한 명은 이렇게 말했다. "왜 우리가 생물학자들을 만나야 합니까? 그냥 그들에게 읽을거리 목록을 보내줍시다." 이런 오만한 태도는 사회인류학자들이 나폴리언 섀그넌을 비방하는 당혹스러운 사건이 왜 일어났는지 조금이나마 짐작할 수 있게 해준다. 섀그넌은 인류학자로서 진화생물학에 대해 읽고 그것을 자신의 연구에 적용하려고 노력한 탁월한 사례였다.

그 파리 회의 기간에 섀그넌이 늦은 밤 술집에서 야노마미족의 전쟁 춤을 추던 일을 나는 소중한 기억으로 간직하고 있다. 학자입네 하고 거들먹거리는 유머 없는 사람들은 틀림없이 그것을 '문화적 착취'라고 비난할 것이다.

그는 비록 강인한 사람이었지만, 이 저명한 현장 연구자가 인류학계에서 받은 개인적인 상처를 완전히 극복했는지는 의문이다. 사건의 발단은 제대로 알지도 못하고 쓴 것으로 악명 높은 한 악의적인 책이었다. 다행히 그 책은 현재 저자와 함께 흔적도 없이 사라졌다.

나폴리언 섀그넌은 이 세계의 살아 있는 보물이다. 누가 뭐래도 우리 시대의 가장 위대한 인류학자인 그는 두 전선에서 용감하게 싸운다. 아마존 숲의 현장 연구자로서 그는 '포악한 민족'과 함께 상당한 육체적 위험을 감수해가며 아주 사적인 조건에서 친밀하게 살아왔다. 하지만 미국의 학술지와 학회장에서 인류학자 동료들이 말로 휘두르는 몽둥이와 독설도 야노마미족의 나무몽둥이와 독 묻은 화살 못지않게 위험했다. 그리고 어느 무기가 그를 더 불쾌하게 했는지 짐작하기는 쉽지 않다.

섀그넌은 용서받을 수 없는 죄를 저질렀다. 특정 종류의 사회학자들에게는 이설異說로 여겨지는 것을 지지한 것이다. 그는 다윈을 진지하게 받아들였다. 몇몇 동료와 함께 섀그넌은 자연선택에 대한 최신 문헌을 조사했고, 세계 어느 곳에 사는 사람들만큼이나 자연선택의 날카로운 칼날을 피할 수 없었을 한 인간 부족에게 피셔, 해밀턴, 트리버스 등 다윈의 후예들이 제안한 개념을 성공적으로 적용했다. 이 일이 얼마나 통념에 어긋나는 행보였는지를 생각하면 정신이 번쩍 든다. 이는 과학이 인류학이라는 유사문학계에 난입한 사건이었던 것이다. 그것도 인류학자인 섀그넌을 통해서 말이다. 지금도 미국의 많은 사회과학 학과에서, 젊은 연구자가 다윈의 위험한 생각에 진지한 관심을 표명하는 것은 (심지어는 과학적인 사고 경향을 보이기만 해도) 직업적 자살이나 다름없다.

섀그넌에 대한 학계의 악감정은 학문적 견해 차이에 대한 것에서 인신공격으로까지 번졌다. 그런 비방은 사실과 달랐을 뿐 아니라, 이 민족지학자에 대한 진실과 그가 피험자들 및 친구들과 맺은 품위 있고 인간적인 관계를 정면으로 부정하는 명예훼손이었다. 우리는 이 사건을, 이데올로기가 학문 탐구의 우물에 독을 타도록 내버려둘 때 어떤 일이 일어날 수 있는지를 보여주는 어두운 교훈으로 삼아야 한다.

나는 당시 사건의 전말을 안전한 거리에서 철저하게 조사했는데, 그 일로 당시 내 책을 내던 출판인과 인연을 끊을 만큼 충격을 받았다. 그 출판인이 섀그넌을 공격하는 일에 앞장서는 책(지금은 신뢰를 잃은 책)을 홍보하기로 결정했기 때문이었다. 다행스럽게도 모든 것이 과거지사가 되었지만, 섀그넌은 그 일로 학자 경력을 망쳤다. 하지만 사회과학이 그 일에서 교훈을 얻었는지는 모르겠다.

섀그넌은 야노마미족을 위해서나 과학적 인류학을 위해서나 딱 좋은 시기에 등장했다. 침식해 들어오는 문명이 우리가 부족 세계를 들여다볼 수 있는 마지막 창을 닫기 일보 직전이었다. 이런 부족 세계들은 점점 사라져가는 우리의 선사시대에 대한 단서들을 간직하고 있었다. 예를 들어 숲 '정원'('숲정원'은 1980년대 영국 원예가 로버트 하트가 고안한 농법으로, '먹거리숲'이라고도 불린다—옮긴이), 유전적으로 뚜렷이 구별되는 하위 그룹으로 분기하는 친족 집단들, 여성을 차지하기 위해 그리고 세대 간 복수를 위해 벌이는 남성들 간의 전투, 복잡한 동맹과 적, 사회심리학의 대부분 그리고 심지어는 법, 윤리, 경제학의 기초가 될지도 모르는 계산된 보답, 빚, 원한, 감사로 얽혀 있는 관계망 등. 섀그넌의 뛰어난 연구는 인류학자들만이 아니라 심리학자, 인문학자, 문학자, 모든 종류의 과학자들이 오랫동안 발굴해야 할 유적이다. 그것이 우리 인류의 깊은 뿌리에 어떤 통찰을 가져다줄지 누가 알겠는가?

6

포르노필로소피

린 마굴리스Lynn Margulis와 도리언 세이건Dorion Sagan의 《신비의 춤: 인간 성의 진화에 대해Mystery Dance: on the evolution of human sexuality》에 대한 이 서평은 1991년 〈네이처〉에 발표된 것으로, 아마 내가 지금까지 쓴 가장 잔인한 서평일 것이다. 이 서평을 에세이집에 넣어야 할지 고민했지만, 가식적인 몽매주의는 번번이 내 화를 돋운다. 그중에서도 개탄스러울 만큼 영향력 있는 '프랑스사이비francophoney 학파'가 《신비의 춤》에 나오는 헛소리들에 영향을 준 듯하다. 예를 들어, 나의 이전 에세이집 《악마의 사도A Devil's Chaplain》에서 '정체가 드러난 포스트모더니즘Postmodernism disrobed'이라는 제목의 서평을 보라. 많은 대학의 사회과학 학과가 그런 가식에 만성적으로 감염되어 있는 탓에, 여러 작가가 가짜 풍자 기사를 통해 그런 가식을 정당하게 풍자했다. 대표적인 예가 앨런 소칼의 〈경계를 넘어서: 양자중력에 대한 혁신적 해석을 향하여〉다. 최근 풍자 작가들 중 한 명인 피터 버고지언은 그런 기사를 쓴 일로 자신의 대학에서 징계 청문회까지 받았는데, 아마도 그의 풍자가 불편할 정도로 정곡을 찔렀던 모양이다.

린 마굴리스는 저명한 생물학자다. 그녀는 우리 몸의 세포들이 공생하는 박테리아 군집에 불과하다는 가설을 용기 있게 제기한 생물학계의 이단아다. 마침내 정설로 인정받은 그녀의 깨달음은 우리 시대 과학 혁명들 중 하나로 자리매김하고 있다. 이 책에서 우리가, 부제에 적힌 대로 '인간 성의 진화에 대한' 마굴리스의 견해를 들을 수 있었다면 얼마나 좋았을까.

이 책에 실제로 담긴 내용은 마굴리스의 생각이라기보다는 공저자이자 아들인 도리언 세이건의 생각인 것 같다. 실제로 도리언 세이건이 요즘 유행하는 프랑스 '철학자들'의 광팬임을 암시하는 다른 증거들이 있다. 그 철학자들의 영향은 이 책에서 주제와 무관하게, 정신을 산만하게 할 정도로 방만하게 퍼져 있다. 그들의 '철학'은 자타공인 말장난으로 이루어진다. 물론 말장난이 뭐가 나쁘냐고 생각할 수도 있다. 하지만 이 사기꾼들의 문제는 둘 다 가지고 싶어 한다는 것이다. 즉, 경망스러운 언행을 마음껏 즐기는 동시에 심오한 뭔가가 있는 척한다.

프랑스 단어 '리lit'가 '읽다'를 뜻하는 동시에 '침대'를 의미한다는 사실을 알고 있었는가? 어떤가, 정말 멋진 농담이지 않은가? 더 멋진 것도 있다. "의미론semantics과 기호론semiotics은 섹스와 관련 있는 단어 정액semen과 비슷하다." 뛰어난 '해체'이지 않은가? 또 있다. "영어 동사 '민mean'은 섹스를 시사하는 단어 '몬moan'과 어원이 같다." 하지만 기다리시라. 이 정도는 내가 가뿐히 이겨줄 수 있다. 내 학창 시절에 '발기erection'를 뜻하는 속어가 무엇이었는지 아는가? 말하기 남사스럽지만 '뿌리root'였다.

그런데 그들이 대놓고 하는 이런 유치한 '말장난'이 대체 책의 주제와 무슨 관계가 있을까? 이 세계에는 수천 가지 언어가 있으니 통계적 샘플은 부족함이 없다. 그 프랑스 '철학자'는 섹스와 관련된 단어들과 의미와 관련된 단어들이 관계가 있다는 자신의 가설을 검증하기 위해 이 많은 언어를 체계적으로 조사해봤을까? 강인한 과학자 마굴리스가 과학 논문을 심사할 때도 더하면 더했지 이 정도는 요구했을 것이다. 하지만 시크한 학자들은 적당히 넘어가준 모양이다. 나도 잘난 척할 처지는 아닌 것이, 최근에 옥스퍼드대학교에서 이 멋진 '프랑스 헛소리 학파'를 신봉하는 사람의 강연을 들은 적이 있는데, 그를 간파하는 데 5분이나 걸렸다(그가 예수의 이름과 자크 데리다의 이름이 둘 다 J로 시작한다는 점을 지적했을 때였다).

이 책의 우선순위가 철학이라는 사실은, 하이데거를 '20세기의 가장 영향력 있는 철학자'로 꼽은 두 저자의 이해할 수 없는 평가에서 추측할 수 있다. 알다시피 나치 당원이었던 하이데거는 홀로 '존재'의 문제를 붙들고 씨름했다. 하이데거가 없었다면 우리는 '무는 그 자체를 소멸시킨다'는 소리는 듣지 않아도 되었을 것이다. 마굴리스와 세이건이 가장 좋아하는 프랑스인 멘토 라캉조차 하이데거의 "기존에 있던 정신적 잡동사니를 사용할 뿐 진짜 생각을 하지 않는 쓰레기통 스타일"을 언급했을 정도다.

이 책은 스트립쇼라는 반복되는 테마를 중심으로 짜여 있다. 양성적 존재인 스트립댄서는 옷을 차례차례 벗으며 우리의 진화적 과거를 은유적으로 드러낸다. 그/그녀는 '신비의 춤'에서 영원히 빙빙 돌며 성을 바꾼다. 이따금 에로티시즘을 추구하려는 서툰 시도가 어휘에서 보인다. 아니면 독자를 당혹스럽게 하려는 시도일지도 모르는데, 후자의 경우라면 성공이다.

> 그녀가 절정에 도달할 때, 한 남성이 그녀 밑으로 잠깐 나타나 사정할 수 있을 만큼만 머물다가 그녀의 전율하는 음부(W. B. 예이츠에게 양해를 구하지도 않는다)로 다시 사라진다('전율하는 음부'는 예이츠의 시 〈레다와 백조Leda and the Swan〉에 나오는 구절이다—옮긴이). 관객은 나중에 돌이켜보며 깨닫는다. 자신들이 본 장면은 사정을 통해 완전히 자란 남성을 낳는 모습이었다는 것을. 몸은 다시 회전했고, 회전한 일곱 겹의 베일을 쓴 스트립쇼 아티스트의 출렁이는 복부 밑으로 검고 털이 난 치골이 희미하게 보였다. 그의 성을 분명히 말해주는 발기한 음경이 다음번 회전에서는 축소되어 클리토리스가 되었다. 원문 pp. 59~60

역겹다! 하지만 이게 끝이 아니다.

> 그녀는 팔다리를 펼치며 힘차게 일어선다. 천천히 회전하는 그녀는 몸을 숙여 자신의 어두운 둔부와 젖은 생식기를 드러내고 그를 맞아들인다. p. 60

이 문단들은 무작위로 고른 것이다. 이 책의 모든 페이지에 이와 비슷한 '포르노필로소피pornophilosophy'가 뚝뚝 흐른다. 내가 알기로 포르노필로소피는 사르트르가 시작한 장르다. 개인적으로 나는 포르노가 꼭 있어야 한다면 가식을 제거한 형태를 선호한다. 만일 데즈먼드 모리스Desmond Morris가 저 단락을 썼다면 (그는 쓰지 않았을 테지만) 틀림없이 파렴치한 선정주의로 돈을 벌려고 한다는 호된 비판에 시달렸을 것이다. 이 책은 저자가 린 마굴리스라는 이유로 그런 비난에서 자유로워야 하는 걸까?

모리스가 장난스럽게 지분거렸다면, 이 책은 재미없게 진지하기만 하다는 차이가 있지만, 《신비의 춤》은 한 가지 면에서 《털 없는 원숭이The Naked Ape》에 근접한다. 추측만으로 과감한 기능적 설명을 시도하는 것이 똑같고, 대범하게 아무 증거도 제시하지 않는 것이 똑같다. 비록 그 사실을 인정받지는 못했지만, 두 책에 말 그대로 똑같은 설명이 나오는 경우도 있다. 마굴리스와 세이건은 여성의 오르가슴에 대한 자신들의 이론 중 하나를 어느 숨은 통신원 덕분으로 돌린다. 그 통신원은 사업가로, 본인의 성활동을 자랑하는 미국의 한 비행사와 대화하는 도중에 영감을 얻었다. 실제로 똑같은 이론이 《털 없는 원숭이》(전 세계에 1,200만 부가 배포된 책)에 분명하게 제시되어 있다. 나는 몇 년 전 그 사업가가 나에게 편지를 썼을 때 그에게 그 사실을 말해주었다.

한편 춤으로 돌아오면, 베일이 점점 더 벗겨지다가 마침내 조상 박테리아가 드러난다. 이때 당신은 이렇게 생각할지도 모른다. '아, 마굴리스가 드디어 가치 있는 뭔가를 말하겠구나.' 하지만 천만의 말씀! 과학자 저자는 매끄러운 회전으로 문학가라는 제2의 자아로 바뀌고, 도리언이 대륙의 몽매주의를 한바탕 쏟아내며 우리를 대경실색케 할 때쯤 그 순간은 지나가버린다.

하지만 더 깊은 단계가 있을지도 모른다. 순수한 현상들, 연속적인 출현들로 이루어진 형이상학적 차원이 있을지도 모른다. 진화라는 스트리퍼는 흥미로운 생명체다. G-스트링(음부를 가리는 천 조각—옮긴이)은 술이 달린 얇은 천 조각이 아니다. 오히려 궁극적인 나신을 상징하는 단어, 철자, 음악 기호다(정말로 내가 지어내고 있는 이야기가 아니다). 역설적이게도, G-스트링이 제거되면(조용한 트라이앵글과 가볍게 '쨍' 하는 심벌즈가 만들어내는 낯선 떨림에 맞춰) 나신은 사라진다. 그/그녀는 우리 앞에 예전처럼 완전히 옷을 갖춰입고 서 있다. p. 27

이게 대체 무슨 소리인가? 아직 끝나지 않았다.

우리는 언어를 매개로, 기호들의 미끄러운 비탈을 따라 성적 조상들을 만난다. 어떤 종류의 기호들은 모호할 수밖에 없다. 단어들은 부재하는 것들의 의미를 나타낸다. 단어들은 작고 검은 마스크이다. 우리는 현실을 논하기 위해 현실을 지연시킨다. 이런 지연이 없다면, 즉 우리의 성적 조상들 또는 존재하는 것들 일반을 즉시 기호로 대체하지 않는다면, 언어는 존재할 수 없다. 의미가 존재할 수 없다. p. 28

그때 우리는 어떻게 될까?

마굴리스급의 능력과 엄밀함을 지닌 과학자가 어떻게 이런 허세 가득한 헛소리에 속을 수 있는지는 이 책에 나오는 문장만큼이나 이해 불가다. 자비롭게 생각하자. 마굴리스가 공저자와 논쟁을 벌이다 진 거라고. 하지만 린 마굴리스와 그녀의 평판을 소중히 여기는 사람이라면, 그녀에 대한 호의로 이 책은 무시하고 넘어가기를.

7

결정론과 변증법

소란스러운 소음으로 가득 찬 이야기

앞의 글이 내가 지금까지 쓴 가장 잔인한 서평이라면, 1985년 〈뉴사이언티스트New Scientist〉에 발표된 스티븐 로즈Steven Rose, 리언 카민Leon Kamin, 리처드 르원틴Richard Lewontin의 《우리 유전자 안에 없다Not in Our Genes》에 대한 이 글은 아마 가장 신랄한 서평일 것이다. 내가 이 서평을 잔인하다고 표현하지 않는 이유는, 이 책의 세 저자는 점잖게 표현해 스스로를 돌볼 수 있는 '알파메일(우두머리 남성)'이기 때문이다. 그들 중 한 명은 이 서평이 처음 나왔을 때 실제로 스스로를 돌보는 조치를 취했다. 그는 나와 〈뉴사이언티스트〉를 고소하겠다고 협박했다. 물론 결실을 얻지는 못했다. 어쨌든 이 서평을 여기에 재수록하면서 불필요하게 감정을 자극하지 않기 위해 그가 이의를 제기했던 특정 문단을 뺐다.

이 서평은 이른바 '사회생물학 논쟁'이 최고조에 이르렀을 때 나왔다. 그 논쟁의 역사는 이미 사회학자 울리카 세거스트라일Ullica Segerstråle이 충분히 잘 정리했다. 이 논쟁에 대한 현대의 일치된 평가는, 이 싸움이 《우리 유전자 안에 없다》가 대표하는 진영의 결정적 실패로 돌아갔다는 것이다. 마르크스주의

에 영감을 받은 진화생물학 해석은 시대에 뒤떨어진 느낌이 있으며, 자연과학자들 사이에 추종자가 거의 없다. 따라서 이 서평을 굳이 다시 실을 필요가 있는지 의문이 들 수도 있다. 하지만 당시 이 논쟁은 유례를 찾기 어려울 정도로 격렬했고, 따라서 미래에 유익한 교훈이 될 거라고 생각한다.

(제목의 '소란스러운 소음으로 가득 찬 이야기'는 〈맥베스〉에 나오는 대사 "인생은 (…) 백치들이 의미 없이 지껄이고 피워대는 소란스러운 소음으로 가득 찬 이야기"에서 가져왔다.—옮긴이)

노동자를 착취하고 소수자를 억압하는 인류의 역사적 임무에 전념할 시간이 있는 사람들은 이런 사악한 활동을 '정당화'할 필요가 있다. 그런 사람들이 꺼내든 첫 번째 정당화 도구는 종교였다. 종교는 그동안의 역사에서 꽤 효과가 있었지만, "사회적 관계가 고정되어 있다는, 신에 의해 정당화된 정적인 세계관은 자연세계가 정적이라는 지배적인 관점을 반영한 것이었고, 동시에 그런 관점에 반영되었다".

하지만 최근 들어 새로운 정당화 도구가 필요해졌다. 그래서 우리는 과학을 만들어냈다.

> 이리하여 부르주아 사회를 정당화하는 이데올로기가 마침내 다른 탈을 썼다. 더 이상 신에 의존할 수는 없었다. (…) 지배 계급은 신의 권능을 박탈하고, 그 자리를 과학으로 대체했다. (…) 사회 질서를 정당화하는 이 새로운 도구는 이전 도구보다 더 막강했다. (…) 과학은 부르주아 이데올로기를 정당화하는 궁극의 도구다.

정당화는 또한 대학의 주목적이기도 하다.

대학은 생물학적 결정론을 생산하는 주요 기관이 되었다. (…) 대학은 생물학적 결정론이라는 이데올로기를 만들고, 전파하고, 정당화하는 역할을 수행한다. 생물학적 결정론이 계급들 간 투쟁의 무기라면, 대학은 무기공장이고, 교수진은 무기를 만드는 엔지니어, 설계자, 생산 노동자들이다.

나는 오랫동안 대학에 있으면서 과학의 목적은 우주의 수수께끼를 풀고, 존재의 본질, 시공간의 본질, 영원의 본질, 1천억 개 은하에 퍼져 있는 기본 입자들의 성질을 이해하고, 복잡성과 생명 조직의 본질, 그리고 30억 년이라는 지질학적 시간에 걸친 느린 춤을 이해하는 것이라고 여겨왔다. 하지만 부르주아 이데올로기를 정당화하는 우선적인 목적 앞에서 이런 문제들은 무의미할 정도로 사소해진다.

내가 이 책을 어떻게 요약할 수 있을까? '사기꾼 코너Pseud's Corner'•에 들어가려고 시도하는 데이브 스파트의 과학자 버전이

• 비영국인 독자들을 위해 밝힌다. 격주간 풍자 잡지 〈프라이빗아이Private Eye〉는 어눌한 좌파 학생운동가인 '데이브 스파트'라는 가공의 칼럼니스트를 보유하고 있다. 진부한 문구로 점철된 그의 지루한 칼럼은 대개 '어, 기본적으로'로 시작한다. 〈프라이빗아이〉에는

떠오른다. '감사의 글'만 봐도 이 책에서 무엇을 예상해야 할지 알 수 있다. 다른 사람들이 동료와 친구에게 감사를 표하는 부분에서 이 책의 저자들은 '연인'과 '동지들'에게 감사를 표한다. 이건 아마 한물간 1960년대 방식에 대한 애정의 표시일 것이다. 그리고 1960년대는 그들이 펼치는 과학에 대한 이상한 음모론에 어떤 미스터리한 역할을 한다. "생물학적 결정론의 가장 해로운 형태인 사회생물학이 정당성을 얻은 것"은 이상향을 꿈꾸던 10년("학생들이 대학의 정당성을 의심했던 시기")에 대한 반발이었다.

그들의 비판에 따르면, 사회생물학은 "사회 질서를 정당화하고 **영속화하는 목적을 수행하는 데 필요한**" 두 가지 주장을 한다(강조는 내가 추가한 것). 사회생물학의 '낙관주의panglossianism'•는 그

또 '사기꾼 코너'라는 정규 꼭지가 있다. 내용은 제목이 말해주는 그대로다. 내 옥스퍼드 동료이자 저명한 고전역사학자 로빈 레인 폭스Robin Lane Fox가 〈파이낸셜타임스〉에 기고한 정원 가꾸기 칼럼에서 의도적으로 '사기꾼 코너'에 들어가려고 시도한 적이 있다. 유감스럽게도 일부러 사기꾼인 체하는 시도는 실패했지만, 로빈이 그런 포부를 품지 않고 쓴 정원 가꾸기 칼럼이 바로 다음 호의 '사기꾼 코너'에 실렸다.

• 볼테르의 풍자우화극 《캉디드》의 등장인물 팡글로스 박사Dr. Pangloss가 한 유명한 말이 J. B. S. 홀데인의 진화론에서 "팡글로스의 정리: 모든 가능한 세계 중 최선인 이 세계에서는 모든 것이 잘될 것이다"로 소개되었다.

런 "정당화에 중요한 역할을 해왔다". 하지만 가장 큰 특징은 따로 있다.

> 사회생물학은 환원주의로, 인간 존재를 생물학적 결정론으로 설명한다. 사회생물학은 무엇보다, 현재와 과거의 사회 질서는 유전자 발현의 필연적 결과라고 주장한다.

하지만 불행히도, 이 책의 저자들로부터 계급투쟁에 대한 책임을 무책임하게 외면하고 있다고 비판받는 그 사회생물학자들은 사실 어디서도 인간의 사회 질서가 유전자 발현의 필연적 결과라고 말한 적이 없는 것 같다. 로즈, 카민, 르원틴(앞으로는 'RKL'이라고 부르겠다)은 따라서 본인들의 주장을 입증하는 인용을 찾기 위해 멀리까지 나가야 했다. RKL은 보건사회복지부 장관 시절의 패트릭 젠킨Patrick Jenkin 같은 존경받는 사회생물학자들과, 우리 대부분은 그들의 글을 볼 일이 없는 국민전선National Front(영국의 극우 파시스트 정당)과 누벨 드로이트Nouvelle Droite(프랑스의 극우 성향 뉴라이트 운동—옮긴이)를 대표하는 수상한 사람들의 발언을 가져왔다(그들은 당연히 자신들을 홍보해준 것에 감사한다). '과학과 신을 동원하는 이중 정당화'라고 말한 패트릭 젠킨 장관은 특별히 가치 있는 소스다.

그들의 입장은 충분히 설명했으니, 이제 솔직히 말하겠다. RKL은 사회생물학자들이 유전적 결정은 필연적이라고 믿는다는 그들의 주장을 입증할 수 없다. 왜냐하면 그 주장은 거짓이기 때문이다. 유전적 결과가 '필연적'이라는 오해는 사회생물학과 관계가 없고, 과학을 악마화화는 RKL의 편집증적 믿음과 관계가 있다. 나 같은 사회생물학자들은(나는 '사회생물학자sociobiologist'라는 명칭으로 불리는 것을 싫어하지만, 이 책은 결국 내 입으로 이렇게 말하게 만든다) 다윈주의 이론을 행동에 적용할 수 있는 조건들을 알아내려고 시도한다. 우리가 유전자가 행동에 영향을 미치지 않는다고 가정하고 다윈주의 이론화를 시도한다면 우리는 틀릴 수밖에 없을 것이다. 사회생물학자들이 유전자를 그토록 많이 거론하는 이유는 그것뿐 다른 이유는 없다. 사회생물학자들은 '필연적'이라는 개념을 떠올리지도 않는다.

RKL은 본인들이 생물학적 결정론이라고 말할 때 그것이 무엇을 의미하는지 분명하게 알지 못한다. 그들에게 '결정론자'라는 말은 그들이 휘두르는 이중배럴 나팔총의 절반일 뿐이다. 그들의 이전 세대 전우들이 쓰던 어휘인 '멘델-모건주의자'가 갖고 있던 내용은 빠졌지만 하는 역할은 동일하다. 이중배럴 나팔총의 나머지 배럴은 '환원주의자'인데, 이 역시 천편일률적이고 부정확하게 발사된다.

> (환원주의자들은) 인간 사회가 보이는 속성들이 (…) 사회를 이루는 개인들의 행동 및 성향의 총합에 지나지 않는다고 주장한다. 예를 들어, 사회가 '공격적'인 이유는 사회를 구성하는 개인들이 '공격적'이기 때문이다.

나는 이 책에서 '사회생물학자들 중 가장 환원주의적인 사람'으로 묘사되었으므로 한마디 할 자격이 있다고 생각한다. 나는 바흐가 음악적인 사람이라고 생각하는데, 그렇다면 훌륭한 환원주의자인 나는 바흐의 뇌가 음악적인 원자들로 이루어져 있다고 믿어야 한다! 로즈 등은 정말로 누군가가 이런 결론을 내릴 만큼 멍청할 수 있다고 생각하는 걸까? 아마 아닐 것이다. 하지만 바흐의 예는 "사회가 '공격적'인 이유는 사회를 구성하는 개인들이 '공격적'이기 때문이다"라는 말과 정확히 같은 말이다.

왜 RKL은 완벽하게 합리적인 믿음(복잡한 전체는 그 부분들의 관점에서 설명되어야 한다)을 말도 안 되는 곡해(복잡한 전체의 속성은 부분들이 가진 속성들의 총합에 불과하다)로 환원할 필요가 있다고 생각할까? '○○의 관점에서' 설명한다는 건 복잡하게 얽힌 많은 인과관계와 수학적 관계들을 다루는 일이며, 총합은 그런 관계의 가장 단순한 형태일 뿐이다. '부분들의 총합'이라는 뜻의 환원주의는 어리석은 것이고, 실제 생물학자들의 글에서는 그런 용법을 찾아볼 수 없다. 하지만 '어떤 관점에서'라고 설명하는 환원주의는 메더워의 말대로 "지금까지 고안된 가장 성공적인 연구 전략"•이다.

RKL은 "사회생물학의 핵심을 꿰뚫는 가장 신랄한 비판은 인류학자들에게서 나왔다"고 말한다. 그들이 인용한 가장 유명한 인류학자들 중 두 명이 마셜 샐린스Marshall Sahlins와 셔우드 워시번Sherwood Washburn이다. 그들의 '핵심을 꿰뚫는' 비판은 실제로 찾아볼 가치가 있다. 워시번은 모든 인류가 혈연이든 아니든 유전자의 99퍼센트 이상을 공유하고 있으므로 "유전학은 사회생물학자들의 계산이 아니라 사회과학의 믿음을 뒷받침한다"고 생각한다.

뛰어난 유전학자인 르원틴은 본인이 하려고만 했다면 혈연선택 이론에 대한 이 측은한 오해를 금방 해소할 수 있었을 것이다. 샐린스는 사회생물학의 '기를 죽이는 공격'이라는 평을 받은 한 책에서, 인류 문화의 소수만이 비율 개념(사람들이 그들의 혈연도 계수 r을 계산하기 위해서는 꼭 필요한!)을 발달시켰기 때문에 혈연선택은 작동할 수 없다고 말했다. '유전학자 르원틴'은 대학교 1학년생이 이런 기초적인 실수를 한다면 용납하지 않을 것이다. 하지만 '급진적인 과학자 르원틴'에게 사회생물학 비판은 아무리 어설프고 무지한 것이라 해도 무조건 핵심을 꿰뚫고, 신랄하고, 기를 죽이는 것이다.••

RKL은 본인들의 주된 역할이 부정하고 정화하는 것이라고 생각한다. 심지어는 스스로를 "최근 발생한 대화재를 진화하기 위해 하루가 멀다 하고 한밤중에 불려나가는" 용맹스러운 작은 소방대로 여긴다. "결정론이 불러일으키는 이런 화재는 학계 전체가 화염에 휩싸이기 전에 이성의 찬물로 급히 끌 필요가 있다."

• 《아리스토텔레스에서 동물원까지》에서.

•• 샐린스와 워시번이 범한 오류는 각각 《영혼이 숨 쉬는 과학》에 수록된 '혈연선택에 관한 열두 가지 오해' 중 오해 3과 5에 해당한다.

그렇다 보니 그들은 항상 반대만 하게 되고, 따라서 이제는 "인간의 생명을 이해하는 어떤 긍정적 프로그램"을 생산할 의무를 느낀다. 그러면 생명 이해에 대한 이 저자들의 긍정적 기여란 무엇일까?

이 부분을 읽다 보면, 이목을 의식하는 듯한 헛기침이 실제로 들리는 것 같고, 독자들은 오글거릴 정도로 좋은 무언가를 기대하게 된다. 우리는 '대안적 세계관'을 약속받는다. 그게 무엇일까? '전일적 생물학?' '구조주의 생물학?' 장르 감식가들은 이중 어느 한쪽에 판돈을 걸지도 모른다. 아니면 '해체주의 생물학'에 걸지도 모르고. 하지만 그 대안적 세계관이란 것은 그 수준을 뛰어넘는 '변증법적 생물학'을 말한다! 그러면 변증법적 생물학이란 정확히 뭘까? 예를 들자면 이런 것이다.

> 케이크를 굽는다고 생각해보라. 제품의 맛은 버터, 설탕, 밀가루 같은 성분들이 높은 온도에 여러 시간 동안 노출될 때 일어나는 복잡한 상호작용의 결과다. 모든 성분이 저마다 (…) 최종 산물을 만드는 데 기여했지만, 그렇다고 해서 밀가루 몇 퍼센트, 버터 몇 퍼센트 등으로 분리되지 않는다.

이렇게 써놓고 보면 변증법적 생물학이라는 것이 꽤 그럴듯하게 들린다. 심지어 나도 변증법적 생물학자가 될 수 있을 것 같다. 그런데 생각해보니 케이크에서 뭔가 익숙한 느낌이 든다. 아니나 다를까, 다음은 그 사회생물학자들 중 가장 심한 환원주의자가

1981년에 펴낸 책(《눈먼 시계공》—옮긴이)에 나오는 부분이다.

> 우리가 요리책에 나오는 특정 레시피를 글자 그대로 따른다면, 오븐에서 나오는 최종 산물은 케이크일 것이다. 우리는 이제 케이크를 성분들로 분해할 수 없다. 이 조각은 레시피의 첫 단어에 해당하고 저 조각은 레시피의 두 번째 단어에 해당하고 등등. 장식으로 올리는 체리를 포함한 몇 가지를 제외하면, 레시피의 단어와 케이크 '부분'과의 일대일 대응은 존재하지 않는다. 레시피 전체가 케이크 전체에 대응한다.

물론 나는 케이크에 대한 우선권을 주장하려는 게 아니다. (어쨌든 고 패트릭 베이트슨Patrick Bateson이 가장 먼저 했다.) 그저 이 작은 우연이 RKL을 망설이게 하기만을 바랄 뿐이다. 그들은 자신들의 공격 대상이 순진한 원자론적 환원주의자이기를 필사적으로 바라지만, 아닐 수도 있지 않을까?

생명은 복잡하고 생명의 인과적 요인들은 상호작용한다. 만일 그들이 말하는 '변증법'이 이런 뜻이라면, 아무 문제가 없다. 하지만 그렇지 않다. 저자들에 따르면, '상호작용주의'는 그 나름대로 좋은 것이지만 '변증법'은 아니다. 그러면 차이가 뭘까?

> 첫째, (상호작용주의는) 유기체와 환경이 떨어져 있다고 가정한다. (…) 둘째, 상호작용주의는 집합성보다 개체성을 존재론적으로 우선순위에 놓고, 따라서 인식론적….

그만 살펴보자. 이런 종류의 글은 소통할 의도가 없어 보인다. 아무것도 말하고 있지 않다는 사실을 감추기 위해 연막을 피워놓고, 좋은 인상을 주려는 것 아닌가?

8

튜토리얼 중심의 교육

이 에세이는 원래 옥스퍼드대학교 재학생들을 위한 대학잡지 〈옥스퍼드대학교 가제트Oxford University Gazette〉를 위해 쓴 것이다. 데이비드 팰프리먼David Palfreyman이 2008년 옥스퍼드의 튜터 제도를 찬미하는 에세이집을 내면서 나에게 이 글을 에세이집에 넣어도 되는지 물었고, 나는 기꺼이 승낙했다. (애석하게도 지금은 없어진) 대학 동문들을 위한 잡지 〈옥스퍼드 투데이〉에도 변형된 버전이 실렸다.
첫 문단의 빈정거리는 어조는 애초의 독자가 누구였는지 떠올려보면 이해가 될 것이다. 영국 독자들은 치핑온가, 헌베이, 크리첼다운 등에 대학이 없다는 사실을 알 것이다. 그것도 빈정거림의 일환이었다. "학부생들은 어떻게 생각하는가?"라는 후렴구도 마찬가지다. 교수위원회에 학생 대표가 참석하는 것이 당시 유행이었다.

우리 생물학 교수진은 모여서 공동의 불만을 토로하는 데 재미가 들려 이따금 소심한 교사들을 괴롭힌다. 우리가 뭘 잘못하고 있을까요? 어떻게 하면 교육 방법과 시험 방식을 개선할 수 있을까요? 다른 대학들은 X를 한다고 하는데, 그건 X가 좋다는 증거임에 틀림없어요. 현재의 시험제도는 집중력이 짧은 학생들을 부당하게 차별합니다. 우리도 치핑온가에서 하는 것처럼 기말시험 대신 지속적인 평가를 도입해야 하지 않을까요? 헌베이에서 하는 것처럼 우리도 강의 출석을 의무화하면 어떨까요? 학부생들은 어떻게 생각하나요? (교수위원회에 참석한 재학생 대표들은 각자 어떻게 생각하나요?) 강의실에 출석체크 기계를 놓는 건 어떤가요? 크리첼다운에서는 튜토리얼(개별 지도)을 20개쯤 운영하고 있는 반면, 우리 학교에서는 학생 한 명당 튜토리얼을 운영하는데, 이는 학생들의 교육에 좋을 리 없어요. 기말시험 점수가 왜 극단에서 극단까지 보기 좋게 분포하지 않고 2등급 중간에 단조롭게 모여 있을까요? 외부 시험관들은 우리에게 앞으로 Y를 하라고 명령했지만(자신들의 대학에서는 Y를 하는데 해보니 좋다는 이유로), 불행히도 Y를 하려면 법 개정이 필요합니다. 그리고 좋은 생각이 있는데, 버들리 샐터튼에서 하는 것처럼 넓고 얕게 가르치는 게 어떨까요? 그것도 좋지만 동시에 내가 다닌 대학에서처럼 심층교육도 합시다. 학부생들은 어떻게 생각하나요?

모두 한번쯤 들어본 말들로, 칭찬해야 할 일이기도 하다. 내가 비록 냉소적으로 말했지만, 교육에는 확실히 개선할 수 있는 점이 많이 있고, 개선점을 찾는 것은 우리의 당연한 의무이기 때문이다. 하지만 최근에 나오기 시작한 한 가지 특별한 의견이 요즘 내 심기를 불편하게 한다. 옥스퍼드의 교육은 '튜토리얼 중심'이라는 비난을 받아왔다. 이 문구는 두 명의 외부 시험관에게서 시작되었다(그들은 주변의 부추김으로 자신들의 보고 범위가 시험에 대해 논평하는 것에 그치지 않고 대학 운영 방법을 조언하는 것까지 확장된다고 인식하게 되었다). 공동자문위원회(영국에서 조직의 경영진과 직원들을 대표해, 직원들에게 영향을 주는 결정에 대해 공식 토론을 하는 사람들—옮긴이)의 선후배 회원들은 '튜토리얼 중심'이라는 비판을 그대로 받아들였고, 지금은 학내에서도 그런 말이 들린다. 옥스퍼드가 '강의 중심'이어야 마땅한 교육을 '튜토리얼 중심'으로 운영하고 있다는 것이다.

'튜토리얼 중심'이 무엇을 의미하는지는, 해결책이라고 내놓는 것을 보면 확실히 알 수 있다. 그 해결책이란 튜토리얼의 에세이 내용을 공식 강의에서 다루는 주제로 엄격하게 제한해야 한다는 것이다. 따라서 튜터들은 강의 내용을 전달받아 튜토리얼에서 이런 주제들을 '어드레스'(골프 용어로, 공을 보내고자 하는 방향에 맞춰 자세를 정렬하는 것을 말한다—옮긴이)해야 한다고, 가식적인 골프 용어를 써가며 조언했다. 그리고 강사들은 읽기 자료 목록을 모든 튜터에게 배포해야 할 것이다.

내가 이런 실리주의를 유독 애석하게 생각하는 이유가 무엇인지 말해주겠다. 나도 한때 학부생이었다. 우리는 튜토리얼 중심으로 배웠으며(당시에는 그것을 깨닫지 못했다), 그것이 내 인생을 만들었다고 해도 과언이 아니다. 단지 한 명의 특별한 튜터를 언급하는 게 아니다. 옥스퍼드 튜토리얼 제도에 대한 전체적인 경험을 말하는 것이다. 끝에서 두 번째 학기에 나의 현명하고 인간적인 칼리지 튜터 피터 브루넷Peter Brunet•은 내가 위대한 니콜라스 틴베르헌Nikolaas Tinbergen에게 동물행동학 개별 지도를 받을 수 있게 해주었다. 훗날 틴베르헌은 비교행동학을 창시한 공로로 노벨상을 받았다.

틴베르헌은 동물행동학에 대한 모든 강의를 혼자서 책임지고 있었고, 따라서 그는 '강의 중심' 튜토리얼을 제공하기에 좋은 위치에 있었을 것이다. 하지만 말할 필요도 없이 그는 그렇게 하지 않았다. 매주 나의 튜토리얼 과제는 디필Dphil•• 논문 한 편을 읽는 것이었다. 그리고 에세이를 쓸 때는 디필 심사위원의 소감, 후속 연구에 대한 제안, 논문이 다루는 주제의 역사, 그리고 논문이 제기한 쟁점들에 대한 이론적·철학적 논의를 결합해야 했다. 나도 틴베르헌도 이 과제가 시험문제를 푸는 데 직접적으로 도움이 될지에 대해서는 생각해본 적이 없었다.

• 은퇴하고 얼마 지나지 않아 세상을 떠난 그는 사랑스러운 사람이었다. 그는 죽음을 앞두고 "나 같은 늙은이가 돌아다니는 걸 누가 좋아하겠어?"라고 말했다. 이 수사의문문은 죽음을 대하는 그의 강인한 태도를 보여준다. 이 에세이를 그에게 바치고 싶다.

•• 옥스퍼드대학교에서 박사학위PhD를 부르는 명칭. 신생 대학들 중 서식스대학교와 요크대학교도 이 명칭을 채택했다. 하지만 대부분의 다른 대학은 케임브리지의 용어를 따르고, 심지어 옥스퍼드에서도 박사학위를 비공식적으로 'PhD'라고 부르는 경우가 늘고 있다.

또 다른 학기에 내 칼리지 튜터는 생물학에 대한 내 관심사가 자기보다 더 철학적인 것을 알고, 아서 케인Arthur Cain에게 튜토리얼을 받을 수 있게 해주었다. 케인은 당시 생물학과에서 뜨고 있던 젊은 스타였고 나중에 리버풀대학교의 동물학 교수가 되었다. 그는 옥스퍼드대학교 동물학과에서 제공되는 강의를 중심으로 튜토리얼을 운영하지 않았다. 케인은 나에게 오직 역사와 철학에 대한 책만 읽게 했다. 내가 읽고 있는 책들과 동물학 사이의 관계를 알아내는 건 내 몫이었다. 나는 그것을 시도했고, 그렇게 시도하는 것이 정말 좋았다. 당시 내가 쓴 생물철학에 대한 미숙한 에세이가 훌륭했다고 말하는 것이 아니다. 훌륭하지 않았다는 것을 알고 있다. 하지만 나는 내가 그 에세이를 쓰면서 느낀 짜릿함을 절대 잊지 않았다는 것도 알고 있다.

일반적인 동물학 주제들에 대해 쓴, 전공에 더 가까운 에세이들에 대해서도 같은 말을 할 수 있다. 불가사리의 수관계에 대한 공식 강의가 있었는지는 잘 기억나지 않는다. 아마 있었을 것이다. 어쨌든 그 사실이 내 튜터가 불가사리 수관계를 에세이 주제로 결정한 것과는 아무런 관련이 없다고 말할 수 있어서 기쁘다. 불가사리의 수관계는 동물학에서 매우 전문적인 주제 중 하나이고, 다른 주제들에 대해 에세이를 쓴 일도 나는 같은 이유로 기억하고 있다.

불가사리는 붉은 피를 순환시키는 대신 관을 통해 바닷물을 순환시킨다. 바닷물이 한 구멍(천공판)을 통해 들어와 불가사리의 복잡한 관 시스템을 통해 끊임없이 몸속을 순환한다. 이 관 시스템은 불가사리 중심을 고리처럼 둘러싸고(환상수관), 다섯 개의 팔 각각으로 가지처럼 뻗어나간다(방사수관). 관을 통과하는 바닷물은 독특한 수압 시스템을 이용해 다섯 개의 팔에 있는 수백 개의 작은 관족을 움직인다. 각각의 관족 끝에는 작은 빨판이 붙어 있고, 이 빨판들이 주변을 더듬어 길을 찾고 서로 협동해 앞뒤로 움직이면서 불가사리를 특정한 방향으로 잡아당긴다. 관족들은 동시에 움직이지 않고 반자율적이다. 그래서 관족들에게 지시를 내리는 타원형 신경고리(환상신경)가 어쩌다 끊어지면, 팔에 붙어 있는 관족들이 불가사리를 제각기 반대 방향으로 잡아당겨 불가사리를 반으로 찢을 수 있다.

나는 불가사리 수관계에 관한 사실들을 기억하고 있지만, 중요한 건 사실들이 아니라 그 사실들을 발견하는 방법이다. 우리는 교과서를 벼락치기로 공부하지 않았다. 대신 도서관에 가서 오래된 책과 새로 나온 책들을 찾아보고, 원본 논문의 발자취를 추적하며 일주일 내에 할 수 있는 최대한으로 해당 주제의 세계적 권위자가 되었다. 한 주의 튜토리얼이 갖는 의미는 불가사리 수관계든 다른 어떤 주제든 그것에 대한 자료를 읽도록 격려하는 것에 그치지 않았다. 한 주 동안 나는 불가사리 수관계와 함께 자고, 먹고, 꿈을 꾸었다. 관족이 눈꺼풀 뒤에서 행진하고, 빨판들이 주변을 더듬어 길을 찾고, 바닷물이 졸린 내 뇌를 세차게 통과했다. 에세이를 쓸 때는 카타르시스를 느꼈다. 튜토리얼은 일주일을 온전히 바칠 만한 가치가 있었다. 다음 주에는 도서관에서 새로운 주제와 새로운 이미지의 향연이 펼쳐진다. 우리는 실제로 교육받고 있었고, 우리의 교육은 튜토리얼 중심이었다.*

강의가 나쁘다는 게 아니다. 강의도 영감을 줄 수 있다. 특히 강사가 강의계획표와 '정보 제공'**에 대한 실용주의적인 집착을

- 내가 뉴칼리지 교수로 처음 부임했을 때 선배 동료 존 벅스턴John Buxton은 두 세계대전 사이에 자신을 가르친 세 명의 튜터(우연히도 고전 과목)에 대해 이렇게 썼다. "그들은 우리가 문학, 역사, 고대 사상을 발견하는 데 관심을 갖게끔 했다. 이보다 더 값진 수업은 없었다. 우리는 모든 대답을 아는 사람들에게 교육받기보다, 탐구의 동반자로서 교육받고 있었다." 벅스턴이 세상을 떠나기 전 그를 좀 더 알기 위해 노력하지 않은 것을 후회하게 만드는 것이 이 회고록만은 아니다. 내가 뉴칼리지에 부임했을 때 그는 다소 쌀쌀하고 험악한 인물이 되어 있었다. 심지어는 불행해 보였다. 그가 이렇게 내향적으로 변한 것은 어쩌면 청각장애 때문이었을지도 모른다. 그는 고전을 전공했음에도 그 무렵 영문학을 가르치고 있었다. 벅스턴은 뛰어난 조류학자로, 상딱새에 대한 결정판이라고 할 만한 책을 썼다. 독일에서 포로 생활을 하는 동안 이 책을 위한 관찰 연구의 일부를 수행했으며, 이때 동료 죄수들의 도움을 받았다. 누가 보나 흥미로운 사람이었고, 후배 동료의 관점에서는 놓친 기회였다.

** 강의의 목적은 정보 제공이 아니라 영감 불어넣기여야 한다. 냉소적인 재치를 잘 구사하기로 유명한 작가들 중 하나인 마크 트웨인은 이렇게 말했다. "대학은 교수의 강의 노트가 학생의 강의 노트로, 두 사람의 뇌를 통과하지 않고 직행하는 곳이다." 학부생일 때 나는 강박적으로 필기를 하느라 강의 내용 대부분을 놓쳤다. 그러

버린다면. 우리 세대의 동물학도라면 앨리스터 하디Alister Hardy 경이 칠판에 전광석화처럼 그려내던 예술작품, 그가 유충 형태에 대한 익살스러운 시를 암송하고 그 유충들의 행동을 흉내 내던 일, 그가 탁 트인 바다의 플랑크톤 밭을 떠올리던 모습을 잊지 못할 것이다. 하디 경보다 덜 화려하지만 더 지적인 접근방식을 취했던 다른 강사들도 그들만의 방식으로 똑같이 훌륭했다. 하지만 강의가 아무리 훌륭해도 우리는 튜토리얼이 강의 주도적이기를 요구하지 않았고, 시험문제가 강의 주도적이기를 기대하지도 않았다. 시험관들은 동물학 분야 전체에서 골고루 시험문제를 출제했으며, 우리가 의지할 수 있는 것은 오직 하나, 시험문제가 최근

고 나서는 노트를 펼쳐보지도 않았다. 깜박 잊고 펜을 가져가지 않은 날만 (그리고 내 옆에 앉은, 모두의 추앙을 받던 여학생에게 너무 수줍어 펜을 빌리지 못한 날만) 교수님이 한 말을 기억했고, 방으로 돌아오자마자 강의 내용을 요약 정리했다. 책을 구하기 어려웠던 시절, 강의는 문자 그대로의 의미에 부응했다. 강연자는 책을 가지고 있었지만 학생들은 가지고 있지 않았고, 그중 일부는 심지어 읽지도 못했을 것이다. 강연자는 교탁에 책을 올려놓고 학생들 앞에서서 큰 소리로 읽었다. 하지만 지금의 학생들은 책을 읽을 수 있다. 그들은 교수와 똑같은 교재에서 정보를 얻을 수 있다. 인터넷 시대에는 책과 연구 논문을 훨씬 수월하게 찾아 읽을 수 있다. 최고의 강사는 학생들 앞에서 생각을 말하고, 학생들이 있는 곳에서 좋은 생각을 떠올리고, 학생들에게도 똑같이 하도록 장려하는, 학생들에게 영감을 주는 사람이다.

출제된 것과 불공정할 정도로 다르지는 않을 것이라는 믿음이었다. 문제를 출제할 때의 시험관들도, 에세이 주제를 내줄 때의 튜터들도, 어느 주제가 강의에서 다뤄졌는지 알지 못했으며 그것을 상관하지도 않았다.

내가 내 대학과 그곳의 독특한 교육 방법에 대한 추억에 과몰입했을 수도 있다. 나는 내가 교육받은 시스템이 최고라고 가정할 권리가 없다. 내 후임 동료들이 그들이 다닌 훌륭한 대학에 대해 같은 가정을 할 권리가 없는 것처럼 말이다. 우리는 각자 옹호하고 싶은 제도의 교육적 장점을 논리적으로 주장해야 한다. 옥스퍼드에서 전통적으로 해왔기 때문에 좋은 제도라고 가정해서는 안 된다(그런데 놀랍게도, 오래된 전통이라고 불리는 것들 대부분이 알고 보면 그리 오래되지 않았다).• 그렇다고 해서 반대로 옥스퍼드에서 전통적으로 해왔기 때문에 나쁘다고 생각해서도 안 된다. 옥스퍼드의 교육이 앞으로도 계속 '튜토리얼 중심'이어야 한다고 주장할 생각이라면 오로지 교육적 장점 때문이어야 한다.

• 나는 이 사실을 옥스퍼드에서 얼마간 살고 난 후에야 알게 되었다. 실제로는 그리 오래되지 않은 '오래된 전통'의 한 가지 사소한 예로, 기말시험을 치르고 나오는 친구들에게 밀가루와 샴페인을 던지는 관습이 있다. 지금 형태의 옥스퍼드 튜토리얼은 대체로 19세기의 발명품으로, 1870~1893년 베일리얼칼리지 학장을 지낸 벤저민 조윗Benjamin Jowett이 개발한 것이다.

마찬가지로 튜토리얼 제도를 폐지하기로 결정한다면, 적어도 폐지하려는 그것이 무엇인지는 알고 폐지하자. 옥스퍼드 튜토리얼을 다른 것으로 대체할 생각이라면, 튜토리얼의 장점에도 불구하고 더 나은 제도를 발견했을 때 그렇게 하자. 튜토리얼이 무엇인지 제대로 알지도 못하고 바꿀 생각부터 하지는 말자.•

• 나는 데이비드 팰프리먼의 에세이집 2판에 머리말을 추가했다. 거기서 여러 가지를 지적했지만, 무엇보다 일대일 튜토리얼에는 돈이 많이 든다는 점을 인정했다. 하지만 다른 대학들처럼 교사당 학생 수를 늘려 예산을 줄이기보다는(이렇게 하면 튜토리얼이 아니라 세미나가 된다) 튜터가 해당 주제에 대한 경험이 풍부한 권위자여야 한다는 생각을 버리는 게 좋다고 제안했다. 오히려 미국 대학의 '조교' 제도와 같은 방식이 좋다. 내가 제안하는 제도 개혁에서는 대학원생이 튜터가 될 수 있다. 그들은 교수처럼 원숙한 경험은 없지만, 대신 젊은 열정으로 그것을 만회할 것이다. 뒤늦게 깨달은 사실이지만, 내 튜터들 중 다수가 실제로 대학원생 또는 박사후연구원이었고, 그것 때문에 나빴던 일은 거의 없었다. 이런 관행은 동물학에서는 흔했지만, 연로한 교수들이 가르치는 경향이 있는 역사 같은 전통적인 과목에서는 그리 흔하지 않았다.

9

빛이 사라진 세계

나는 대학원생 때 과학 멘토가 추천해준 대니얼 F. 갤루이Daniel F. Galouye의 소설《암흑 우주Dark Universe》를 오랫동안 좋아했다. 그러니 2009년 이 책의 오디오북을 위한 서문을 요청받았을 때 기쁘지 않을 수 없었다. 이 글은 그때 쓴 서문이고, 오디오북에는 내 목소리로 직접 녹음도 했다.

나쁜 과학소설은 동화와 마찬가지로 현실을 대수롭지 않게 취급해서 현실이 마치 마법의 주문처럼 되어버린다. 훌륭한 과학소설은 과학이 정해놓은 범위를 벗어나지 않도록 스스로 구속하거나, 과학의 한 부분만 엄격한 틀 안에서 바꾸고 그 결과를 탐구한다. 최고의 과학소설은 과학을, 또는 철학을 새로운 방식으로 생각하게 해준다. 또는 이 책에서와 같이 신화와 종교를 새로운 방식으로 생각하게 해준다.

빛이 없는 세계를 상상해보라. 원래부터 빛이 없었던 세계가 아니라 빛이 있었으나 사라져버린 세계를. 대니얼 갤루이는 깊은 지하세계 주민들에게 왜 이런 불행이 닥쳤는지 아주 그럴듯한 이유를 생각해냈다. 그들은 지하에 사는 것만 빼면 우리와 똑같고, 소설의 무대는 빛이 사라진 후 수세대가 지난 때다. 이유는 책 끝에 가서야 나오지만, 독자들은 이야기 중간중간 나오는 감질나는 단서들을 통해 그 이유를 추측할 수 있다. 예를 들어 '시민'을 뜻하는 단어는 '생존자'다. 뭔가 감이 오지 않나? 그리고 종교는 쌍둥이 악마 '스트론튬'과 '코발트', 무시무시한 절대악마 '수소신'이다. 흔히 쓰는 저주는 '방사능!', '방사능을 가져가!', '코발트!'다.

소설 속에서 빛은 완전히 잊혔다. 다만 희미한 집단기억으로 남아 있는데, 이것이 사람들이 빛을 숭배하는 근거가 되었다. 이는 우리가 그들이 사는 암흑세계로 이끌려 들어가는 동안 조각들을 하나씩 끼워맞춰 서서히 도달하게 되는 결론이다. 언어에서 시각과 관련된 모든 단어가 삭제되었다. 사람들은 지하세계를 다닐 때 박쥐처럼 반향정위echolocation(사물의 거리와 방향을 사물에 부딪쳐 돌아오는 반향으로 판단하는 것—옮긴이)를 사용하거나 지빙zivving(따뜻한 물체와 온천수에서 나오는 적외선을 사용하는 것을 의미한다. 물론 우리 독자들은 이번에도 이 사실을 서서히 알아낸다)을 한다. 이 지하세계에서는 "무슨 뜻인지 뻔히 보여"라는 표현 대신 "무슨 말인지 뻔히 들려"라고 말한다.

이들에게는 하루나 1년이라는 개념이 없다. 일상 대화에서 '빛'이라는 단어가 자주 쓰이지만 아무도 빛이 무엇인지 모른다. 빛은 오직 종교적 맥락에서만 언급된다. 빛은 신화가 되었다. 인간이 빛의 낙원에서 추방되기 전 시대의 유물일 뿐이다. 사람들은 이제 법정에서 "전능하신 하느님" 대신 "전능하신 빛", "빛이여, 우리를 도우소서"라고 선서하고, "제발, 부디"라고 말할 때도 신 대신 빛을 찾는다.

주인공 재러드는 '암흑'의 실체를 찾아나선다. 암흑 외에는 아무것도 없는 세상에서는 암흑이 아무런 의미가 없지만, 재러드는 암흑이 빛을 이해하는 열쇠일지도 모른다는 막연한 신학적 직관을 갖고 있다. 재러드가 참석하는 한 종교의식에서 회중은 '신성한 전구'를 옆 사람에게 엄숙하게 전달한다. 그들은 그 '전구'를 더듬어 느끼면서 이런 교리문답을 외운다.

빛이 무엇인가?

빛은 성령입니다.

빛은 어디에 있는가?

인간에게 악이 없다면 빛은 어디에나 있을 것입니다.

빛을 느끼거나 들을 수 있는가?

아닙니다. 하지만 내세에 보게 될 것입니다.

기독교 신학이 자꾸 떠오르는 것은 어쩔 수 없다. 소설 속에 으스스하게 이탤릭체로 인쇄된 막간극들도 쉽사리 잊히지 않는다. 주인공 재러드는 어린 시절부터 유령 같은 모습으로 자신을 지속적으로 찾아온 낯선 인물 세 사람을 꿈속에서 찾아간다. 이들은 아마 돌연변이들일 것이다. 그 세 사람은 '텔레파시로 말하는 친절한 생존자Kind Survivoress', 친절한 생존자를 통해서만 인식할 수 있는 '리틀 리스너Little Listener(그는 빛을 발하는 벌레가 내는 '침묵의 소리'를 사용하는 방법을 알아냈다)', 그리고 '불멸의 인간The Forever Man'이다. 므두셀라 같은 인물인 '불멸의 인간'은 죽지 않으며, 수백 년 동안 아무 일도 하지 않고 손가락으로 바위를 두드려 깊은 구멍을 내기만 한다. '불멸의 인간'은 빛을 기억할 정도로 나이가 많지만 정신이 나갔다. 재러드가 암흑의 정체를 찾아 순례를 떠나겠다고 말하자, 그제야 빛으로부터 추방당했던 공포를 완전히 기억해낸다. 그날 이후 무시무시한 암흑이 인간을 덮쳤지만, 재러드는 당연히 암흑이 빛을 덮쳤다는 것이 무엇인지 이해할 수 없다.

소설은 '생존자'들이 빛이 존재하는 외부 세계로 돌아오며 끝난다. 바로 우리가 사는 세계다. 우리는 빛에 너무나 익숙해진 나머지 빛이 얼마나 경이로운지, 본다는 것이 얼마나 큰 기쁨인지 잊고 산다. 재러드가 태양(그는 그것을 분명 '수소신'이라고 생각했을 것이다)을 처음 보고 공포에 휩싸이는 순간은 감동적으로 그려진다.

이 책은 아마 내가 주변 사람들에게 가장 자주 언급하는 책이지 싶다. 나는 이 책의 아이디어가 매혹적이라고 생각하는데, 다른 사람들도 그렇게 생각하는 것 같다.• 그런데 이 책의 신학적 비유에 무언가 의미가 있을까? 그건 직접 읽고•• 스스로 판단하시라.

- 내가 이렇게 말할 수 있는 건 대니얼 갤루이의 이 작품만이 아니다. 《위조 세계Counterfeit World》(1965)도 마찬가지다. 우리는 이 작품에서 우리가 더 발전된 문명이 짜놓은 시뮬레이션 속에서 살아간다는 사실을 알게 된다. 이 가정을 반증하는 것은, 철학자 닉 보스트롬Nick Bostrom이 주장해왔듯이 비록 불가능하진 않더라도 어렵다. 우리가 사는 세계가 시뮬레이션이라는 것은 다소 엉성한 영화 〈매트릭스〉의 줄거리이기도 하다.

•• 오디오북이라면 당연히 '듣고'라고 해야겠지만.

10

과학 교육과 난해한 문제들

나는 프레드 호일Fred Hoyle(1915~2001)의 《검은 구름The Black Cloud》을 수년 전 처음 읽은 뒤로 사적으로나 책에서나 기회가 있을 때마다 추천한다. 그러다가 친하게 지내는 펭귄출판사에 새 판본을 내자고 설득했다. 그들은 내 제안을 받아들이면서 새로운 후기를 써달라는 조건을 붙였고, 나는 기쁘게 수락했다. 이 글은 2010년에 발표한 그 후기이고, 나중에 오디오북이 나왔을 때는 출판사의 요청으로 후기를 직접 녹음했다.

앞의 에세이에서 나는 나쁜 과학소설과 좋은 과학소설을 구별했다. 전자는 현실을 대수롭지 않게 여기며 마법의 주문에 해당하는 것들을 끌어들이는 반면, 후자는 현실적인 과학적 제약을 인정한다. 나는 최고의 과학소설은 그 자체로 과학을 가르쳐줄 수 있는 역량이 있다고 말했는데, 《검은 구름》이야말로 그렇다. 그리고 이제 과학소설의 중간 범주를 추가해서, 예를 들어 H. G. 웰스의 《우주전쟁The War of the Worlds》과 과학소설 선집으로 묶인 여러 단편을 넣고 싶다. 이런 과학소설들은 모험 이야기, 스릴러, 로맨스 등으로는 가치 있을지 모르지만 과학이나 과학적 상상과의 관계는 부차적인 수준에 그친다. 말하자

면, 총성이 난무하는 흥미진진한 모험 이야기가 어쩌다 보니 미국 서부가 아니라 화성을 무대로 일어날 뿐이랄까. 마이클 크라이튼Michael Crichton의 《타임라인Timeline》은 주인공들이 시간여행 기술을 보유하고 있다는 점에서 과학소설이지만, 영웅들이 중년이 되면 현재를 무대로 하는 보통의 스릴러로 변한다. 물론 훌륭한 스릴러이기는 하지만.

프레드 호일 경은 저명한 과학자였다. 그의 퉁명스럽고 심지어는 거슬리는 말투는 그가 쓴 과학소설의 여러 주인공에게 영향을 미쳤다. 그중 한 명이 첫 작품이자 가장 잘 알려진 이 소설의 주인공 크리스토퍼 킹즐리다. 천문학자였던 호일은 우주의 기원에 대한 빅뱅이론과 관련해 잘못된 입장을 취한 것으로 유명하다. 그는 빅뱅이론에 반대하며 자신이 세운 우아한 (작명부터 빅뱅이론을 빈정거리는 듯한) '정상 상태' 이론을 호전적으로 옹호했다. 하지만 그는 화학 원소들이 별 내부에서 수소로부터 만들어졌다는 이론에서는 완전히 옳았다. 실제로 이 기초 이론으로 다른 사람들이 노벨상을 받고 호일에게는 몫이 돌아가지 않았을 때 많은 과학자가 그것이 호일에게 매우 부당한 처사라고 느꼈다. 그의 이론생물학과 진화생물학으로의 외유에 대해서는 말을 아끼겠다.

그의 소설가로서의 산물은 좋은 것도 있고 나쁜 것도 있다고 말하고 싶다. 존 엘리엇John Elliott과 함께 쓴 《안드로메다를 위하여A for Andromeda》의 커다란 장점은 《검은 구름》과 마찬가지로 독자를 즐겁게 하는 동시에 과학 원리를 교육한다는 것이다. 특히 그 책은 나중에 칼 세이건이 《콘택트Contact》에서 재연한 중요한 개념을 상세하게 설명한다. 즉, 어떤 외계 문명이 지구를 점령하기를 원한다면 (은하계의 거리가 너무 멀기 때문에) 직접 우리를 방문할 가능성은 지극히 낮고, 대신 코드화된 정보를 전파에 실어보낼 것이라는 개념이다. 이 정보가 해독되어 컴퓨터가 만들어지고 프로그램이 실행되면 그 컴퓨터가 외계인들의 대리로 활동할 것이다. 왜 이것이 설득력 있는 이야기인지 이해할 수 있으려면 과학의 몇 가지 심오한 원리를 이해해야 하는데, 호일은 독자들에게 그것을 훌륭하게 이해시킨다.

그의 다른 소설들 중 일부는 반대쪽 극단으로, 그저 돈벌이 작품 수준을 조금 웃도는 정도다. 하지만《검은 구름》은 아이작 아시모프와 아서 C. 클라크의 최고 작품과 어깨를 나란히 할 만큼 훌륭한 과학소설이라고 생각한다. 첫 페이지부터 '흥미진진한 실타래rattling good yarn'가 풀리기 시작해 1쪽에서 독자를 사로잡고 꼭두새벽에 책장을 덮을 때까지 놓아주지 않는다. 책의 무대가 대략 현재라는 점은 독서에 도움이 된다. 많은 과학소설처럼 이상한 외계 명칭과 딴 세계 관습들에 어리둥절해하지 않아도 된다. 보통 그런 명칭과 관습들은 책을 반쯤 읽었을 때에야 익숙해지는데, 현실은 바쁘게 돌아가고 그때쯤 되면 이 책을 계속 읽는 것보다 더 나은 할 일이 생길지도 모른다. 호일의 등장인물들은 케임브리지의 자기 방에서 활활 타오르는 장작불을 앞에 두고 깊은 생각에 빠져들기를 즐긴다. 반복되는 이 이미지는 기분이 좋아질 정도로 편안함을 선사한다.

하지만《검은 구름》의 진정한 장점은 이것이다. 호일은 결코 가르치려 들지 않고, 이야기를 전개해가는 과정에서 매혹적인 과학을 알려주는 데 성공한다. 과학적 사실만이 아니라, 중요한 과학적 원리까지도. 우리는 과학자들이 어떻게 일하고 어떻게 생각하는지 알게 된다. 심지어 의식이 고양되고 영감을 받는다. 이 책이 들려주는 실제 과학(실제로는 철학)의 몇 가지 사례를 들어보겠다.

과학적 발견은 한 가지 이상의 방법이 수렴함으로써 이루어지는 경우가 많다. 이따금 동시에 이루어지기도 한다. 호일의 '검은 구름'은 직접적인 관찰을 통해 캘리포니아의 한 망원경에 포착되는 동시에, 케임브리지에서 간접적인 수학적 추론에 의해서도 발견된다. 이 책 초반의 내러티브는 넋을 잃게 할 정도로 잘 쓰였고, 케임브리지 팀이 캘리포니아 팀에게 전보를 보내는 대목에서 절정에 이른다. 다른 팀이 독립적으로 똑같은 놀라운 진실에 도달했다는 것을 모르는 각 팀이 전보를 보는 순간, 거기 적힌 글자들이 "굉장한 크기로 부풀어오르는 것 같았다"는 대목에서는 말 그대로 소름이 돋는다.

검은 구름의 실체를 서서히 밝혀나가는 과정 또한 과학자들이 생각하고 논쟁하는 방식을 매혹적으로 보여준다. 소설의 주인공이자 작가 호일의 페르소나라고 봐야 할 케임브리지대학교의 이론천문학자 크리스토퍼 킹즐리와, 긴장을 풀어주는 코믹한 등장인물인 러시아 천문학자 알렉산드로프는 각자 놀라운 사실에 맞닥뜨린다. 너무 놀라워서, 다른 등장인물들은 그것을 받아들이기를 완강히 거부한다. 킹즐리와 알렉산드로프는 이론은 예측으로 검증되어야 한다는 사실을 끈질기게 주장하고, 서서히 회의론자들의 마음을 얻는다. 협력하는 과학자들과 반대하는 과학자들 사이에 전개되는 대화는 넋을 쏙 빼놓을 만큼 흥미진진하다.

구름의 이상한 성질이 밝혀지면서부터는 이야기가 빠르게 진행된다. 스포일러를 제공하고 싶지는 않지만, 이 대목에서 우리가 정보이론에 대해 배울 수 있다는 것 정도는 말해도 괜찮을 듯하다. 정보는 한 매체에서 다른 매체로 쉽게 이동할 수 있다. 베토벤은 귀를 통해 우리를 감동시키지만, 원리상으로는 청각이 없는 외계인이나 최첨단 컴퓨터가 베토벤의 음악을 즐기지 못할 이유가 없다. 음악의 시간적 패턴(빠르게 또는 느리게 할 수 있다)과, 주파수들 간의 수학적 관계(이것을 우리는 멜로디와 화음으로 해석한다)가 동일하기만 하다면 말이다. 정보이론에서 전송 매체는 임의적인 것이다. 내게 큰 영향을 미친 이 개념을 나는 젊을 때 《검은 구름》을 읽고 처음 이해하게 되었다.

이와 관련해 과학적으로나 철학적으로 깊은 의미가 있는 사실을 하나 지적하자면, 우리 각자가 두개골 안에서 느끼는 주관적 개체성은 커뮤니케이션 수단(예를 들어, 언어)의 느린 속도와 그 밖의 불완전성에서 생긴다. 만일 머릿속에 생각이 떠오름과 동시에 그것을 텔레파시로 타인과 즉시 그리고 완전하게 공유할 수 있다면 우리는 개체로서 존재하지 않을 것이다. 다르게 표현하면, 개체성이라는 개념 자체가 무의미해질 것이다. 신경계의 진화에서 실제로 이런 일이 일어났음이 틀림없다. 나는 생물학자로 살아오는 내내 이 생각에 흥미를 느꼈는데, 이 역시 《검은 구름》

을 읽고 나서부터였다.

한창때의 호일 수준은 아니었지만 좋은 작품을 호일보다 일관되게 내놓은 아서 C. 클라크는 '충분히 발전된 기술은 마법과 구별이 불가능하다'는 것을 '세 번째 법칙'으로 삼았다.《검은 구름》은 그 메시지를 극단적으로 강화한다. 피사로(잉카제국을 정복한 스페인의 군인—옮긴이)가 대포를 발사했을 때 잉카인들은 그것을 신으로 여겼다. 피사로가 만일 말 대신 무장 헬리콥터를 타고 도착했다면 어땠을지 상상해보라. 전화기, 텔레비전, 노트북, 대형 여객기를 보고 중세 농부가, 아니 귀족조차 어떤 반응을 보일지 상상해보라.《검은 구름》은 우리 관점에서 신처럼 보일 정도로 높은 지능을 가진 외계 생명체가 지구를 찾을 때 어떤 일이 벌어질지 생생하게 보여준다. 실제로 호일의 상상력은 내가 아는 모든 종교를 훨씬 능가한다. 그런 초지능을 가진 존재라면 실제로 신이 아닐까?

이것은 '과학신학Scientific Theology'이라 불리는 새로운 학문이 제기하는 흥미로운 질문이다. 어쩌면 이 학문이 애초에 왜 생겼는지를 말해주는 질문일지도 모른다. 이 질문의 대답은 내가 보기에는 초지능이 무엇을 할 수 있느냐가 아니라, 그런 초지능이 어떻게 생겨났느냐에 달려 있는 것 같다. 외계 생명체는 지능과 능력이 아무리 뛰어나다 해도 우리 같은 종류의 생명체를 탄생시킨 것과 똑같은 점진적인 진화 과정을 통해 진화했을 것이다. 나는 호일이 여기서 유일한 과학적 실수를 저질렀다고 생각한다.

책 제목과 동명인 초지능적 존재 '검은 구름'은 그 종의 첫 번째 개체가 언제 생겼느냐는 질문에 이렇게 대답한다. "나는 '최초'의 개체가 있었다는 생각에 동의하지 않습니다." 검은 구름의 대답에 소설 속 천문학자들이 보인 반응은 천문학자 집단에서만 통용되는 농담이다. "킹즐리와 말로는 마치 '오호, 우주가 팽창한다고 믿는 사람들 눈에는 그렇게 보이겠지'라고 말하는 것처럼 눈짓을 주고받았다."

천문학자들이 어떻게 생각하든, 나는 생물학자로서 '검은 구름'의 대답에 강력히 항의해야 한다. 설령 호일과 그의 동료들이 생각하듯 우주가 항상 일정한 상태로 머물렀다 해도, 목적을 지닌 것처럼 보이는 생명체의 조직화된 복잡성에 대해서는 같은 주장을 할 수 없다. 은하는 저절로 발생했을지도 모르지만 복잡한 생명은 그럴 수 없다. 그것이 바로 복잡성의 의미다!

이 소설에는 다른 결함들이 있다. 과학자들이 어떻게 생각하는지 놀랍도록 생생하게 그려짐에도 불구하고, 대화는 때때로 약간씩 진부해지고 농담은 다소 무겁게 느껴진다. 거슬리는 말투로 일관하는 주인공 크리스토퍼 킹즐리는 소설 막바지에 등장하는 한 끔찍한 장면에서 비인간적 광신주의의 극치를 보여준다. 아니, 밑바닥을 보여준다고 말하는 게 더 옳겠다. 한 서평가는 그것을 "과학자의 강력한 꿈을 매혹적으로 엿보여준다"고 평했지만, 나는 너무 지나치다는 인상을 받았다.

이 책을 읽은 뒤로 책에 나오는 한 어구가 머릿속에 계속 맴돈다. 바로 '난해한 문제'다. 이것은 과학이 이해하지 못하는 문제, 어쩌면 영원히 이해할 수 없을지도 모를 문제를 말한다. 인간의 진화한 정신이 지닌 한계 때문이거나, 아니면 원칙적으로 해결할 수 없기 때문이거나. 우주는 어떻게 시작되었고 어떻게 끝날까? 무에서 무언가가 생길 수 있을까?• 물리법칙은 어디로부터 오는가? 왜 기본 상수들은 지금과 같은 특정 값을 가질까? 답하기는 커녕 물을 수조차 없는, 우리 수준을 훨씬 능가하는 다른 질문들은 어떨까? 초지능이라면 몰라도 우리는 이해할 수 없는 '난해한 문제'들이 있다고 생각하면 마음이 겸허해진다. 하지만 겸허한 마음이 드는 동시에 용기가 나고 도전의식도 생긴다.

이 소설의 비극적 결말은 감동적인 동시에 깊은 생각을 하게 만든다. 이어지는 잔잔한 에필로그(이번에도 장작불 앞에서의 사색이다)는 모든 실을 하나로 모아 우리를 고양시킨다. 이 놀라운 소설을 되돌아보게 하는 마지막 말은 짜릿하고 심지어 먹먹하기까지 하다. "우리는 작디작은 세계의 큰 사람들로 남기를 원하는가, 아니면 크디큰 세계의 작은 사람들이 되기를 원하는가? 나는 이 궁극적인 절정을 향해 지금까지 이 이야기를 끌고 왔다."

• 로렌스 크라우스가 설명한 대로, 실제로 가능하다. 내가 《무로부터의 우주》를 위해 쓴 후기(5장의 챕터 5)를 보라.

11

합리주의자, 성상파괴자, 르네상스인

《인간 등정의 발자취The Ascent of Man》는 원래 박학다식한 과학자이자 수학자이고, 시인이면서 예술감정가였던 제이컵 브로노프스키가 쓰고 해설한 BBC 텔레비전 13부작 시리즈로 제작되었다. 버트런드 러셀은 《서양철학사History of Western Philosophy》에서 오마르 하이얌Omar Khayyām을 "시인인 동시에 수학자였던, 내가 아는 유일한 사람"으로 묘사했다. 그런데 러셀은 여기에 제이컵 브로노프스키를 추가했어야 했을지도 모른다. 그는 젊어서 시인이자 시집 편집자이자 평론가였을 뿐만 아니라, 케임브리지대학교의 최고 수학 학부생에게 주어지는 '시니어 랭글러Senior Wrangler' 지위에 올랐다.

1973년에 처음 방영된 〈인간 등정의 발자취〉 시리즈는 데이비드 애튼버러David Attenborough가 BBC2 프로듀서로 있을 때 구상해서 의뢰한 것으로, 역대 최고의 텔레비전 다큐멘터리 시리즈로 널리 평가받고 있다. 그것의 유일한 경쟁작은 역시 데이비드 애튼버러가 의뢰한 케네스 클라크Kenneth Clark의 〈문명Civilisation〉과, 애튼버러 본인의 뛰어난 자연사 다큐멘터리들일 것이다. 그런 야심찬 다큐멘터리들이 대체로 그렇듯이 브로노프스키의 다큐멘터리도 책으

로 나왔다. 2011년에 새로운 판을 내게 되었을 때 그의 딸인 역사학자이자 문학자 리사 자딘 Lisa Jardine**이 내게 서문을 써달라고 요청했다. 그 서문을 여기 다시 싣는다.**

'마지막 르네상스인'은 진부한 표현이 되었지만, 그것이 사실인 드문 경우에 우리는 이 진부한 표현을 용인한다. 제이컵 브로노프스키보다 더 이 칭찬에 걸맞은 후보를 떠올리기는 확실히 어렵다. 당신은 예술에 대해 이와 비슷하게 깊은 지식을 뽐낼 수 있는 과학자들을 찾을 수 있을 것이고, 한 실제 사례에서와 같이, 과학 지식을 중국 역사와 결합할 수 있는 과학자도 찾을 수 있을 것이다.• 하지만 브로노프스키만큼 역사, 예술, 문화인류학, 문학, 철학에 대한 깊은 지식을 과학과 이음매 없이 매끄럽게 연결한 사람이 있을까? 게다가 가식으로 빠지지 않고 쉽고 편하게? 브로노프스키는 넓은 캔버스부터 정교한 세밀화까지 붓을 능수능란하게 사용하는 화가처럼 영어를 사용한다. 영어가 그의 모국어가

• 물론 조지프 니덤Joseph Needham이다. 그는 내가 생물학 6학년(고등학교 3학년) 과정을 배울 때 잊지 못할 가르침을 준 사람이다. 그는 ATP를 가져와서 그것이 근섬유에 끼치는 극적이고 역동적인 효과를 보여주었다. 우리가 이런 특권을 누릴 수 있었던 것은 조지프 니덤의 조카가 당시 그 학교의 교육실습생이었던 덕분이었다. 족벌주의가 나쁘기만 한 건 아니다.

아니라는 사실을 알면 그것은 더욱 놀랍다.

〈모나리자〉에서 영감을 받은 브로노프스키가 가장 위대한 최초의 르네상스인을 어떻게 묘사하는지 보라. 《인간 등정의 발자취》의 텔레비전 버전은 원조 르네상스인이 그린 드로잉 〈자궁 속의 아기〉로 시작한다.

> 인간은 과학을 하기 때문에 독특한 것도, 예술을 하기 때문에 독특한 것도 아니다. 인간이 독특한 것은 과학과 예술에서 똑같이 드러나는 마음의 놀라운 가소성 때문이다. 아주 좋은 예가 〈모나리자〉다. 왜냐고? 레오나르도가 인생의 대부분 동안 한 일이 무엇이었나를 생각해보라. 그는 윈저궁의 왕실 컬렉션에 있는 〈자궁 속 아기〉와 같은 해부 그림을 그렸다. 그런데 뇌와 아기는 바로 인간 행동의 가소성이 시작되는 곳이다.

브로노프스키는 레오나르도의 그림에서, 우리 조상인 오스트랄로피테쿠스속의 모식표본(학명을 지을 때 근거로 사용한 표본—옮긴이)인 '타웅 아이Taung baby'(1924년에 발견된 오스트랄로피테쿠스의 머리뼈—옮긴이)로 물 흐르듯 매끄럽게 넘어간다. 타웅 아이는 200만 년 전 거대한 독수리에게 희생되었다(우리는 이 사실을 알지만, 브로노프스키는 이 작은 머리뼈에 대한 수학적 분석을 할 당시 그것을 몰랐다).•

이 책의 모든 페이지에는 인용할 가치가 있는 경구가 있다. 마음에 새길 만한 글귀, 모두가 볼 수 있도록 대문에 붙여놓고 싶은 글귀, 위대한 과학자의 묘비명으로 쓰고 싶은 글귀. "지식이란 (…) 불확실성의 가장자리에서 끝없이 계속해나가는 모험이다." 정말 희망적인 말이며, 영감을 주는 말이라는 건 두말할 나위도 없다. 하지만 이 구절을 문맥 속에서 읽으면 충격적이다. 여기서 지식은 히틀러와 그의 동맹들이 거의 하룻밤 사이에 파괴한 유럽의 학문 전통 전체를 가리킨다.

> 유럽은 더 이상 상상력을 받아들이지 않는다. 과학적 상상력만이 아니다. 문화라는 개념 자체가 후퇴했다. 지식이란 개인이 몸소

• 브로노프스키는 이 작은 머리뼈에 친밀감을 느꼈음이 분명하다. 나 역시 이유는 다르지만 그렇다. '타웅 아이'의 슬픈 죽음은 내 마음을 움직여 《지상 최대의 쇼》에서 내가 좀처럼 구사하지 않는 화려한 문장을 쓰게끔 했다. "가여운 타웅 아이. 포악한 독수리에 채여 공중으로 떠오르며 바람 속에서 외마디 비명을 지를 때, 그는 250만 년 후 오스트랄로피테쿠스 아프리카누스의 모식표본이 될 영광스러운 운명을 알았다 해도 전혀 위안이 되지 않았을 것이다. 가여운 타웅 아이의 어머니. 플라이오세에 그녀는 구슬피 울었으리라." 옥스퍼드에 있는 술집 '이글앤드차일드'는 J. R. R. 톨킨과 C. S. 루이스를 포함한 잉클링스Inklings(옥스퍼드대학교 문학토론 모임)의 모임 장소로 유명하다. 하지만 이 이름에서도 타웅 아이의 비극적 운명이 느껴진다. 나는 2006년에 남아프리카 고생물학자 프랜시스 새커리Francis Thackeray가 이 불운한 아이를 기념하는 현판을 공개하는 기념식에 초청받아 기뻤다.

실천하고 책임지는 것이라는 개념, 불확실성의 가장자리에서 끝없이 계속해나가는 모험이라는 개념이 말이다. 갈릴레오의 재판 이후처럼 침묵만이 내리깔렸다. 위대한 사람들은 위협당하고 있는 세계로 빠져나갔다. 막스 보른, 에르빈 슈뢰딩거, 알베르트 아인슈타인, 지그문트 프로이트, 토마스 만, 베르톨트 브레히트, 아르투로 토스카니니, 브루노 발터, 마르크 샤갈.

단어 하나하나에 힘이 실려 있어서 고조된 목소리나 가식적인 눈물 따위는 필요하지 않다. 브로노프스키의 단어들은 그의 침착하고 인간적이고 절제된 어조에서 힘을 얻는다. 카메라를 똑바로 쳐다보며 'R' 발음을 매력적으로 굴릴 때 그의 안경은 어둠 속 등대처럼 반짝거린다.

그런데 앞에 인용한 문단은 드물게 어두운 단락이다. 이 책은 대체로 빛으로 가득하고 진정으로 희망차다. 당신은 이 책 전체에서 브로노프스키만의 독특한 목소리를 들을 수 있으며, 가지를 쳐내고 복잡함 속을 헤쳐나가 핵심을 전달하는 표현 솜씨를 볼 수 있다. 그는 조각가 헨리 무어의 작품 〈칼날The Knife Edge〉 앞에 서서 우리에게 이렇게 말한다.

손은 정신의 칼날이다. 문명은 완성된 인공물들의 집합이 아니라, 공정工程이 정교해지는 것이다. 결국 인간의 진보는 실행하는 손을 갈고닦음으로써 일어난다. 인간의 등정을 추동하는 가장 강력한 원동력은 인간이 자신의 기량에서 느끼는 기쁨이다. 인간은 자신이 잘 하는 일에서 만족을 느끼고, 잘 해낸 후에는 더 잘 해냄으로써 만족한다. 우리는 과학에서 그것을 볼 수 있다. 우리는 인간이 조각하고 건설할 때 발하는 광휘에서 그것을 볼 수 있다. 그 애정 어린 손길, 들뜬 기분, 오만함을 떠올려보라. 기념물들은 왕과 종교, 영웅과 도그마를 기념하기 위해 만들어지지만, 결국 그 기념물들이 기념하는 것은 기념물을 만든 사람이다.

브로노프스키는 합리주의자였고 성상파괴자였다. 그는 과학의 위업을 누리는 것에 만족하지 않고 도발하고, 약 올리고, 자극하기를 추구했다.

이것이 과학의 본질이다. 부적절해 보이는 질문을 하고 적절한 답을 찾아가는 것.

이것은 비단 과학에만 적용되는 말이 아니다. 모든 지식에 적용되는 말이다. 브로노프스키는 이것을 전형적으로 보여주는 곳으로 세계에서 가장 오래되고 가장 위대한 대학 중 하나를 꼽는데, 공교롭게도 독일의 대학이다.

대학은 학생들이 완벽한 신념에 못 미치는 자세로 오는 메카다. 학생들은 부랑아처럼 학문에 대한 불경함을 품고 맨발로 와야 한다. 대학은 아는 것을 경배하러 오는 곳이 아니라, 의문을 던지러 오는 곳이다.•

브로노프스키는 원시인이 마법에 의지해 앞날을 추측했던 것을 공감과 이해의 눈으로 보았지만, 결국….

> 마법은 대답이 아니라 말에 불과하다. 마법은 그 자체로는 아무것도 설명하지 못하는 말일 뿐이다.

• 일시적인 정치적 정통성을 맹목적으로 믿는 오늘날의 학생들을 보면 브로노프스키가 얼마나 슬퍼할까? 학생들은 자신들만 그것을 믿는 것이 아니라 타인에게도 강요한다. 나는 지금 초청받은 연사를 '탈 플랫폼화'하는 관행을 언급하는 것이다. 가장 지독한 사례는 우리 시대의 가장 저명한 페미니스트 지식인이라 해도 과언이 아닐 저메인 그리어Germaine Greer였다. 2015년에 그리어 박사는 카디프대학교에 연사로 초청받았다. 하지만 수천 명의 학생이 그녀를 연단에 서지 못하게 해달라는 청원에 서명했다. 이유는, 남성이 성기를 절제했어도 여성으로 부르면 안 된다는 그리어의 견해에 동의하지 않기 때문이었다. 여기서 나는 정치적 의견을 표현하려는 것이 아니다. 내가 하고자 하는 말은, 그리어 박사가 자신의 견해를 표현할 수 있어야 한다는 것이다. 카디프대학교를 대변하는 학생들이 제시한 근거는 '여성으로 성전환한 사람들'이 그리어 박사의 견해를 '불편해할' 수 있다는 것이었다. 대학은 '불편해질' 위험을 무릅쓰고 반대 의견에 자극받기 위해 오는 곳이라고 말하는, 제이컵 브로노프스키의 조심스럽고 절제된 목소리가 들리는 듯하다.

과학에는 올바른 종류의 마법이 있다. 시도 있다. 그리고 이 책의 모든 페이지에는 마법을 부리는 시가 있다. 과학은 실재를 다루는 시다. 그가 실제로 그렇게 말한 것은 아니지만, 그라면 충분히 했을 법한 말이다. 자신의 생각을 명료하게 표현한 박식가이자 온화한 현자였던 브로노프스키, 그의 지혜와 지성은 인간 등정이 이룩한 모든 최상의 것을 상징한다.

12

다시 《이기적 유전자》

이 글은 《이기적 유전자The Selfish Gene》 30주년 기념판을 위해 쓴 서문이다. 출판사들은 기념을 정말 좋아한다. 그들이 10의 배수를 추구한다는 사실은 우리가 10개의 아라비아 숫자를 가진 데서 생긴 부산물일지도 모른다. 아라비아 숫자가 10개인 것은 우연일 가능성이 높다. 일부 진화론자들은 여기서 어떤 이유를 찾아낼지도 모르지만 말이다. 이 우연한 사실은 우리로 하여금 특정 기념일에서 특별한 의미나 어떤 징조를 찾게 만든다.

그런데 프레드 호일은, 만일 우리 손가락이 여덟 개였다면(또는 2의 다른 배수인 16개였다면) 이진법 계산이 더 자연스럽게 느껴졌을 것이고, 그랬다면 컴퓨터가 더 일찍 발명되었을지도 모른다고 추측했다. 나는 그 추측이 얼마나 타당한지 모르겠다. 하지만 만일 우리가 8진법 또는 16진법 계산에 익숙했다면 컴퓨터의 기계 코드를 다루기는 더 쉬웠겠다 싶다. 그러나 16년마다 기념판을 낸다면 기념에 진심인 출판사들을 만족시킬 수 없을 것이고, 8년마다 기념하기는 너무 지나친 것 같다.

《이기적 유전자》와 함께 내 인생의 거의 절반을 보냈다고 생각하면 좋은 쪽으로든 나쁜 쪽으로든 어쩐지 숙연한 마음이 든다. 이후 몇 년에 걸쳐 일곱 권•의 후속 저서가 나오는 동안 출판사들은 그때마다 나에게 책을 홍보하는 투어를 부탁했다. 청중은 그게 무엇이건 내 새로운 책에 흡족할 정도로 열정적으로 호응하고, 정중하게 박수를 보내며 지적인 질문을 던진다. 그러고는 줄을 서서 책을 산 다음 나에게 사인을 부탁하는데, 그들의 손에 들린 책은 언제나 《이기적 유전자》다. 물론 약간 과장이긴 하다.•• 독자들 중 일부는 새로 출간된 책을 산다. 그리고 그렇지 않은 사람들에 대해 내 아내는, 어떤 저자를 새로 발견하는 사람들은 당연히 그의 첫 책을 찾는 경향이 있다는 말로 나를 위로한다. 《이기적 유전자》를 읽고 나면 분명히 최신작과 (자기 자식에게 콩깍지가 씌인 저자가) 가장 좋아하는 책으로 눈을 돌리지 않겠느냐고.

내가 《이기적 유전자》는 이제 심각하게 구식이 되어 대체될 필

• 물론 지금은 일곱 권이 넘는다. 나는 몇 권인지 밝히지 않을 생각인데, 이 에세이집이 책으로 찍혀 나오면 숫자가 더 늘어나 있기를 바라기 때문이다.

•• 실제로는 상당한 과장이다. 그리고 어느 정도는 농담이었지만, 안타깝게도 많은 사람이 내 농담을 심각하게 받아들이고 그 책에 사인을 부탁한 것에 대해 사과했다. 그래서 지금은 그런 농담을 하지 말걸 하고 후회한다.

요가 있다고 주장할 수 있다면, 사람들이 유독 이 책만 찾는 것이 지금보다 더 신경 쓰일 것이다. 하지만 (누군가의 관점에서는) 안타깝게도 나는 그렇게 주장할 수 없다. 세부적인 내용은 바뀌었고, 실제 사례가 엄청나게 많아졌다. 그러나 잠시 후 다룰 한 가지 예외를 빼면, 이 책에는 내가 당장 취소하거나 사과할 대목이 거의 없다.

리버풀대학교 동물학 교수였고 내가 1960년대 옥스퍼드대학교에 다닐 때 영감을 준 튜터였던 고 아서 케인은 1976년《이기적 유전자》를 '젊은이의 책'으로 묘사했다. A. J. 에이어Alfred Jules Ayer(철학자, 옥스퍼드대학교 교수—옮긴이)의《언어, 진리, 그리고 논리Language, Truth and Logic》(1959)에 대해 어느 평자가 한 말을 일부러 인용한 것이었다. 나는 그런 비교에 기분이 우쭐했지만, 에이어가 나중에 자신의 첫 책의 내용 대부분을 철회했다는 사실을 알고 있었던 탓에, 때가 무르익으면 나 역시 같은 일을 할 것이라는 속뜻을 놓치지 않았다.

먼저 제목에 대해 몇 가지 재고해보고 싶은 점이 있다. 1975년에 내 친구 데즈먼드 모리스의 소개로 나는 일부만 완성된 원고를 런던 출판업자들 중 최고참인 톰 매슐러Tom Maschler에게 보여주었다. 우리는 조너선케이프출판사의 그 사람 방에서 원고에 대해 토론했다. 그는 원고를 마음에 들어 했지만 제목은 좋아하지 않았다. '이기적이다'는 '처지는 단어'라고 그가 말했다. '불멸의 유전자The Immortal Gene'라는 제목은 어떤가? 불멸은 '기운 나는' 단어였다. 유전정보의 불멸성이 그 책의 핵심 주제였고, '불멸의 유전자'라는 말은 '이기적 유전자'만큼이나 흥미를 당겼다. (우리 둘 다 그것이 오스카 와일드의 동화《이기적인 거인The Selfish Giant》을 떠올리게 한다는 사실은 미처 알아채지 못했다.) 지나고 보니 매슐러가 옳았을지도 모른다는 생각이 든다. 많은 비평가, 특히 철학을 배웠다는 목소리 큰 비평가들은 제목만 보고 책을 선택하는 경향이 있다.•

《벤저민 버니 이야기》나《로마제국 쇠망사》 같은 책이라면 그렇게 해도 충분하지만,《이기적 유전자》는 책에 대한 설명 없이 제목만으로는 내용에 대해 부적절한 인상을 심어줄 수 있다는 것을 나는 쉽게 알 수 있었다. 어쨌든 요즘의 미국 출판사였다면 부제를 강력히 요구했을 것이다.

제목을 설명하는 최선의 방법은 강조 표시를 붙이는 것이다. '이기적'을 강조하면 사람들은 이 책이 이기주의에 대한 책인 줄 알 텐데, 이 책의 방점은 오히려 이타주의에 찍혀 있다. 제목에서 강조해야 할 단어는 '유전자'다. 왜 그런지 설명해보겠다. 다윈주

• 한 철학자는 이렇게 쓰기까지 했다. "유전자는 이기적이거나 이타적일 수 없다. 원자는 질투할 수 없고, 코끼리는 추상적인 사고를 할 수 없으며, 비스킷이 목적을 가질 수 없는 것과 마찬가지다." 하지만 다른 누구도 아닌 철학자라면, 책 제목의 '이기적'이라는 단어는 (계산된 이유로) 의도적으로 의인화한 표현이라는 것을 깨달았을 것이다.

의 논의의 핵심 쟁점은 실제로 선택되는 단위가 무엇인가다. 즉, 자연선택의 결과로 살아남는, 또는 살아남지 못하는 실체가 무엇인가다. 그 단위는 정의상 '이기적'일 것이다. 다른 수준에서는 이타주의가 자연선택을 받을 수 있을 것이다. 그러면 자연선택은 종 사이에 작용할까? 그렇다면 우리는 개체들이 '종의 이익을 위해' 이타적으로 행동할 것이라고 예상할 수 있다. 개체들은 지나친 수적 증가를 피하기 위해 스스로 출생률을 제한하거나, 그 종이 미래에 먹을 것을 보존하기 위해 사냥을 자제할 것이다. 다윈주의에 대한 이런 오해가 너무나도 널리 퍼져 있다는 것이 애초에 이 책을 쓰게 된 동기였다.

그게 아니라면, 내가 이 책에서 주장하듯 자연선택은 유전자 수준에서 작용할까? 이 경우 개체들이 '유전자의 이익을 위해' 이타적으로 행동한다 해도 놀랍지 않을 것이다. 예를 들어, 개체들은 같은 유전자의 사본을 공유할 가능성이 높은 피붙이를 먹이고 보호할 것이다. 그런 혈연 이타주의는 이기적 유전자를 지닌 개체를 이타적으로 둔갑시키는 유일한 방법이다. 이 책은 혈연 이타주의가 어떻게 작동하는지를, 다윈주의 이론이 이타주의를 설명하는 또 다른 방법인 '호혜주의'와 함께 설명한다.

만일 내가 이 책을 다시 쓴다면, 자하비와 그라펜의 '핸디캡 원리'로 뒤늦게 전향한 사람답게, 이타적인 기부 행위는 포틀래치 potlatch(경제력을 겨루는 북미 인디언들의 의례적 행사—옮긴이) 스타일의 지배 신호일지도 모른다는 아모츠 자하비Amotz Zahavi의 가설에 책의 일부를 할애할 것이다. 즉, 기부 행위는 "내가 너

보다 얼마나 우월한지 보라. 나는 네게 기부를 할 수 있을 정도로 부자다!"라고 말하는 것이다.•

• 공작 꼬리나 수사슴의 뿔 같은 화려한 장식이 개체의 생존에 핸디캡이 된다는 것은 분명한 사실이었다. 우리 대부분은 그런 장식이 핸디캡임에도 '불구하고' 수컷의 번식 성공률을 높인다고 생각했다. 그런 장식은 개체의 수명을 단축시키는 와중에도, 그 개체의 번식 성공률을 높일 만큼 경쟁자나 섹스 파트너에게 깊은 인상을 주기 때문이다. 자하비는 장식이 깊은 인상을 주는 이유는 그것이 정확히 핸디캡이기 '때문'이라는 주장으로 논란을 불러일으켰다. 그는 특유의 남성적 언어를 사용해, 수컷은 사실상 이렇게 말하고 있는 것이라고 주장했다. "나를 봐. 이렇게 비용이 많이 드는 짐을 짊어지고 있잖아. 나와 짝짓기를 해(또는 나를 우러러봐). 나는 이렇게 비용이 많이 드는 핸디캡을 가지고 있음에도 불구하고 살아남았으니까." 거의 모든 진화생물학자가 자하비의 가설을 조롱했고, 《이기적 유전자》 초판에서 나도 예외가 아니었다. 하지만 이 두 번째 판에서 나는 잘못을 시인한다. 내 제자였지만 지금은 멘토가 된 앨런 그라펜Alan Grafen은 핸디캡 원리가 이론적으로 타당하다는 것을 보여주는 정교한 수학 모델을 세웠다. 게다가 그 모델은 성선택뿐만 아니라 과시 행위 전반에 적용된다. 그중 하나가 지배하는 개체가 복종하는 개체에게 자신의 우월성을 보여주기 위해 기부를 한다는 자하비의 이론이다. "내가 얼마나 우월한지 봐. 나는 네게 기부할 수 있을 만큼 부자야." 핸디캡이 겉만 번지르르한 가짜가 아니라 정말로 비용이 많이 드는 것이라는 점이 이 이론의 핵심이다. 《이기적 유전자》의 두 번째 판에서 나는 그라펜의 모델을 수학

제목에 '이기적'이라는 단어를 쓴 이유를 다시 한번 설명하고, 그러고 나서 이 논의를 더 확장해보고 싶다. 중요한 질문은 이것이다. 생명의 계층구조에서 어느 수준이 자연선택이 작용하는, 궁극적으로 '이기적'인 수준일까? 이기적인 종일까? 이기적인 집단일까? 이기적인 개체일까? 아니면 이기적인 생태계일까? 이 중 대부분이 후보에 오를 수 있고, 실제로 이런저런 저자들이 이 중 대부분을 무비판적으로 채택했지만, 그들 모두가 틀렸다. 다윈주의의 메시지를 이기적인 '무엇'이라고 요약한다면, 그 무엇은 유전자다. 이 책은 이에 대한 설득력 있는 이유를 제시한다. 당신이 이 책의 논증을 받아들이는가와는 별개로, 그것이 책 제목을 그렇게 붙인 이유다.

나는 그런 설명이 더 심각한 오해들도 해결해주기를 바란다. 그런데 나중에 알았지만 나도 그런 오해에 빠졌다. 특히 1장에 있

이 아닌 언어로 설명했다(긴 미주로 제시되어 있다). 그러면 아모츠 자하비는 자신의 이론이 뛰어난 수리생물학자의 손에서 최종 입증된 것에 대해 기뻐했을까? 재밌게도 그는 아웃사이더로 지내는 것을 선호하는 것 같았다. 한 세미나에서 내가 그의 의견에 동의한다고 말했더니, 그 즉시 "아니요, 당신은 이해하지 못했어요"라는 대답이 돌아왔다. 친애하는 아모츠는 논쟁을 사랑했고, 존 메이너드 스미스와 인정사정없는 끝판논쟁을 벌이곤 했다. 순한 성격의 메이너드 스미스 부인이 집에서 그를 쫓아낼 정도였다. 하지만 그가 옳았다!

고, 다음 문장에서 잘 드러난다. "우리는 이기적으로 태어났으니 관대함과 이타주의를 가르치자." 관대함과 이타주의를 가르치는 것에는 아무 문제가 없지만, "이기적으로 태어났다"는 오해를 불러일으킬 수 있는 말이다. 불완전하게마나 설명을 해보자면, 나는 1978년까지는 '운반자(개체)'와 그 안에 올라타는 '복제자(유전자를 말하는 것인데, 이 문제는 두 번째 판에서 추가된 13장에서 설명된다)'를 명확하게 구별하지 않았다. 저 엉뚱한 문장과 그 밖의 비슷한 문장들을 부디 마음에서 삭제하고, 단락의 취지에 맞는 문장으로 대체해주기를 바란다.

그런 종류의 잘못이 끼칠 위험을 고려하면, 책의 제목이 어떤 오해를 살 수 있는지 쉽게 알 수 있고, 이것이 바로 내가 제목을 '불멸의 유전자'로 했어야 한다고 생각하는 한 가지 이유다. 제목을 '이타적 운반자'로 할 수도 있었을 텐데, 그랬다면 너무 수수께끼 같았을 것이다. 좌우간, 자연선택의 단위가 유전자인가 개체인가를 둘러싼 논쟁(고 에른스트 마이어를 끝까지 괴롭혔던 논쟁)은 해결되었다. 자연선택의 단위에는 두 종류가 있고 둘 사이에 논쟁은 없다. 유전자는 '복제자'라는 의미에서 선택의 단위이고, 개체는 '운반자'라는 의미에서 선택의 단위다. 둘 다 중요하다. 어느 쪽도 경시해서는 안 된다. 이들은 완전히 별개인 두 단위이고, 그 차이를 알아차리지 못하면 끝없는 혼란에 빠지게 된다.

'이기적 유전자'의 또 다른 좋은 대안은 '협력하는 유전자 The Cooperative Gene'였을 것이다. 역설적이게도 정반대 의미로 들리지만, 이 책의 핵심 부분은 이기적인 유전자들 사이에 일종의 협력이 이루어지고 있다고 주장한다. 이는 한 유전자집단이 집단의 다른 구성원이나 다른 유전자집단을 밟고 번성한다는 뜻이 결코 아니다. 오히려 각 유전자는 유전자풀(한 종 내에서 유성생식을 통해 뒤섞일 수 있는 유전자 후보들의 집합)의 다른 유전자들을 배경으로 자신의 이기적 의제를 추구하는 것처럼 보인다. 즉, 다른 유전자들은 각 유전자가 살아가는 환경의 일부다. 날씨, 포식자와 먹이, 생명체를 부양하는 초목과 토양 세균이 환경의 일부인 것과 마찬가지다.

각 유전자의 관점에서 보면 '배경' 유전자들은 다음 세대로 가는 여행에서 몸을 공유하는 동지들이다. 즉, 단기적으로 보면 게놈을 이루는 나머지 유전자들이고, 장기적으로 보면 종의 유전자풀에 있는 다른 유전자들이다. 따라서 양립 가능한(협력한다는 말과 거의 같다) 일군의 유전자들은 서로가 존재할 때 자연선택에 유리하다. '협력하는 유전자'가 진화한다는 사실은 '이기적 유전자'의 근본 원리에 위배되지 않는다. 5장은 조정팀에 빗대 이 개념을 설명하고, 13장은 이 개념을 좀 더 발전시킨다.

협력할 때 이기적 유전자들이 자연선택에 유리하다면, 협력하지 않고 게놈의 나머지 유전자들의 이익에 반하는 행동을 하는 유전자들도 있을 것이다. 이런 유전자들을 '무법자 유전자'라고 부르는 사람들도 있고, '초이기적 유전자'라고 부르는 사람들도 있다. 그냥 '이기적 유전자'라고 부르는 사람들도 있는데, 이 경우는 이기적 카르텔 안에서 서로 협력하는 유전자들과의 미묘한 차이를 이해하지 못한 것이다.

초이기적 유전자의 예로는 감수분열 구동 유전자(감수분열에 간섭해 대립 유전자를 누르고 과다하게 대물림되는 유전자를 말한다—옮긴이)와 기생성 DNA가 있다. '기생성 DNA' 개념은 다양한 연구자들이 '이기적 DNA'라는 구호 아래 발전시켰다. 초이기적 유전자의 새롭고 더 이상한 사례들은 이 책이 나온 후로 일종의 특종이 되었다.•

《이기적 유전자》의 의인화에 대한 비판도 있었다. 이 비판에 대해서도 사과까지는 아니더라도 설명이 필요하다. 나는 두 수준에서 의인화를 사용했다. 즉, 유전자 수준과 개체 수준이다. 유전자의 의인화는 문제가 되지 않는다. 제정신인 사람이라면 누구도 DNA 분자가 인격을 가진 의식하는 존재라고 생각하지 않으며, 분별 있는 독자라면 그런 망상을 하며 저자를 탓하지는 않을 것이기 때문이다.

나는 위대한 분자생물학자 자크 모노Jacques Monod가 과학의 창조성에 대해 이야기하는 것을 직접 듣는 영광을 누렸다. 정확한 표현은 잊었지만, 그는 대략 "어떤 화학적 문제를 생각할 때 내가 만일 전자라면 어떻게 행동할지 자문해본다"고 말했던 것 같다. 피터 앳킨스도 명저 《다시 창조Creation Revisited》에서 광선의 굴절에 대해 생각할 때 비슷한 의인화를 시도한다. 굴절률이

• 오스틴 버트Austin Burt와 로버트 트리버스의 《갈등하는 유전자Genes in Conflict》를 보라.

높은 매체를 통과하는 광선은 마치 끝점까지 가는 데 걸리는 시간을 최소화하려는 것처럼 행동한다. 앳킨스는 굴절하는 광선을 물에 빠진 사람을 구하기 위해 달려가는 구조대원이라고 상상한다. 물에 빠진 사람을 향해 곧장 물에 뛰어들 것인가? 아니다. 헤엄치는 속도보다 달리는 속도가 더 빠르기 때문에 땅으로 이동하는 시간 비율을 높이는 게 현명하다. 그러면 목표물 맞은편으로 달려가 헤엄치는 시간을 최소화해야 할까? 좀 더 낫지만 최선은 아니다. 계산을 해보면(구조하러 가는 사람이 계산할 시간이 있다면) 최적의 각도가 나올 것이고, 빠른 속도의 달리기와 느린 속도의 헤엄을 어떻게 조합하는 것이 가장 이상적인지 알 수 있을 것이다. 앳킨스의 결론은 다음과 같다.

> 정확히 그것이 밀도가 높은 매질을 통과하는 빛의 행동이다. 하지만 빛은 그것이 가장 빠른 길임을 어떻게 미리 알까? 그리고 어쨌든 왜 그것을 신경 써야 할까?

그는 양자이론에서 아이디어를 얻어 이 문제를 매혹적으로 설명한다.

이런 종류의 의인화는 이솝우화처럼 깨달음을 주려는 고리타분한 장치만은 아니다. 의인화는 오류를 범할 우려가 있는 상황에서 과학자가 정답을 찾도록 도울 수 있다. 이타주의와 이기주의, 협력과 반감을 다윈주의적 측면에서 계산할 때가 그런 경우다. 자칫 잘못하면 오답을 내기 일쑤다. 하지만 유전자를 의인화하되 적절한 주의를 기울인다면, 늪에서 허우적거리는 다윈주의 이론가를 구하는 지름길이 될 수 있다. 나는 그런 주의를 기울이려고 노력하던 중에 W. D. 해밀턴의 훌륭한 선례에 용기를 얻었다(그는 내가 이 책에서 거명한 네 영웅 중 한 명이다). 내가 《이기적 유전자》를 쓰기 시작한 1972년에 해밀턴은 한 논문에 다음과 같이 썼다.

> 어떤 유전자의 사본이 유전자풀에서 점점 증가할 때 그 유전자는 자연선택되고 있는 것이다. 우리는 유전자 주인(개체)의 사회적 행동에 영향을 미친다고 여겨지는 유전자들에 관심이 있으므로, 논의를 좀 더 생생하게 진행하기 위해 유전자에 일시적으로 지능과 약간의 선택의 자유를 주자. 한 유전자가 어떻게 하면 사본의 수를 늘릴 수 있을지 고민하고 있다고 상상해보라. 그리고 그 유전자가 선택을 할 수 있다고 상상해보라.

《이기적 유전자》도 같은 취지로 읽으면 된다.

개체를 의인화하는 것은 문제가 될 수도 있다. 개체는 유전자와 달리 뇌•를 가지고 있고, 따라서 우리가 아는 의미의 이기적 또는 이타적 동기를 가질 수 있기 때문이다. 《이기적 사자》라는

• 모두 뇌를 가지고 있는 것은 아니지만, 뇌가 있는 동물들은 문제가 될 수 있다.

책이 있다면 《이기적 유전자》가 주지 않을 혼란을 줄 수도 있다. 우리 자신을 렌즈와 프리즘을 차례로 통과하는 최적의 경로를 의식적으로 선택하는 가상의 광선 입장에, 또는 다음 세대로 가는 최적의 경로를 선택하는 가상의 유전자 입장에 놓고 생각해볼 수 있듯이, 우리는 유전자들의 장기적인 생존을 위한 최적의 행동 전략을 계산하는 암사자가 있다고 가정해볼 수 있다.•

해밀턴이 생물학에 준 첫 번째 선물은 사자 등 다윈주의 원리를 따르는 개체가 자기 유전자의 장기적 생존율을 최대화하기 위한 결정을 내릴 때 실제로 사용해야 하는 정확한 수학 모델을 생각해낸 것이다. 《이기적 유전자》에서 나는 그런 계산을 두 수준에서 말로 풀어 설명했다.

다음과 같이 우리는 한 수준에서 다른 수준으로 빠르게 관점을 전환할 수 있다.

우리는 지금까지 어떤 조건에서 부실한 새끼돼지를 죽게 내버려

• 가상의 암사자는 '살아남으려면 어떻게 하는 게 최선일까?'를 계산하지 않는다. 심지어 '내 자식과 손자들의 생존을 보장하려면 어떻게 하는 게 최선일까?'를 계산하지도 않는다. 대신 자연선택은 '내 유전자의 생존을 보장하려면 어떻게 하는 게 최선일까?' 등을 계산하는 암사자를 선호한다. 행동을 최적화하는 그런 암사자가 계산해야 하는 수량을 W. D. 해밀턴은 '포괄적합도inclusive fitness'라고 불렀다.

두는 것이 어미에게 실제로 이익이 되는지 생각해보았다. 직관적으로 생각하면, 부실한 새끼는 마지막 순간까지 살기 위해 애쓸 것 같다. 하지만 이기적 유전자 이론의 예측으로는 꼭 그렇지는 않다. 부실한 새끼가 너무 작고 약해져서 부모가 부실한 새끼에게 투자할 것을 다른 새끼들에게 투자할 경우 다른 새끼들이 얻는 이익이 배 이상 될 정도로 생존에 대한 기대치가 줄어들면, 부실한 새끼는 품위 있게 죽는다. 이렇게 하는 것이 자기 유전자에게 가장 이익일 수 있기 때문이다.

이것은 모두 개체 수준의 고민이다. 위 문단의 기본 전제는, 부실한 새끼돼지가 자신에게 즐겁고 좋은 것을 선택하지 않는다는 것이다. 오히려 다윈주의 원리를 따르는 세계에서 개체들은 자기 유전자에게 무엇이 최선인지 '계산'하고 있다. 위 문단은 이 점을 분명히 하기 위해 유전자 수준의 의인화로 시점을 빠르게 전환한다.

즉, 유전자가 몸에 이렇게 지시를 내리는 것이다. "한배에서 태어난 형제들보다 몸이 작다면 살아남기를 포기하고 죽는 것이 유전자풀에서 성공할 수 있는 길이야. 살아남은 네 형제자매의 몸에 네 유전자의 50퍼센트가 있기 때문이지. 어쨌든 부실한 돼지의 몸에서는 살아남을 확률이 거의 없어."

그런 다음 곧바로 부실한 새끼돼지의 시선으로 전환한다.

부실한 새끼돼지의 삶에는 돌이킬 수 없는 시점이 있다. 이 시점에 이르기 전에는 살아남으려고 애쓴다. 하지만 거기에 이르자마자 새끼돼지는 곧바로 포기하고, 형제자매나 부모에게 먹히는 길을 선택한다.

문맥 속에서 읽으면 두 수준의 의인화를 혼동하는 일은 없을 것이다. 두 수준의 '계산'은 올바로 행해진다면 정확히 동일한 결론에 도달한다. 실제로 같은 결론에 도달하느냐는 계산을 올바로 했는지 판단하는 기준이 된다. 따라서 나는 이 책을 다시 쓸 경우 의인화를 버려야 한다고 생각하지 않는다.

쓴 것을 되돌릴 수는 있어도 읽은 것을 되돌릴 수는 없다. 오스트레일리아의 한 독자가 보내온 다음과 같은 평가를 우리는 어떻게 이해해야 할까?

> 매력적인 내용이지만, 이따금 저는 읽은 것을 되돌릴 수 있다면 얼마나 좋을까 생각합니다. (…) 어떤 면에서는 도킨스 씨가 그런 복잡한 과정을 이해하면서 느꼈음이 분명한 경이로움을 공유할 수 있습니다. (…) 하지만 동시에 내가 10년 넘게 겪고 있는 일련의 우울증은《이기적 유전자》의 탓이 크다고 생각합니다. (…) 나는 영적인 인생관에 확신을 가진 적은 없어도 항상 더 심오한 무언가를 찾으려고 노력했습니다. 그런데 이제는 아무리 믿으려고 해봐도 되지 않습니다. 저는 이 책이 영적인 인생관에 대한 제 막연한 생각들을 날려버려 그런 생각들이 더 이상 발을 붙이지 못하

게 만들었다고 생각합니다. 이로 인해 저는 몇 년 전부터 심각한 인생의 위기를 맞았습니다.

나는 이전에도 독자에게 받은 비슷한 반응을 소개한 적이 있다.

내 첫 책을 펴낸 외국의 한 출판인은 그 책을 읽고 차갑고 황량한 메시지에 심란해서 사흘 동안 잠을 이루지 못했다고 고백했다. 또 다른 사람들은 나에게 아침에 눈 뜨는 것을 어떻게 견디느냐고 물었다. 먼 나라의 교사는 한 학생이 그 책을 읽고 나서 인생이 공허하고 목적 없는 것이 되었다고 울면서 자신을 찾아왔다고 나무라듯 편지를 보내왔다. 그 교사는 다른 학생들도 똑같은 허무주의적 비관론에 물들까 봐 두려워서, 그 학생에게 친구들에게는 그 책을 보여주지 말라고 당부했다고 했다. _《무지개를 풀며》

만일 어떤 것이 사실이라면 희망 회로를 아무리 많이 돌려도 사실이 아닌 것으로 되돌릴 수 없다. 그것이 내가 첫 번째로 하고 싶은 말이지만, 두 번째도 거의 똑같이 중요하다. 나는 이어서 이렇게 썼다.

아마도 우주의 궁극적 운명에는 목적이 없을 것이다. 그런데 삶의 희망을 우주의 궁극적 운명과 결부시키는 사람이 정말로 있을까? 정신이 올바른 사람이라면 아무도 그렇게 하지 않는다. 우리 삶을 지배하는 것은 온갖 종류의 더 친밀하고 따뜻한, 인간다운 야망과 통찰이다. 인생을 살 가치가 있는 것으로 만드는 온기를 과학이 앗아갔다고 비난하는 것은 너무나도 터무니없는 착각이고, 나를 포함한 대부분의 과학자의 감정과 너무나도 배치돼서, 나는 내가 절망에 빠져 있다고 넘겨짚는 사람들 때문에 정말로 절망에 빠질 지경이다.

다른 비평가들도 메신저를 비난하는 비슷한 경향을 보인다. 그들은 《이기적 유전자》가 사회적 · 정치적 · 경제적으로 달갑지 않은 함의를 내포하고 있다고 생각하며 그것에 반대해왔다. 1979년 마거릿 대처가 첫 선거에서 승리한 직후, 내 친구 스티븐 로즈는 〈뉴사이언티스트〉에 다음과 같은 글을 기고했다.

나는 사치앤드사치Saatchi and Saatchi사가 일군의 사회생물학자를 고용해 대처의 연설문을 쓰게 했다고 말하는 것도, 옥스퍼드와 서식스의 특정 교수들이, 자신들이 설파해온 '유전자는 이기적'이라는 단순한 진실이 이렇게 현실로 표출된 것을 보며 기뻐하고 있다고 말하는 것도 아니다. 유행하는 이론과 정치적 사건이 일치하는 일은 그렇게 단순하지 않다. 그럼에도 내 생각은 이렇다. 1970년대 말의 사회 우경화—치안에서부터 통화주의, 그리고 (앞의 것들과 모순되는) 국가통제주의(사회경제적 문제를 중앙정부가 통제하는 정치체제—옮긴이)에 대한 공격까지—가 역사책에 쓰이는 날이 오면, 비록 진화론의 유행이 집단선택에서 혈연선택으로 바뀌었을 뿐이라 해도 지금 일어나고 있는 과학적 유행의 변화를, 대처의 지지자들을—그리고 '인간은 본질적으로 경쟁을 좋아하고 외래인을 혐오한다'는 그들의 사고방식을—권력의 자리로 올려 보낸 우경화 조류의 일부로 간주하게 될 것이다.

'서식스의 특정 교수'는 스티븐 로즈와 내가 둘 다 존경하는 고 존 메이너드 스미스였다.• 그리고 그는 〈뉴사이언티스트〉에 그다운 답변을 보냈다. "우리가 어떻게 했어야 합니까? 방정식을 조작했어야 합니까?" 《이기적 유전자》를 지배하는 메시지 중 하나는(《악마의 사도》의 타이틀 에세이에서 그 메시지를 더욱 강조했다) 우리는 다윈주의에서 가치를 이끌어내서는 안 된다는 것이다. 다윈주의와 반대로 한다면 모를까… 우리 뇌는 이기적 유전자에 반항할 수 있는 지점까지 진화했다. 우리가 이렇게 할 수 있다는 사실은 피임에서 명백하게 드러난다. 같은 원리가 더 넓은 규모에서 작동할 수 있으며 그래야만 한다.

1989년에 나온 두 번째 판과 달리, 이 기념판에는 새로운 서문과, 나와 세 번 연속 함께 일한 편집자이자 내 지지자인 라사 메넌Latha Menon이 고른 서평 중 일부를 발췌한 것을 빼고는 아무것도 추가하지 않았다. 라사 외에는 아무도 비범한 편집자 마이

• 나는 존이 왕립학회 회의에서 "스티븐, 당신은 방금 알면서도 어리석은 말을 했습니다"라고 말한 순간을 잊을 수 없다. 그리고 스티븐은 내가 그것을 회상하는 것을 개의치 않을 거라고 생각한다.

클 로저스Michael Rodgers(옥스퍼드대학교 출판부에서 나온《이기적 유전자》의 초판을 함께 작업한 화학자 출신 편집자. 데즈먼드 모리스가 그린 그림을 초판 표지로 선택한 사람이기도 하다. 이후 도킨스와《확장된 표현형》,《눈먼 시계공》,《불가능의 산 오르기》,《무지개를 풀며》를 함께 작업했다—옮긴이)의 빈자리를 메울 수 없었을 것이다. 마이클이 보여준 이 책에 대한 불굴의 신념은 첫 번째 판을 쏘아올린 로켓이었다.

하지만 이 기념판에는 로버트 트리버스의 원래 서문이 다시 실렸다(이것은 나를 특히 기쁘게 하는 일이다). 나는 해밀턴을 이 책의 지적 영웅 네 사람 중 하나로 꼽았는데, 트리버스는 또 다른 한 사람이다. 그의 아이디어는 9장, 10장, 12장의 많은 부분, 그리고 8장 전체를 지배한다. 그의 서문은 이 책을 소개하는 정교하고 아름다운 글일 뿐만 아니라, 그는 '자기기만의 진화'라는 새롭고 뛰어난 개념을 이 책을 통해 세상에 소개하는 이례적인 선택을 했다. 무엇보다 이 기념판을 빛내기 위해 원래의 서문을 실을 수 있도록 허락해준 트리버스에게 감사드린다.

2장 형언할 수 없는 세계 자연을 찬미하다

1

애덤 하트-데이비스와의 대화

진화와 쉬운 과학 글쓰기

애덤 하트-데이비스Adam Hart-Davis는 출판업자이자 방송인이며 텔레비전 진행자다. 영국에서 그는 독특한 의상 스타일과, 역사적 관점을 가미한 과학 해설자로 유명하다. 내가 그동안 전 세계를 돌아다니며 한 수백 개의 인터뷰 가운데 내 과학 인생을 가장 간결하게 요약한 것이 이 인터뷰가 아닐까 싶다.
이 인터뷰는 애덤이 매그랙Magrack에서 제작한 시리즈물 〈맥시멈 과학Maximum Science〉을 위해 실시한 과학자들과의 시리즈 인터뷰 중 하나였고, 2002년 미국 AMC 텔레비전에서도 방영되었다. 여기 실린 텍스트는 우리 대화의 축약본으로, 영국에서 《토킹 사이언스Talking Science》(2004)로 출판되었다.

과학은 '왜?'라는 질문에 답할 수 있을까?
유전자의 뭐가 그렇게 중요할까?
음악을 감상하는 방식으로 과학을 감상할 수 있을까?

데이비스 리처드, 당신은 우리가 우주의 거대한 역사에서 아주 작은 부분만을 살 뿐이라고 말합니다. 그래서 왜 우리가 여기 있으며 우주가 왜 여기 있는지 이해하기 위해 우리 인생을 써야 한다고요. 하지만 과학은 이런 '왜?'라는 질문에 답할 수 없는 것이 분명합니다. 안 그런가요?

도킨스 '왜?'라는 단어에는 많은 의미가 있습니다. 과학자인 저에게 그것은 두 가지를 의미합니다. 하나는 "우리를 여기에 지금과 같은 모습으로 있게 한 일련의 사건이 무엇인가?"입니다. 과학은 그 질문에 답을 할 수 있습니다. 두 번째 의미의 '왜?'는 "무엇을 위해서?"입니다. 과학은 이 질문에는 답할 수 없습니다. 사실 저는 그것이 무의미한 질문이라고 생각합니다. 과학에 물을 수 있는 질문이 아니라고 생각하죠. 단, 사람이 설계한 것은 빼고요. 우리는 코르크마개뽑이가 무엇을 위한 것인지, 만년필이 무엇을 위한 것인지 말할 수 있습니다. 하지만 생명이 무엇을 위한 것인지, 산이 무엇을 위해 존재하는지, 또는 우주가 무엇을 위해 존재하는지는 말할 수 없습니다. 생명체는 특별한 경우입니다. 우리는 새 날개가 무엇을 위한 것인지, 개의 이빨이 무엇을 위한 것인지 물을 수 있습니다. 이 질문은 자연선택의 맥락 안에서 특별한 의미를 갖습니다. 즉, 이 생물(새 또는 개)의 조상들이 생존하고 번식하는 것을 돕기 위해 그것(날개 또는 이빨)이 무엇을 했는가를 의미합니다. 이건 특별한 종류의 '왜?'입니다.

하지만 일상적 의미의 '왜?'에서, '우리가 왜 여기 있는가'는 완벽하게 합리적인 질문이라고 생각합니다. 즉, '우리를 여기 있게 한 일련의 사건, 선행 조건들이 무엇인가?', 저는 그런 질문에 답하는 방법을 알아내는 것보다 더 제 짧은 인생을 소비하는 좋은 방법을 떠올릴 수 없습니다.

데이비스 우리가 당신을 가장 잘 아는 방법은 아마 당신의 저서 《이기적 유전자》를 보는 것이겠죠. 이제 25년이 되었나요? 그 책이 그렇게 성공했다는 것이 놀랍지 않나요?

도킨스 제가 그 책을 쓰고 있을 때 저는 농담 삼아 '내 베스트셀러'라고 불렀지만 정말 그렇게 될 줄은 몰랐습니다. 그리고 그 책은 출간 6개월 만에 초대형 베스트셀러, 소위 블록버스터급 베스트셀러가 된 게 아니에요. 하지만 그 뒤로도 오랫동안 꾸준히 팔리고 있는 것이 오히려 기쁩니다. 장기적으로 볼 때, 처음 여섯 달 동안 불티나게 팔리다가 그 뒤로는 언급조차 되지 않는 것보다 더 나은 종류의 베스트셀러죠.

데이비스 그 책을 쓸 때, 당신은 다윈의 진화론을 간단히 설명해 볼 생각이었나요?

도킨스 당시 저는 그렇게 하고 있다고 생각했고, 많은 면에서 아직도 그렇게 생각합니다. 하지만 제가 하려고 했던 것은 과학 대중화와는 좀 차이가 있는 것 같습니다. 과학 대중화, 즉 과학계에 이미 잘 알려진 것을 사람들에게 이해시키는 일은 어느 정도 해냈다고 생각합니다. 제가 하고 싶었던 일은 '사람들의 사고방식을 바꾸는 것'이고, 여기서 사람들에는 일반인뿐만 아니라 제 과학자 동료들도 포함됩니다. 저는 제가 발견한 어떤 것 때문이 아니라 제가 그것을 표현하는 방식 때문에 자신의 사고방식이 바뀌었다는 말을 제 분야 과학자들에게조차 꽤(제 생각으로는 너무나도 자주) 들었습니다. 제 표현 방식은 너무 낯설어, 익숙한 것에 대한 사람들의 사고방식을 전복시켰죠.

데이비스 왜 자연선택의 '단위'로 유전자를 골랐습니까?

도킨스 제가 유전자를 골랐다고 말하는 것은 옳지 않다고 생각합니다. 유전자를 고르는 것은 제게는 당연한 일이었습니다. 제가 한 일은 기존의 신다윈주의 이론을 가져와 이것이 유전자의 관점이라고 말하는 것이었습니다. 그것은 일부 사람들이 잘 깨닫지 못한 것이었죠. 개체는 행위자입니다. 토끼, 코끼리, 또는 무슨 동물이든 마찬가지죠. 토끼가 생존하고 번식하기 위해 애쓰는 건 맞지만, 만일 당신이 왜 토끼가 생존하고 번식하려고 하는지 묻는다면, 실제로 번식하고 있는 것은 토끼의 유전자라고 답할 수 있습니다.
자연에서 실제로 일어나는 일은, 토끼를 만드는 데 능한 유전자들이 대대로 살아남는 것입니다. 그러므로 지금 우리가 보는 토끼를 만드는 유전자들은 토끼를 만드는 데 능한 유전자들, 즉 대대로 전해내려온 유전자들입니다. 유전자는 토끼, 코끼리, 인간 등 여러분이 언급하고 싶은 어떤 생물의 몸에서 한 세대로부터 다음 세대로, 원리상으로는 무한히 전해지는 유일한 부분입니다. 원리상으로 유전자에 담긴 정보는 불멸합니다. 결과적으로, 훌륭한 유전자는 불멸하고 나쁜 유전자는 죽기 때문에 세계는 훌륭한 유전자들로 가득 차게 되죠. 훌륭한 유전자는 살아남는 유전자입니다. 이것이 다윈주의 과정(자연선택)이죠. 하지만 개체, 개체의 몸은 죽습니다. 토끼, 코끼리, 인간은 죽습니다. 장기적인 관점에서 살아남는 건 개체가 아니라 정보예요. DNA는 생물이 가지고 있는 정보죠.

데이비스 과학소설 같은 관점을 가지고 계시군요.

도킨스 그렇게 보시다니 재미있군요. 저는 단지 신다윈주의에 있는 것을 다시 표현했을 뿐이지만, 과학소설 같은 관점이라고 볼 수도 있죠. 저는 인간을 '둔한 로봇'이라고 표현했는데, 그 말이 좀 논란을 불러일으켰어요. 그건 단지 유전자가 정보고, 다음 세대로 전달되는 부분이라는 뜻일 뿐입니다. 유전자는 살아남기 위해 몸을 이용하는 거죠. 몸은 과학소설처럼 생각하면, 유전자가 그 안에 올라타기 위해 스스로 만든 로봇이라고 생각할 수 있습니다. 그리고 유전자가 로봇 안에 타고 있기 때문에 로봇의 생존이 중요한 겁니다. 로봇은 유전자의 청사진을 실어나르는 기계이고, 따라서 로봇이 살아남아 번식 임무를 완수해야 청사진도 살아남을 수 있습니다.

데이비스 당신의 주장은 한마디로, 중요한 건 유전자의 생존이라는 말씀이군요. 하지만 유전자는 어느 수준에서는 협력해야만 합니다, 안 그런가요? 종 내에서는 말할 것도 없고 한 개체 안에서도 협력해야 하죠.

도킨스 협력은 엄청나게 중요합니다. 저는 지금 개체들 사이의 협력을 말하는 게 아닙니다. 그것도 물론 중요합니다. 적어도 특정 종류의 동물에서는요. 하지만 유전자들 간의 협력이 훨씬 중요합니다. 몸을 만드는 일에서 하나의 유전자는 아무 의미가 없기 때문이죠. 몸을 만드는 일, 즉 '발생'은 굉장한 협력을 요하는 사업입니다. 하지만 협력하는 유전자들을 동시에 함께 다니는 일종의 단위로 생각하는 것은 잘못입니다. 그들은 함께 다니지 않습니다. 유성생식 과정에서 항상 쪼개지고, 분리되고, 재조합되죠. 하지만 유전자들은 몸을 만들 때 그 몸 안에서는 협력합니다. 다시 말해, 그 유전자들은 만날 가능성이 매우 높은 다른 유전자들과 협력할 때 살아남을 가능성이 가장 높습니다. 만날 가능성이 가장 높은 유전자들은 그 종의 유전자풀에 있는 다른 유전자들이죠. 그리고 한 종의 유전자풀이란, 그 종의 모든 유전자를 말합니다. 우리가 그 유전자들을 '풀pool'이라고 부를 수 있는 이유는 그 유전자들이 유성생식 과정에서 끊임없이 섞이고 휘저어지기 때문입니다. 유전자풀에 속한 유전자들은 그 종만의 특징적인 몸을 만듭니다. 즉, 토끼의 몸 또는 코끼리의 몸처럼 말이죠. 그리고 그 유전자풀에서 살아남는 유전자들은 토끼의 몸 또는 코끼리의 몸을 만들기 위해 유전자풀의 다른 유전자들과 잘 협력하는 것들입니다.

데이비스 그러니까 유전자들은 이기적일 뿐만 아니라 다른 녀석들•과 협력해야 한다는 말씀인가요? 간단하게 설명하셨지만, 사실 이해하기 어려운 개념 아닌가요? 사람들은 일반적으로 다윈주의가 어렵다고 생각합니다.
당신은 앞에서, 우리가 왜 여기에 있는지 알아내는 데 우리에게 주어진 시간을 써야 한다고 말씀하셨습니다. 그리고 경이로움을 느껴야 한다고도요. 즉, 음악을 듣는 것과 같은 방식으로 과학을 봐야 한다고. 그게 가능한가요? 과학의 언어를 이해하기 위해서는 오랜 훈련이 필요합니다.

도킨스 음악은 연주하는 사람이 필요하고, 연주자는 오랜 경험이 필요합니다. 하루에 몇 시간씩 악기를 연습하지 않으면 연주를 잘할 수 없죠. 마찬가지로, 과학을 하는 사람들도 수년간의 훈련이 필요합니다. 하지만 우리는 연주를 못해도 음악을 즐길 수 있고 꽤 높은 수준에서 음악을 감상할 수 있습니다. 마찬가지로,

---

• '다른 녀석들'이란 '다른 유전자들'을 의미하는 것이었다고 생각한다. '다른 개체들'을 의미한다고 생각했다면 나는 그의 말을 당장 끊었을 것이다.

과학자가 아니라도 꽤 높은 수준에서 과학을 이해하고 즐길 수 있다고 생각합니다. 저는 사람들이 과학을 음악이나 미술 또는 문학을 대하듯 했으면 좋겠습니다. 화학 실험용 분젠버너를 구별할 수 없거나 적분을 할 수 없어도, 겉핥기에 만족하지 말고 깊이 있게 즐기면 좋겠습니다.

데이비스 하지만 언어는 넘을 수 없는 장벽 아닌가요? 음악의 경우는 그냥 라디오를 켜서 음악을 듣고 즐길 수 있습니다. 지금 나오는 음악이 무슨 곡인지, 누가 연주하는지, 작곡가가 누구인지까지는 알 필요가 없죠. 단지 소리를 들으면 되니까요.

도킨스 소리만 듣고도 충분히 놀랄 수 있습니다. 우리는 듣고 있는 음악에 익숙해질 필요가 있습니다. 우리가 서양 음악을 듣고 자랐기 때문에 이해하기 더 쉽다고 느낄 뿐이죠.

데이비스 하지만 예를 들어 일본 음악을 들으면, 저는 듣자마자 이해하지는 못할지도 모르지만 그래도 흥미롭게 들을 수 있습니다. 반면 옥스퍼드대학교의 동물학과 휴게실에 들어가면, 제가 과학에 관심이 있고 꽤 많은 것을 이해하고 있어도 그곳에서 사람들이 나누고 있는 이야기를 알아듣지 못할 겁니다.

도킨스 한 과학 학과의 휴게실에서 두 사람이 연구에 대해 이야기를 나눌 때 그들은 실제로 그 분야의 약어를 사용합니다. 편의

상 약어를 쓰는 거죠. 하지만 그 언어를 더 많은 사람이 이해할 수 있는 언어로 옮기는 건 그리 어렵지 않아요. 저는 제 과학 동료들에게 다른 사람들이 이해할 수 없는 언어로 쓰지 말고 일반인도 알아들을 수 있게 글을 쓰라고 설득하는 것이 제 임무라고 생각합니다. 저는 그렇게 할 때 과학자들이 더 좋은 과학을 할 수 있다고 믿습니다. 그렇게 할 때 다른 과학자들과 더 잘 소통할 수 있다고 생각합니다. 심지어 자신이 하고 있는 과학도 더 잘 이해할 수 있다고 생각합니다.

과학자들이 과학의 다른 분야를 잘 이해하지 못하는 것도 문제입니다. 저는 물리학을 잘 이해하지 못합니다. 생물학의 경우는 이해하기가 좀 더 쉬울지도 모르지만, 그럼에도 많은 물리학자가 생물학을 잘 알지 못합니다. 무엇보다 현대 물리학, 그중에서도 양자이론은 이해하기에 매우 어려운 측면들이 있죠. 완전히 반反직관적인 이론이니까요. 많은 물리학자가 자신들도 그것을 이해하지 못한다고 말하곤 합니다. 양자물리학자들은 수학을 이용해 결과를 예측하는데, 그 예측은 놀랍도록 정확하게 맞아떨어집니다. 양자이론의 예측은 뉴욕과 로스앤젤레스 사이의 거리를 머리카락 한 올 두께의 오차 범위 내로 측정하는 것과 같은 정도로 정확하다고 하죠. 양자이론은 이 정도 수준에 와 있지만, 양자이론을 연구하는 사람들 다수가 자신들이 그것을 직관적으로 이해하는 건 아니라고 말합니다. 말 그대로 직관에 반하니까요. 연구하는 사람들도 이해할 수 없다면, 우리가 이해하지 못하는 것이 놀라운 일은 아니죠.

그럼에도 불구하고 양자물리학, 상대성이론, 그리고 생물학의 경우 진화론을 일반인에게 설명하려고 노력하는 책들이 있습니다. 진화론을 이해하는 데도 어려움이 있습니다. 양자이론처럼 어렵지는 않지만 나름의 어려움이 있죠. 우리는 엄청난 시간 척도에서 생각해야 합니다. 그러지 않으면 박테리아에서 인간으로 진화할 수 있다는 것을 믿을 수 없습니다.

데이비스 윌리엄 페일리William Paley는 이렇게 말했죠. 내가 길을 걷다가 돌멩이를 줍는다면 놀라운 일이 아니다. 하지만 시계를 주우면 나는 그것이 시계공이 설계한 것이라는 생각을 떨칠 수 없을 것이다. 페일리의 '설계 논증'은 무엇이 문제죠?

도킨스 저는 그것을 '개인의 의구심'에서 나온 논증이라고 풍자했습니다. 하지만 조금만 생각해봐도 그 논증이 무한 회귀됨을 알 수 있습니다. 시계를 만든 설계자가 있었다는 건 설명이 아닙니다. 설계자도 설명이 필요하기 때문이죠.
살아 있는 시계라고 할 수 있는 눈, 팔꿈치, 심장에 대한 다윈주의의 설명이 우아하고 아름다운 이유가 여기 있습니다. 매우 단순한 것에서 시작해 수많은 세대를 거치면서 점점 발전시켜나가죠. 단순한 것을 이해하는 것이 복잡한 것을 이해하는 것보다 정의상 더 쉽습니다. 우리는 발전의 모든 단계를 이해할 수 있고, 실제로 설명할 수 있습니다. 우리는 살아 있는 시계가 어디서 왔는지, 그 복잡한 구조가 어떻게 생겨났는지 완전하고 만족스럽게 설명할 수 있습니다. 살아 있는 시계란 눈, 심장, 귀 등을 말합니다. 우리는 그것이 어디서 왔는지 압니다. 따라서 어떤 신비주의적인 원인이나 초자연적인 존재를 상정할 필요가 없죠. 설계자가 있다는 페일리의 설명의 문제는 그것이 실제로는 아무것도 설명할 수 없다는 것입니다. 설계자는 정의상 시계보다 훨씬 더 복잡할 것이고, 심장이나 눈보다 훨씬 더 복잡할 테니까요. 그건 설명이 전혀 아닙니다.

데이비스 많은 위대한 사상가에게는 평생의 자랑으로 여기는 한 가지가 있습니다. 증기기관을 설계한 제임스 와트는 응용수학의 멋진 조각인 평행운동을 가장 자랑스러워했습니다. 당신은 무엇을 발견하고 발명한 것이 가장 자랑스럽습니까?

도킨스 제가 일반인을 위한 것으로 가장 자랑스러워하는 책은 《불가능의 산 오르기Climbing Mount Improbable》입니다. 하지만 지식에 대한 기여로는 《확장된 표현형The Extended Phenotype》이 가장 자랑스럽습니다. 그것은 제 두 번째 책이었고, 제목에서 짐작할 수 있듯이 일반인을 대상으로 한 책은 아닙니다. 하지만 많은 일반인이 읽었죠. 어쨌든 그 책은 전문가 동료들을 겨냥한 것인데, '확장된 표현형'이라는 개념은 다른 연구자들이 이미 해놓은 것을 뛰어넘는 산물이라는 점에서 가장 자랑스럽습니다. 표현형이란 유전자형이 발현된 형태입니다. 유전자가 DNA라면, 표현형은 파란 눈이나 빨간머리 같은 것이고, 한 인간 자체라고 생각할 수도 있습니다. 표현형은 발현된 형질이죠. 특정 유전자에 대해 말할 때 우리는 실제로는 그 유전자의 표현형에 대해 말하는 겁니다. 염색체상에 있는 그 특정 유전자가 큰 코, 즉 표현형을 만드는 것이죠. 이렇게 제 안의 유전자들은 제 표현형을 만들고, 당신 안의 유전자들은 당신의 표현형을 만듭니다.

데이비스 유전자의 발현은 제 손가락 끝에서 끝나죠. 그 이상은 갈 수 없습니다.

도킨스 전통적인 표현형 개념에서는 그 말이 맞습니다. 하지만 《확장된 표현형》은 유전자가 몸 밖에서도 표현형 효과를 낼 수 있다고 말합니다. 저는 '확장된 표현형' 논증을 개진할 때 사람들이 받아들일 수 있도록 쉬운 예부터 단계적으로 설명합니다. 먼저 동물들이 만드는 것들, 새 둥지나 날도래목 곤충 유충의 집 같은 것들에서 시작하죠. 날도래목 곤충의 유충은 시냇물에서 살고, 종에 따라 돌이나 막대기, 달팽이 껍질이나 잎으로 집을 짓습니다. 따라서 이 곤충을 둘러싼 겉껍질은 몸의 일부가 아니라 그 유충이 직접 만든 것이죠. 돌로 만든 껍질이 가장 좋은데, 돌들을 자신들이 만드는 접합제로 붙이기 때문입니다. 그들이 작은 벽돌들을 능숙하게 '시멘트'로 붙여 돌집을 짓는 모습을 볼 수 있어요.
이 집은 날도래목 유충이 가지고 있는 유전자들의 확장된 표현형이고, 그것을 다윈주의로 설명할 수 있습니다. 그건 분명히 다윈주의적 적응입니다. 그것은 달팽이 껍질이나 앵무새 부리만큼이나 멋지게 설계되어 있습니다. 자연선택의 산물이죠.
자연선택은 유전자들 사이에 생존율 차이가 있을 때만 일어납니다. 따라서 날도래목 유충에게는 다양한 집을 만들기 위한 유전자가 있어야 합니다. 좋은 집과 나쁜 집이 있고, 자연선택은 좋은 집을 선택하죠. 더 나은 집을 만들 수 있느냐를 결정하는 건 유전자입니다. 하지만 우리는 건축 행위가 개선되었다고 말합니다. 우리는 어떤 것을 위한 유전자, 즉 어떤 표현형 효과를 위한 유전자가 있다고 말할 때, 그 유전자가 그 어떤 것(표현형)을 만든다고 생각하는 경향이 있죠. 그런데 유전자가 실제로 만드는 건 단백질입니다. 그 단백질이 다른 유전자들이 만든 다른 단백질들과 협력해 복잡한 배발생 과정을 전개해나가고, 건축 행위를 만들어 냅니다. 요리할 때 사용하는 레시피처럼 말이죠.
그 유전자를 건축 행위를 '위한' 유전자라고 말할 생각이라면, 차라리 한 걸음 더 나아가 건축된 집을 위한 유전자라고 말하는 게 낫습니다. 따라서 집은 확장된 표현형입니다. 이 논리를 받아들인다면, 우리는 그다음으로 "새 둥지는 어떤가?"라고 물을 수 있습니다. 그보다는 바우어새bower bird의 집이 더 낫겠네요. 바우어새는 오스트레일리아나 뉴기니에 사는 새입니다. 수컷은 공작처럼 화려한 꼬리로 암컷을 유혹하는 대신, 몸 밖에다 '일종의 꼬리'를 만들어 암컷을 유혹합니다. 몸 밖의 꼬리란, 풀을 엮어서 집을 짓고 그 내부를 알록달록한 딸기나 꽃, 또는 맥주 캔 같은 것들로 장식한 것을 말합니다. 이 집으로 암컷을 유혹하는 거죠. 그것은 살기 위한 보금자리가 아닙니다. 암컷을 유혹하기 위한 외부 꼬리입니다. 확장된 표현형이죠. 성선택을 통해 만들어진 것이 분명합니다. 유전자들 사이에서 선택이 일어난 거죠. 즉, 집의 모양에 변화를 일으키는 유전자가 있었다는 뜻입니다. 그리고 집의 모양이 확장된 표현형인 거죠.

이제 기생충을 생각해봅시다. 작은 벌레가 개미 몸 안에 살고 있다고 칩시다. 이 벌레는 자신의 이익을 위해 개미의 행동을 조종합니다. 많은 기생충이 그렇듯이, 이 벌레는 숙주인 개미의 몸 밖으로 나와 다음 숙주에서 생활사를 다시 시작해야 합니다. 다른 숙주는 양입니다. 그러려면 양이 개미를 잡아먹어야 하죠.

벌레는 개미가 양에게 잘 잡아먹히도록 개미의 행동을 조종합니다. 즉, 개미가 풀 줄기 꼭대기로 올라가게 만들죠. 개미는 원래 풀 줄기 밑으로 내려가려는 경향이 있습니다. 하지만 개미는 꼭두각시처럼, 둔한 로봇처럼 벌레에게 조종당합니다. 벌레는 개미의 뇌에 앉아서 병변을 만들거나 어떤 식으로든 개미 뇌를 변화시켜서 개미가 풀 줄기 밑으로 내려가지 않고 꼭대기로 올라가도록 만듭니다. 그래서 벌레는 개미라는 둔한 로봇 안에서 스스로 양에게 잡아먹힙니다.

이것도 다윈주의 적응입니다. 일반적인 다윈주의 논리에 따르면, 자연선택이 특정 표현형을 선호하고, 그 결과 그 표현형을 만드는 유전자가 살아남는다고 말할 수 있습니다. 하지만 이 경우 직접적인 표현형은 벌레 안에 있지만, 실제로 중요한 표현형은 개미의 행동 변화입니다.

이제 당신의 머리는 확장된 표현형을 받아들이기 좋은 상태가 되었습니다. 확장된 표현형이 돌로 만든 무생물 집인 경우에서, 살아 있는 개미인 경우까지 왔습니다. 하지만 두 사례에서 논리는 똑같습니다. 확장된 표현형은 살아 있는 생물이 될 수 있지만, 그 유전자를 실제로 포함하고 있는 생물이 아니라 다른 생물입니다. 당신의 머리를 부드럽게 만들었으니, 마지막 단계로 숙주 안에 살지 않는 기생충으로 가봅시다. 대표적인 사례가 뻐꾸기입니다. 뻐꾸기 새끼는 자기 입에 먹이를 넣도록 수양부모의 행동을 조종합니다. 자기 둥지로 날아온 새는 둥지가 다른 새의 둥지로 바뀌어 뻐꾸기 새끼가 있는 것을 보면서도 뻐꾸기 새끼의 입에 먹이를 넣어줍니다. 벌린 입의 색깔에 도저히 저항할 수 없기 때문이죠. 기생충이 개미의 몸 안에서 개미의 행동을 조종하듯이, 뻐꾸기 새끼는 수양부모의 몸 안이 아니라 몸 밖에서 수양부모의 감각기관을 통해 수양부모를 조종합니다. 이 경우도 뻐꾸기 새끼의 숙주인 수양부모의 바뀐 행동은 뻐꾸기 유전자의 확장된 표현형입니다. 확장된 표현형 논증은 이렇게 단계적으로 발전해나가는 긴 논증입니다. 그러니 그 책을 꼭 읽어보세요.

데이비스 좋습니다, 꼭 읽어보겠습니다. 확장된 표현형에 진심이시군요. 푹 빠지셨습니다. 당신은 아름다움에 대해서도 글을 씁니다. 무지개에 대해 조금 말씀해주시죠.

도킨스 제 책《무지개를 풀며》의 제목은 키츠의 시에서 따왔습니다. 시에서 키츠는 뉴턴이 무지개를 설명함으로써 마법과 기쁨을 없애버리고 무지개를 지루한 현상으로 만들었다고 불평했죠. 저는 그 반대라고 생각합니다. 모든 과학자가 그렇게 생각할 테지만, 저는 어떤 것을 설명하는 건 아름다움을 파괴하는 일이 아니라고 생각합니다. 설명은 여러 측면에서 아름다움을 배가시킵니다. 저는 열대 지방에 가면 등을 대고 누워 밤하늘을 올려다보며 은하수를 바라보곤 합니다. 아름답고 황홀한 경험이죠. 은하수가 무엇인지에 대해 제가 가지고 있는 지식이 황홀함을 감소시키지는 않습니다. 제가 한정된 방식으로나마 알고 있는 사실, 지금 보고 있는 은하수는 우리 은하이고(시간적으로는 과거를 보고 있다고 생각하면 훨씬 더 경이롭습니다), 우주에는 수십억 개의 은하가 있으며, 그 은하들은 우리 은하와 똑같은 속성을 가지고 있다는 사실이 은하수를 더 아름다워 보이게 할 뿐입니다.

2

진실과의 근접 조우

《악령이 출몰하는 세상The Demon-Haunted World》에 대한 이 서평은 1996년 2월 〈타임스〉에 실렸다. 칼 세이건Carl Sagan을 잘 알았더라면 좋았을 텐데. 나는 런던에서 스티븐 제이 굴드Stephen Jay Gould와 함께 커피를 마시며 딱 한 번 그를 만났다. 그때 우리는 1994년 존 매덕스가 〈네이처〉의 125주년을 기념하기 위해 준비한 회의에 연사로 초대받았다.

세이건은 텔레비전과 책에서 못지않게 사적 대화에서도 능숙하고 막힘이 없었다. 왜 세이건 박사가 노벨문학상을 받지 못했을까? 내가 보기에는 유력한 후보인데 말이다. 그가 미국 국립과학아카데미에 선출되지 않은 것과 똑같은 속물적인 이유에서였을까? 아닐 것이다. 스웨덴 학술원은 과학자가 문학을 한다는 생각을 해본 적이 없을 것이다. 그의 아름다운 책들 가운데 나는 《악령이 출몰하는 세상》이 가장 좋다. 하지만 하나를 고르는 건 여전히 어렵다.

이 유창하고 매혹적인 책을 닫으며 나는 칼 세이건의 초기 작품 중 하나인 《코스모스Cosmos》의 마지막 장 제목이 떠올랐다. '누가 지구를 대변하는가Who speaks for Earth?' 대답을 기대하지 않는 수사의문문이지만, 나는 대답을 하나 제시해보려고 한다. 신임장(특정인을 외교사절로 파견하면서 상대국에 통고하는 문서—옮긴이)을 들려 은하대사관에 파견할 지구대사 후보로 내가 추천하고 싶은 사람은 다름 아닌 칼 세이건 본인이다. 그는 현명하고 인간적이며, 박식하고 친절하고 재치 있으며, 다방면에 정통하고 도무지 지루한 문장을 쓸 줄 모른다. 나는 책을 읽을 때 특별히 마음에 드는 문장에 밑줄을 긋는 습관이 있는데,《악령이 출몰하는 세상》에서는 단순히 잉크가 아까워 밑줄 긋기를 그만두었다. 그래도 '왜 굳이 과학을 설명하는 일에 힘을 쓰느냐?'는 질문에 대한 세이건의 대답을 어떻게 인용하지 않을 수 있을까? "과학을 설명하지 않겠다는 것은 비틀린 심보처럼 느껴진다. 사랑에 빠지면 온 세상에 말하고 싶지 않나. 이 책은 과학을 향한 평생에 걸친 사랑을 고백하는 일종의 자기소개서다."

이 책의 대부분이 활기차고 고무적이지만, 그럼에도 부제는 '어둠을 밝히는 촛불로서의 과학'•이고, 마지막 문장은 의미심장하다. 과학(과학적 사실이 아니라 과학의 비판적 사고방식)만이 "우리를 감싸고 있는 어둠을 걷어낼 수 있을 것이다". 여기서 어둠이

• 나는 나중에 그의 말을 빌리고 그것을 〈맥베스〉에 나오는 표현과 합쳐서 내 자서전 2권《어둠을 밝히는 촛불Brief Candle in the Dark》의 제목으로 삼았다.

란 중세와 근대의 마녀사냥, 있지도 않은 악령과 UFO에 대한 병적인 두려움, 뱃살 두둑한 신비주의자와 포스트모더니즘 운운하는 헛소리를 퍼뜨리는 몽매주의 도사들의 말에 쉽게 속는 것을 말한다. 세이건이 인용하는 가장 오싹한 말 중 하나는 1995년에 출판된 한 책에 나오는 "과학에 맞서 무장하라"다. 그 책은 이렇게 결론 내린다. "과학도 비이성적이거나 신비주의적이기는 매한가지다. 과학도 다른 어떤 것만큼이나 정당화할 수 없는 믿음 또는 믿음 체계이거나, 신화에 불과하다. 믿음이 당신에게 의미가 있다면 그것이 진실인지 아닌지는 중요하지 않다."

세이건이 잘 보여주듯, 진실에는 적이 있다. 하지만 그는 영국에서 살지 않기 때문에 영국 문화에서 과학이 직면한 특별한 문제를 간과한다. 그것은 속물적인 이중잣대다. 〈데일리텔레그래프〉가 높은 비율의 성인들이 태양이 지구 주위를 돈다고 생각한다는 조사 결과를 보도했을 때, 당시 편집자 버나드 레빈Bernard Levin은 '그렇지 않나?—편집자'라는 말을 끼워넣었다. 자신의 무지를 마치 자랑인 듯 뽐내는 버나드 레빈이나, 뉴스 말미에 생색내듯 실실 웃으며 '우스갯소리'처럼 과학 소식을 전하는 텔레비전 아나운서들의 모습이 떠오른다. 만일 성인의 50퍼센트가 셰익스피어가 《일리아드》를 썼다고 믿는다는 조사 결과가 나온다면 어떤 편집자가 '그렇지 않나?'라는 논평을 넣으며 그것을 재미있다고 생각하겠는가? 이건 그야말로 이중잣대다. 얼마 전 뉴스 매체가 로트와일러의 공격성을 흥분 섞인 목소리로 보도했을 때 관련 부처 장관이 라디오에 출연해 이런 이중잣대가 얼마나 심각한지 보여주었다. 그녀는 인내심 있게 이렇게 설명했다. "개는 DNA가 없습니다." 주제가 과학이 아니었다면 이 정도의 무지함이 정부 관료에게 용인되지는 않았을 것이다.

과학이 주는 선물 중 하나는, 세이건의 말을 빌리면 '헛소리 감지 장치'다. 그의 책은 이 장치의 사용설명서라고 할 수 있다. 매년 UFO를 타고 지구로 와서 섹스 실험을 위해 인간을 납치하는 초인간 외계 생명체의 진위를 판별하는 방법이 있다. (피해자들은 이 스토리를 엄청나게 잘 속는, 또는 냉소적인 언론에 팔아 큰돈을 번다.)

이따금 나는 외계인과 '접촉'하고 있다는 사람들에게 편지를 받는다. 그들은 나에게 "무엇이든 물어보라"고 한다. 수년에 걸쳐 나는 질문 목록을 준비해놓았다. 외계인은 매우 진보한 존재임을 기억하라. 따라서 나는 "페르마의 마지막 정리를 간단히 증명하시오" 같은 것들을 요구한다. 아니면 골드바흐의 추측이라든지… 나는 답변을 들은 적이 없다. 반면에 "우리는 착하게 살아야 하나?" 같은 것을 물으면 거의 항상 답변을 듣는다. 특히 관습적인 도덕적 판단과 관련된 모호한 질문을 하면 이 외계인들은 신이 나서 대답한다. 하지만 그들이 인간이 모르는 것을 알고 있는지 알아볼 수 있는 특정 질문에는 대부분이 침묵으로 일관한다.

과학자들은 이따금 오만하다는 의심을 받는다. 하지만 세이건은 1992년에 로마 교황청이 갈릴레오를 사면하고 지구가 태양 주위를 돈다는 것을 공개적으로 인정한 것을 겸허한 자기비판이자 용기 있는 결단이라고 칭찬한다. 그러나 우리는 그가 베푼 아량이 사우디아라비아의 최고 종교 권위자인 셰이크 압델-아지즈 이븐 바즈의 기분을 상하게 하거나 상처 주지 않기를 바라야 하는 처지다. 그는 1993년에 지구가 평평하다고 선언하는 칙령, 즉 파트와를 발표했다. "지구가 둥글다고 설득하는 사람은 누구든 신을 믿지 않는 것이고, 그러므로 처벌받아야 한다." 조금 전에 오만하다고 했던가? 오만하기로 치면 과학자는 아마추어들이다. 게다가 과학자들은 오만해도 되는 지식을 가지고 있다. 과학자들은….

> 일식을 정기적으로 예측할 수 있다. 그것도 분 단위까지, 그리고 천년 앞까지. 당신은 치명적인 빈혈을 일으키는 마법의 주문을 풀기 위해 무당을 찾아갈 수도 있고, 비타민 B12를 먹을 수도 있다. 소아마비로부터 자식을 구하고 싶다면, 기도를 하거나 예방접종을 할 수 있다. 태어나지 않은 아이의 성별을 알고 싶다면, 추를 흔드는 점쟁이를 찾아가 당신이 원하는 모든 것을 알아볼 수도 있겠지만, 그들은 평균적으로 두 번 중 한 번만 맞힐 것이다. 정확한 결과를 원한다면 (…) 양수천자와 초음파검사를 하라. 과학을 시도하라.

《악령이 출몰하는 세상》을 내가 썼다면 얼마나 좋을까? 하지만 그것은 불가능한 일이므로 내가 할 수 있는 최선은 친구들에게 이 책을 권하는 것이다. 이 책을 꼭 읽어보기를.

3

군집을 보존하는 일

멸종의 시대에, 데이비드 애튼버러가 제작한 다큐멘터리 같은 영상물과 함께 사진들은 우리가 앞으로 잃어버리게 될 것에 대한 귀중한 기록이 될 수 있을 것이다. 아트 울프Art Wolfe는 우리 시대의 위대한 사진가다. '커피테이블 북'이라고 불리기에는 너무도 훌륭한 《살아 있는 야생The Living Wild》은 2000년에 출판된 그의 야생동물 사진집이다. 출판사는 아트 울프의 멋진 사진과 함께 싣기 위해, 영장류학자인 조지 섈러George Schaller와 제인 구달Jane Goodall 등 다섯 명의 과학자를 초청해 살아 있는 야생의 아름다움을 말로 찬미하는 에세이를 쓰게 했다. 나도 그중 하나로 이 에세이를 그 책에 실었다.

태양계의 세 번째 행성은 독특하다. 이곳에는 구체 표면을 풍부하게 덮고 있는 하나의 층이 있는데, 그 층은 위로 올라가면 희박해지고, 땅 밑으로 내려가면 암석에 흔적을 새긴다. 태양계 나머지 부분에도 있는 특별하지 않은 물리법칙에 새롭고 비옥한 존재를 더하는 그 특별한 층은 물론 생명의 층이다. 지구의 이 바깥층에 물리법칙이 적용되지 않는 것은 아니다. 오히려 생명체는 물리학을 특별한 방법으로 배치한다. 그 방법은 너무 특별해서(즉 창발적이어서) 누군가가 이곳에는 물리법칙이 통하지 않는다고 믿는다 해도 실수를 눈감아줄 수 있을 정도다. 실제로 모두가 그렇게 생각하고 싶은 유혹에 빠졌고, 그동안의 역사에서 대부분이 그 유혹에 굴복했으며, 많은 사람이 아직도 그렇기 때문이다.

다윈은 그 유혹을 이겨낸 최초의 사람은 아닐지도 모르지만, 그 유혹을 종합적으로 물리쳤다는 점에서 최초로 불릴 만한 자격이 있다. 다윈의 위대한 책은 그 제목에도 불구하고 '종의 기원'보다는 '적응의 기원'에 대해 더 많이 다룬다. 즉, 그 책은 이른바 '설계 환상'의 기원에 대한 책이다. 그런 강력한 환상은 사람들로 하여금, 물질적 원인만으로 생명체를 설명하는 것이 가능할 리 없다고 생각하게 만들었다.

마치 설계된 듯한 환상을 가장 강하게 불러일으키는 것은 생물 개체의 조직과 기관, 세포와 분자다. 모든 종의 개체들은 예외 없이 그런 환상을 일으키고, 이 책의 모든 사진도 그런 환상을 풍긴다. 하지만 우리의 주목을 끄는 더 높은 수준의 환상이 있는데, 그것은 바로 이 책의 모든 페이지에서 눈부시게 펼쳐지는, 종 다양성이 일으키는 환상이다. 종들의 배치에서, 종들이 군집과 생태계로 가지런히 배열된 모습에서, 그리고 함께 공유하는 서식지 내에서 종들이 서로 긴밀하게 연관되어 있는 모습에서도 마치 누군가가 그렇게 설계해놓은 것만 같은 환상을 보게 된다.

열대우림이나 산호초의 복잡성에는 어떤 패턴이 있으며, 이 때문에 과장된 수사를 쓰는 사람들은 딱 하나의 요소가 나쁜 타이밍에 전체에서 떨어져나온 경우에도 대참사라며 호들갑을 떤다. 극단적인 경우, 이런 과장된 수사는 신비주의적 어조를 띤다. 지구는 대지의 여신의 자궁이고, 모든 생명체는 그 여신의 몸이며, 종들은 여신의 몸을 이루는 부분들이다. 하지만 이런 과장을 받아들이지 않는다 해도 우리는 군집 수준에서 마치 누군가 그렇게 설계해놓은 것만 같은 강력한 환상을 보게 된다. 개체 안에서보다는 약하지만, 이런 환상은 충분히 주목을 끌 만하다.

한 지역에 함께 사는 동식물은 서로 딱 들어맞는 것처럼 보인다. 그런 장갑 같은 일체성은 한 동물의 몸 부위가 동일 유기체의 다른 부위들과 맞물려 있을 때 보이는 모습과 비슷하다. 플로리다퓨마는 육식동물의 이빨을 가지고 있고, 육식동물의 발톱과 눈, 귀, 코, 뇌를 가지고 있다. 그리고 고기를 잡기에 적합한 다리 근육, 그것을 소화시키는 데 최적화된 장을 가지고 있다. 퓨마의 몸 부위들은 육식동물 전체의 통일된 움직임을 위해 일사분란하게 통제된다. 퓨마의 모든 힘줄과 세포는 그 구조의 구석구석에 육식동물의 각인이 새겨져 있고, 우리는 이것이 생물화학적 세부까지 깊숙이 뻗어 있음을 확신할 수 있다.

영양의 상응하는 부분들도 마찬가지로 서로 통합되어 있지만, 영양이 추구하는 목적은 다르다. 식물의 섬유질을 소화시키기 위해 설계된 장에는 먹이를 잡기 위해 설계된 발톱과 본능이 도움이 되지 않는다. 그 반대도 마찬가지다. 퓨마와 영양의 잡종이 태어난다면 진화라는 무대에서는 낙오자가 될 것이 뻔하다. 영업 기법은 한 업종에서 잘라내 다른 업종에 붙일 수 없다.• 호환성이 있는 것은 같은 업종의 다른 기법들뿐이다.

종들의 군집에 대해서도 비슷한 말을 할 수 있다. 생태학자의 언어에 이것이 반영되어 있다. 식물은 1차 생산자다. 식물은 태양에서 에너지를 붙잡아 1차 소비자, 2차 소비자, 3차 소비자를 거쳐 최종적으로 청소동물에 이르는 연쇄를 통해, 그 에너지를 군집의 나머지 생물들이 이용할 수 있게 만든다. 청소동물은 군집에서 재활용하는 '역할'을 맡는다. 내가 따옴표를 쓴 것은 의도적이다. 생명을 이런 관점에서 보면 모든 종에는 '역할'이 있고, 경우에 따라서는 청소동물 같은 어떤 역할의 수행자가 제거되면 군집 전체가 무너진다. 혹은 '균형'이 깨져서 생태계가 마구 요동치며 '통제'에서 벗어날지도 모른다. 그러다 결국 새로운 균형이 맞춰지는데, 이때는 아마 같은 역할을 다른 종이 맡게 될 것이다.

사막의 군집은 열대우림의 군집과 다르고, 사막의 군집을 구성하는 부분들은 그 밖의 군집에는 적합하지 않다. 초식동물의 결장이 육식동물의 습성에 적합하지 않은 것과 마찬가지다. 산호초 군집은 해저 군집과 다르고, 따라서 두 군집은 구성하는 부분들을 서로 교환할 수 없다. 종은 자신의 군집에 적응한다. 단지 특정

• 유전체학의 힘은 놀라워서, 이런 종류의 잘라붙이기가 가능해지는 때가 올 것이다. 하지만 중요한 것은, 기술적으로 이식이 가능해지더라도 결과물이 기능적으로 잘 작동하지는 않을 것이라는 점이다.

한 물리적 지역과 기후에만 적응하는 것이 아니다. 종들은 서로에게 적응한다. 군집 내의 다른 종들은 각 종이 적응하는 환경의 중요한, 어쩌면 가장 중요한 요소일 것이다.

한 군집 내 종들의 조화로운 역할 분담은 따라서 한 생물 개체의 부분들이 만들어내는 조화와 비슷하다. 그런데 이런 유사성은 허울뿐이어서, 주의해서 다뤄야 한다. 그렇다고 생물 개체를 군집에 비유하는 것에 근거가 전혀 없는 것은 아니다. 생물 개체 내에는 일종의 생태계가 존재한다. 그것은 한 종의 유전자풀을 이루는 유전자들의 군집이다. 생물 개체 내 부분들 사이에 조화를 만들어내는 힘은 군집의 종들이 조화를 이루고 있는 듯한 환상을 만들어내는 힘과 다르지 않다. 열대우림에는 균형이 존재하고, 산호초 군집에는 구조가 있다. 군집의 부분들은 정교하게 맞물려 있고, 그들의 공진화는 동물 몸 안에서의 공적응을 떠올리게 한다. 두 경우 모두 균형을 이루는 단위가 하나의 단위로서 자연선택되는 것이 아니다. 두 경우 모두 균형은 더 낮은 수준에서 일어나는 선택을 통해 맞춰진다. 자연선택은 조화를 이루는 전체를 선택하지 않는다. 오히려 조화로운 부분들은 서로가 존재할 때 번성하고, 여기서 조화로운 전체라는 환상이 생겨난다.

개체 수준으로 가서, 앞의 예를 유전학 언어로 바꿔말하면, 육식성 이빨을 만드는 유전자는 육식성 장과 육식성 뇌를 만드는 유전자를 포함하는 유전자풀에서 번성하지만, 초식성 장과 초식성 뇌를 만드는 유전자를 포함하는 유전자풀에서는 번성하지 못한다. 군집 수준에서 보면, 육식 종이 없는 지역은 인간 경제에서 말하는 '틈새시장'과 비슷한 것을 경험할지도 모른다. 그 지역에 들어오는 육식 종은 어느새 번성하고 있을 것이다. 만일 그 지역이 어떤 육식 종도 도달하지 못한 외딴섬이라면, 또는 얼마 전 대량멸종으로 황폐화된 땅에 틈새시장과 비슷한 틈새가 만들어졌다면, 비육식 종들 가운데 습성을 바꿔 육식동물이 되는 종이 자연선택을 받을 것이다. 충분히 오랜 기간 진화가 이루어지면, 잡식성 또는 초식성 조상에서 전문 육식성 종들이 생겨날 것이다.

육식동물은 초식동물이 있을 때 번성하고, 초식동물은 식물이 있을 때 번성한다. 그러면 그 반대도 성립할까? 식물은 초식동물이 있을 때 번성할까? 초식동물은 육식동물이 있을 때 번성할까? 동물과 식물이 번성하기 위해서는 자신을 먹어치우는 적이 필요할까? 일부 생태활동가들의 수사가 암시하는 직접적인 의미에서는 그렇지 않다. 어떤 생물도 잡아먹히는 것에서 직접적인 이익을 얻지 않는다.

하지만 경쟁자 종보다 먹히는 것을 잘 견디는 식물은 '적의 적은 내 편'이라는 원리에 따라, 실제로 초식동물이 존재할 때 번성한다. 그리고 기생충의 숙주동물들과 (좀 더 복잡하지만) 포식자의 희생자에 대해서도 비슷한 이야기를 할 수 있을 것이다. 그렇다 해도, 북극곰에게 특유의 간과 이빨이 필요한 것처럼 군집에 기생자나 포식자가 '필요하다'는 말은 오해를 불러일으킬 수 있다. 하지만 '적의 적은 내 편'이라는 원리에 따라 결과는 거의 같아진다. 종의 군집을, 부분들 가운데 어떤 것을 제거할 경우 잠재적으로 위협받을 수 있는 균형 잡힌 실체로 보는 관점은 옳을지도 모른다.

군집이 서로가 존재할 때 번성하는 더 낮은 수준의 단위들로 이루어져 있다는 개념은 생명에 깊이 침투해 있다. 하나의 세포 안에서조차 이 원리가 적용된다. 대부분의 동물 세포는 수백수천 종의 세균으로 이루어진 군집이다. 이런 세균들은 세포의 매끄러운 작동 안에 너무도 철저하게 통합되어 있어서, 기원이 세균이라는 사실이 최근에야 알려졌다.

한때 자유생활을 하는 세균이었던 미토콘드리아는 우리 세포가 미토콘드리아에 중요한 만큼이나 우리 세포들의 작동에 필수적이다. 미토콘드리아 유전자가 우리 유전자가 있을 때 번성하듯이, 우리 유전자는 그들의 유전자가 존재할 때 번성한다.

식물 세포는 스스로 광합성을 할 수 없다. 이 화학적 마법을 부리는 것은 원래는 세균이었지만 지금은 엽록체로 불리는 세포 내 이주 노동자들이다. 반추동물과 흰개미 같은 식물 소비자들은 대체로 혼자서는 섬유소를 소화할 수 없다. 하지만 그들은 식물을 찾아서 씹는 것은 잘한다. 식물로 꽉 채워진 장이 제공하는 틈새시장을 이용하는 것은 공생 미생물이다. 이들은 식물성 물질을 효과적으로 소화하는 데 필요한 생화학적 전문성을 보유하고 있다. 이처럼 상보적相補的 기술을 가진 생물들은 서로가 존재할 때 번성한다.

그리고 종 각각의 '독자적인' 유전자 수준에서도 비슷한 과정을 볼 수 있다. 북극곰이나 펭귄, 카이만이나 구아나코의 각 유전체 전체는 서로가 존재할 때 번성하는 유전자들의 집합이다. 유전자들이 번성하는 직접적인 무대는 개체의 세포 내부다. 하지만 장기적인 무대는 종의 유전자풀이다. 유성생식을 전제로 하면, 유전자풀은 모든 유전자가 세대를 거치며 복제되고 재조합되는 유전자의 서식지인 셈이다.

이로 인해 종은 분류학적 위계에서 특별한 지위를 획득한다. 세계에 총 몇 종이 존재하는지는 아무도 모르지만, 우리는 적어도 종을 센다는 것이 어떤 의미인지는 안다. 일부 추산대로 3천만 종이 있는지, 아니면 500만 종밖에 없는지는 현실적인 논쟁이고 그 대답은 중요하다. 반면 세계에 몇 개의 속이 있는지, 또는 몇 개의 목, 과, 강, 문이 있는지에 대한 논쟁은 키 큰 남성이 몇 명인지에 대한 논쟁만큼이나 실속이 없다. 큰 키를 어떻게 정의하느냐는 정의하는 사람 나름이듯이, 속이나 과를 어떻게 정의하느냐도 정의하는 사람 나름이다. 하지만 생식이 유성생식인 한, 개인의 취향을 초월하는 종의 정의가 있고, 그 정의는 실제로 중요하다. 한 종의 구성원들은 공통의 유전자풀에 참여한다. 종의 정의는, 가장 친밀한 공동생식의 장인 세포핵—대대로 계승되는 세포핵—을 공유하는 유전자들의 군집이다.

보통 우연한 격리가 일정 기간 계속된 뒤 한 종이 딸 종daughter species으로 분기하면, 새로운 유전자풀이 유전자들 간 협력이 진화할 수 있는 새로운 무대가 된다. 지구상의 다양성은 모두 이런 분기를 통해 생겼다. 모든 종은 그 종의 개체를 만드는 사업에서 서로 협력하는 고유한 실체이고, 공적응한 유전자들의 고유한 집합이다. 한 종의 유전자풀은 조화를 이루는 협력자들이 독자적인 역사를 통해 건설한 조직이다. 내가 다른 지면에서 주장했듯이, 모든 유전자풀은 조상의 역사가 적힌 독자적인 기록이다. 다소 비현실적인 이야기처럼 들릴지도 모르지만, 이 기록은 다윈주의적 선택의 간접적인 결과다. 잘 적응된 동물은 생화학에 이르는 세세한 부분에까지 조상들이 생존한 환경을 반영하고 있다. 유전자풀은 조상들로부터 대대로 자연선택을 통해 환경에 적합하게 조각되고 깎인다. 이론상으로는, 유능한 동물학자에게 한 게놈의 완전한 사본을 주면 자연선택의 조각이 이루어진 환경 조건들을 재현할 수 있다.• 이런 의미에서 DNA는 조상의 환경을 코드화한 기록이다. 즉 '유전자판 사자의 서'다.

따라서 한 종의 멸종은 한 개체의 죽음과는 다른 의미로 우리를 축소시킨다. 물론 모든 개체는 독특하고, 딱 그 정도까지는 대체 불가능하다. 하지만 한 종의 유전자풀에 있는 일군의 유전자들은 그 종의 생존 문제를 다루는 고유한 해법이라고 할 수 있다. 반면 개체는 그 해법의 일부를 조합한 것일 뿐이다. 그런 조합도 독특하지만 흥미로운 방식으로는 아니다. 한 개체가 죽어도, 그 개체가 유래한 유전자풀에 더 많은 것이 존재한다. 한 개체는 동일한 한 벌의 카드를 돌린 패일 뿐이다. 종의 마지막 개체가 죽으면 카드 한 벌이 모두 사라진다. 물론 다른 종이 그 자리를 차지

• 이 점에 대해서는 이 책《리처드 도킨스, 내 인생의 책들》3장의 챕터 6을 보라.

하겠지만, 서로 조화를 이루는 똑같이 복잡한 유전자집합을 구축하는 데는 시간이 걸릴 것이고, DNA 보존 문제에 대한 그들의 새로운 해법은 옛것과는 언제나 다를 것이다. 1936년 호바트동물원에서 마지막(아마도 마지막일) 태즈메이니아주머니늑대•가 죽었을 때, 우리는 한 육식동물이 수천만 년에 걸쳐 연구개발한 자원을 잃었다.

우리는 멸종에 대해, 심지어는 대량멸종에 대해서조차 강한 관점을 취할 수 있다. 멸종은 지질 역사 내내 종들이 늘 겪어온 일이라고 강하게 말할 수 있다. 우리가 쇠사슬톱과 콘크리트로 파괴한 것조차 자연에서 늘 있었던 제거 작업 중 하나일 뿐이며, 그 후에는 언제나 생명이 되돌아왔다고 주장할 수 있다. 우리와 우리의 세계 지배는 또 하나의 자연적 과정일 뿐이며, 게다가 전에 있었던 수많은 과정보다 더 나쁘지도 않다. 공룡을 멸종시킨 재앙이 '우리'를 여기 있게 했다는 사실은 오히려 멸종에 대해 유쾌한 태도를 취할 수 있는 근거가 될지도 모른다. 좀 더 냉정한 관점에서 보면, 모든 대량멸종은 커다란 틈새시장을 열어주었고,

---

• 태즈메이니아주머니늑대는 호랑이를 연상케 하는 줄무늬 때문에 '태즈메이니아호랑이'라고 흔히 불리지만, 나는 이 잘못된 이름을 거부한다. 줄무늬만으로 호랑이와 닮았다기에는, 개나 늑대와 너무나도 비슷하기 때문이다. 태즈메이니아주머니늑대는 내가 아는 수렴 진화의 가장 극적인 사례들 중 하나다.

그 틈새를 채우기 위한 무모한 돌진이 몇 번이나 지구의 다양성을 풍부하게 했다.

가장 파괴적인 대멸종조차 재생을 위해 꼭 필요한 숙청이라고 옹호할 수 있다. 식육목(260여 종의 포유류를 포함하는, 대체로 육식을 하는 동물목—옮긴이) 전체가 멸종한다면, 쥐나 찌르레기가 대형 포식자의 새로운 적응방산(한 분류군이 형태적·기능적으로 다양하게 분화하는 현상—옮긴이)을 위한 조상 계통이 될 수 있을지는 매혹적인 질문이다. 하지만 대답을 아는 사람은 아무도 없다. 우리는 진화적 시간 척도에서 살지 않기 때문이다. 우리에게 멸종은 심미적인 문제다. 이성이 아니라 감정적인 문제다. 솔직히 나는 멸종을 생각하면 움찔한다. 내 심미적 안목은 멸종 이후까지 내다볼 정도로 장기적이지 못하다.

공룡은 사라졌다. 나는 그들을 애도하고, 거대한 암모나이트들을 애도하며, 그들 이전에 여기 산 포유류를 닮았던 파충류, 석송류, 석탄층을 만든 고사리숲을 애도하고, 그들 이전의 삼엽충과 광익류를 애도한다. 하지만 그들은 내가 기억할 수 없는 존재들이다. 지금 우리 곁에는 새로운 군집들이 있고, 그것은 포유류와 조류, 꽃을 피우는 식물과 수분을 매개하는 곤충들이 서로 조화를 이루는 현대의 군집이다. 이 군집들이 이전의 군집들보다 낫지는 않다. 하지만 이 군집들은 여기에 있고, 이들을 연구하는 특권이 우리에게 있다. 이 군집들이 구축되는 데는 고통스러운 시간이 걸렸고, 만일 우리가 그들을 파괴하더라도 우리는 다른 군집으로 대체되는 것을 보지 못할 것이다. 적어도 우리 살아생전에는, 아니 500만 년 내에는. 만일 우리가 이 생태계를 파괴한다면, 우리 자신의 세대뿐만 아니라 우리를 계승하는 모든 후손 세대도 황폐화되고 빈곤한 세계에 살게 될 것이다.

야생을 보존해야 한다는 주장이 이따금 몹시 조야한 이기적 관점에서 펼쳐질 때가 있다. 가령, 열대우림의 다양성이 필요한 이유는 다음 약물과 작물이 어디서 올지 모르기 때문이라는 식이다. 글쎄, 지지를 모으기 위해 그렇게라도 해야 한다면 어쩔 수 없다. 하지만 내게는 그런 식의 주장이 공허하게 들린다. 공허할 뿐 아니라 비열하게 들린다. 나는 보존의 정당성을 심미적인 부분에서 찾고 싶다. 그러면 안 되는가? 이 책의 페이지들을 넘겨보았다면, 여기 찍힌 종들 중 어느 하나라도 멸종할 수 있다고 생각하면 슬퍼지지 않을 수 없을 것이다.

하지만 최선을 고집하다 보면 개선을 이룰 수 없다. 우리는 경제적 세계에서 살고 있다(흥미롭게도 다윈의 야생 세계도 경제적인 세계다). 따라서 모든 것에는 대가가 따른다. 심미적인 관점의 도덕적 우위에 서서 열대우림과 희귀종을 구하기 위한 이기적이고 실용적인 동기를 깔보기는 쉽다. 하지만 우리는 그런 목적을 위해 자신의 부와 시간을 얼마나 희생할 준비가 되어 있는가? 그리 많지 않을 것이다. 게다가 이 세계에는 이기주의에 빠질 새도 없이 우리의 관대한 자선을 요구하는 다른 문제들이 있다. 최근의 지진, 기근, 토네이도 같은 재앙에 희생된 사람들을 두고만 볼 것인가? 멸종위기종이 서식하는 곳 중 많은 곳이 가난한 지역이다. 그곳에 사는 사람들이 야생동물을 생명의 다양성을 풍부하게 하는 존재가 아니라 자신들의 경쟁자로 본다고 그들을 비난할 수는 없다. '생명의 다양성'이라는 말은 그들에게 공허하게 들릴 수 있다. 아마 아이들의 주린 배 속만큼이나 공허하게 들릴 것이다. 야생에 대한 심미적 관점은 그렇게 낮은 관점에서 바라보면 배고픈 사람들이 감당할 수 없는 사치다.

그러니 동물보호구역의 '자생'을 돕기 위해 사냥허가증을 팔기로 한 남아프리카 국가들을 보며 동물들을 '솎아낼' 필요가 있다는 것은 핑계일 뿐이라고 너무 쉽게 비난하지는 말자. 물론 사냥 같은 인간의 잔인한 욕구를 충족시키는 것은 저속해 보인다. 특히 동물들이 순하고 잘 믿고, '사냥꾼'들이 차 안에 안전하게 있으며, 총을 빗맞힐 경우 사냥꾼들을 보호할 숙련된 삼림경비원들이 곁에 있을 때는. 하지만 이것 역시 심미적인 판단이며, 경제적 실용성을 내세워 그런 관행을 옹호할 수 있다. 이런 변명은 한껏 차려입고 뽐내며 걷는 투우사에게는 허락되지 않는 방어 수단이다. 나는 코끼리와 검은코뿔소를 구하는 남아프리아의 해법이 가장 현실적인 해법은 아니라고 생각하지만, 이따금 확신할 수 없을 때가 있다. 하지만 그럴 때도 상아와 코뿔소 뿔의 거래를 전면 금지해야 한다는 생각에는 변함이 없다.

아무리 고민해도 결론이 나지 않는다는 것은 해결책이 쉽지 않다는 확실한 증거다. 나는 심미적인 관점으로 돌아간다. 하지만 이 책은 나에게 이 문제에는 평범한 미학 이상의 것이 있다고 설득한다. 헤엄치는 고래의 아름다운 유선형 몸, 먹이를 쫓는 대형 고양잇과 동물의 팽팽한 근육, 공작새나 금강앵무의 무지갯빛 화려함이 전부가 아니다. 장관을 응시하며, 미래 세대는 누릴 수 없을지도 모를 것을 누리는 특권을 음미하는 것이 전부가 아니다. 진화적 사고는 우리의 미적 감수성에 새로운 깊이를 더해줄 수 있다. 진화적 관점을 가질 때 동물들은 더 이상 평범한 예술작품으로 보이지 않는다. 만일 그것이 예술작품이라면, 만드는 데 1천만 년이 걸린 예술작품이다. 내가 보기에는 이것이 차이를 만드는 것 같다.

4

해부대 위의 다윈

〈자연의 거인을 들여다보다 Inside Nature's Giants**〉는 2009~2012년 영국 공영 텔레비전 채널4에서 네 편의 시리즈물로 방영된 인기 프로그램으로, 여러 대형 동물을 해부해 몸 안을 보여주었다. 해부를 집도한 사람은 미국 비교해부학자 조이 레이덴버그**Joy Reidenberg**였다. 나는 텔레비전 시청자와 현장의 수의학과 학생들에게 진화적 측면을 설명해주기 위해 출연했다. 기린을 해부할 때는 나도 작업복과 고무장화를 착용하고 조이와 해부팀을 도왔다. 2011년에 시리즈물과 함께 책이 출판되었을 때 서문을 부탁받았는데, 이 에세이는 그때 쓴 것이다.**

〈자연의 거인을 들여다보다〉에 출연해달라는 요청을 받자마자 나는 그들에게 기린을 해부할 기회가 있다면 왼쪽 되돌이후두신경이라는 특별한 부분을 반드시 봐야 한다고 말했다. 만일 당신이 뇌를 후두와 연결하는 신경을 설계한다면, 뇌에서 신경을 흉곽까지 내려보내 그곳에 있는 대동맥 중 하나를 휘감은 다음 목위로 되돌아가는 길을 선택하겠는가? 당연히 아닐 것이다. 그런데 되돌이후두신경이 바로 그런 길을 택한다. 흉곽에 다른 볼일이 있어서가 아니다. 다른 볼일이 있을 리가 없다. 그 구조는 진화사와 우리의 물고기 조상이 남긴 잔재로 볼 때는 완벽하게 납득되지만, 포유류의 몸 설계라는 관점에서 보면 그야말로 실패작이다. 어떤 자존심 있는 공학자도 그렇게 설계하지 않을 것이다. 그것은 인간에게는 아주 나쁜 설계다. 하지만 기린에게는 어떨까? 나는 기린의 내부를 꼭 봐야만 했다!

거의 1년 후 나는 왕립수의대에 마련된 최첨단 해부실습장에서 놀라 눈을 깜빡이고 있었다. 해부실습장은 한쪽 벽 전체가 통유리로 되어 있었고, 그 뒤의 어두컴컴한 관람석에서는 넋을 잃은 학생들이 전율을 불러일으키는 장면을 응시하고 있었다. 그들 앞에 펼쳐진 광경에 비하면, 데이미언 허스트Damien Hirst(토막 난 동물의 시체를 유리상자 안에 넣어 전시하는 작품을 주로 선보이는 영국 현대예술가—옮긴이)의 작품은 포름알데히드 속에서 생기 없이 좌초하는 것처럼 보였다.

거대한 해부대 위에 놓인 (불행히도 동물원에서 죽은) 새끼기린 위로 아크등의 밝은 불빛이 쏟아졌다. 한쪽 다리가 천장을 향해 들어올려진 모습이 마치 초현실주의 그림을 보는 듯했다. 조명을 받아 빛나는, 노란색과 갈색의 조각 천을 이어붙인 듯한 기린의 털가죽은 해부팀의 밝은주황색 작업복과 흰 고무장화에 잘 어울려 보였다. 조명 아래 해부팀과 합류할 때는 나도 그 초현실적인 유니폼을 입어야 했다.

굉장한 우연으로, 그날은 마침 2009년 다윈의 날, 즉 다윈 탄생 200주년 기념일이었고, 나는 그 뜻깊은 날을 비교해부학자들과 수의병리학자들로 구성된 전문가 팀과 함께 다윈의 역설을 무엇보다 잘 보여주는 기린의 되돌이후두신경을 조심스럽게 추적하며 보내는 특권을 누렸다.

그것은 〈자연의 거인을 들여다보다〉 팀과의 매혹적인 인연의 시작이었다. 그들은 코끼리, 사자, 고래, 화식조, 악어, 비단뱀, 북극곰, 상어 등 지금껏 진화한 가장 경이로운 동물들의 몸을 열고 서투름과 정교함이 어우러진 복잡한 내부를 공개했다. 내가 그 동물들 내부의 해부 구조를 조사하면서 받은 압도적인 인상은, 그것이 '아름답게 다듬어진 엉망진창'이라는 것이다!

모든 기관과 구조는 기능을 가지고 있지만, 이 모두는 오랜 지질학적 시간을 거치며 서서히 그리고 때로는 불완전하게 진화했다. 불완전함은 그 동물의 DNA가 지나쳐온 상상할 수 없을 정도로 긴 여정을 반영하는 과거의 잔재다. 따라서 동물들의 해부 구조는 바다에서 육지까지, 사막에서 정글까지, 나뭇잎을 잘라먹는 것에서 누를 잡아먹는 것까지… 그들이 지금 무엇을 하는지뿐만 아니라 그들의 조상들이 과거에 무엇을 했는지도 말해준다.

《자연의 거인을 들여다보다》는 각 동물의 삶과 진화 이야기를 들여다볼 수 있는 밝은 창이다. 이 책은 장마다 각기 다른 동물에 대한 독특한 해부학적 통찰을 제공한다. 밝은주황색 작업복을 입은 탐험가들은 자연의 거인들의 털가죽 밑에 놓여 있는 것을 보면서 놀라움을 금치 못한다. 그들은 우리가 이미 알고 있는 사실을 흥미롭게 보여줄 뿐만 아니라, 해부를 통해 배우는 신나는 경험을 우리와 공유한다. 나는 그들과 함께할 수 있어서 영광이었고, 이 책을 소개하게 되어 기쁘다.

5

생명 안의 생명

《확장된 표현형》은 오랫동안 내가 가장 자랑스러워하는 책의 후보였고, 나는 항상 실험생물학자들이 그 개념을 진지하게 받아들이기를 바랐다. 그렇게 한 사람들 가운데 현재 미국에서 연구하는 아일랜드 과학자 데이비드 휴스 David Hughes**가 있다. 그는 코펜하겐 근처에서 《확장된 표현형》을 주제로 학회를 조직하기까지 했다. 그 학회에는 다양한 집단의 생물학자들이 참석했고, 그중에는 저명한 집단유전학자 마크 펠드먼**Marc Feldman**과, 동물의 인공물에 대한 최고 권위자 마이클 핸셀**Michael Hansell**도 있었다.**

휴스의 전문 분야는 기생충학이다. 나는 휴스의 요청으로, 그가 자크 브로더 Jacques Brodeur**, 프레데리크 토마스**Frédéric Thomas**와 함께 편집한 훌륭한 책 《기생충의 숙주 조작**Host Manipulation by Parasites**》**(2012)**에 대한 머리말을 썼다.**

만일 나에게 다윈주의적 적응의 본보기이자 자연선택의 지독한 무자비함을 가장 잘 보여주는 사례가 무엇이라고 생각하는지 묻는다면, 나는 이리저리 휙휙 방향을 틀며 모래먼지를 일으키는 아프리카 톰슨가젤을 따라잡을 만큼 빠른 치타, 유선형 몸으로 매끄럽게 헤엄치는 돌고래, 또는 눈에 띄지 않는 모양으로 조각된 대벌레, 조용히 소리소문도 없이 파리를 집어삼키는 벌레잡이식물 사이에서 고민할 것이다. 하지만 결국에는 숙주의 행동을 조작하는 기생충에 한 표를 던질 것 같다. 기생충이 자신의 이익을 위해 숙주를 파멸시키는 방식들을 보면 그 미묘함에 감탄하는 동시에 무자비함에 치를 떨게 된다. 특정한 예를 들 필요도 없이, 그들은 이 훌륭한 책의 모든 페이지에서 주목을 끌고, 그들의 음흉한 기술에는 소름이 끼친다.

각자 자기 분야의 전문가인 휴스, 브로더, 토마스는 11개 장에 걸쳐 이 매혹적인 주제의 각기 다른 측면을 다뤘고, 능숙한 편집으로 전문 서적의 무거움을 덜어내는 한편, 장마다 후기를 마련해(이렇게 한 예를 나는 보지 못했다) 또 다른 전문가가 각 장을 돌아보며 새로운 관점을 제시하게 했다. 《확장된 표현형》이 출판된 후 정확히 30년이 되는 지금, 내가 덧붙일 새로운 관점이랄 건 별로 없어서 그 개념을 다시 한번 간략하게 소개하려고 한다. 부디 그럴 가치가 있기를 바란다. 그 책을 자세히 인용하지는 않겠다. 요컨대, 기생충의 숙주 조작은 모두 기생충 유전자의 확장된 표현형이다.

우리는 생명의 계층구조에서 개체 수준에 행위자의 지위를 부여하는 것을 당연하게 여긴다. 변하고 공격하고 도망치는 당사자는 유전자나 세포나 종이 아니라 개체다. 다른 개체를 삼키기 위해 그 개체의 껍질을 인내심 있게 뚫고 들어가는 당사자도 개체다. 피를 빨아먹기 위해(또는 정자를 주입하기 위해) 다른 개체의 몸 안에 주둥이(또는 음경)를 삽입하는 것도 개체다. 하지만 나는 개체는 '섹스'나 '다세포성'과 마찬가지로 그 자체로 설명이 필요한 하나의 현상이라고 주장한다.

생명 물질이 몸(개체)으로 구분되지 않는 생명 형태가 우주 어딘가에 살고 있다고 상상해볼 수 있다. 생명이 꼭 다세포일 필요가 없었듯이, 그리고 번식이 꼭 유성생식일 필요가 없었듯이, 생명 물질이 꼭 개체라는 개별 포장에 담길 필요는 없었다. 피부로 둘러싸여 다른 개체와 구별되고 분리된 채 목적을 가진 단일한 행위자로서 행동할 필요는 없었다. 다윈주의 원리를 따르는 생명에 반드시 필요한 것은 스스로를 복제하는, 코드화된 정보뿐이다. 이 행성의 생물학에서는 그 정보를 '유전자'라고 부른다. 단지 받아들이면 끝이 아니라 적극적으로 설명되어야 하는 어떤 이유들로 인해, 유전자들은 자기 증식을 위한 운반자로 쓰기 위해 다른 유전자들과 협력해서 개체를 만든다. 기생충, 특히 기생충의 숙주 조작에 대해 생각해보면 개체의 본질과 의미를 곧바로 이해할 수 있다. 사실, 내가 곧 제시할 개체의 정의 자체를 이해할 수 있다.

나는 1990년에 "개체란 먼 미래에 대해 동일한 확률적 기대를 공유하는 유전자들로 이루어진 하나의 실체"라고 썼다. 이 말이 무슨 뜻일까? 꿩이나 웜뱃 같은 전형적인 개체는 수조 개의 세포가 모인 집합체다. 모든 세포에는 같은 유전체의 거의 동일한 사본이 들어 있으며, 유전체 자체도 수만 개 유전자의 집합체다. 이 모든 유전자는 왜 순수한 '이기적 유전자' 관점에서 예상되는 대로 각자의 길을 가지 않고 개체의 이익을 위해 '협력'할까?

그것은 현재 몸담고 있는 개체에서 미래로 가기 위해 동일한 비상구를 공유해야 하는 공동운명체이기 때문이다. 그 비상구는 현재 몸담고 있는 개체의 정자나 난자, 또는 다른 번식체다. 더 정확히 말하면, 그 유전자들은 지금까지 공동의 번식체를 통해 무수한 조상 개체를 차례차례 통과하며 지금의 개체에 이르렀다. 그러므로 이 유전자들이 선택된 것은 공동의 '대의'에 '합의'했기 때문이다. 즉, 개체가 번식할 수 있을 때까지 살아남도록 그 종의 생활방식에서 필요한 일이라면 뭐든 하는 것이다. 개체는 이성의 구성원을 성공적으로 유혹해야 한다. 그 개체가 속한 종의 특징이 그렇다면, 개체는 새끼를 잘 보살펴야 한다. 한 개체 내의 유전자들이 각자 자신의 이기적 생존을 추구하는 무정부적인 오합지졸이 되지 않고, 협동조합으로서 조화롭게 일하는 것은 이 때문이다.

개체 내에 기생충, 예를 들어 흡충이 있다면, 그 기생충의 유전자들은 숙주의 표현형에 영향을 미칠 수 있다. 그것이 확장된 표현형이다. 이 책에 나오는 풍부한 예들이 잘 보여주듯이, 기생충의 유전자들은 일반적으로 숙주의 표현형을 숙주 '자신'의 유전자들이 원하는 방향과 대립되는 방향으로 바꾼다. 우리는 이것을 당연하게 생각하지만, 이는 단지 기생충의 유전자들이 유전적 미래로 가는 공동 비상구를 숙주의 유전자들과 공유하지 않아서, 기생충과 숙주의 유전자들이 동일한 결과에서 이익을 얻는 입장이 아니기 때문이다. 하지만 기생충의 유전자들과 숙주의 유전자들이 미래에 대한 기대를 어느 정도 공유하는 한, 그 정도까지는 기생충이 온순하게 행동할 것이다. 그러나 그 정도가 극단으로 가면, 기생충과 숙주의 구별이 모호해지고 결국에는 둘이 융합해 하나의 유기체를 형성한다. 예를 들어 이끼나, 진핵세포 안의 미토콘드리아가 그런 경우다.

기생충 연속체의 양 끝에 있는 두 종류의 기생충을 생각해보자.• 확실히 구별이 되도록, 둘 다 박테리아고 둘 다 숙주 세포 안에서 섭식한다고 하자. 두 종류의 기생충이 극과 극으로 다른 까닭은 다음 숙주로 가는 비상구 때문이다. 수직이동 박테리아는 숙주의 자손을 감염시킬 수 있을 뿐이고, 그렇게 하기 위해 숙주의 난자나 정자 안으로 이동한다. 수평이동 박테리아는 숙주 종의 모든 구성원을 감염시킬 수 있으며, 특정 숙주 개체의 자손을 특별히 선호하지 않는다.

결정적 차이는 이것이다. 수평이동 박테리아의 유전자들은 숙주 개체의 생존에 특별히 관심이 없고, 숙주의 성공적인 번식에도 관심이 없다. 수평이동 박테리아 유전자들은, 표현형(박테리아)이 숙주 내부에서 먹고 살다가 결국 숙주를 터뜨려 박테리아 포자를 사방으로 방출해 새로운 숙주가 흡입하게 만드는 방향으

• 분명하게 밝히는 것을 깜박했는데, 내가 제시하는 두 종류의 기생충은 가상의 기생충이다.

로 진화할 것이다.

반면 수직이동 박테리아의 유전자들은 숙주 유전자에 숙주만큼이나 관심이 있다. 숙주가 번식할 때까지 살아남기를 숙주만큼이나 '원하고', 숙주가 이성에게 매력적이기를 숙주만큼이나 '원하며', 숙주가 훌륭한 부모가 되기를 숙주만큼이나 '원한다'. 숙주 유전자와 기생충 유전자의 관심사가 다르지 않다. 둘은 정확히 같은 결과에서 이익을 얻기 때문이다. 즉, 접합자가 다음 세대로 성공적으로 전달될 때 숙주 유전자들뿐만 아니라 기생충 유전자들도 미래로 갈 수 있다. 따라서 수직이동 박테리아 유전자들의 확장된 표현형 효과는 숙주 '자신'의 유전자들과 정확히 같은 방식으로 숙주의 생존, 성적 매력, 부모의 효능을 높이는 경향이 있을 것이다. 그리고 그 박테리아 유전자들은 숙주 '자신'의 유전자들이 서로 협력하는 것과 정확히 같은 방식으로 숙주 '자신'의 유전자들과 협력할 것이다. 인용부호를 불필요하게 반복하는 것처럼 보이겠지만 이는 다분히 의도적이다. 내가 하려는 주장은, 한 개체의 유전자들이 서로 협력하는 이유는 오직 그 유전자들이 현재 개체에서 미래 개체로 가는 비상구를 공유하기 때문이라는 것을 기억하라.

숙주와 수직이동 박테리아의 유전자들은 밀접하게 엮여 있어서, 어느 순간 박테리아가 숙주와 분명하게 구별되지 않을 가능성이 있다. 박테리아는 결국 개체의 정체성에 융합될 것이다. 실제로 오래전 미토콘드리아와 엽록체의 박테리아 조상들에서 정확히 그런 일이 일어났다. 이 세포소기관들이 박테리아로 인식되지 않은 지 오래인 이유가 여기에 있다. 이와 똑같은 정체성 융합 과정이 최근 진화에서 여러 번 재현되었는데, 예를 들어 흰개미의 장 속에 기생하는 대형 원생생물들 중 몇몇에서 그런 일이 일어났다.•

유전자가 무언가를 '원한다'는 게 무슨 뜻일까? 유전자가 그 무언가를 얻는 방향으로 표현형에 영향을 미칠 수 있도록 자연선택이 일어나는 것이다. 그 표현형이 개체 '자신'의 것이냐 아니냐는 관계가 없다. 사실, '고유한' 개별 유기체라는 개념 자체가 타당하지 않다는 것이 확장된 표현형 논증의 논리다. 기생충 연속체 상에서 수직이동 박테리아 쪽 끝에 있는 '기생충'의 유전자들은 숙주 '자신'의 유전자들만큼이나 '숙주'의 표현형에 대한 권리를 주장할 수 있다.

이것은 이 책《기생충의 숙주 조작》을 읽는 동안 내 안에서 되살아난 30년 전 생각들이고, 이런 맥락이 이 책이 내게 불러일으키는 온갖 경이를 하나로 묶어주었다. 하지만 다른 독자들은 다른 맥락을 발견할 수 있을 텐데, 서문에서 너무 내 이야기만 한 것 같다. 이 책은 그 자체로 매혹적이다. 기생충학자들뿐만 아니라 동물행동학자, 생태학자, 진화생물학자, 시인, 그리고 무엇보다도 의사와 수의사 등 보건 분야에 종사하는 모든 사람이 이

• 《조상 이야기The Ancestor's Tale》에 나오는 '믹소트리카 이야기'를 참조하라.

책을 읽어야 한다. 랜돌프 네스Randolph Nesse와 조지 윌리엄스George C. Williams가 그들의 획기적인 책•에서 설명했듯이, 질병의 증상들 중 많은 것이 기생충이 환자를 조종할 때 생기는 것이고, 많은 것이 환자의 반격이다. 이 책은 전 세계 의과대학의 교재가 되어야 한다.

시인들도 읽으라고? 그렇다. 그리고 철학자와 신학자들도 읽어야 한다. 새뮤얼 테일러 콜리지Samuel Taylor Coleridge는 "은유의 저장고를 채우기 위해" 런던 왕립연구소에서 열린 험프리 데이비Humphry Davy의 과학 강연에 참석했다. 저명한 철학자 대니얼 데닛은 뇌충Dicrocoelium dendriticum에 감염된 개미의 행동을 설명하면서 종교를 자연현상으로 보기 시작했다.•• 그것은 강력하고 기생적인 생각에 사로잡혀 삶의 정상적인 혜택과 안락함을 모두 포기하는 인간의 뇌에 대한 강력한 은유다. "아, 끈적끈적한 생물들이 끈적끈적한 바다 위를 기어다녔네"의 저자라면 이 책이 제공하는 풍부한 재료로 하지 못할 일이 뭐가 있을까?

• 《인간은 왜 병에 걸리는가: 다윈의학의 새로운 세계Why We Get Sick: the new science of Darwinian medicine》이다.

•• 《주문을 깨다: 자연현상으로서의 종교Breaking the Spell: religion as a natural phenomenon》를 보라.

6

신 없는 우주의 순수한 기쁨

전에 발표한 적이 없는 이 에세이는 2009년 다윈주의 진화의 증거를 설명한 《지상 최대의 쇼The Greatest Show on Earth》를 위한 홍보 캠페인의 일환으로 출판사가 의뢰한 것이다(제목도 그때 출판사가 붙인 것이다). 그 몇 년 전, 한 익명의 기부자가 '진화, 지상 최대의 쇼, 우리 동네의 유일한 게임Evolution, the Greatest Show on Earth, the Only Game in Town'이라는 슬로건이 적힌 티셔츠를 내게 선물했다. 나는 슬로건 전체를 책 제목으로 사용하고 싶었지만, 출판사는 너무 길다고 생각했다. 언젠가는 '우리 동네의 유일한 게임'이라는 제목의 책을 쓰고 싶다. 그것은 '보편적 다윈주의'에 관한 책의 제목으로 적절할 것이다.

'순수한 기쁨pure delight'은 좋은 말이다. 그것은 현대의 기쁨 중 하나의 마음 상태를 잘 표현한다. 일어나는 모든 일은 이유가 있다. 개구리는 왕자로 변하지 않고, 물은 포도주로 변하지 않으며, 인간은 물 위를 걷지 않는다. 우주를 지배하는 건 단순한 규칙들이고, 그것을 우리는 물리학의 기본 법칙이라고 부른다. 그 법칙들은 모든 곳에서 지켜진다. 비록 법칙들 자체는 단순하고 깨지지 않지만, 그 결과는 매우 복잡할 수 있다. 특히 우리가 사는 행성에만 있을지도 모르는, 우리가 생명체라고 부르는 특별한 실체 안에서는. 생명이 존재한다는 사실은 기쁨을 주고, 생명이 왜 존재하는지 우리가 이해할 수 있다는 사실은 황홀경에 가까운 기쁨을 준다.

그 순수한 기쁨이 언제부터 시작되었을까? 나는 역사 속의 정확한 순간을 정확히 짚어낼 수는 없으며, 애석하게도 아직도 그 기쁨을 맛보지 못한 사람이 많이 있다. 먼저 선사시대로 거슬러 올라가, 순수한 기쁨이 무엇을 대체한 것인지 살펴보는 데서 시작해야 할 것 같다.

야생에 살았던 우리 조상들은 적대적인 세계에서 살아남기 위해 고군분투했다. 위험이 모든 바위나 나무 뒤에 웅크리고 있었고, 모든 호수나 강의 어두운 표면 아래 도사리고 있었다. 《성경》 속의 역병들처럼 원인을 알 수 없는 병이 아무런 예고도 없이 찾아와 부족을 휩쓸며 사랑하는 아이를 죽이거나 전성기의 젊은 전사를 데려갔다. 가뭄과 기근, 홍수와 산불, 눈보라와 지진도 마찬가지였다. 다음 재난이 언제 어느 방향에서 닥칠지 전혀 알 수 없었다.

물론 좋은 시절도 있었다. 비가 내려야 할 때 내리고, 부족의 땅에 꽃이 만발하고 사냥감이 가득했던 시절이. 사자에게서 운 좋게 도망치거나 뱀에 물린 상처와 열병에서 뜻밖에도 회복해 감사하는 마음이 절로 터져나오던 시절이.

모든 것에는 이유가 있고, 그 이유를 알아내는 건 과학이 우리에게 주는 순수한 기쁨 중 하나다. 이유를 알아보니 끔찍한 불운 때문일 때도 기쁨의 일부는 남는다. 천연두는 무서운 질병이지만, 이해할 수 있는 원인(바이러스)이 있고 예방할 수 있다(약화된 균주를 접종함으로써 몸이 바이러스를 다루는 방법을 '학습하게' 하면 된다)는 것을 알면 위안이 된다. 뇌전증은 쫓아내야 할 악마가 들린 게 아니라, 과학으로 이해할 수 있고 발프로산나트륨 같은 약물로 통제할 수 있는 뇌의 오작동이다. 지진과 지진해일은 죄에 대한 벌이 아니라 지각판 이동의 여파다.

과학 이전 시대에는 복잡하고 다양한 원인이 상호작용해서 생기는, 언뜻 무작위적으로 보이는 사건들은 설명이 불가능했다. 그래서 사람들은 허황된 가설을 떠올렸다. "끔찍한 가뭄이 들었을 때 염소를 제물로 바쳤더니, 바로 다음 날 비구름이 몰려와 그토록 기다리던 비가 내렸어. 그러니 비가 내리기를 바랄 때마다 염소를 제물로 바치는 게 좋겠어. 매번 효과가 있는 건 아니지만, 감히 누가 이 가설을 테스트하자고 제물을 바치는 관행을 중단할 수 있겠어?" "요즘 들어 운수가 나쁜 걸 보면 누군가 나에게 저주를 걸고 있는 게 분명해." "검은 고양이가 방금 내 앞으로 지나갔으니 오늘은 각별히 몸조심해야 해." 오늘날 부족민들, 그리고 아마도 우리 모두의 조상들은 평생 그런 두려운 상상에 시달리며 살았을 것이다.

부족 시절의 우리 조상들은 무작위적으로 일어나는 것처럼 보이는 사건들의 진짜 원인을 알 길이 없었다. 그래서 그들이 그런 사건을 도모한 행위자가 있다고 생각한 건 당연한 일이었다. 예를 들어, 어린 아들이 고열이 나서 죽었다고 하자. 자식을 잃은 부모는 2주 전 고요한 밤에 아노펠레스 감비아 모기 암컷이 아들을 물어 혈류에 치명적인 플라스모디움 팔키파룸 균을 주입했다는 사실을 알 길이 없었다. 그래서 부모는 악의를 품은 자의 소행임이 틀림없다고 생각했다. 아마 원수가 복수를 하기 위해 마법을 행했을 것이다. 그는 아이 아버지가 자신의 논밭에 저주를 내려 농사를 망치기 위해 무당에게 뇌물을 주었다고 생각하기 때문이다.

인간의 마음은 어디를 보든 그곳에서 의도를 찾는다. 심지어 의도가 있을 리 없는 곳에서도 열심히 원인을 찾는다. 내 뒤를 밟는 표범은 실제로 '의도를 지닌 행위자'다. 표범은 내 뒤를 쫓아오다가 덤벼들어 내 목을 물고 나를 잡아먹을 것이다. 표범은 나를 죽이기 위해 의도적인 단계들을 밟고, 표범을 피하려는 내 시도에 적극적으로 대항한다. 나는 표범을 조심해야 하고, 표범이 나를 잡아먹기 위해 기다리고 있다는 타당한 작업가설을 채택해야 한다. 하지만 번개는 표범과는 다르다. 그것은 '의도를 지닌 행위자'가 아니다. 번개는 먹이를 찾아 삼키지 않는다. 하지만 원시인들이 그 차이를 어떻게 알았겠는가?

의도를 지닌 행위자가 있다고 가정하는 것은 그 가정이 틀렸을 때조차 어느 정도 이익이 있다. 이것은 부당하게 욕을 먹고 있는 분야인 진화심리학의 통찰 중 하나다. 표범처럼 의도를 지닌 행위자는 돌처럼 그렇지 않은 존재들보다 더 위험하다. 저기 보이는 얼룩무늬는 그저 조약돌일지도 모르지만, 어쩌면 튀어오를 준비를 하고 있는, 교활하게 위장한 표범일 수도 있다. 그것이 표범일지도 모른다는 전제하에 최악의 상황을 가정하고 피하는 것이 최선이다. 사실이 아니면 손해가 따르고 사실이면 이익이 따르지만, 손해와 이익은 똑같지 않다. '거짓 긍정' 오류(실제로는 조약돌인데 표범이라고 가정하는 것)를 범하면 그것을 피하기 위해 불필요한 행동을 하느라 시간과 에너지를 낭비하게 된다. 하지만 '거짓 부정' 오류(실제로는 표범인데 조약돌이라고 가정하는 것)를 범하면 죽을 수도 있다. 지나치게 위험회피적이면 분명히 손해를 보게 된다. 두려움이 너무 많고 경박한 사람은 인생에서 아무 일도 해내지 못한다. 하지만 무모할 정도로 위험을 추구하면 더 큰 손해를 보게 된다.

그러므로 이 가설에 따르면, 의도를 지닌 행위자가 있다고 쓸데없이(안이한 현대인의 눈에는 그렇게 보일지도 모른다) 가정하는 사람이 자연선택을 받는다. 나뭇가지는 인간에게 의도를 품고 나쁜 짓을 하는 행위자가 아니지만, 비단뱀은 그렇다. 저기 보이는 '나뭇가지'는 비단뱀일지도 모른다. 그러니 시간을 좀 낭비하더라도 일단 피하는 게 상책이다. 자연선택은 사전 주의 원칙을 선호했다. 따라서 인간의 마음은 진짜 행위자일 가능성이 비현실적으로 낮아도 그것을 신중하게 과대평가한다.

우리 조상들이 숲의 정령, 강의 요정, 천둥신, 태양신, 비의 신, 불의 신, 악령, 악마, 못된 도깨비를 지어낸 것은 어디에서나 의도를 찾는 이런 경향 때문이었다. 의도가 있을 리 없는 곳에서도 의도를 찾아내는 미신적 경향은 오늘날에도 부족민들의 마음을 지배하고 있는 애니미즘 종교로 이어졌다. 그런 토속신앙들은 그리스인, 로마인, 북유럽인, 힌두인의 다신 숭배를 낳았다. 그리고 이런 다신교들은 예를 들어 고대 이집트와 중동의 사막에서 다양한 문화적 혁신들을 통해 현재 전 세계를 지배할 뿐 아니라 틀림없이 세계를 위협하고 있는 일신교에 편입되었다.

어디에서나 의도를 찾는 경향이 어느 때보다 강력하게 우리를 현혹시키는 순간이 있다. 바로 '기원'에 대한 우리의 자연스러운 호기심 앞에서다. 세계는 어떻게 시작되었을까? 우리 조상들은 애초에 어디서 왔을까? 우리가 의존하는 식물과 동물들은 어떻게 생겨났을까? 태양과 달, 그리고 별은? 그 모든 것은 어떻게 시작되었을까? 눈부시게 다양하고 종종 시적인 아름다움을 지닌 창조 신화들이 전 세계에 널리 퍼져 있다. 그리고 그 신화들을 지배하는 건 하나같이 신중하게 의도를 찾는 우리의 진화한 경향이다. 여기에도 의도, 저기에도 의도! 우연은 절대 없다. 하지만 그것은 진정한 설명이 아니라서 아무것도 설명하지 못하며, 답하기보다는 의문만 불러일으킬 뿐이다.

원시인의 마음이 번개, 바람, 불, 태양을 의도를 지닌 행위자로 보았듯이, 사실상 모든 마음은 '창조' 이면에 어떤 의도가 있다고 생각한다. 그리고 대부분의 마음이 아직도 그렇게 생각한다. 특히 생명 세계의 놀라운 아름다움, 복잡성, 마치 설계된 것 같은 환상과 마주할 때는 더욱 그렇다. 누가 제비의 날개, 코끼리의 코, 매의 눈, 방향을 이리저리 바꿔가며 뛰는 가젤, 가젤을 추격하며 질주하는 치타의 뛰어난 운동신경을 보면서 의도를 지닌 행위자를 떠올리지 않을 수 있겠는가?

다윈 이전에는, 어중간하고 미적지근한 태도의 몇몇 사람을 빼고는 아무도 없었다. 어디를 봐도 설계된 것처럼 보이는 환상이 의도를 지닌 행위자가 있다고 외치는 것 같다. 의도적으로 나를 뒤쫓는 표범의 행동을 보면서 그것이 나를 잡으러 나온 행위자라는 결론에 이르지 않을 수 없듯이, 이 세계의 기어다니고, 꿈틀거리고, 달리고, 점프하고, 숨 쉬고, 사냥하고, 윙윙거리는 의도를 가진 수많은 생물은 "이 모두가 설계하고 창조하는 행위자의 작품이다"라고 외치는 것처럼 보인다.

그러나 다윈은 그렇지 않다는 것을 보여주었다. 생명은 존재 자체로 '위대한 쇼'라는 칭호를 얻을 수 있다. 그것을 '지상 최대의 쇼'의 영예로 끌어올리는 것은 생명을 이해하고 설명하는 데서 얻는 순수한 기쁨, 즉 궁극적인 이해에 이름으로써 마침내 미신을 추방하러 달려가면서 느끼는 스릴이다. 우리는 아직 갈 길이 멀다. 하지만 인류는 이제 깨어나 이해할 수 있는 우주의 순수한 기쁨을 만끽하기 직전이다.

7

다윈과 함께 하는 여행

이 에세이는 2003년에 나온, 《종의 기원》과 《비글호 항해기》 보급판 Everyman Edition**을 위해 쓴 서문을 축약한 것이다.**

다윈주의의 현재 지위는 무엇일까? 오늘날 우리는 다윈의 작품을 오직 역사적 관심으로만 읽어야 할까? 아니면 그의 작품들은 여전히 과학적 진실로 여겨질까? 우리는 다윈이 놀라울 정도로 옳았다는 것을 알고 있다. 무엇보다도, 진정으로 큰 질문인 "어떻게 맹목적인 물리법칙이 점점 증가하는 조직화된 복잡성이라는, 통계적으로 불가능한 경이를 만들어낼 수 있었는가?"에 대한 그의 답은 지금도 유효하다. (앞으로 살펴보겠지만, 그 위업은 그런 물리법칙들 중 가장 중요한 열역학 제2법칙을 정면으로 거스르는 것으로—잘못—여겨졌다.)

다윈은 근본적인 점에서 옳았을 뿐 아니라, 세부적인 부분에서도 놀라운 선견지명을 보여주었다. 생태계에 관한 부분, 즉 거미

줄처럼 뒤엉킨 동식물들 간의 복잡한 상호작용에 대한 그의 설명은 섬뜩할 정도로 현대적으로 들린다. 현재 관점에 비춰 다윈의 가장 심각한 오류는 유전의 세부적 성질에 대한 생각이다. 실제로, 유전 개념에 일어난 변혁은 두 개의 연속적인 에피소드를 통해 '신'다윈주의를 탄생시켰다.

최초의 신다윈주의는 1890년대에 시작되었고, 주로 독일의 위대한 생물학자 아우구스트 바이스만August Weismann의 이름과 함께 거론된다. 바이스만의 가장 중요한 공헌은 유전물질이 시간에 따라 자율적으로 흘러가는 강이며, 당신과 나의 몸은 그 유전물질이 일시적으로 거쳐가는 수로라는 생각이었다. 바이스만주의는 라마르크주의와 정반대다. 바이스만에 따르면, 유전물질의 강은 침범되지 않은 채로 흐르고, 획득된 형질은 절대 유전되지 않는다. 오늘날 우리가 신다윈주의라고 부르는 것은 두 번째로 등장한 신다윈주의다. R. A. 피셔와 J. B. S. 홀데인, 그리고 수얼 라이트Sewall Wright에 의해 시작된, 다윈주의의 집단유전학 버전이다. 이 두 번째 신다윈주의는 일반적으로 피셔가 《자연선택의 유전이론The Genetical Theory of Natural Selection》을 출판한 1930년경에 시작되었다고 여겨지지만, 피셔가 이 주제에 대한 글을 쓰기 시작한 것은 그보다 적어도 10년 전이다.

유전에 대한 다윈의 관점은 그 시대의 것이었다. 환경에 의해 유발된 신체 변화가 유전물질에 영향을 미쳐 후대로 전달된다는 개념은 딱히 의심할 이유가 없어 보였다. 다윈은 그것을 의심하지 않았고, 적합한 상황에서 그 개념을 자유롭게 사용했다. 실제로 〈사육 및 재배에서 발생하는 변이Variation under Domestication〉에서 다윈은 획득형질 유전에 대한 자신의 이론인 '범생설汎生說'을 개진했다. 범생설에 따르면, '제뮬gemmule'이라는 작은 입자들이 혈액에 실려 온몸을 순환하는데, 이때 몸의 모든 부위에서 정보가 각인되고 그 정보가 생식세포를 통해 다음 세대로 전달된다. 이것은 다윈의 개념들 가운데서 우리가 세부에서만이 아니라 원리 자체가 틀렸다고 확신을 가지고 말할 수 있는 몇 안 되는 개념 중 하나다.

또한 다윈은 당시 널리 퍼져 있던 혼합유전 개념도 받아들였다. 아이들은 분명히 부모를 모두 닮지만, 어떤 아이는 아빠를 더 많이 닮고 어떤 아이는 엄마를 더 많이 닮은 것처럼 보였다. 부모 각각에서 오는 어떤 성분이 다른 부모에게서 오는 성분과 혼합되지만 똑같은 비율로 섞이지는 않는 것 같았다.

혼합유전이 어떤 형태로든 자연선택과는 양립할 수 없는 개념임을 지적한 사람은 훗날 에든버러대학교 공학 교수가 된 플레밍 젠킨Fleeming Jenkin이었다. 그는 1867년 〈노스브리티시리뷰North British Review〉에서 그 점을 지적했다. 다윈의 개념에 적대적이었던 젠킨은 자연선택 이론을 한방에 때려눕히는 것처럼 보이는 독창적인 반론을 펼쳤다. 그는 인간의 사례를 들어 논증했고, 자신이 하고 싶은 말을 당시 거의 보편적이었던 인종주의적 언어로 표현했다. 그래서 나는 그의 말을 덜 불쾌한 표현으로 바꿔 전달하겠다. 만일 아이들이 부모의 중간체라면, 즉 두 가지 색의 페인트를 섞는 것과 같은 혼합이라면, 후대로 가면서 새로운 변이가 사라질 수밖에 없을 것이다. 자연선택이 어떤 형질을 아무리 강하게 선호해도 그 형질은 다음 세대로 가면서 점점 희석될 수밖에 없다. 무슨 수로도 유익한 형질이 사라지는 것을 막을 수 없다.

우리는 다윈이 《종의 기원》 5판과 6판에 라마르크주의 유전의 내용을 상당 부분 도입한 이유가 젠킨의 반론 때문이었다고 말하기 쉽다. 실제로 흔히 그렇게 말한다. 다윈이 젠킨의 반론에 대해 걱정했다는 사실이 알려져 있는 데다, 혼합유전 개념은 실제로 자연선택에 거의 치명적이기 때문이다. 하지만 설령 그렇다 해도, 5판의 수정 대부분은 다윈이 젠킨의 논문을 읽기 전에 이미 이루어졌다는 지적이 있다. 다윈이 무엇 때문에 내용을 수정했든, 그것은 이 보급판을 찍을 때 초판을 사용하기로 한 결정에 가장 중요한 영향을 미쳤다. 초판은 동시대인들의 비판을 의식하지 않은 채 쓰였고, 그렇기 때문에 이후 판본보다 더 나았다!

덧붙이자면, 《종의 기원》만 그런 것이 아니다. 《인간의 유래와 성선택The Descent of Man》에서도 다윈은 일대일 성비 문제를 제기했다가 2판에서 철회했다.

> 이전에 나는, 암수를 똑같은 수로 생산하는 경향이 종에 유리하면 자연선택에 의해 그런 경향이 선택될 거라고 생각했다. 하지만 지금 생각해보니 이 문제는 너무 복잡해서 해법을 미래에 맡기는 편이 더 안전할 것 같다.

1930년에 대단히 명석한 R. A. 피셔가 그 해법을 들고 나타났다. 그는 내가 앞에 인용한 다윈의 문단을 인용하면서 자신의 생각을 소개했고, 그런 다음 자신만의 우아한 해법으로 나아갔다.

> 모든 종류의 생물에서 새끼는 부모로부터 일정량의 생물학적 자본을 부여받은 채로 출발한다. (…) 새끼에 대한 부모의 지출이 막 멈춘 시점의 새끼들의 번식 가치를 생각해보자. 우리가 한 세대에 속하는 모든 새끼의 번식 가치를 통틀어 생각해본다면, 이 집단에 속한 수컷들의 번식 가치의 총합은 암컷들의 번식 가치의 총합과 정확히 같다는 결론이 나온다. 왜냐하면 암수는 각기 그 종의 모든 미래 세대에게 절반의 조상이 되기 때문이다. 이 때문에 성비는 자연선택을 받아 저절로 조정될 것이고, 부모 지출의 총합은 암수 새끼들 각각에 대해 동일할 것이다.
>
> 만일 그렇지 않아서, 예를 들어 총 부모 지출에서 암컷보다 수컷을 생산하는 데 더 적은 값이 쓰인다면, 수컷들의 번식 가치의 총합이 암컷들의 번식 가치의 총합과 같다는 사실에 따라, 수컷을 더 많이 생산하는 선천적 경향을 지닌 부모들이 같은 지출로 더 큰 번식 가치를 생산할 것이고, 그 결과 선천적으로 암컷을 더 많이 생산하는 경향을 지닌 부모들보다 더 많은 미래 세대의 조상이 될 것이다. 이런 식으로 선택은 수컷에 대한 지출이 암컷에 대한 지출과 같아질 때까지 성비를 증가시킬 것이다.

하지만 피셔와 여타 연구자들이 간과한 점은, 피셔가 인용한 《인간의 유래와 성선택》 2판에서보다 초판에서 다윈이 피셔의 정답에 훨씬 가까이 갔다는 사실이다.

방금 언급한 알 수 없는 원인으로 인해 한 성(수컷이라고 하자)을 지나치게 많이 생산하는 종이 있다고 생각해보자. 너무 많은 수컷은 불필요하고 쓸모가 없다. 이때 자연선택을 통해 암수의 수가 같아질 수 있을까? 모든 형질에는 변이가 있으므로, 다른 쌍들보다 수컷을 약간 적게 생산하는 쌍이 반드시 있을 것이다. 암수 쌍이 생산하는 자손 수가 일정하다고 가정하면, 이런 쌍은 다른 쌍들보다 암컷을 많이 생산할 것이고, 따라서 더 생산적일 것이다. 확률론에 따라, 더 생산적인 쌍의 자손이 더 많이 살아남을 것이고, 이 자손들은 수컷을 적게 생산하고 암컷을 많이 생산하는 경향을 물려받을 것이다. 따라서 성비가 같아지는 경향이 생길 것이다.

정말이지 피셔의 공식에 놀랍도록 가까운 답이다. 다윈이 용기를 내 초판에서의 확신을 밀어붙였더라면! 성비 이론에 대해 피셔 이전의 연구자들이 제기한 모든 질문은 피셔의 가장 저명한 제자 중 한 명인 A. W. F. 에드워즈가 훌륭하게 다뤘다.•

《종의 기원》으로 돌아가 플레밍 젠킨이 말한 변이가 사라지는 문제를 다시 살펴보면, 이 문제의 해법은 유전이 젠킨과 다윈이

• 그의 '자연선택과 성비Natural selection and the sex ratio'를 보라.

생각했던 '혼합'이 아니라 '멘델 방식'으로 일어난다는 사실에서 나왔다. 즉, 유전은 성분들의 혼합이 아니라 불가분의 입자들이 재배열되는 것이다. 젠킨이 변이 문제로 다윈을 난처하게 하기 2년 전인 1865년에 이미 멘델의 실험이 발표되어 있었다는 것은 과학사의 유명한 아이러니 중 하나다. 제대로 해석되었다면, 멘델은 젠킨의 잘못된 비판에서 다윈을 구할 구원자가 되었을 텐데. 하지만 제대로 해석되기는커녕 멘델의 연구는 1900년까지 다윈에게든 다른 누구에게든 읽히지도 않았다.

심지어 멘델주의가 부상한 후에도, 주요 주창자들인 윌리엄 베이트슨William Bateson과 휘호 더 프리스Hugo de Vries를 비롯한 멘델주의자들은 멘델주의가 다윈주의와 정반대라고 생각할 정도로 그 의미를 심각하게 오해했다. 그들이 이렇게 생각한 주된 이유는 가장 가시적인 돌연변이들이 다윈주의가 요구하는 일을 하기에는 너무 크고 극적이었기 때문이다.

이 문제가 마침내 완전히 해결된 것은 R. A. 피셔의 손에 들어왔을 때였다. 덧붙이자면, 찰스 다윈의 아들인 우생학자 메이저 레너드 다윈Major Leonard Darwin이 젊은 시절에 피셔를 지지했다는 데서 재미있는 인연을 발견할 수 있다. 피셔의 딸 조앤 피셔 복스Joan Fisher Box는 훗날 아버지의 전기에 이렇게 썼다.

> 메이저 다윈은 자신의 신념에 따라, 그리고 너그러운 마음으로 피셔의 과학 연구의 대부가 되었고, 1942년 사망할 때까지 피셔와 30년 동안 깊은 우정을 이어갔다. 피셔는 그를 아버지로 존경했다.

독일의 바인베르크Wilhelm Weinberg와 영국의 괴짜 수학자 하디G. H. Hardy는 유전자에는 빈도를 바꾸는 고유한 경향이 없다는 사실을 기본적인 수학을 통해 증명했다. 운동하는 물체는 저항을 가하지 않는 한 운동 상태를 지속하는 경향이 있다는 뉴턴의 이론과 마찬가지로, 하디와 바인베르크는 집단의 유전자 빈도는 자연선택 같은 어떤 힘을 가해 휘젓지 않는 한 같은 상태를 유지한다는 사실을, 당황스러울 정도로 간단한 대수학으로 증명했다. 피셔와 홀데인 그리고 라이트는 이른바 하디-바인베르크 법칙에서 시작해, 다윈주의에 대한 새로운 사고방식을 확립했고, 그것은 오늘날 우리가 알고 있는 개념과 거의 같다. 바로 진화는 유전자(입자) 풀에서 일어나는 경쟁('대립') 입자들의 빈도 변화라는 사고방식이다. 한 집단에서 일부 유전자들의 빈도가 높아지는 한편 다른 유전자들의 빈도는 낮아지면서 개체들의 형태와 크기가 변한다. 다시 말해, 지질학적 시간은 불멸의 유전자들이 끊임없이 새로운 춤을 추는 무대다. 유전자들은 파트너를 계속 바꾸며, 끝없이 연속되는 죽은 몸들을 빠져나온다. 이렇게 해서 플레밍 젠킨의 망령을 마침내 쫓아버렸다.

젠킨의 시대에는 그의 논증이 우연히 반다윈주의였을 뿐이라고 평가했을지도 모른다. 하지만 젠킨의 논증은 명백한 사실에도 부합하지 않았다. 젠킨이 옳았다면, 변이는 보존되지 않고 순식간에 감소해야 한다. 손자 세대는 조부모들보다 변이가 눈에 띄게 적어야 한다. 검은 물감과 흰 물감을 섞으면 회색이 되고, 회색과 회색을 섞으면 더욱더 회색이 될 것이다. '왕의 모든 말과 부하들'(영국 동요의 한 구절—옮긴이)로도, 원래의 검은색과 흰색으로 되돌리지 못할 것이다.

하지만 생명체들을 보면 다음 세대로 가면서 이런 일이 결코 일어나지 않는다. 변이를 지닌 조상들의 자손들은 혼합되어 천편일률적인 회색이 되지 않는다. 자손들은 전반적으로 앞 세대만큼이나 변이가 풍부하다. 젠킨은 자신의 논증이 반다윈주의적이라고 생각했지만, 실제로는 반사실적이었으며 따라서 명백히 틀렸다.

피셔는 다윈이 일찍이 1857년에 유전의 입자성을 희미하게 인식했다고 지적했다. 헉슬리에게 보내는 편지에서 다윈은 이렇게 썼다.

> 나는 최근 들어 유성생식은 부모가 각자 자신의 부모와 조상을 가지고 있다는 점에서, 두 개체의 진정한 융합이 아니라 뒤섞기일 것이라고 막연하게나마 추측하기 시작했다네. 교배된 형태들이 조상과 상당히 닮은 형태를 띠는 이유를 나는 다른 관점에서는 이해할 수 없네. 하지만 허술하기 짝이 없는 생각이지.

지나고 생각하면, 유전의 입자성(멘델 유전)과 그것이 젠킨의 주장을 반박한다는 사실은 유성생식 자체만 생각해봐도 뻔한 것이다. 우리에게는 어머니와 아버지가 있지만, 그 사이에서 우리가 자웅동체 중간체로 태어나지는 않는다. 이처럼 남성의 성질과 여성의 성질이 젠킨 방식으로 융합되지 않는데, 다른 것들이라고 해서 그런 식으로 융합된다고 추정할 이유가 있을까? 어떤 일들은 너무나 명백해서 피셔 같은 사람들이 혹시 이면에 감춰진 것이 없는지 찾을 정도다.

하지만 피셔조차 알아채지 못한 사실이 있는데, 이번에도 다윈이 답을 거의 손에 넣었다는 것이다. 1866년 월리스에게 쓴 편지에서• 다윈은 이렇게 말했다. 피셔가 알았다면 분명 이 편지를 인용했을 것이다.

> 친애하는 월리스!
> 내가 특정 변종들이 혼합되지 않는다고 할 때 그것이 무슨 뜻인지 당신은 이해하지 못하는 것 같습니다. 그것은 번식 능력을 말하는 게 아닙니다. 예를 들어 설명해보겠습니다. 색깔이 매우 다른 두 변종, 즉 페인티드레이디 완두콩과 보라색 완두콩을 교배시켰더니, 같은 콩깍지에서도 두 변종이 모두 열렸고, 중간 형태는 하나도 열리지 않았습니다. 당신이 실험하는 나비들과 세 형태의 부처꽃에서도 틀림없이 이런 현상이 일어날 거라고 생각합니다. 이

• '1866년 2월, 화요일'이라고 날짜가 표시된 편지는 제임스 머천트가 펴낸 앨프리드 러셀 월리스Alfred Russel Wallace의 《편지와 회상Letters and Reminiscences》에 수록되었다. 뉴욕대학교 시모어 가트Seymour J. Garte 박사가 런던에 있는 영국도서관에서 다윈과 월리스의 서신을 묶은 책에 포함된 이 편지를 우연히 발견했고, 즉시 그 중요성을 알아차려 복사본을 나에게 보냈다. 나는 이 편지를 《악마의 사도》에 실었다.

사례들은 언뜻 놀라워 보이지만, 세상의 모든 암컷이 뚜렷한 수컷과 뚜렷한 암컷인 자손을 생산한다는 사실과 그리 다르지 않다고 생각합니다.

정말이오, 당신의 친구 찰스 다윈.

여기서 다윈은 피셔가 인용한 문단에서보다 멘델 유전학에 더 가까이 다가와 있다. 심지어는 멘델이 했던 것과 같은 완두콩 실험까지 언급한다.

플레밍 젠킨이 다윈에게 시련을 준 유일한 물리학자는 아니었다. 켈빈 경 윌리엄 톰슨William Thomson(그는 공교롭게도 대서양 횡단 전신선을 설치하는 일을 플레밍 젠킨과 함께 했다)은 많은 사람에게 그 세대 최고의 물리학자로 여겨졌다. 그는 물리학자 특유의 거만하고 확신에 찬 자세로 일개 생물학자를 내려다보며, 지구의 역사는 겨우 몇천만 년밖에 되지 않았으니 다윈의 이론이 말하는 진화가 일어나기에는 시간이 턱없이 부족하다고 단언했다. 다윈은 이 대단한 권위자의 호통 앞에서 약간 움츠러들었지만, 확실한 근거가 있는 자신의 믿음을 고수했다.

물론 결국에는 다윈이 승리했다. 방사성 동위원소 연대측정은 지구의 나이가 수십억 년에 이른다는 것을 보여준다. 이는 다윈의 이론을 입증하기에 충분하다. 사실 충분하고도 남는다. 켈빈 경의 결론은 19세기 말에 이미 다윈의 아들 조지를 포함한 물리학자들에게 의심을 받고 있었다. 켈빈 경의 오류는 쉽게 용서할 수 있다. 하지만 당대 최고의 물리학자와 당대 최고의 생물학자가 하는 말이 서로 다를 경우에는 물리학자가 옳다는 그의 가정은 용서하기 어렵다.

우리 시대의 저명한 천체물리학자 프레드 호일 경은 특이한 반다윈주의 운동을 펼치면서, 또 다른 천문학자 위크라마싱헤Chandra Wickramasinghe와 함께 가장 잘 알려진 화석 중 하나인 시조새의 진위 여부에 의문을 제기했고, "그것을 본 물리학자라면 누구나 걱정할 것"이라고 주장하기도 했다.• 호일과 위크라마싱헤는 다음과 같이 썼다.

> 시조새의 진위를 가리기 위해 네 명의 퇴적지질학자로 구성된 패널을 임명하되, 박물관이 그중 둘을 추천하고 우리가 나머지 둘을 추천하는 방식을 제안하는 전화를 받은 적이 있다. 하지만 그것은 우리가 받아들일 수 없는 제안이었고, 우리는 그런 제안에 늘 그렇게 하듯 반대한다고 답했다.

뒤이어 나오는 퇴적지질학자들에 대한 발언은 실제로 이런 판단을 뒷받침한다. 그런데 그들이 반대하는 것을 왜 그렇게 자랑스러워하는지는 분명하지 않다(강조는 내가 붙인 것이다).

• 〈뉴사이언티스트〉 1985년 4월 14일자 3쪽에 인용되었다(강조는 내가 붙인 것이다).

게다가 정량과학에서는 그런 터무니없는 방식으로 논란을 해결하지 않는다.

한 물리학자(왕립학회 회원)가 1981년 12월 19일자로 〈타임스〉에 보낸 다음 편지에서도 과학에는 위계가 있으며 물리학이 가장 높은 지위를 차지한다는 가정을 발견할 수 있다.

저는 물리학자로서 자연선택을 받아들일 수 없습니다. (…) 우연한 변이가 인체와 같은 놀라운 기계를 생산한다는 건 불가능해 보입니다. 예를 들어, 눈을 생각해보십시오.

다윈주의는 '우연'의 이론이라는 말은 다윈주의에 대한 가장 인기 있는 반론인 동시에 가장 어리석은 반론이다. 돌연변이는 실제로 무작위적이지만, 이는 돌연변이가 개선을 일으키는 방향으로 일어나지 않는다는 뜻일 뿐이다. 자연선택은 본질적으로 무작위 과정의 정반대다. 복잡한 생명체가 어쩌다 우연히 생길 수 없었다는 것은 바보라도 알 수 있다. 다윈주의가 필요한 이유가 여기에 있다. 생명 조직은 우연히 생겨날 수 없다는 말이 마치 다윈주의에 불리한 발언인 것처럼 잊을 만하면 등장한다는 사실은 정녕 아이러니가 아닐 수 없다.

이른바 반론으로 제기되는 또 다른 견해들은《종의 기원》의 한 장인 '이론상 어려움'과 이어지는 세 장 '본능', '잡종', '지질학적 기록의 불완전함'에서 다윈이 직접 처리했다. 현대에 제기된 몇

몇 반론도 다윈이 알았다면 쉽게 해치웠을 것이다. 나는 그중 두 가지를 언급하려고 한다. '열역학'과 '동어반복'이다. 이 두 가지 오해는 과학과 철학을 수박 겉핥기로 알아서 생긴 일이다.

열역학 제2법칙에 따르면 모든 닫힌계는 무질서해지려는 경향이 있다. 그 근본적인 이유는, 우리가 질서 있다고 생각하는 존재 방식보다 무질서한 존재 방식이 더 많기 때문이다. 진화는 물질의 질서가 증가하는 것이다. 그 '반론'에 따르면, 따라서 진화는 열역학 제2법칙에 어긋나고, 그러므로 진화는 일어날 수 없다. 이 논증에 대한 물리학자의 간단한 대답은, 우리가 다루는 대상은 닫힌계가 아니라서 외부 에너지가 들어온다는 것이다. 하지만 이보다 더 신랄한 반박이 필요하다. 진화에 의해 생겨나든, 신의 창조나 다른 어떤 수단에 의해 생겨나든, 생명체의 존재 자체가 물질의 질서를 점점 높여가는 것이다. 만일 열역학 반론을 진화가 일어나지 않는다는 증거로 사용할 수 있다면, 생명이 존재하지 않는다는 증거로도 사용할 수 있다. 진화가 열역학 제2법칙에 어긋난다는 생각은 단순히 틀린 것이 아니라, "나는 바보"라고 말하는 것과 같다.

수박 겉핥기식 철학 지식도 수박 겉핥기식 물리학 지식 못지않게 해롭다. 요즘 사람들은 훌륭한 과학 이론은 '반증 가능'해야 한다는 철학자의 묘약을 심심하면 꺼낸다. 이 철학에 따르면, 사실로 밝혀질 수밖에 없는 모든 이론은 동어반복이라서 가치가 없다. 우리는 다윈주의 자연선택을 흔히 허버트 스펜서Herbert Spencer가 만든 '최적자 생존survival of the fittest'이라는 말로 요약한다.

'최적자'란 살아남은 개체들을 말한다. 따라서 그 어구와 (그 어구가 암시하는) 이론은 순환논리이고 동어반복이라서 아무 의미가 없다. 이 반론도 한 학자의 대답으로 반박할 수 있으며, 좀 더 신랄한 답변도 찾을 수 있다. 먼저 학자의 대답에 따르면, '최적자'가 '최적자 생존'을 순환논리로 만드는 방식으로 정의된 것은 최근 일이다. 다윈은 최적자를 가장 강하고 가장 빠르고 가장 예리한 눈을 가진 개체라고 정의했다. 신다윈주의 혁명의 일환으로, 진화론자들은 자연선택이 최대화되는 수량(보통 W로 나타내는 수학적 수량)을 부를 명칭이 필요했다. 그들은 '적합도fitness'라는 말을 발견했다. 적합도를 이런 식으로 정의하면 '최적자 생존'이라는 어구는 동어반복이 된다.

더 신랄한 대답은, '최적자 생존'이 동어반복이라면, 말이 사람의 두 배 속도로 달리면 같은 거리를 달리는 데 사람이 걸리는 시간의 반이 걸릴 것이라고 말하는 것도 동어반복이 된다. '속도'의 정의에 따르면 당연한 말이기 때문이다. 오직 "자신의 분석적 사고 능력을 훨씬 뛰어넘는 교육을 받은"• 사람만이 그 진술이 동어반복이므로 말도 사람도 코스를 완주하지 못할 것이라는 결론을 내릴 것이다! 아마 다윈이었다면, 자주 그랬듯이 사육 및 재배와 관련된 사실들에 호소했을 것이다. 선택적 육종이 경주마를

• 피터 메더워의 말에서 인용했다(이 책《리처드 도킨스, 내 인생의 책들》'저자 서문'을 보라).

그렇게 빠르게 달리게 만들었고, 젖소의 젖 수확량을 높였다는 사실을 아무도 부인하지 않는다. 만일 우리가 '최적자' 경주마를 번식용으로 선택될 가능성이 가장 높은 유형으로 정의한다면, 종마 농장에서 벌어지는 일은 (인위적인) '최적자 생존' 과정일 것이고, 이것은 야생에서의 최적자 생존만큼이나 동어반복이다. 하지만 아무도 말 육종가나 젖소 육종가를 다음과 같이 설득하려고 하지 않는다. "품종 개량을 시도하는 건 시간낭비입니다. 육종이란 순환논리이고 동어반복이므로 실패할 수밖에 없습니다."

《종의 기원에 대하여On the Origin of Species》(6판에서 '대하여 On'가 빠졌다)가 다윈이 쓴 유일한 중요한 책은 아니다. 나는 이미 《인간의 유래와 성선택》을 언급했다. 하지만 보급판으로 《종의 기원》과 함께 다시 찍기로 한 또 한 권의 책은 흔히 '비글호 항해기' 또는 '자연학자의 여행기'로 '알려져 있는' 다윈의 첫 번째 책이자 가장 매력적인 책이다. 이 책은 비글호 항해 도중 다윈이 쓴 일기가 바탕이 되었다. 내가 '흔히 (…) 알려져 있는'이라고 한 이유는, 빅토리아시대 사람들은 우리보다 책 제목에 더 유연한 관점을 가지고 있었기 때문이다. 심지어는 어떤 제목이 어느 책에 해당하는지조차 분명치 않다. 1839년에 런던의 헨리 콜번이 펴낸 초판의 완전한 제목은 '모험과 비글호의 항해: 1826~1836년에 있었던 영국 군함의 모험과 비글호 항해에 대한 이야기로, 남아메리카 남부 해안의 조사와 비글호의 세계일주를 기술함. 총 세 권으로 구성'이었다. 1권과 2권은 킹 함장과 피츠로이 함장이 썼다. 다윈이 쓴 부분은 3권으로 《일지와 발언,

1832~1836》이었다. 곧이어 콜번은 다윈이 쓴 3권만 따로 새로운 제목을 붙여 재발행했다.

1845년 다윈은 두 번째 판을 내기 위해 혼자서 새로운 출판업자 존 머리John Murray를 찾아갔고, 그와 나머지 집필 여정을 함께했다. 이 두 번째 판의 제목은 콜번이 붙인 제목을 약간 바꾼 'HMS 비글호의 세계일주 항해 중 방문한 국가들의 자연사와 지질학 연구 일지'였다. 보급판으로 다시 찍는 것은 1845년에 출판된 두 번째 판이다. 추가 판본이 몇 번 더 나왔지만, 대체로 1845년에 나온 두 번째 판본과 대동소이하다. 이 판본들의 다수는 책등에, 그리고 가끔은 제목 페이지에도 '자연학자의 항해' 또는 '자연학자의 세계일주 항해'라는 축약된 제목이 적혀 있다. 내가 가지고 있는 1891년 워드 록이 출판한 판본을 포함한 다른 판본들에는 표지에 약간 다르게 축약된 제목인 '다윈의 세계일주 항해기'가 붙어 있다. 안 그래도 복잡한데, 1933년에는 케임브리지대학교 출판부에서 다윈의 손녀 노라 발로Nora Barlow가 편집한《찰스 다윈의 비글호 항해기》를 펴냈다. 이 판본은 이전 책의 기초가 된 원본 일기를 다시 찍은 것이다.

제목이 무엇이든, 이 책은 볼 때마다 어린 시절 내 영웅 휴 로프팅의 '둘리틀 박사'를 생각나게 하는 유쾌하고 아름다운 여행기다. (애석하게도 지금은 정의로운 사서들이 '인종차별'을 이유로 이 책을 보지 못하게 한다. 유감스럽게도 인종차별적인 건 분명한 사실이지만, 우리 사회에 만연한 종차별주의에 비하면 확실히 사소한 실수이고, 둘리틀 박사는 아이들의 마음속에서 종차별주의를 없애는

데 기여할 수도 있었을 것이다.)

다윈의 여행기는 그의 마음이 그가 훗날 공개한 위대한 진실을 향해 어떻게 움직이고 있었는지를 감질나게 엿보여준다. 젊은 날의 다윈이 앞으로 대학자가 될 것이라는 힌트를 모든 페이지에서 발견할 수 있다. 우리는 영리하고 민감하고 인간적인 관찰자, 호기심이 마르지 않는 지식인, 지칠 줄 모르는 수집가의 눈에 비친 그림을 본다. 젊은 날 그의 넘치는 에너지는 중년 시절의 병약함이나, 노년의 초상화에서 우리를 응시하는 우울한 사색의 분위기와 가슴 아픈 대조를 이룬다. 이 책에는 모험이 있다. 그리고 유머도 있다. 한 예로, 다윈이 밧줄 한쪽 끝에 쇠뭉치를 매단 남아메리카의 사냥도구 볼라를 사용해보려고 시도하다가 자기 말의 다리만 잡는 바람에 가우초들이 무척 즐거워하는 에피소드가 나온다.

또한 젊은 다윈의 자유주의적인 품위, 노예제도에 대한 열정적인 반대(이 때문에 피츠로이와 사이가 틀어졌다), 그리고 스페인 정복자들이 남아메리카 인디언을 무차별적으로 사냥하는 것을 보며 느낀 당혹스러운 혐오감을 볼 수 있다.

> 이것은 암울한 현실이다. 하지만 스무 살 이상으로 보이는 모든 여성이 냉혈하게 학살되고 있는, 의심할 여지 없는 사실은 얼마나 더 충격적인가! 내가 이건 몹시 비인간적인 짓이라고 하자 피츠로이는 이렇게 대답했다. "그럼 어떻게 합니까? 그들이 애를 자꾸 낳는데!"
>
> 모든 사람은 이것이 야만인에 대한 전쟁이기 때문에 매우 정당하

다고 확신한다. 누가 이 시대에 기독교 문명국에서 그런 만행이 자행될 수 있다고 믿겠는가?

하지만 그의 관심은 주로 그가 사랑하는 자연사와 지질학에 집중되어 있다. 《비글호 항해기》는 모든 시대를 통틀어 가장 관찰력이 뛰어나고 사려 깊은 여행자가 쓴 여행기다. 그런 눈을 통해 세계를 볼 수 있다니, 얼마나 축복인가! 게다가 에너지 왕성한 한창 때의 발전하는 천재의 마음속을 엿볼 수 있다는 건 얼마나 큰 보너스인가!

우리가 찰스 다윈의 책을 읽어야 하는 이유는, 이전의 어떤 세계관과도 완전히 다른, 그가 우리에게 제공한 진화적 세계관•이 그 후 알려진 사실에 비춰 몇몇 사소한 세부를 빼고는 문자 그대로 진실이며 대체될 가능성이 거의 없기 때문이다. 진화는, 지구가 평평하지 않고 둥근 것이 사실인 것과 똑같이 사실이다(물론 둘 다 '단지 이론일 뿐'이라고 말하는 사람들이 있겠지만). 진화가 사실이라는 것을 세상에 결정적으로 보여준 사람이 다윈이다.

그는 또한 진화가 어떻게 일어나는지를 설명하는 지금껏 가장 설득력 있는 이론인 자연선택설을 우리에게 주었다. 그리고 나는 한 가지 사실을 더 주장할 것이다. 자연선택설은, 내가 다른 지면

• 물론 다윈이 최초의 진화론자는 아니었다. 하지만 그는 완전히 무르익은 진화론적 세계관을 제시한 최초의 인물이었다.

에서 주장했듯이,• 적어도 적응에 관한 한, 즉 모든 생물에서 나타나는 마치 설계된 듯한 강력한 환상에 관한 한, 이 행성에서 일어나는 적응적 진화에 대한 올바른 설명일 뿐만 아니라 원칙적으로 적응을 설명할 수 있는, 지금껏 제안된 유일한 설명이다. 그러므로 위대한 물리학 이론에만 있다고 기대되는 보편성이 다윈주의에도 있다고 믿을 근거가 있다. 따라서 만일 생명이 존재한다면, 만일 어떤 형태로든 조직화된 복잡성이 존재한다면, 그것은 어떤 형태로든 다윈주의 자연선택을 통해 진화했을 것이다. 만일 이 발언이 경솔하거나 거만하게 들린다면(따지고 보면 뉴턴의 이론이 아인슈타인과 플랑크의 이론으로 대체될 거라고 누가 생각했을까?), 현재 모두가 받아들이며 결코 대체되지 않을 진리가 존재한다는 것을 생각해보라.

이따금 다윈을 마르크스, 프로이트와 함께 19세기 지성계의 거인 3인방으로 꼽는다. 하지만 마르크스와 프로이트가 정말로 다윈급인가? 만일 우주 어딘가에서 우리에게 도달할 수 있을 만큼 기술적으로 진보한 외계인과 접촉하게 된다면, 그들이 우주 비글호에서 내렸을 때 우리가 그들에게 이야기할 무언가가 있을까? 분명 수학과 물리학의 적어도 일부는 함께 나눌 수 있을 것이다. 그들도 똑같은 원주율π을 계산했을 것이고, 피타고라스가 세운

• 예를 들어《영혼이 숨 쉬는 과학》에 포함된 '보편적 다윈주의'에 대한 에세이에서.

기하학 정리들을 그들도 알고 있을 테니까. 또한 그들은 그들 세계의 아인슈타인과 플랑크를 존경할 것이다. 하지만 그들만의 마르크스와 프로이트가 있을 거라고 가정할 근거는 없다. 무슨 근거로 두 사람의 발견이 한 은하의 한 행성에 사는 한 동물종의 좁은 범위 밖에서도 적용될 수 있다고 생각하는가? 외계인 탐험대에서 (데리다와 푸코는 말할 것도 없고!) 마르크스와 프로이트에게 조금이라도 관심을 가질 만한 이는 인류학자들뿐이다. 하지만 다윈주의 자연선택이 보편적이라는 내 생각이 맞다면, 우리를 찾아온 외계인들은 그들 세계의 찰스 다윈을 간직하고 있을 것이다.

8

천국의 사진

나는 진화생물학자치고 다소 늦게 갈라파고스에 다녀왔다. 얼마나 늦었느냐면, 과학을 사랑하는 자선가 빅토리아 게티Victoria Getty가 한 만찬 파티에서 내가 그곳에 한 번도 가본 적이 없다는 말을 듣더니 그 자리에서 바로 상황을 해결했다. 게티는 (우연히도) '비글호'라는 이름의 배를 전세냈다. 우리는 바람을 넣은 고무보트를 타고 이 섬에서 저 섬으로 항해하며 2주간 즐거운 시간을 보냈다.

나는 어느덧 생물학자들의 낙원인 갈라파고스를 다섯 번이나 방문하며 잃어버린 시간을 만회했다. 그곳에 갈 때마다 나는 동물들에게, 그리고 모든 탐사에 동행하는 놀랍도록 유식한 에콰도르 자연학자 가이드에게 많은 것을 배웠다. 다윈이 《비글호 항해기》를 낸 후로 갈라파고스제도는 많은 책에 영감을 주었다. 폴 스튜어트Paul Stewart의 《갈라파고스, 세상을 바꾼 섬Galápagos: the islands that changed the world》(2006)은 문체로 보나 사진으로 보나 유독 아름다운 책이라서 나는 기쁜 마음으로 이 서문을 썼다.

훌륭한 과학 요정이 전 세계를 날아다니다가 가장 마음에 드는 장소를 발견하고 마법의 지팡이를 치자, 그곳이 과학 천국이요 지질학과 생물학의 에덴, 진화과학자들의 아르카디아로 변한다. 당신은 과학 요정의 동기나 실체에 대해서는 의문을 품을 수 있겠지만, 요정이 마법을 부린 장소에는 의문을 품지 않을 것이다. 서경 약 91도, 남위 약 1도 부근, 태평양 동남쪽 해역에 위치한 이곳은 에콰도르(다윈의 '적도공화국') 해안에서 약 1,170킬로미터 떨어져 있다.

과학 요정이 지팡이로 이 장소를 쳐서 화산의 열점(또는 폴 스튜어트의 표현으로는 '지옥의 입')으로 변신시키는 동안, 과학 요정의 조력자인 대모(동화에서 어려움에 처한 사람을 도와주는, 마법을 부리는 요정—옮긴이)는 나스카 지각판이 대륙 쪽으로 1년에 4센티미터의 장중한 속도로 질서 있게 움직이도록 준비해놓았다. 과학 친화적인 두 상황이 합쳐진 결과(열점 위로 움직이는 지각판), 갈라파고스제도는 폴 스튜어트가 '지질학적 컨베이어벨트'라고 부른 곳 위에서 빙글빙글 돌게 되었다. 결과적으로 그곳은 거의 완벽한 진화의 자연 실험실이 되었다. 과학적 천국에 마련된 실험의 장이랄까!

실험 장소들(우리는 그곳을 '섬들'이라고 부른다)은 생성 연대순으로 늘어서 있다. 가장 최근에 생긴, 검은 용암으로 뒤덮인 페르난디나섬이 가장 서쪽에 있고, 에스파뇰라섬이 가장 동쪽에 있다. 후자는 (지질학적 시간 척도에서) 곧, 이미 사라진 전임자들의 뒤를 따라 파도 밑으로 사라질 것이다.

내가 이런 상상을 하게 된 것은 (1년에 두 번이나 갔지만) 섬 자체를 방문했을 때가 아니라, 폴 스튜어트의 멋진 책을 읽고서였다. 이 책에 멋진 사진들이 포함되었을 것은 예상했다. 수상 경력이 있는 카메라맨과 BBC의 독보적인 자연사팀(이른바 데이비드 애튼버러 집단)이 제작했는데 어떻게 그렇지 않을 수가 있겠는가. 내가 예상하지 못한 점은 폴 스튜어트가 그런 사진에 걸맞은 글솜씨를 지니고 있었다는 사실이다. 사진을 보기 전에 출판사에서 원고를 먼저 보내왔다. 나는 하루 만에 그것을 읽고(보통 잘 쓴 책들만 그렇게 한다) 책을 덮으며 이렇게 생각했다. '저자가 이렇게 글로 그림을 그릴 수 있는데 사진이 구태여 필요할까?' 나중에 사진이 도착했을 때 나는 그 말을 취소했다. 사진이 꼭 있어야 하는 건 아니지만, 사진이 있으니 근사했다.

훌륭한 과학 요정과 마술 지팡이에 대한 상상으로 돌아가면, 열점의 위치는 남아메리카 본토에서 딱 적당한 거리에 있어야 했다. 너무 가까웠다면, 남아메리카 본토에서 온 이주자들이 군도를 점령했을 것이다. 그랬다면 갈라파고스제도는 동물상 면에서 본토의 교외에 지나지 않았을 것이다. 너무 멀었다면, 우리에게 무슨 이야기를 해주기에 너무 빈약한 곳이 되었을 것이다. '지옥의 입(열점)'이 (지금처럼) 본토에서 딱 적당한 거리에 위치하고, 섬들이 일정한 간격을 두고 늘어섰을 때 진화의 지옥은 해방을 맞았다. 하지만 이 해방은 잘 설계된 실험에서와 같이 적당한 통제를 받는다. 그 결과, 다양성은 딱 흥미로운 이야기를 해줄 수 있을 정도에 머물 뿐, 헷갈려서 무슨 이야기인지 알아들을 수 없는 수준까지 가지 않는다.

이 책이 분명히 보여주듯, 다윈은 갈라파고스에서 최대한 많은 표본을 가져오려고 하지 않았다. 그는 갈라파고스를 자신의 생명관이 비롯된 곳이라고 묘사했지만, 당시에는 그 견해들이 아직 무르익지 않아서 표본에 라벨을 붙일 생각을 하지 못했다. 그래서 핀치들이 뒤죽박죽 섞여(그리고 비글호 선원들은 성체 거북을 먹어치웠다) 다윈은 나중에 다윈주의 메시지를 재구성하기 위해 피츠로이와 커빙턴이 가져온 핀치들에 의존해야 했다.

다윈과 갈라파고스 이야기는 이 책에서 하나의 장을 이룬다. 갈라파고스 발견의 역사와 이후 들어온 이민자들에 대한 소름 끼치는 이야기들도 인간적인 관점에서 똑같이 흥미롭다. 또한 지질학과 육지 및 주변 수역에 사는 생물에 대한 장들, 그리고 값을 매길 수 없는 진화의 자연 박물관을 보존해야 할 뿐만 아니라 우리가 탐욕 때문에 망쳐놓은 것을 만회할 필요가 있다고 말하는 장들도 마찬가지다. 폴 스튜어트가 웅변하듯, 자연사는 탐욕이 비극을 부른다는 것을 반복적으로 증명했다.

마법의 섬 갈라파고스에 가볼까 생각하는 사람에게 이 책은 지명사전 하나만으로도 충분한 값어치를 한다. 나는 다음에 갈라파고스를 찾을 때 폴 스튜어트의 《갈라파고스, 세상을 바꾼 섬》을 꼭 가져갈 것이다. 배의 선상도서관에도 한 권을 기증할 생각이다. 직접 그곳에 갈 수 없다면, 이 책을 읽고 사진을 보라. 직접 가는 것만은 못하겠지만 갈 수 있을 때까지 기쁨을 누릴 수 있을 것이다.

1

스티븐 핑커와의 대화

언어, 학습, 그리고 뇌의 오류

이 글은 채널4의 프로그램 〈찰스 다윈의 천재성The Genius of Charles Darwin〉을 위해 녹음한 대화 녹취록을 편집한 것이다. 러셀 반스가 제작·감독하고 2008년에 처음 방송된 이 프로그램은 영국에서 그해 '최고의 다큐멘터리 시리즈' 상을 받았다. 충실한 버전은 오디오북으로 들을 수 있다.
스티븐 핑커Steven Pinker는 현재 하버드대학교에 재직하고 있는 저명한 심리학자로 언어, 인지진화심리학, 역사 등에 대한 훌륭한 책들을 썼다. 나보다 젊지만 나는 그를 나의 지적 멘토이자 영웅으로 여긴다.

왜 우리는 음악을 즐길까? 왜 우리는 춤을 출까?
마음은 키워질 뿐만 아니라 타고나는 것이기도 할까?
왜 우리는 불안하고 우울할까?
왜 우리 머리로 이해할 수 없는 것들이 존재할까?

도킨스 스티븐, 다윈의 생각은 지금 봐도 놀라울 정도로 현대적이지만, 더 이상 논의의 대상이 아닌 것들도 있습니다. 제게는 적어도 그렇습니다. 예를 들어 《인간의 유래와 성선택》과 《인간과 동물의 감정 표현The Expression of the Emotions》을 읽어보면, 다윈이 인간과 비인간 동물의 연속성을 명확히 하는 데 많은 시간을 들였음을 알 수 있습니다. 인간과 비인간 동물의 구분을 최소화하려고 시도했죠. 《인간과 동물의 감정 표현》에서는 특히 심리학적 측면들에서 그런 시도를 한 것이 보이고요. 스티븐, 《인간과 동물의 감정 표현》이 당신이 하고 있는 연구에 중요한 책이라고 생각하십니까?

핑커 그건 통찰로 가득한 매혹적인 책입니다. 저는 지금도 그 책에 대해 글을 쓰고, 수업에서도 활용합니다. 그런데 다윈이 두 전선에서 싸우고 있었다는 점이 흥미로워요. 그는 한편으로는 동료 생물학자들에게 생물학적 복잡성을 설명할 수 있다는 것을 납득시켜야 했죠. 즉, 눈이 어떻게 생겨났으며, 왜 몸이 그렇게 잘 설계되어 있는지 말이에요. 다른 한편으로, 생물학적 복잡성은 당시 창조론자들의 놀이터였습니다. 그렇다 보니 다윈은 또 다른 전선에서, 우리의 많은 형질이 동물 조상에게서 유래했기 때문에 얼마나 투박하고 부적응적인지 지적해야 했죠.
《인간과 동물의 감정 표현》에서 다윈이 얼굴 표정이나 몸짓의 적응적 기능을 전혀 다루지 않았다는 점은 흥미롭습니다. 우리가 얼굴에 감정을 담는 이유는 타인에게 신호를 보내기 위해서라는 것이 지금은 명약관화해 보입니다. 하지만 다윈은 그렇게 설명하지 않았죠. 그 책에서 다윈은 감정 표현을 용솟음치는 정신 에너지로 설명했습니다. 그건 '유압설'이라는 신경계 모델(압력을 받는 시스템을 통과하며 흐르는 유체와의 유사성에 기초한 생리학적 또는 심리학적 모델로, 시스템에 압력이 쌓여 방출되는 원리로 생리적 또는 심리적 현상을 설명한다. 지그문트 프로이트의 리비도 모델이 가장 유명한 예다. 리비도, 즉 성욕이란 심리적 에너지로, 그것이 쌓여서 방출될 때 카타르시스를 느낀다는 것이다. 문자 그대로의 의미에 더 가까운 유압 모델로는, 르네 데카르트가 17세기 초에 도입한 신경계 모델이 있다. 데카르트는 신경은 뇌에서 근육으로 동물의 영혼이 흐르는 관이라고 믿었다—옮긴이)의 일종인데, 그는 그것으로 우리의 다양한 표정을 설명했죠. 다윈은 심지어 라마르크 이론도 사용했어요. 예를 들어, 우리는 성난 표정을 지을 때 마치 칼집에서 칼을 뽑듯이 송곳니를 드러냅니다. 지금은 송곳니가 그리 길지 않아서 그렇게 할 필요가 없는데도 말이죠. 다윈은 그것이 일종의 획득된 습관으로 자손에게 전해진다고 설명했습니다. 이렇게 설명한 이유는, 그가 표정을 신이 존재한다는 증거로 제시한 당대의 창조론자들과 싸우고 있었기 때문이에요. 우리가 도덕 감정을 표현할 수 있도록 신이 우리에게 표정을 주었다는 거였죠. 이런 주장은 다윈을 미치게 했어요. 그를 정말로 화나게 한 것이 분명합니다. 그래서 그는 우리의 감정 표현은 단지 솟아오르는 에너지일 뿐이고, 그의 신경계 모델에서처럼 기계적인 밀고 당기기이며, 우리가 동물이었던 과거의 잔재라는 가설에 악착같이 매달렸습니다. 그는 표정이 내적 상태를 나타내는 실제 신호가 전혀 아니라고 생각했습니다.

도킨스 정말 흥미롭군요. 사람들이 진화심리학에 다소 과격한 적대감을 보이는 이유 중 하나는, 사람들이 여전히 인간과 비인간의 연속성을 받아들이기를 꺼리기 때문이라고 보십니까? 먼저 진화심리학이 무엇인지 약간 설명해주셔야 할 듯합니다.

핑커 좋습니다. 진화심리학은 우리가 왜 지금과 같은 방식으로 존재하는지에 대해 궁극적인 설명을 제시하려는 시도입니다.• 우리가 왜 지금처럼 조직되었는지….

도킨스 다윈주의의 관점에서 기능을 설명한다는 뜻이죠? 즉, 특정 형질이 어떤 면에서 좋은가?

핑커 맞아요. '무엇에 좋은가?', 즉 '우리가 진화한 환경에서 특정 형질이 어떻게 우리 조상들의 번식 성공률을 높였는가?'에 대한 답을 찾는 것입니다. 그러니까 진화심리학은 왜 우리가 지금과 같은 방식으로 인지하고 기억하고 느끼는지를 설명하는, 심리학이라는 학문의 많은 요소 중 하나입니다. 우리는 신경계를 들

• 스티븐 핑커의 《마음은 어떻게 작동하는가How the Mind Works》를 보라. 이 책은 이 대화에 나오는 많은 부분과 관련이 있다.

여다봐야 하고, 뇌가 계산을 어떻게 하는지 살펴봐야 하고, 아이들의 신경계가 어떻게 발달하는지도 살펴봐야 하죠. 하지만 신경계가 다른 방식으로 조직될 수도 있었는데 왜 하필 그 방식으로 조직되었는지 살펴보는 것도 중요하다고 생각합니다. 이때 우리는 이렇게 물을 필요가 있습니다. '우리 신경계가 어떤 기능을 하는가?' 또는 '우리 조상들에게서 어떤 기능을 했는가?'

도킨스 기능에 대한 질문을 던질 때는 정교하게 접근할 필요가 있습니다. 어려운 예를 하나 들어보겠습니다. '왜 우리가 음악을 즐길까?'라고 묻는다면, 어떤 기능적 설명을 제시하시겠습니까?

핑커 글쎄요, 모든 것에 기능적 설명이 있다고 생각하지는 않습니다. 사실, 모든 것에 기능적 설명이 있는 것은 아니라는 지적은 매우 중요합니다. 그렇다면 너무 쉽겠죠. 어떤 특징의 기능을 설명하기 위해서는, 인간이나 어떤 유기체에 대해 우리가 알고 있는 사실과는 별도로 그 특징을 공학적으로 분석하는 것부터 시작해야 합니다.

스테레오비전을 예로 들어보죠. 스테레오비전은 두 눈에 맺히는 상을 결합해 깊이감을 얻는 능력입니다. 종이에 기하학 도형을 그려놓고 두 대의 카메라로 찍은 사진을 결합해보면 알 수 있습니다. 그래서 우리가 환경을 탐색하는 로봇을 만들기 위해서는 스테레오비전을 장착해야 합니다.

스테레오비전의 기능(깊이감을 얻는 것)을 설명하려면, 먼저 스테레오비전 시스템의 설계 사양을 분석해야 합니다. 그런 다음 인간을 실험실로 데려와 인간의 스테레오비전이 어떻게 작동하는지 살펴봅니다. 그리고 공학적으로 분석한 설계 사양과 인간에게서 경험적으로 관찰한 것이 얼마나 일치하는지 확인하는 거죠. 두 결과가 일치할수록 우리는 스테레오비전의 기능이 깊이감을 얻기 위한 것임을 확신하게 됩니다.

인간에게 존재하는 무언가를 관찰할 때 공학적 분석을 하지 않으면, 적절한 기능적 설명 또는 적응주의적 설명을 얻을 수 없습니다. 음악이 한 가지 예죠. 음악은 우리 삶에 중요하고 우리에게 기쁨을 주지만, 왜 음악이 그런 기능을 해야 하는지는 불분명해요. 음표와 박자와 화성의 관계가 어째서 어떤 공학적 문제의 해법이 될 수 있을까요? 저는 음악이 경험적 문제라면, 어떤 다른 적응의 부산물일 가능성이 높다고 생각합니다. 우리 뇌가 말소리를 이해하려면, 조화롭고 풍부한 소리를 듣고 각각의 주파수 성분들로 분석해야 합니다. 따라서 음악은 말소리에 민감해지다 보니 생겨난 부산물일지도 모르죠. 아니면, 먼 과거의 영장류 조상들이 사용했던, 감정이 실린 경고음(한숨, 신음소리, 웃음소리, 울음 등)의 부산물일지도 모릅니다. 또는 몸동작을 일정하게 최적의 리듬으로 유지하는 기능인 운동 제어의 부산물일 수도 있습니다. 그리고 어쩌면 음악이 하는 일은 조각조각 떨어진 뇌의 이 모든 부분을 모아서 어떤 비범한 자극으로 포장하는 것일지도 모르죠. 자연환경에 있는 어떤 것보다 더 세게 우리의 감정 버튼을 누르는 것을 보면 말이에요. 그것이 우리가 음악을 즐기는 이유인지도 모릅니다. 이런 가설은 적어도 모든 것이 적응일 필요는 없다는 것을 보여줍니다.

도킨스 그러니까 말소리를 분석하기 위해서는 뇌가 주파수를 판별하고 화성을 분석하는 메커니즘을 갖춰야 한다는 말씀이군요. 그런 메커니즘이 없다면, 예를 들어 모음들의 차이를 구별할 수 없을 테니까요. '아'와 '오'와 '우'의 차이를 말이죠. 그건 그 자체로는 음악이 아니지만, '아'인지 '우'인지 '오'인지를 구분하는 데 필요한 바로 그 소프트웨어, 즉 뇌 메커니즘은 순음(단일 주파수로 구성된 음—옮긴이)이나 화음에 특별한 자극을 받을 수밖에 없다고 이해하면 될까요?

핑커 그렇습니다. 그것은 적어도 음악을 설명할 수 있는 가설임이 분명하고, 저는 음악에서 어떤 기능을 찾으려고 시도하는 가설들보다 더 설득력이 있다고 생각합니다. 그런데 음악계 사람들은 이 이론을 싫어할 겁니다.

도킨스 아, 그래요?

핑커 음악인들은 울트라 적응주의자입니다. 그들은 '적응'의 뜻을 오해하고 있는 것 같아요. 생물학에서 '적응'은 다른 대안들에 비해 우리 조상들의 번식률을 높인 형질을 뜻합니다. 하지만 일상 대화에서 무언가가 적응력이 있다고 말하면, 그건 '건강하다',

'가치 있다', '나를 향상시킨다', '인생을 풍요롭게 한다'는 뜻이죠. 물론 음악은 이 모두에 해당하지만, 그건 우리가 아는 '적응'과는 다른 의미입니다.

도킨스 네, 음악은 인생을 풍요롭게 하죠.

핑커 인생을 풍요롭게 하는 건 맞습니다. 하지만 방금 말씀드린 생물학적 의미의 적응을 '인생에서 가치 있는 것'과 동일시하는 것은 실수입니다. 사실 둘은 서로 관계가 없습니다. 예를 들어, 독서는 적응이 아닌 것이 거의 확실합니다. 인간의 진화적 역사에서 너무 최근에 등장한 것이라 우리 유전체에 흔적을 남길 수 없었기 때문이죠. 하지만 독서는 인생을 풍요롭게 만드는 것들 중 하나입니다. 독서는 적응이 아닙니다. 또 대량학살이 적응이라고 주장하는 사람도 있을 텐데, 편의에 따라 그리고 수단이 있을 때마다 다른 부족을 말살시키는 부족은 자연선택을 받을 수 없습니다. 그리고 당연히 그건….

도킨스 인생을 풍요롭게 만들지 않죠, 아무리 좋게 말해도.
말씀하신 이론들을 '부산물' 이론이라고 부를 수 있을 텐데, 우리가 적응적 설명을 제시할 때마다 부산물일 가능성을 잊지 않는 것이 매우 중요하다고 생각합니다. 어떤 동물이 하는 특정 행동을 보고 흔히 "저건 기능이 뭐지?"라고 묻기 쉬운데, 실제로는 어떤 기능도 아닌 것으로 밝혀지기 일쑤죠. 그 행동은 어떤 근본적인 메커니즘이 다른 무언가를 만들어내는 과정에서 생산된 부산물일 뿐입니다. 음악이나 음악의 즐거움도 말소리를 분석하는 메커니즘에서 생겨난 필연적인 부산물일 겁니다. 따라서 우리가 적응적 설명을 다룰 때는 항상 '부산물'일 가능성을 생각해봐야 합니다. 현재 진화심리학자들이 아주 매서운 비판을 받고 있는데, 아마 상당 부분은 그 때문일 거예요. 비판자들은 우리가 '부산물'에 대해 생각하지 않는다고 생각합니다. 어떻게 생각하세요?

핑커 옳은 지적입니다. 실제로, '부산물'이라거나 '우연히 생겨났다'와 같은 대안적 설명들 없이 다짜고짜 무언가를 적응이라고 주장할 수는 없다고 생각합니다. 경험과학이라면 경험적 내용물이 있어야죠. 즉, 우리는 이런저런 대안 가설들을 검증할 수 있습니다. 우리 가설이 맞을 수도 틀릴 수도 있겠죠. 가설이 거짓으로 밝혀질 수도 있습니다.

도킨스 진화를 가르칠 때 보통 우리는 몸에 초점을 맞추지만, 심리 즉 마음도 마찬가지로 진화한 기관(또는 기관계)이라고 말할 수 있지 않나요?

핑커 맞아요. 마음이 뇌 활동의 산물이라고 생각할 이유가 얼마든지 있습니다. 뇌는 하나의 기관이고 진화사를 가지고 있죠. 인간 뇌에 있는 부분들 전부를 침팬지나 기타 포유류의 뇌에서 찾을 수 있습니다. 또 우리는 뇌가 무작위로 구성된 신경망이 아니라 상당히 복잡한 구조를 가지고 있다는 사실도 알고 있습니다. 그리고 지각, 감정, 언어, 사고방식 같은 뇌의 산물들이 세상을 헤쳐나가고, 생존하고, 양육하고, 배우자를 찾고, 관계를 맺고, 적을 물리치고, 동맹을 이루기 위한 전략이라고 생각할 충분한 근거가 있습니다. 왜 그렇게 생각하느냐고요? 음, 많은 기준에서 볼 때 최적의 시스템을 이루기 위한 설계 사양들은 인간의 감정에서 관찰되는 것과 소름 끼칠 정도로 비슷합니다.
호혜적 이타주의를 예로 들어봅시다. 이용당하지 않고 호의를 주고받는 데 능한 전략들을 컴퓨터상에서 토너먼트 방식으로 겨루게 해보면, 최적의 전략들은 공감, 신뢰, 분노, 감사 등 인간의 감정에서 발견되는 것들과 거의 일치합니다. 그래서 호의 교환을 가장 잘 이용하는 컴퓨터 알고리즘을 짜고, 그다음에 '어떤 상황에서 죄책감이 일어나는가?', '어떤 상황에서 감사하는가?', '어떤 상황에서 정당한 분노를 느끼는가?'를 경험적으로 조사한 사회심리학 연구를 살펴보면, 양쪽의 결과가 거의 일치합니다. 따라서 인간의 감정에서 전에는 관찰되지 않았던 특징들을 예측한 다음, 사람들을 실험실로 데려와 그런 특징을 가지고 있는지 확인해볼 수 있습니다.

도킨스 네, 좋습니다. 성적 욕구에 왜 다윈주의적 생존가生存價, survival value(어떤 개체가 생존하고 번식할 가능성을 높이는 생물의 특성 또는 능력—옮긴이)가 있는지는 우리 모두 쉽게 이해할 수 있습니다. 그러면 죄책감이나 신뢰처럼 호혜적 이타주의를 매개하는 감정들이 성욕과 비슷한 방식으로 작동한다는 말씀인가요? 즉, '신뢰 욕구'라는 것이 있다는 말씀인가요?

핑커 네, 그런 것 같아요. 사람들은 물리적 세계가 유발하는 감정들에 대해서는 다윈주의적 설명을 잘 받아들입니다. 예를 들어 높은 곳, 뱀이나 거미, 어둡고 깊은 물에 대한 두려움, 또는 기생충을 옮길지도 모르는 신체 분비물이나 부패한 고기에 대한 혐오 같은 것이죠. 하지만 신뢰, 동정, 감사와 같은 우리의 도덕 감정에도 진화적 뿌리가 있을지 모른다고 하면 깜짝 놀라고, 심지어는 거부감마저 느낍니다. 그러나 저는 두려움이 진화한 감정인 것이 분명한 것처럼, 도덕 감정도 동일한 방식으로 분석할 수 있다고 생각합니다.

도킨스 우리 마음의 얼마나 많은 부분이 유전자에 의해 결정되고, 얼마나 많은 부분이 '빈 서판'인지에 대해서는 많은 논란이 있기로 악명 높습니다. 당신은 물론 빈 서판 이론의 주창자죠.• 그러면 유전적 소인을 가진 일부 마음의 특징들에는 실제로 다윈주의를 따르는 진화론적 이유들이 있다고 생각하십니까?

• 스티븐 핑커의 《빈 서판The Blank Slate》을 보라.

핑커 그렇습니다. 우선, 빈 서판으로는 아무것도 할 수 없습니다. 어떤 종류의 동기가 없다면 무언가를 하는(즉, 어떤 인풋을 처리하고, 어떤 인풋은 무시하고, 어떤 인풋을 상 또는 벌로 취급하는) 지능적 시스템이 작동할 수 없습니다.

도킨스 학습할 때는 기준이 있어야 합니다. 그냥 학습한다고 되는 게 아니죠. 무엇을 긍정이나 보상으로 취급하고 무엇을 처벌로 취급할지 결정하는 기준이 있어야 합니다. 다른 것은 몰라도 그런 기준만큼은 우리 마음속에 내장되어 있어야 합니다.

핑커 정확한 지적입니다. 또한 감각 인풋(입력된 감각 신호)을 분석하는 방법도 필요합니다.
흉내 내는 새를 상상해보세요. 이런 새들은 사람의 말소리를 들으면 연속되는 음성을 아무 생각 없이 재현할 수 있습니다. 인간의 아이들은 분명 그렇게 하지 않습니다. 물론 인간의 아이들도 세상으로부터 인풋을 받아야 하고, 주변에서 영어를 사용하는지 일본어를 사용하는지 스와힐리어를 사용하는지 들어야 합니다. 이런 감각 정보를 들을 때 아이들은 그것을 단어들로 자르고, 문법적 규칙성을 찾고, 그런 다음 어구로 묶습니다. 아이들은 단순히 앵무새처럼 소리를 재현하는 게 아닙니다. 따라서 다양한 학습 방법이 있고, 어떤 방법을 사용하는지는 어느 종에 속하느냐에 따라 달라지죠.

도킨스 우리는 최소한의 기준만 갖추고 거의 모든 것을 학습하는 종부터, 모든 것에 대한 기준을 내장하고 있는 종까지 학습의 연속체를 상상할 수 있습니다. 우리는 인간이 다른 종들보다 학습에 더 많이 의존한다고 생각하는 경향이 있습니다. 하지만 우리가 짐작했던 것보다 훨씬 더 많은 세부 사항이 태어날 때부터 우리 마음에 내장되어 있다는 사실이 진화심리학자들에 의해 점점 더 밝혀지고 있다고 하는데, 사실인가요?

핑커 네, 저는 그렇다고 생각합니다. 인간이 감각 인풋에 둔감하거나 학습을 하지 않는다는 뜻이 아닙니다. 중요한 건 이겁니다. 얼마나 다양한 학습 형태가 존재하는가, 그리고 각 형태가 어느 정도까지 특정 문제에 맞춰져 있는가? 예를 들어 우리는 아름다움에 대한 안목을 언어의 문법 규칙과는 다른 방법으로 학습할까요? 그것은 또 물체가 떨어지고 튕기고 구르는 원리와 같은 물리적 세계에 대해 학습하는 방식과 다를까요? 문제는 타고나느냐 길러지느냐(본성 대 양육)가 아닙니다. 중요한 건, 어떻게 길러지는지(양육)를, 어떻게 타고나는지(본성)를 세부적으로 살펴봐야 한다는 것입니다.• 우리는 무엇에 주의를 기울이고, 어떤 결론을 도출하고, 입력된 신호를 어떻게 분석할까요? 우리에게 동기를

• 매트 리들리Matt Ridley의 《본성과 양육Nature via Nurture》도 보라.

부여하는 것은 무엇일까요? 이 질문에 답하기 위해서는 본성이 어떻게 되어 있는지 들여다봐야 합니다. 모든 것을 배울 수는 없으니까요. 학습을 하려면 학습 메커니즘이 필요합니다. 저는 학습 메커니즘은 궁극적으로 진화의 관점에서 설명되어야 한다고 생각합니다.

도킨스 인간의 아이들만이 언어를 학습합니다. 따라서 저는 인간에게는 언어를 놀라울 정도로 빨리 학습할 수 있게 해주는 뇌 메커니즘이 진화했다고 보는 게 옳다고 생각해요. 다른 종들은 그런 메커니즘을 가지고 있지 않죠.
그래서 당신 같은 언어학자들은 모든 언어에 보편적으로 적용되는 어떤 기본 구조가 존재한다고 말합니다. 일반인들은 그런 구조가 있다는 것을 믿기 어려워하죠. 언어들이 서로 매우 다르게 들리니까요. 모든 언어에 공통되는 기본 구조가 있다는 말이 무슨 뜻인가요?•

핑커 사실 저는 일반인의 직관은 양방향으로 작용할 수 있다고 생각합니다. 한편으로는 인간의 언어가 다양하다는 사실을 알아챕니다. 특히 두 번째 언어를 배울 때는요. 다른 한편으로는, 아이

• 스티븐 핑커의 《언어 본능The Language Instinct》을 보라.

들이 2.5~3세가 되면 특별히 가르치지 않아도 단어들을 연결해 문법에 맞는 유창한 문장을 구성하는데, 이것을 본 많은 부모가 이렇게 말합니다. "이건 기적이야. 아이들이 언어 능력을 갖고 태어난다는 말이 무슨 뜻인지 알겠어." 물론 아이들은 단어와 문법 구조를 가지고 태어나지 않습니다. 적어도 특정 언어의 단어와 문법 구조를 가지고 태어나지는 않죠. 아이들이 가지고 태어나는 것은 단어를 식별하는 능력이에요.

아이들은 단어들을 의미 있는 어구와 문장으로 결합하는 규칙을 찾아낼 수 있습니다. 이건 당연한 일이 아닙니다. 말소리를 듣는 것은 녹음기도 할 수 있어요. 듣기만으로는 전에 들어보지 못한 새로운 문장을 만들거나 이해할 수 없습니다. 예컨대, 기자들의 진부한 표현인 "인간이 개를 물면 그건 가치 있는 기삿거리다" 같은 문장들, "소가 달을 뛰어넘고 접시가 숟가락과 함께 날아갔다" 같은 허구를 생각해보세요. 어떤 아이도 부모가 했던 말을 단순히 외운 것이 아닌 새로운 단어 조합을 처음 듣고 이해할 수 있고, 또 스스로 만들어낼 수 있습니다.

우리가 그 사실을 깨닫는 것은 아이들이 문법 오류를 범하기 시작할 때죠. 아이들은 방금 들은 말을 꽤 깊이 분석하며 단어들을 문법에 맞게 재조합하는 재능을 뽐내고 있는 겁니다. 그들은 부모의 능력과 일치하는 능력을 갖춰가는데, 그 과정에서 범하는 실수들은 그들이 문법 분석 과정에 참여하고 있다는 것을 보여줍니다.

도킨스 인간의 행동이나 심리적 성향 중 선천적으로 타고난 것으로는 또 어떤 것이 있을까요?

핑커 사람들이 자신에게 딱히 이롭지 않은 행동을 할 때가 바로 그런 경우가 아닌가 강한 의심이 듭니다. 당사자의 행복을 극대화한다는 측면에서 보면 설명이 불가능하지만, 조상들의 생존율을 높였다는 측면에서 보면 확실히 이해가 되는 행동이나 심리가 있습니다.
아름다움에 대한 안목이 그중 하나일 겁니다. 우리는 이따금 특정한 얼굴 특징을 가진 사람에게 이상하게 끌립니다. 그 사람이 최선의 짝이 아닌데도 속수무책으로 끌리죠. 그리고 아름다움의 지표들은 조상들의 환경 조건에서 생식력과 건강을 나타냈던 전형적인 지표들과 일치하는 것으로 밝혀졌습니다. 젊음의 경우는, 여성이 남성을 볼 때보다 남성이 여성을 볼 때 더 끌리는데, 물론 젊음은 생식력을 나타내죠. 질병과 기생충에 감염되지 않았다는 표시, 정상적인 호르몬이 분비되고 있고 정상적인 발달 과정을 밟고 있다는 표시, 그 집단에서 이상적으로 여겨지는 유형에 가까우며, 평균에 가까운 얼굴 특징들을 가지고 있다는 표시. 이 모두는 짝을 찾는 사람들의 관점에서 무엇이 매력적이어야 하는가라는 질문을 토대로 예측한 특징들이었고, 실제로 얼굴(모조 얼굴)을 아름다워 보이게 만드는 특징들이라는 것이 컴퓨터 합성 얼굴을 통해 증명되었습니다.

도킨스 진화정신의학은 어떻습니까? 우울증 같은 정신질환도 다윈주의로 설명이 가능하다고 생각하십니까?

핑커 많은 불쾌한 감정은 부적응적인 감정이 아닐지도 모릅니다. 따지고 보면 그 감정들은 과거 우리 조상들에게 유용했거나, 심지어 지금 우리에게도 유용할지 모릅니다. 통증이 그런 경우일 겁니다. 우리는 가능하면 통증을 적게 느끼고 싶어 하지만, 선천적으로 통증을 느끼지 못하는 사람은 오래 살지 못합니다. 자기 입술을 씹고, 펄펄 끓는 뜨거운 커피를 아무렇지도 않게 마셔 화상을 입기 때문이죠. 또 앉아 있는 동안 자세를 바꾸지 않아서 관절에 만성 염증이 생깁니다. 우리는 통증을 느낄 때마다 자세를 계속 바꿔 혈액 순환이 잘 되게 하죠. 따라서 언뜻 생각하기에는 통증을 못 느끼면 얼마나 좋을까 싶지만, 실제로 그건 저주일 겁니다.

저는 우리가 겪는 불쾌한 감정들 중 몇몇도 마찬가지일지 모른다는 생각이 듭니다. 예를 들어, 불안은 정도가 심하면 일상생활이 힘들어질 수 있지만, 약간의 불안은 일을 끝마치게 하고, 닥쳐오는 폭풍을 피하게 하고, 논문을 제시간에 끝내게 하고, 강의나 데이트를 준비하도록 우리를 자극하죠. 슬픔도, 극단적인 슬픔은 불편한 우울증을 초래할 수 있지만, 적당한 슬픔은 자식과 배우자를 소중히 여겨 그들을 잃는 상실감을 피할 수 있게 해줍니다. 슬픔은 일종의 내적 처벌인 셈이죠. 많은 정신질환도 만성 통증과 마찬가지로, 환경에 따라 적절히 조절되기만 한다면 살아가는 데 꼭 필요한 불쾌한 반응이 지나쳐서 생기는 것일지도 모릅니다.

도킨스 우리 머리로는 도저히 이해하기 어려운 것들이 있는데, 그것도 진화심리학으로 설명할 수 있다고 생각하십니까? 예를 들어, 많은 사람이 다윈주의를 어려워하고, 거의 모든 사람이 양자물리학을 어려워합니다. 우리가 무언가를 잘 이해하지 못하는 이유를 진화적 관점에서 설명할 수 있을까요?

핑커 글쎄요, 우리가 일상생활을 하는 곳과는 너무나 다른 시공간에서 일어나는 현상을 우리가 이해할 수 있다는 보장은 전혀 없습니다. 적어도 직관적으로는 이해할 수 없죠. 수억 년, 수십억 광년, 옹스트롬(빛의 파장이나 원자의 배열을 잴 때 쓰는 길이의 단위로, 1옹스트롬은 1미터의 10억분의 1이다—옮긴이) 단위에서는 물리법칙이 평상시와는 매우 다르게 작동한다는 것을 과학이 잘 보여줍니다. 그래서 양자역학, 진화생물학, 우주론, 상대성이론, 심지어는 신경과학 같은 학문조차 이해하기 힘든 거죠. 사실, 과학 교육은 아이들의 마음에 새로운 정보를 채우는 것이라기보다는, 인간이기 때문에 그들이 가지고 교실로 들어오는 정보의 오류를 수정하는 일에 가깝습니다. 인간의 머리로는 이해하기 힘든 정보를 바로잡는 거죠.

도킨스 심지어는 뉴턴 물리학도 그렇습니다.

핑커 뉴턴 물리학도 그렇죠. 예를 들어 한 물체를 제멋대로 내버려두면….

도킨스 영원히 움직일 수 있습니다. 그것을 직관적으로 이해하기는 어렵죠. 그게 사실이라면, 우리가 직관적인 물리학, 즉 뉴턴 이전의 물리학을 가지고 태어난다는, 방금 말씀하신 진화심리학적 견해가 옳다는 뜻일 겁니다. 그래서 우리는 사물은 영원히 움직이기보다는 언젠가는 멈춘다고 생각하죠. 우리 뇌는 빛의 속도에 가깝게 움직이는 사물들이 아니라 비교적 느린 속도로 움직이는 사물들을 이해하도록 만들어졌습니다. 그래서 우리가 특별한 훈련을 받지 않는 한 아인슈타인의 이론을 이해할 수 없는 거죠.

핑커 이런 문제를 해결할 방법이 있습니다. 아주 익숙한 것을 통해 생소한 것을 이해할 수 있게 해주는 '유비類比'를 생각해내는 것입니다. 그게 바로 교육이 하는 일이죠. 진화는 비둘기 육종을 수십만 번 반복한 결과일 뿐입니다. 또 광선을 따라 달리는 것이 어떤 느낌일지 상상해보면 물리학에 대한 직관을 바꿀 수 있어요. 그렇다 해도, 우리 마음이 작동하는 방식 때문에 우리 머리로는 영원히 이해할 수 없는 영역이 있을 수도 있습니다. 가령 '왜 특정 패턴으로 발화하는 뇌가 그 뇌를 가진 당사자에게 특정한 느낌을 유발하는가?' 같은 문제가 그렇습니다.
철학자들이 수천 년 동안 제자리걸음을 하고 있는 것처럼 보이는 분야, 즉 모든 현상이 설명되어 있지만 그 설명들이 썩 만족스럽지 않은 분야가 있다면, 그건 우리가 직관의 한계에 부딪히고 있기 때문일 수 있습니다.

도킨스 만일 우리 조상들이 빛의 속도에 가깝게 여행할 수 있었다면 아인슈타인의 이론을 대번에 이해했겠죠. 또 만일 우리 조상들의 몸집이 중성미자 크기였다면 양자물리학을 금방 이해했을 겁니다. 하지만 우리는 이 양극단 사이의 중간 세계에 살고 있고, 그래서 그런 극단적인 시공간의 현상을 이해하는 데 한계가 있습니다.

핑커 그리고 우리가 가지고 있는 실재를 분석하는 방법들은 잘못 적용되기 매우 쉽습니다. 예를 들어, 우리는 우리가 목적을 갖듯 진화도 목적이 있는 과정이라고 생각하죠.

도킨스 '목적'이 인간의 삶과 사회생활에 매우 깊숙이 뿌리박혀 있기 때문입니다.

핑커 맞습니다. 우리는 서로의 행동을 이해하기 위해 '목적'을 분석합니다. "왜 존이 방금 버스를 탔지?" "그건 어떤 커다란 자석이 존을 끌어당겼기 때문이 아니야. 존이 어딘가에 가고 싶었고, 그 버스를 타면 그곳에 데려다준다는 것을 알았기 때문이지. 그래서 존은 다른 번호의 버스를 타지 않은 거야." 이런 종류의 설명은 일상생활에 꼭 필요합니다. 하지만 이런 목적 찾기를 "왜 인간이 여기 존재하는가?", "왜 행성 지구가 거기 존재하는가?" 같은 질문에 잘못 적용할 경우, 우리는 엉뚱한 방향으로 가기 쉽습니다. 따라서 그렇게 하려는 경향을 제거할 필요가 있죠.

도킨스 스티븐, 대단히 고맙습니다. 매우 흥미로운 대화였습니다. 정말 고맙습니다.

2

오래된 뇌, 새로운 뇌

제프 호킨스 Jeff Hawkins**는 컴퓨터 기술 분야에서 큰 성공을 거둔 혁신가다. 그는 뇌로 관심을 돌려 뇌가 어떻게 작동하는지 알아보기로 했고, 그것을 위한 연구소를 세웠다. 2019년 탐구센터**Center for Inquiry, CFI**의 후원으로 라스베이거스에서 열린 CSICon 회의에서 그가 한 강연은 센세이션을 일으켰다. 생각의 양식을 제공했다는 말로는 부족하다. 생각의 폭발을 불러일으키는 진수성찬이었다. 그의 저서 《천 개의 뇌**A Thousand Brains**》에 서문을 써달라는 요청은 내게 영광이었다.**

자기 전에 이 책을 읽지 마시라. 무섭다는 말이 아니다. 악몽을 꾸게 하지는 않을 것이다. 하지만 이 책은 너무나도 짜릿하고 자극적이어서 머릿속이 흥미진진하고 도발적인 아이디어로 소용돌이칠 것이다. 그래서 책장을 덮고 잠을 청하기는커녕 밖으로 뛰쳐나가 아무나 붙잡고 말하고 싶어질 것이다. 나는 그 소용돌이에 휩쓸린 당사자이고 이 글이 그것을 확실히 보여줄 것으로 기대한다.

찰스 다윈은 당시 대학 울타리 밖에서 정부 연구기금 없이 연구할 수 있는 수단을 가진 드문 과학자였다. 제프 호킨스는 '실리콘밸리의 신사 과학자'로 불리는 것을 좋아하지 않을지도 모르지만, 여러모로 다윈과 비슷한 데가 있다. 다윈의 강렬한 이론은 짧은 논문을 통해 이해하기에는 너무도 혁명적이었고, 그렇다 보니 다윈과 월리스가 1858년에 발표한 공동 논문은 거의 무시당하다시피 했다. 다윈 본인이 말했듯이, 그 이론은 책 분량의 설명이 필요한 것이었다. 실제로 1년 뒤 출판된 그의 위대한 책은 빅토리아시대 영국의 근간을 흔들었다. 제프 호킨스의 '천 개의 뇌 이론'도 책 분량으로 다룰 필요가 있다. 그리고 그의 '기준틀frames of reference' 개념('생각하는 것은 그 자체로 일종의 움직임이다')은 무릎을 탁 치게 한다! 그의 두 가지 개념은 각각 책 한 권으로 설명해야 할 만큼 심오하다. 제프 호킨스가 우리에게 주는 건 이뿐만이 아니다.

T. H. 헉슬리는 《종의 기원》을 읽고 나서 "이것을 생각하지 못했다니, 나는 얼마나 우둔한가"라는 유명한 말을 남겼다. 뇌과학자들도 이 책을 읽고 똑같이 탄식할 것이라는 말을 하려는 건 아니다. 이 책은 다윈의 책처럼 하나의 위대한 아이디어를 다루기보다는 여러 가지 흥미진진한 아이디어를 다룬다. 내가 하려는 말은, 헉슬리는 물론이고 그의 총명한 세 손자가 이 책을 매우 좋아했으리라는 것이다. 앤드루는 신경임펄스가 어떻게 작동하는지 발견한 사람이기 때문이고(앨런 로이드 호지킨A. L. Hodgkin과 앤드루 헉슬리A. F. Huxley는 신경계 연구의 왓슨과 크릭이다), 올더

스는 마음이 닿는 가장 먼 곳까지 몽상적이고 시적인 여행을 떠났기 때문이며, 줄리언은 뇌가 실재에 대한 모델, 즉 소우주(세계의 축소판)를 구축하는 능력을 칭송하는 시를 썼기 때문이다.

사물의 세계가 당신의 어린 마음에 들어와
그 유리 진열장을 채웠다.
진열장 칸막이 안에서 가장 낯선 짝들이 만났고,
생각으로 변해 같은 종족을 증식시켰다.
일단 그 안에 들어갔을 때 물리적 사실이 정신을 발견할 수 있기
때문에 사실과 당신은 서로에게 은혜를 입어
그곳에 당신만의 작은 소우주를 지었다. 그런데
이 우주가 자신의 작은 자아에게 막중한 임무를 맡겼다.
그곳에서는 망자도 살 수 있고 별들과도 대화할 수 있으며
적도는 극과, 밤은 낮과 대화할 수 있다.
정신이 세상의 온갖 물질적 장벽을 녹일지니
백만 개의 고립이 사라지리라.
그 우주는 살고 일하고 계획할 수 있고,
그리하여 마침내 인간의 마음속에 신을 만들었다.

뇌는 어둠 속에 앉아 오직 앤드루 헉슬리가 발견한 우박처럼 쏟아지는 신경임펄스를 통해서만 바깥 세계를 파악한다. 눈에서 오는 신경임펄스는 귀나 엄지발가락에서 오는 신경임펄스와 조금도 다르지 않다. 신경임펄스를 분류하는 작업은 그 신경임펄스

가 뇌에서 최종적으로 도달하는 장소에서 이루어진다. 우리가 지각하는 실재가 '구성된 실재constructed reality'라는 것, 즉 감각 채널을 통해 쉴 새 없이 들어오는 속보를 받아 정보를 업데이트하는 '모델'이라고 주장한 과학자나 철학자가 제프 호킨스가 처음은 아니다. 하지만 호킨스는 그런 모델이 하나가 아니라는 점을 유창하고 자세하게 설명한 최초의 과학자일 것이다.

뇌의 피질 부위에 차곡차곡 배열된 수많은 기둥에 각각 하나씩, 수천 개의 모델이 존재한다. 이런 기둥은 약 15만 개에 달하는데, 피질 기둥은 호킨스가 '기준틀'이라고 부른 것과 함께 이 책 1부의 주인공이다. 이 두 개념에 대한 호킨스의 이론은 자못 도발적이고, 따라서 다른 뇌과학자들이 그것을 어떻게 받아들일지도 몹시 궁금하다. 아마 만족하지 않을까? 그 못지않게 매혹적인 아이디어는 피질 기둥들이 각각 세계 모델을 구축할 때 반半 자치를 한다는 것이다. 그러니까 '우리'가 지각하는 것은 그 모델들이 민주적으로 합의한 결론인 셈이다.

뇌가 민주주의를 한다고? 합의하고 심지어 논쟁도 한다고? 정말 놀라운 발상 아닌가! 이 아이디어는 이 책의 핵심 테마다. 포유류인 인간은 뇌 모델들 사이에 반복적으로 일어나는 분쟁의 희생자다. 생존 기계를 무의식적으로 가동하는 오래된 파충류 뇌와 그 꼭대기에 있는 일종의 운전석에 앉은 포유류 뇌인 신피질은 치열한 난투를 벌인다. 포유류 뇌인 대뇌피질은 생각하는 부분이다. 즉, 의식이 있는 곳이다. 대뇌피질은 과거, 현재, 미래를 인식하고 오래된 뇌에 지시를 내린다. 그러면 오래된 뇌가 그것을 실행한다.

생존에 꼭 필요한 당분이 드물었던 수백만 년 동안 자연선택에 길들여진 오래된 뇌가 이렇게 말한다. "케이크 줘. 음, 케이크 달라고." 당분이 지나치게 풍부해진 지 겨우 수십 년이지만, 그동안 책과 의사에게 길들여진 새로운 뇌는 이렇게 말한다. "안 돼, 케이크는 안 돼. 먹지 마, 제발 먹지 마." 오래된 뇌가 다시 말한다. "힘들단 말야. 고통을 당장 멈춰줘." 새로운 뇌가 다시 말한다. "안 돼, 힘들어도 참아. 고통을 못 이겨 조국을 배신하면 안 돼. 조국과 동지들에게 충성하는 게 목숨보다 먼저야."

오래된 파충류 뇌와 새로운 포유류 뇌 사이의 갈등은 "고통이 꼭 그렇게까지 극심할 필요가 있을까?"라는 수수께끼에 답을 준다. 실마리는 '고통의 목적이 무엇인가?'다. 고통은 죽음을 대신해 뇌에 이렇게 경고하는 것이다. "다시는 그러지 마. 뱀을 괴롭히거나, 뜨겁게 달궈진 석탄을 집거나, 높은 곳에서 뛰어내리지 마. 이번에는 아픈 것으로 끝났지만 다음번에는 죽을지도 몰라."

이때 어떤 엔지니어가 나타나 이렇게 제안할지도 모른다. "고통을 주는 대신 뇌에 깃발 같은 것을 올려. 깃발이 올라가면 방금 한 행동을 반복하지 마." 하지만 실제로 우리 뇌에 있는 것은 고통 없는 간편한 깃발이 아니라, 견딜 수 없을 만큼 극심한 고통이다. 그 합리적인 깃발은 왜 효과가 없을까?

뇌의 의사결정이 어떻게 이루어지는지를 보면 답이 나온다. 뇌는 논쟁을 좋아한다. 오래된 뇌와 새로운 뇌는 난투를 벌인다. 새로운 뇌가 오래된 뇌의 결정을 손쉽게 뒤엎을 수 있는 한, 깃발을 올리든 고통을 가하든 아무 소용이 없을 것이다.

새로운 뇌는 어떤 이유로든 자기가 '원하면' 뇌에 깃발이 올라가도 무시한 채 계속 벌에 쏘이고, 발목을 삐고, 엄지손가락을 죄는 고문을 견딜 것이다. 유전자를 후대로 전달할 때까지 생존하는 것이 '중요한' 오래된 뇌가 '저항'해도 소용없다. 그래서 생존에 관심이 있는 자연선택이 오래된 뇌의 확실한 '승리'를 보장하기 위해, 새로운 뇌가 저항할 수 없을 만큼 고통을 극심하게 만들었을지도 모른다. 또 다른 예를 들면, 만일 새로운 뇌가 섹스의 다윈주의적 목적을 무시하고 있다는 것을 오래된 뇌가 '알아챈다면', 콘돔을 사용하는 것이 엄청나게 고통스러워질 것이다.

호킨스는 이원론은 거들떠보지도 않을 많은 박식한 과학자와 철학자들 편에 선다. 기계 안에는 혼이 없다. 하드웨어가 죽으면 하드웨어에서 분리되어 살아남는 귀신 같은 영혼은 없다. 컬러 화면으로 자아에게 세계에 대한 영화를 보여준다는 '데카르트의 극장'(대니얼 데닛의 용어) 따위는 존재하지 않는다. 대신 호킨스는 감각 채널을 통해 빗발처럼 쏟아져들어오는 신경임펄스를 받아 시시각각 정보를 업데이트하는, 구성된constructed 소우주들(세계의 축소판)로 이루어진 다중 세계 모델을 제안한다. 덧붙여 말하면, 호킨스는 먼 미래에 뇌를 컴퓨터에 업로드함으로써 죽음에서 벗어날 가능성을 완전히 배제하지는 않지만, 그것이 썩 유쾌한 일은 아닐 거라고 생각한다.

신체 자체에 대한 모델들은 뇌가 만드는 모델들 중에서도 좀 더 중요하다. 두개골이라는 교도소 담장 밖 세계에 대한 우리의 관점은 몸의 움직임에 따라 바뀌므로 이 변화에 대처해야 할 필요가 있기 때문일 것이다. 이 개념은 책의 중간 부분에서 집중적으로 다뤄지는 주제인 기계 지능과 관련이 있다. 제프 호킨스는 나와 마찬가지로, 초지능을 가진 기계가 우리를 대체하거나, 정복하거나, 심지어 모두 죽일까 봐 두려워하는 그와 나의 똑똑한 친구들의 생각을 존중한다. 하지만 호킨스는 그런 기계들을 두려워하지 않는다. 체스나 바둑을 잘 두는 능력은 실제 세계의 복잡성에 대처할 수 있는 능력이 아니기 때문이다. 체스를 둘 줄 모르는 아이들도 '어떻게 액체가 쏟아지고, 공이 굴러가고, 개가 짖는지' 안다. 아이들은 연필과 마커, 종이와 풀의 사용법을 안다. 책을 펼치는 방법을 알고, 종이가 찢어질 수 있다는 것도 안다. 그리고 아이들은 물리적 현실 세계에 자신을 배치하고 그 세계를 쉽게 탐색할 수 있게 해주는 자아상, 즉 신체 이미지를 가지고 있다.

호킨스가 미래의 인공지능과 로봇의 위력을 과소평가하는 건 아니다. 오히려 그 반대다. 하지만 그는 현재 실시되고 있는 연구들 대부분이 방향을 잘못 잡고 있다고 생각한다. 그가 생각하는 올바른 방향은 뇌가 어떻게 작동하는지 이해해서 그 방식을 빌리되 속도를 엄청나게 높이는 것이다.

물론 오래된 뇌의 방식, 즉 원시 뇌의 욕망과 허기, 갈망과 분노, 감정과 두려움을 빌릴 이유는 없다(제발 그러지 말기를). 이는 새로운 뇌가 보기에 해로운 길로 우리를 내몰 수 있다. 호킨스(나 그리고 여러분도 거의 확실히)의 관점에서는 적어도 해롭다. 호킨스가 분명히 밝히듯, 우리의 계몽된 가치들은 이기적 유전자의 원초적 가치, 즉 어떤 대가를 치르더라도 반드시 번식해야 한다는 노골적 명령에서 크게 벗어나야 하며, 실제로도 그렇다. 호킨스는 (나는 그 견해가 논란의 여지가 있을 수 있다고 생각하지만) AI가 오래된 뇌를 가지고 있지 않다면 우리를 향해 악의적인 감정을 품을 이유가 없을 것이라고 생각한다. 같은 이유로, 그리고 이 또한 논란의 여지가 있는 생각이지만, 그는 의식을 가진 AI의 스위치를 끄는 것이 살인에 해당한다고 생각하지 않는다. 오래된 뇌가 없는 AI가 왜 두려움이나 슬픔을 느끼겠는가? 왜 살기를 원하겠는가?

'유전자 대 지식'이라는 장에서 보듯, 오래된 뇌의 목표(이기적 유전자를 돕는 것)와 새로운 뇌의 목표(지식 추구)가 일치하지 않는다는 점에는 의문의 여지가 없다. 대뇌피질의 자랑은 이기적 유전자의 명령을 거부할 수 있는 힘이다. 이는 모든 동물 중 인간에게서만 나타나는 특징으로, 지질시대에 전례를 찾아볼 수 없는 일이다. 우리는 생식이라는 목표 없이 섹스를 즐길 수 있으며, 경쟁자와 싸우고 여러 명의 섹스 파트너를 찾는 데 써야 '할' 시간을 쓸데없이 낭비한다고 나무라는 오래된 뇌의 충고를 거부하고 철학, 수학, 시, 천체물리학, 음악, 지질학, 사랑의 온기를 위해 인생을 바칠 수 있다.

> 우리는 아주 중요한 선택의 기로에 놓여 있다고 생각한다. 오래된 뇌의 말을 듣느냐, 아니면 새로운 뇌의 말을 듣느냐? 구체적으로 말하면, 우리는 지금의 우리를 있게 한 과정들인 자연선택, 경쟁, 이기적 유전자의 충동에 이끌려가는 미래를 원하는가? 아니면 지능과 세계를 이해하고 싶은 욕구에 이끌려가는 미래를 원하는가?

이 글을 시작할 때 나는 헉슬리가 다윈의 《종의 기원》을 읽고 나서 했던 애정 어린 겸손의 말을 인용했다. 이제 이 글을 마치면서, 제프 호킨스의 많은 매혹적인 아이디어들 중 딱 하나를 언급하려고 하는데, 그가 겨우 몇 페이지로 설명을 끝낸 그 아이디어를 보면서 나는 헉슬리가 했던 말을 떠올렸다. 호킨스는 우리가 한때 여기 존재했으며 그 사실을 알릴 능력이 있었다는 것을 은하계에 알릴 일종의 우주 묘비가 필요하다고 느꼈다. 그는 모든 문명은 찰나에 불과하다는 점에 주목한다. 우주 시간의 척도에서 보면, 한 문명이 전자기통신을 발명할 때부터 소멸할 때까지의 시간 간격은 반딧불이의 깜박임과 같다. 한 깜박임이 다른 깜박임과 시간적으로 우연히 겹칠 가능성은 우울할 정도로 낮다. 그렇다면 우리에게 필요한 건 '우리가 여기 있다'는 메시지가 아니라 '우리가 여기 있었다'는 메시지다. 그것이 내가 '묘비'라고 부른 이유다.

그리고 그 묘비는 우주 규모만큼 오래 지속되어야 한다. 몇 파섹parsec(천체의 거리를 나타내는 단위로, 1파섹은 약 3.26광년에 해당한다—옮긴이) 밖에서도 보여야 할 뿐 아니라, 수십억 년까지는 아니더라도 수백만 년을 견뎌야 한다. 우리가 멸종하고 나서 오랜 시간이 흘러 다른 지적 존재의 깜박임이 우리의 묘비를 포착할 때도 여전히 메시지를 알릴 수 있어야 하기 때문이다. 소수나 원주율의 숫자열을 보내는 것으로는 안 된다. 전파 신호나 레이저빔 펄스도 안 된다. 물론 이런 신호들은 확실히 생물학적 지능을 암시하는 것이고, 그렇기 때문에 세티SETI(외계지적생명체

탐사계획)와 과학소설의 소재로 자주 사용된다. 하지만 이런 신호들은 너무 간략하고 너무 현재적이다. 그렇다면 어떤 신호라야 충분히 오래 지속되고, 어떤 방향이든 아주 멀리서도 포착될 수 있을까? 호킨스가 내 안의 헉슬리를 불러낸 지점이 바로 여기다.

현 시점에서는 우리 능력 밖이지만, 미래에 우리는 우리 문명의 반딧불이가 사라지기 전에 "자연적으로 발생하지 않는 패턴으로 태양 빛을 약간 차단하는" 일련의 위성을 태양 궤도에 올릴 수 있을 것이다. "이러한 태양 차단 위성들은 우리가 사라진 후에도 수백만 년 동안 태양 궤도를 돌 것이고, 멀리서도 포착될 수 있다." 이런 빛 차단 위성들은 간격이 문자 그대로 일련의 소수가 아니더라도 틀림없이 '지적 생명체가 여기 있었다'는 메시지로 여겨질 것이다.

내가 무척 즐거웠던 부분은 우주 묘비가 뉴런과 같은 종류의 코드를 사용한다는 점이다(우리 뇌는 860억 개 뉴런 각각이 미세하고 짧은 전압 신호를 전송함으로써 다른 뉴런들과 소통한다. 그 짧은 신호를 '스파이크spike'라고 부른다—옮긴이). 우주 메시지가 스파이크(이 경우 그 위성들이 태양을 어둡게 하기 때문에 '반反스파이크'로 불러야겠지만) 사이의 간격 패턴을 코드로 사용하기 때문이다. 나는 그의 훌륭한 책이 나에게 준 이 즐거움에 감사하는 뜻으로 제프 호킨스에게 이 짧은 글을 선사하고 싶다.

이 책은 뇌가 어떻게 작동하는지에 대한 책이다. 그리고 뇌를 아주 신나게 작동하게 한다.

3

종 장벽을 깨다

존 브록만은 출판 에이전트다. 그것도 매우 성공한 에이전트지만, 출판 에이전트로 그치지 않는다. 그는 편집자들과 문학 지식인들 사이에서 과학 작가들을 위해 싸우는 과학 전도사다. 그는 일종의 온라인 살롱 엣지를 운영하고 있는데, 그 만남의 장에서 과학자들과 과학에 관심 있는 다른 학자들이 만나 의견을 교환하고 논쟁을 벌인다.

브록만은 엣지 활동의 일환으로 매년 크리스마스 무렵 엣지 동지들에게 질문을 보낸다. 나는 바쁜 사람들이 모든 일정을 취소해가며 이 질문에 답을 쓰는 이유를 다 알지는 못한다. 존이 부적절한 압력을 행사하는 것 같지는 않다. 나름대로 짐작을 해보자면, 우리 모두 존의 주소록에 있는 다른 동료들을 존경하기 때문에 이 일에 동참하지 않는다는 생각을 차마 할 수 없는 게 아닐까 싶다. 이유가 무엇이든, 나는 시리즈가 시작된 뒤로 한 해도 거른 적이 없다. 이 글은 2009년 심포지엄의 주제인 '이것이 세상을 바꿀 것이다: 미래를 바꿀 아이디어This Will Change Everything: ideas that will shape the future'에 기고한 글이다.

윤리와 정치는 대체로 의문이나 진지한 논의 없이 인간과 '동물'을 구분하는 선이 절대적이라고 가정한다. 한 예로, '생명지지Pro-life'는 낙태와 안락사 반대를 포함해 광범위한 윤리적 쟁점들과 관련이 있는 강력한 정치적 입장이다. '생명지지'의 생명이 실제로 의미하는 것은 '인간'의 생명이다. 낙태클리닉에 폭탄을 던지는 사람들이 채식주의자라는 이야기는 들어본 적이 없고, 로마가톨릭교도가 자신들의 고통받는 반려견을 '잠들게' 하는 것에 특별히 반대하는 것도 본 적이 없다. 단세포인 인간의 접합체(수정란)는 신경이 없어서 고통을 느낄 수 없음에도 불구하고, 혼란에 휩싸인 많은 사람은 그 단세포가 단지 '인간'이라는 이유로 무한히 신성한 존재로 여긴다. 그 밖의 어떤 세포도 그런 고귀한 지위를 누리지 못한다.

하지만 이런 '본질주의'는 대단히 반진화적이다. 만일 지금껏 살다 간 모든 동물이 함께 모이는 천국이 존재한다면, 모든 종이 이종교배의 연속체를 이룰 것이다. 예를 들어, 나와 교배해 자식을 낳을 수 있는 여성은 어떤 남성과 교배해 자식을 낳을 수 있을 것이고, 이런 식으로 사슬에 연결된 고리를 몇 개(이 경우는 고리의 수가 그리 많지 않을 것이다)만 거치면, 그 사람은 아마 침팬지와 교배해 자식을 낳을 수 있을 것이다. 우리는 인간과 혹멧돼지, 캥거루, 메기 사이에 끊어지지 않는 긴 이종교배의 사슬을 구축할 수 있을 것이다. 이것은 단순히 머릿속 추측이 아니라, 진화라는 엄연한 사실에 따르는 필연적인 결과다.

우리는 이 사실을 이론적으로 이해한다. 하지만 다음과 같은 일이 실제로 일어난다면 아마 세상이 바뀔 것이다.

1 – 호모 에렉투스나 오스트랄로피테쿠스 같은 멸종한 호미닌의 잔재 개체군이 발견되는 것. 설인이 있다고 생각하는 사람들도 있지만, 나는 이런 발견이 실제로 일어날 거라고 생각하지 않는다. 우리는 이미 세계를 샅샅이 탐험했기 때문에 사바나에 거주하는 대형 영장류가 혹시라도 있다면 그것을 놓쳤을 리 없다. 심지어 호모 플로레시엔시스도 17,000년 전에 멸종했다.• 하지만 누군가 멸종한 호미닌을 발견한다면 모든 게 바뀔 것이다.

2 – 인간과 침팬지의 이종교배에 성공하는 것. 설령 이 잡종이 노새처럼 번식 능력이 없다 해도, 이 사건은 사회 전체에 유익한 충격파를 줄 것이다. 이 때문에 한 저명한 생물학자는 이것을 자신이 상상할 수 있는 가장 부도덕한 과학 실험으로 묘사했다.•• 하

• 몇몇 전문가의 설득력 있는 주장에 따르면, 호모 플로레시엔시스는 별개의 종으로 존재하지는 않았다.

•• 그는 자신의 상상력이 멀리 가지 못하게 옭아맸다. 그런데 이것이 요제프 멩겔레 박사의 실험보다 부도덕한가? 이것이 실제로 부도덕할 이유가 있을까? 내가 생각하는 유일한 이유는, 그 불운한 생명체가 세상에서 외로울 것이고, 버림받을 것이며, 올더스 헉슬리의 《멋진 신세계》에 등장하는 '야만인' 존보다 외설적인 호기심에

지만 그런 일이 실제로 일어난다면 모든 게 바뀔 것이다. 인간과 침팬지 사이의 잡종이 불가능하다고 생각하진 않지만, 어쨌든 실제로 일어난다면 놀라운 일일 것이다.

3 – 발생학 연구실에서 인간과 침팬지 세포를 대략 반반씩 가진 키메라가 탄생하는 것. 인간 세포와 쥐 세포의 키메라는 지금도 물론 실험실에서 만들어지지만 태어날 때까지 생존하지는 못한다. 우리의 종차별주의적인 윤리적 잣대를 보여주는 또 다른 예는, 인간 세포를 일정 비율 포함하는 쥐 배아에 관한 난리법석이다. 그들은 이렇게 묻는다. "키메라가 어느 정도나 인간과 비슷해져야 연구에 더 엄격한 규칙을 적용할 것인가?" 지금까지 이 질문은 이론에만 그쳤다. 키메라가 아직 탄생하는 단계까지 오지 않았고, 인간의 뇌와 비슷한 것은 존재하지 않기 때문이다. 하지만 윤리학자들이 사랑해마지않는 '위험한 비탈'을 따라 용감하게 내려가, 인간과 침팬지가 반반 섞인 키메라가 탄생하고, 그것이 성인까지 성장한다면? 그런 일이 일어난다면 모든 게 바뀔 것이다. 어쩌면 그런 일이 일어날지도 모른다.

4 – 인간의 게놈 서열과 침팬지의 게놈 서열은 현재 완전하게 밝혀져 있다. 현재 우리는 두 게놈을 다양한 비율로 섞은 중간체 게

희생될 가능성이 더 높다는 것이다.

놈들을 종이 위에 작성할 수 있다. 종이에 적힌 게놈이 '살과 피'를 지닌 생명체로 탄생하기 위해서는 배아 기술이 필요한데, 아마 독자들 살아생전에 이런 기술이 나올지도 모른다. 나는 그렇게 될 것이라고 생각한다. 그리고 우리와 침팬지의 공통 조상에 가까운 생물이 태어날 것이라고 생각한다. 이 복원된 '조상'과 현대 인류를 반반씩 섞은 중간체 게놈을 배아에 이식하면 오스트랄로피테쿠스와 비슷한 형태로 성장할 것이다. 루시 2세가 탄생하는 셈이다. 그런 일이 일어난다면(일어날 것이라고 감히 말해도 될까?) 모든 게 바뀔 것이다.

4

가지를 내다

이 에세이는 이언 태터설 Ian Tattersall**과 제프리 슈워츠**Jeffrey H. Schwartz**의 《멸종한 인류**Extinct Humans**》에 대한 서평으로, 2000년 〈뉴욕타임스〉에 실렸다.**

누구도 부인할 수 없을 정도로 유익하며 아름다운 도판이 들어 있는 이 책은, 그럼에도 불구하고 더 위대한 지위에 오르고 싶어 한다. 성상파괴적이며 혁명적이고 싶어 한다. 출판사는 그것을 '급진적 재해석'이라고 부른다. 저자들이 조류학자 에른스트 마이어와 유전학자 테오도시우스 도브잔스키를 반복적으로 거론하며 열광적으로 부수려고 하는 '성상'은, 화석 인류가 진화적 순서로 배열되어 있으며 각 화석이 다음 단계로 진화해 마지막 화석이 마침내 우리로 변한다는 생각이다.

이런 견해를—《멸종한 인류》에서 이언 태터설과 제프리 슈워츠에게 난도질당하는 극단적 버전으로—갖고 있는 사람이 있는지는 모르지만, 그렇다고 치면 그 사람은 한 화석이 어느 시기의 화석인지만 알면 어느 종에 속하는지 분류할 수 있다. 화석이 100만 년 전의 화석이라면 호모 에렉투스임에 틀림없다. 저자 본인들의 견해에 따르면 15종 이상의 인류가 존재했고 그 다수가 공존했으며 현재는 호모 사피엔스를 제외하고 모두가 멸종했다.

혁명적이고자 하는 열망은 고생물학자들이 앓고 있는 일종의 직업병이다. 아마도 그것은 그들의 연구 주제가 시시하고 비논리적으로 비칠지도 모른다는 근거 없는 두려움에서 비롯되었을 것이다. 태터설과 슈워츠의 말을 빌리면, "종합the Synthesis은 사실상 고생물학의 이론적 틀을 없앴고, 고생물학은 무엇이 무엇으로 진화했는지에 대한 역사적 세부 사항이나 따지는 성직자들의 취미생활로 전락했다".

여기서 '종합'은 1930년대와 1940년대에 마이어와 도브잔스키 등이 다윈주의와 멘델 유전학을 야심차게 결합한 신다윈주의적 현대적 종합을 말한다. 읽는 이를 안절부절못하게 만드는 이 책의 조롱하는 말투는 아마 '종합'을 의식한 탓일 것이다. 인류가 단일 혈통으로 진화했고 그 혈통의 구성원은 오스트랄로피테쿠스, 호모 하빌리스, 호모 에렉투스, 호모 사피엔스뿐이라는 마이어와 도브잔스키의 선언이 고생물학의 목을 졸랐는데 뭘 더 기대할 수 있겠는가? 때때로 조롱은 거의 편집증 수준으로 치닫는다.

> 하지만 마이어와 도브잔스키처럼 풍부한 생물학적 배경을 갖추지 못한 고인류학자들은 말할 것도 없고, 그 누가 그들의 의견에 이의를 제기할 수 있겠는가? 적어도 반진화론자, 더 나쁘게는 반다

윈주의자라는 비난을 받고 싶지 않다면 아무도 이의를 제기하지 못할 것이다.

이 책의 논쟁적인 부분의 어조에 대해서는 이쯤 해두기로 하고, 내용으로 넘어가보자. 멸종한 인류가 몇 종인지에 어떤 쟁점이 걸려 있을까? 화석과 관련해서는 쟁점이랄 게 거의 없다.

호미니드가 15종이었든 1종이었든, 수컷과 암컷이 짝짓기를 해서 자식을 낳았다. 어떤 집단들은 아마 강이나 산이 가로놓여 있거나 문화적 장벽으로 분리되어 다른 집단과 교배하지 않았을 것이다. 아프리카 주변에 흩어져 살다가 나중에는 전 세계에 흩어져 살게 된 지역 집단들 사이에는 다양한 수준의 연속적인 변이가 존재했다. '인종', '아종', '종', '속' 같은 명칭들은 유전적으로 점점 더 분리되는 것을 의미한다. 이런 유전적 분리는 집단들이 한동안 교배하지 않을 때 생기기 쉽다.

한 가지 예외를 제외하면, 이런 분류상의 명칭들은 '키가 크다' 또는 '뚱뚱하다'와 마찬가지로 임의적이다. 그러므로 '15종의 인류가 멸종했다' 같은 진술에 걸려 있는 쟁점은 거의 없다. "존 클리스는 키가 크고, 미키 루니는 키가 작다"고 말하는 것은 편리하지만, 큰 키와 작은 키를 몇 개의 범주(거인, 난쟁이, 평균 등)로 나눠야 하는지를 놓고 피 터지게 논쟁하는 건 현명하지 않다. 마찬가지로, 지금까지 살았던 모든 인류의 화석이 보관된 거대한 화석박물관이 있다 해도, 그 모두를 종 또는 속으로 분리하려는 시도는 허사로 돌아갈 것이다. 진화의 나무에 가지가 아무리 많아도, 모든 화석은 교잡 가능한 고리로 끊어지지 않고 연결될 것이다. 현재 불연속적인 명칭을 선호하는 우리의 기호를 조금이라도 만족시킬 수 있다면, 그것은 천만다행으로 멸종한 중간체들을 우리가 볼 수 없기 때문이다. 현존하는 동물들을 통해 우리는 진화의 나무 끝에 붙은 잔가지들을 볼 수 있을 뿐이다. 고생물학자들에게는 극소수의 개체들만이 화석화되는 것이 천만다행이다.• 우리는 호모 속이 오스트랄로피테쿠스 속의 자손일 거라고 생각하지만, 그렇다고 해서 오스트랄로피테쿠스 어머니가 한때 호모 속 아이를 품에 안고 있었다는 말도 안 되는 주장을 하지는 않는다. 불연속적인 명명은 결국 깨질 수밖에 없다는 것은 그저 진화라는 엄연한 사실에 따르는 필연적인 결론일 뿐이다.

종은 모든 분류학상의 명칭이 주관적이라는 규칙의 유일한 예외다. 에른스트 마이어의 뒤를 따라 대부분의 생물학자는 두 동물이 같은 종에 속하는지 여부를 결정하는 한 가지 객관적인 기준을 인정한다. 바로 '그들이 교잡하는가?'다. '동물원에서 또는 인공수정의 도움으로 교잡할 수 있는가?'가 아니라 '자연 조건에

• 물론 이 역설은 박물관 서랍에 보관된 모든 화석에 린네 식 이명법 명칭을 붙여야 한다고 느끼는 고생물학자들에게만 적용된다. 생물학과 진화에 진정으로 관심이 있는 고생물학자들에게는 그것이 자비일 수 없다. 그들은 끊임없이 이어지는 중간체들이 발견되는 경우를 포함해, 화석이 많을수록 즐겁다.

서 교잡하는가?'다. 그것은 현존하는 동물들에게도 적용하기 쉽지 않은 기준이다. 교잡 가능성을 시험하는 것이 불가능한 경우가 많고, 그럴 때 분류학자들은 두 동물 사이의 해부학적 · 생리학적 차이가 일반적으로 교잡이 불가능하다고 예상되는 정도로 큰지 판단해야 한다. 화석들을 다룰 때는 그런 주관적 판단이 불가피하다.

따라서 멸종한 호미니드가 15종인지 (가령) 5종인지를 놓고 그렇게 야단법석을 떨 가치가 없다. 그것은 '병합파'와 '분리파' 사이의 전통적인 분류학 논쟁과 별반 차이가 없다. 병합파는 그들이 호모 에렉투스라고 부르는 종이 아프리카에도 살았고 아시아에도 살았다고 말한다. 반면 분리파는 아프리카 표본들은 (이 책의 저자들이 생각하듯이) 1종 이상은 아닐지 몰라도, 하나의 다른 종인 호모 에르가스테르에 속한다고 말한다. 분리파의 말에는 아시아에 살았던 종류들은 기회가 주어져도 아프리카에 살았던 종류들과 교배하지 않았을 것이라는 믿음이 담겨 있다. 병합파는 그 반대라고 믿는다. 그것은 판단의 문제다. 분리파의 판단이 병합파의 판단보다 더 타당하게 들리지만, 판단하기 나름이다.

"일부 고인류학자들이—기이하게도—오스트랄로피테쿠스 속의 가냘픈 종들과 호모 에렉투스 사이에 제3의 종을 인정할 만큼 충분한 '형태학적 공간'이 없다고 투덜거리는 소리를 들었다." 태터설과 슈워츠는 왜 그것이 기이하다고 생각했을까? (이런 종류의 판단을 왜 '투덜거린다'는 감정이 실린 말로 묘사하는지 모르겠지만) 그런 판단을 내릴 때 달리 무슨 말을 할("투덜거릴") 수 있을까? 각각 미국 자연사박물관의 큐레이터와 피츠버그대학교 인류학자인 그들은 표본을 분리할 충분한 '형태학적 공간'이 있다는 정반대 판단을 내리는 것 외에 무엇을 하고 있는가?

이는 분류학상의 의견 불일치에는 실질적인 알맹이가 없다는 뜻일까? 전혀 그렇지 않다. 최근에 한 분자분류학자 집단이 하마가 돼지보다 고래와 더 가까운 친척이라고 주장했다. 이것은 놀라운 주장이다. 이것이 사실인 세계는 동물학자들이 지금까지 알고 있던 세계와는 유의미하게 다를 것이다. 하지만 5종이 아니라 15종의 멸종한 인류가 살았던 세계에 대해서는 같은 말을 할 수 없다. 5종과 15종의 차이는 실제 세계에서 비롯된 것이 아니라 분류학자들의 기호에서 비롯되었기 때문이다. 하지만 만일 하마와 고래에 대한 분자분류학자들의 주장이 입증된다면, 그것은 인간이 침팬지보다 갈라고(아프리카 대륙에 사는 작은 야행성 영장류—옮긴이)와 더 가까운 친척이라는 사실이 갑자기 발견된 것과 마찬가지일 것이다. 그것은 정말로 혁명적인 발견으로, 세계가 실제로 우리가 생각했던 것과 달랐다는 것을 의미할 것이다.

최근에 위대한 존 메이너드 스미스가 제기한 미토콘드리아 관련 주장도 마찬가지다. 미토콘드리아는 원래 자유생활을 하던 박테리아였지만 지금은 우리 몸 안에서 대사를 담당하는 필수적인 부분이 된 세포소기관이다. 박테리아와 마찬가지로 미토콘드리아도 자체 DNA를 가지고 있고, 미토콘드리아 DNA는 별개의 흐름을 이뤄 핵 DNA라는 주요 강줄기와 나란히 후대로 전달된다. 태터설과 슈워츠가 (그리고 내가 지금까지 이 주제에 대해 쓴 모든 글에서) 지지하는 정설은 미토콘드리아 DNA가 순수하게 모계로만 유전되며, 복제 과정에서 유전물질을 교환하는 재조합이 일어나지 않는다는 것이다. 이 때문에 미토콘드리아 DNA는 분류학자들에게 특별히 유용한 재료로 쓰인다. 그리고 이 책에서 잘 설명된 그 유명한 '아프리카 이브' 가설을 뒷받침한다. 하지만 현재 메이너드 스미스와 그의 동료들은 이전의 믿음과 달리 미토콘드리아 DNA에서도 핵 DNA와 마찬가지로 복제 과정에서 재조합이 일어난다는 급진적인 주장을 하고 있다. 이것은 실제 세계에 영향을 미치는 중요한 주장이다. 만일 사실이라면, 그것은 광범위한 영향을 미칠 것이다. 예를 들어, '아프리카 이브'가 살았다고 추정되는 연대가 크게 바뀔 것이다.

나는 이 책을 통해 화석에 대해 많은 것을 배웠고, 앞으로도 이 책을 들춰보며 유익한 정보를 계속 얻을 것이다. 하지만 이 책은 출판사가 홍보하는 것처럼 '급진적 재해석'은 아니다. 고생물학자들은 그들의 집단적 어깨에 얹힌 앙금을 떨쳐버리고, 그들의 분야인 고생물학은 '성상파괴적' 같은 쓸데없는 홍보가 필요 없을 만큼 본질적으로 매혹적이라는 것을 깨달아야 한다.

5

다윈주의와 인간의 목적

이 글은 존 듀런트John R. Durant가 1989년에 엮은 에세이 모음집 《인간의 기원Human Origins》에 기고한 글을 축약한 것이다.

우리가 '목적'이라는 표현을 사용하는 방식에는 모호한 구석이 있다. "비행기 꼬리의 목적은 비행기를 안정화시키는 것이다"라고 말할 때, 우리는 설계자의 의도에 대해 말하는 것이다. 새를 보면, 새의 꼬리도 거의 같은 일을 하는 것이 분명하다. 만일 새에게 꼬리가 없다면, 새는 꼬리 없는 비행기처럼 곤두박질치고 구를 것이다. 그러므로 비행기와 새에 같은 종류의 표현을 사용하는 것은 자연스러운 일이다. 즉, 새에서 꼬리의 목적은 날아가는 동안 새를 안정화시키는 것이고, 고슴도치에서 가시의 목적은 고슴도치를 보호하는 것이며, 토끼에서 털의 목적은 체온을 유지하는 것이다. 하지만 마치 어떤 목적을 위해 설계된 것처럼 보이는 동식물의 모든 형질은 사실은 자연선택이 오랜 시간에 걸쳐 조각한 것이다. 나는 이런 종류의 목적을 '제1형 목적' 또는 '생존가'라고 부른다. 제1형 목적은 실제로는 목적이 전혀 아니다. 설계자를 상정할 필요가 없기 때문이다.

새의 꼬리가 효율적이고 잘 작동하는 이유는 조상 대대로 전해 내려온 유전자가 그것을 만들었기 때문이다. 현대 새의 조상들은 조상의 정의상 성공한 개체들이다. 성공하지 못한 새들은 후손을 남기지 못했기 때문이다. 제대로 된 꼬리를 갖지 못했다면 그 새는 조상이 되지 못했을 것이다. 따라서 새의 현대 후손들이 가지고 있는 유전자들은 제대로 된 꼬리를 만들었던 것들이다. 새의 꼬리도 그렇고, 동식물의 다른 모든 속성이 마치 영리한 누군가가 목적을 염두에 두고 설계한 것처럼 보이는 이유가 여기에 있다. 하지만 이때의 목적은 목적처럼 보이는 '제1형 목적'이다.

하지만 비행기 꼬리는 실제로 영리한 누군가가 목적을 염두에 두고 설계했다. 나는 이런 유형의 목적을 '제2형 목적'이라고 부른다. 제2형 목적은 우리가 하는 설계, 계획, 목표와 관련이 있는 종류의 목적이다. 비행기 꼬리의 목적은 비행기를 안정화시키는 것이라고 말할 때 우리는 제2형 목적에 대해 말하는 것이다. 우리는 설계자의 머릿속에 있는 목적에 대해 말하고 있다.

나는 깃털, 눈, 척추에 생존가가 있는 것과 마찬가지로, 제2형 목적이 실제로 생존가(제1형 목적)를 지닌 진화한 적응이라고 주장한다. 뇌는 뇌를 만드는 유전자들의 생존을 돕는 다양한 능력을 갖추도록 진화해왔다. 우리는 뇌를, 그것을 만든 유전자들에게 이로운 방식으로 몸의 행동을 통제하는 '내장 컴퓨터'로 볼 수 있다. 뇌의 유용한 능력들 중에는 외부 세계의 이런저런 측면들을 인식하는 능력, 무언가를 기억하는 능력, 어떤 행동이 좋은 결과를 초래하고 어떤 행동이 나쁜 결과를 야기하는지 행동의 결과를 학습하는 능력, 상상력으로 가상 모델을 만드는 능력, 그리고 내 주장의 핵심인, 제2형 목적의 의미에서 목적이나 목표를 설정하는 능력이 있다. 목표나 목적(제2형)을 갖는 능력은 빨리 달리는 능력이나 분명하게 보는 능력과 동일한 의미에서 생존가 또는 제1형 목적을 지닌 적응이다.

나는 뇌가 내장된 컴퓨터라고 말했다. 뇌가 인간이 만든 전자 컴퓨터와 정확히 똑같은 방식으로 작동한다는 말이 아니다. 확실히 그렇지 않다. 하지만 뇌는 내장된 컴퓨터처럼 일하고, 컴퓨터 과학의 원리와 기술들 중 일부는 뇌에도 적용된다. 그렇다면, 내장 컴퓨터가 목표를 설정하고 목적(제2형)을 갖는 것이 왜 유용할까? 인간이 만든 전자 기계도 실제로 목적(제2형)을 가지고 있을까?

그렇다. 확실히 가지고 있다. 이는 컴퓨터가 의식이 있다는 뜻이 아니다. 기계는 의식이 없지만 그럼에도 기계가 목표를 가지고 있다고 말하는 것은 여전히 합리적이고 유용하다. 비행기처럼 움직이는 표적을 추적하는 유도미사일을 생각해보라. 미사일은 탑재된 자체 컴퓨터로 제어되고, 이 컴퓨터는 레이더나 열을 이용해, 또는 기타 감지 기관으로 표적의 위치를 탐지한다. 탑재된 컴퓨터는 미사일과 표적의 위치 차이를 측정하고, 미사일의 모터와 조종면을 조작해서 위치 차이를 줄인다. 만일 표적 비행체가 나선형으로 회전하며 선회하는 회피 행동을 하면, 훌륭한 미사일은 자동적으로 대응조치를 취한다. 미사일은 자신과 비행체 사이의 간격을 좁히기 위해 유연하고 융통성 있게 행동한다. 마치 컴퓨터가 표적에 대한 그림(즉 제2형 목적)을 가지고 있는 것처럼 행동한다.

대포알에는 이런 성질이 없다. 대포에서 표적을 향해 발사될 뿐이다. 일단 발사된 대포알은 표적을 추적해서 날아가지 않는다. 표적의 선회하는 회피 행동을 추적하지 않는다. 대포알에는 컴퓨터가 탑재되어 있지 않으며, 제2형 목적도 없다. 물론 대포알은 목적을 염두에 두고 설계되었다. 사실 대포알의 목적은 유도미사일의 설계자가 생각한 목적과 거의 같다. 두 종류의 발사체는 설계상의 목적에서는 크게 다르지 않다. 둘의 차이는 작동 방식이다. 대포알은 고철덩어리일 뿐이다. 유도미사일은 자체 컴퓨터를 탑재하고 있고 그 컴퓨터에는 제2형 목적이 들어 있다. 유도미사일은 마치 목적을 지닌 사람을 싣고 다니는 것처럼 행동한다.

인간 설계자가 무기에 자체 목적(제2형)을 지닌 컴퓨터를 탑재하는 것이 편리하다는 사실을 깨달았듯이, 자연선택은 몇몇 생명체에 동일한 설비를 내장했다. 유도미사일이 대포알보다 더 효과적인 무기인 것처럼, 목적을 유연하게 추구하는 뇌를 가진 동물은 뇌가 없거나 틀에 박힌 경직된 뇌를 지닌 동물보다 더 효과적인 포식자다.

어떤 생물들은 컴퓨터 없이도 잘 산다. 식물들은 이동하지 않으며 뇌를 가지고 있지도 않다. 하지만 대부분의 동물은 이리저리 이동하고, 그것도 대포알보다는 유도미사일을 연상케 하는 정교한 방식으로 이동한다. 많은 동물이 간단한 종류의 유도미사일이다. 구더기는 빛에서 멀어지는 쪽으로 스스로를 유도하는, 놀랍도록 간단한 규칙을 따른다. 구더기가 이쪽저쪽으로 머리를 돌리면, 내장 컴퓨터가 양쪽의 빛 강도를 비교해 빛의 세기가 같아지도록 구더기를 움직이게 한다. 한 실험에서 구더기가 왼쪽으로 몸을 돌릴 때마다 불을 켜고 오른쪽으로 돌릴 때마다 불을 껐더니, 구더기는 무한히 오른쪽으로 빙빙 돌았다. 물론 자연에서는 빛이 그렇게 짜증 나는 방식으로 켜졌다 꺼졌다 하지 않으므로, 구더기의 행동 규칙은 구더기를 어두운 쪽으로 이끄는 효과적인 유도장치로 작동한다. 그렇다고 우리가 구더기에게 우월감을 가질 이유는 없다. 신생아들도 젖가슴을 찾을 때 머리를 이쪽저쪽으로 돌리는 비슷한 기법을 사용한다는 증거가 있다.

동물들도 인간 공학자들이 개발한 기술들처럼, 점점 정교해지는 다양한 유도 시스템을 사용한다. 잠자리는 작은 벌레를 사냥할 때 곤두박질치며 급강하하고 몸을 비틀고 회전하는 등 유도미사일과 같은 유연성을 보인다. 큰 눈으로 움직이는 표적의 위치를 감지하고, 뇌를 사용해 조종면의 움직임을 계산하며 표적을 추격해 잡는다. 잠자리가 이런 행동을 하는 것은 잠자리의 뇌에 목표나 목적(제2형)이 설정되어 있기 때문이라고 해석하는 것이 합리적이다. 잠자리가 각다귀를 추격할 때 잠자리 머리 안에서 일어나는 종류의 계산과, 전투기를 추격할 때 유도미사일에서 일어나는 계산이 비슷할 것이다. 마찬가지로 박쥐와 고래, 그리고 인간이 만든 잠수함에 있는 음파 탐지 장치들도 아마 비슷할 것이다.

잠자리와 박쥐가 먹이를 의식하는지 자동 유도미사일처럼 타고나는지 나는 모른다. 아마 잠자리는 의식이 없을 것이다. 박쥐는 있을지도 모르고, 고래는 거의 확실히 있을 것이다. 나는 나 자신이 목표를 의식한다는 것을 알고 있으며, 타인들도 마찬가지일 거라고 생각한다. 나는 의식적인 목표 추구가 자연의 사이버네틱스 기술의 가장 발전된 형태라고 주장하고 싶다. 의식적인 목표 추구는 잠자리의 행동에 비하면 발전이다. 빠르게 회전하고 도는 잠자리가 머리를 좌우로 번갈아 흔들며 막연하게 올바른 방향을 더듬더듬 찾아 나아가는 구더기에 비하면 발전인 것처럼.

진보한 목표 추구 기계의 주요 장점 중 하나는 유연성이다. 다른 목표를 추구하도록 재프로그램하기가 쉽다는 뜻이다. 적군의 미사일을 포획하면, 애초에 그것을 만든 적을 찾아내 파괴하도록 미사일을 재프로그램할 수 있을 것이다. 이런 유연성과 융통성이 미사일이 목표를 달성할 수 있게 해주는데, 바로 그런 성질 덕분에 미사일은 아주 쉽게 새로운 목적을 가질 수 있다.

여기서 내가 처음에 제기한 문제로 돌아간다. 왜 인간은 자기 유전자의 생존 및 증식과 무관한 목표들을 추구하는 것처럼 보일까? 왜 우리는 돈을 벌고, 멋진 칸타타를 작곡하고, 전쟁이나 선거 또는 체스와 테니스 게임에서 이기는 것 같은 목표를 추구할까? 왜 우리 목표들은 하나같이 유전자를 퍼뜨리는 핵심 목표와 관련이 없을까?

내가 생각하는 답을 말해보겠다. 목표를 설정하는 능력, 그리고 목표 추구 기계를 빠르고 유연하게 재프로그램할 수 있는 능력은 자연선택이 우리에게 심어놓은 것이다. 유연성과 재프로그램 가능성이라는 고유한 특성을 가진 이 목표 추구 능력은 엄청나게 유용한 뇌 기술이다. 물론 유전자를 퍼뜨리는 데 유용하다는 뜻이다. 목표 추구 능력이 애초에 진화한 이유가 그것이다. 하지만 그것은 본질적으로 전복의 씨앗을 품고 있다. 바로 그 유연한 재프로그램 능력 때문에 새로운 목표를 추구하기가 매우 쉽다.

하지만 유연한 재프로그램 가능성이라는 미덕에는 역설적인 면이 있다. 만일 한 기계가 너무 쉽게 목표를 변경한다면 그 기계는 어떤 목표도 달성하지 못할 것이다. 따라서 새로운 목표를 설정할 때의 유연성과 목표를 추구할 때의 끈질긴 고집을 혼합할 필요가 있다. 우리 뇌는 유전자의 생존과 직접 관련된 목표에서 벗어나 종교, 애국심, '사명감', '당에 대한 충성심' 같은 새로운 임의적 대의를 채택할 수 있을 만큼 유연하다. 하지만 일단 재프로그램되면 평생을 바쳐 이 새로운 대의를 추구할 만큼 고집스럽다. 게다가 (이것은 또 하나의 역설인데) 고집스럽게 추구하는 목표를 위해 새로운 하위 목표를 설정하는 데 뛰어난 융통성과 유연성을 보여준다. 유연성과 고집 사이의 이 미묘한 상호작용은 매우 중요한 결과를 초래하기 때문에, 우리는 그것을 이해하기 위해 열심히 노력해야 한다.

내 중심 주제로 돌아가면, 자연선택은 애초에 우리에게 추구하고 노력하는 능력, 장기적 목표를 위해 단기적 목표를 설정하는 능력, 그리고 궁극적으로는 선견지명을 심어놓았다. 자연선택이 애초에 이런 능력들을 심었을 때 단기적이든 장기적이든 목표는 언제나 유전자의 생존이라는 궁극적 목표를 돕는 것이었다. 하지만 목표 추구의 유연성 때문에 최종 목표 자체가 전복될 가능성이 늘 있었다. 이기적 유전자의 관점에서 보면, 생존 기계가 너무 영리해진 것이다. 신경계 기술의 대혁신인 유연한 재프로그램 능력이 원래의 다윈주의적 목적을 달성할 수 있는 수준을 뛰어넘었다.

우리 안의 유연한 컴퓨터의 관점에서 보면, 이기적 유전자 퍼뜨리기라는 원래 목적의 속박을 벗어나는 것은 윌리엄 워즈워스가 프랑스혁명에서 맛본 짜릿한 해방일 수 있다. "그날 새벽에 살아 있다는 것만도 행복이었고 젊다는 것은 천국 그 자체였다." 짐작건대 우리 종은 이런 해방을 맛본 지 얼마 되지 않았을 것이다. 비록 인간의 뇌가 오랫동안 매우 유연했다 해도, 내장 컴퓨터들이 생존 기계를 본격적으로 탈취한 것은 아마 언어가 생기면서부터였을 것이다. 언어는 대규모 사람들이 개인의 한평생보다 더 오래 추구할 수 있는 공동의 목표를 설정할 수 있게 해주었기 때문이다. 한 명의 발명가가 교통수단을 개선하겠다는 목표를 설정하고 바퀴를 만든다고 치자. 그러면 후세대 발명가들은 동일한 목표를 추구했던 전임자들의 축적된 업적을 바탕으로 초음속 여객기와 우주왕복선을 제작할 수 있다. 이것은 새로운 종류의 진화로, 표면적으로는 생물학적 진화와 비슷하고 유사한 방식으로 기술 발전을 만들어내지만 그 속도는 100만 배나 빠를 수 있다.

이 새로운 종류의 진화가 보여주는 속도에, 새로운 목표를 채택하는 인간 뇌의 재프로그램 능력이 합쳐지고, 거기다 일단 채택된 목표를 끈질기게 추구하는 고집까지 더해진다고 상상하면, 자못 두려워진다. 이것은 위험의 불씨를 품고 있기 때문이다. 서로 경쟁하는 인간 집단들이 양립 불가능한 목표를 채택하기는 너무나도 쉽다. 예를 들어, 영토 분쟁에서 땅을 서로 요구하는 애국적 또는 종파적 주장을 보라. 첨단 유도미사일처럼 우리는 목표를 끈기 있게 추구하며 목표 달성을 위한 하위 목표를 유연하게 설정할 수 있다. 최종적으로, 우리가 추구해온 공동의 기술적 목표에 힘입어 문화적 진화가 급속도로 빨라지면서 파괴적인 기술 무기를 배치할 수 있기에 이르렀다. 우리 종의 '축복된 새벽'이 프랑스혁명에서 워즈워스가 본 것처럼 변질되지 않기를 바라야 한다. 희망을 가질 근거가 있다. 우리 뇌가 가진 유연성, 융통성, 선견지명은 장엄한 다윈주의적 진화 과정을 폭주로 몰아넣음으로써 우리를 위협하지만, 잘만 사용한다면 우리의 구세주가 될 수도 있다.

6

소우주 안의 세계들

1888년, 종교와 철학에 관심을 가진 스코틀랜드의 저명한 변호사이자 판사 애덤 로드 기퍼드Adam Lord Gifford가 스코틀랜드의 4대 대학인 세인트앤드루스, 에든버러, 글래스고, 애버딘 대학교에서 매년 자연신학 시리즈 강연을 열었다. 1992년 글래스고대학교에서 나에게 100주년 기념 기퍼드 강연 중 하나를 요청했고, 나는 영광으로 여기며 수락했다.

1993년 닐 스퍼웨이Neil Spurway가 편집한 같은 제목의 책으로 출간된 이 시리즈 강연의 제목은 '인류, 환경, 그리고 신Humanity, Environment and God'이었다. 무신론자 강연자였던 나에게 그 경험은 《성경》에 나오는, 사자굴 속에 던져진 다니엘 같지는 않았다. 현대 신학자들은 꽤 과학 친화적인데, 100주년 시리즈 강연에 참여한 다른 강연자들이 그 사실을 증명해주었다. 요크 대주교이자 과학자 존 해브굿John Habgood, 진보적인 신학자 돈 큐피트Don Cupitt, 전 예수회 수도사 앤서니 케니Anthony Kenny, 그리고 종교적인 물리학자 존 배로John Barrow 등. 나는 그 경험을 즐겼다.

살아 있는 유기체는 그 유기체가 살아가는 세계의 모델입니다. 이상한 말처럼 들릴지도 모르지만, 제가 왜 그렇게 생각하는지 곧 알게 될 겁니다.

하지만 제가 '모델'이라고 말할 때 그 의미에는 이상할 게 없습니다. 그것은 일반적인 과학적 용법입니다. 모델은 실제 사물의 몇몇 중요한 측면을 본뜬 것입니다. 우리 눈에 실제 사물의 복제품처럼 보이는가는 중요하지 않습니다. 즉, 어린이의 장난감 기차도 모델이지만 철도 시간표도 모델입니다. 저는 모델의 과학적 의미를 할아버지에게 처음 배웠습니다. 라디오가 막 발명되었던 당시 제 할아버지는 마르코니사(1987년까지 운영된 영국 통신회사—옮긴이)에 입사한 젊은 엔지니어들에게 강의를 하셨습니다. 라디오와 음향학 모두에 중요한 사실인, 아무리 복잡한 파형도 진동수(주파수)가 다른 단순한 파동들로 분해할 수 있다는 사실을 설명하기 위해, 할아버지는 다양한 직경의 바퀴를 구해 피스톤과 함께 빨랫줄에 부착했습니다. 바퀴가 돌면, 빨랫줄이 위아래로 흔들리며 움직임의 물결이 빨랫줄을 따라 뱀처럼 꿈틀거렸죠. 꿈틀거리는 빨랫줄은 전파의 '모델'이었고, 그것은 학생들에게 파동이 어떻게 합쳐지는지를 수학 방정식보다 더 생생하게 보여주었습니다.

지금이었다면 할아버지는 빨랫줄 대신 컴퓨터 화면을 사용했을지도 모릅니다. 그런데 다시 생각해보니, 그러지 않으셨을 것 같습니다. 할아버지는 비록 컴퓨터시대까지 사셨지만 컴퓨터의 아름다움을 절대 이해하지 못했고, 컴퓨터가 게으른 사람들의 계산기일 뿐이라는 잘못된 믿음을 가지고 돌아가셨으니까요. 저는 할아버지께 컴퓨터는 할아버지의 빨랫줄과 같다고 설명했어야 했습니다. 수학과 공학의 다른 많은 모델과 마찬가지로, 빨랫줄 모델은 아날로그나 디지털 컴퓨터의 전파와 파동뿐만 아니라 음파와 파도 등 여러 가지를 동시에 표현하는 모델이라는 중요한 사실을 말이죠. 이는 모든 파동의 행동을 기술하는 수학 방정식이 근본적으로 비슷하기 때문입니다. 모든 물리 시스템은 다른 물리 시스템의 모델로 볼 수 있으며, 수학자들은 일군의 방정식에도 '모델'이라는 단어를 사용합니다.

할아버지의 빨랫줄은 교육 보조 도구였지만, 공학자들은 모델을 계산이 어려운 문제들을 해결하는 보다 실용적인 목적으로 사용할 수 있습니다. 새로운 비행기가 실제로 제작되기 훨씬 전에 그것의 외형만을 모방한 모델을 풍동風洞(공기의 흐름이 비행기에 미치는 영향을 시험하기 위한 터널형 인공 장치—옮긴이)에서 철저하게 시험합니다. 수학자들은 특정 형태가 일으키는 난기류 패턴을 이론적으로 계산할 수 있지만, 이런 패턴들은 너무 복잡하고 수학은 너무 어려워서, 풍동에서 비행기 모델을 시험하는 것이 무한히 더 빠릅니다(이번만큼은 과장이 전혀 아닙니다). 다시 말하지만, 컴퓨터 모델은 풍동에서 일어나는 일을 대신할 수 있지만, 성능이 매우 뛰어난 컴퓨터여야 합니다.

훨씬 더 복잡한 난기류 패턴은, 자전하는 지구에서 소용돌이치며 우리에게 날씨를 가져다주는 바람과 해류에서 비롯됩니다. 여기가 완벽한 세계라면, 수학자에게 현재의 풍향, 풍속, 기온, 그리고 전 세계에서 측정된 이 수치들의 변화율을 제공할 경우 다음 주 날씨를 한 치의 오차도 없이 계산할 수 있을 것입니다. 실은 다음 세기의 날씨도 알 수 있습니다. 하지만 실제로는 누가 그런 방대한 계산을 할 수 있다고 하면 농담인 줄 알 겁니다. 심지어는 어느 정도로만 정확한 예측도 며칠 앞까지만 가능합니다.

현재 점점 더 신뢰를 얻고 있는 입장과 같이, 날씨 패턴이 '카오스 이론'의 의미에서 결정론적이라면 문제는 더 심각합니다(카오스 이론에 따르면 모든 사건은 초기 조건의 아주 작은 차이에 의존하기 때문에 예측이 어려워진다—옮긴이). 현대의 기상예보관들은 사실 지구 날씨에 대한 매우 단순화된(하지만 여전히 매우 정교한) 컴퓨터 모델을 사용합니다. 이 모델은 장난감 기차처럼 눈에 보이는 복제품이 아닙니다(컴퓨터 화면에 눈에 보이는 '판독값'이 있을 수는 있습니다. 그것은 아마 위성이 모델 세계의 높은 곳에서 내려다볼 때 보이는 것을 시뮬레이션한 사진일 겁니다). 이 모델은 동적 모델로, 전 세계 기상대, 선박, 비행기, 기구, 그리고 위성에서 새로운 정보가 들어옴에 따라 지속적으로 업데이트되며, 업데이트된 정보를 토대로 지속적인 계산이 이루어집니다. 예측을 하기 위해 기상예보관들은 이 모델을 '미래'로 자유롭게 실행할 수 있습니다.

생물학자인 저는 컴퓨터시대의 오락실 게임에 끝없이 매료됩니다. 게임에서 플레이어는 경주용 자동차의 운전석처럼 보이는 좌석에 앉아 한 손으로는 운전대를 잡고 다른 손으로는 기어를 잡습니다. 그 사람(잘 보면 플레이어 본인이 아닙니다) 앞에 있는 화면에는 전방의 도로를 시뮬레이션하는 움직이는 컬러 이미지가 나타납니다. 나무와 기타 사물들이 멀리서 작게 보이다가, 차가 다가가면 갑자기 커지고, 그러고는 순식간에 사라집니다. 경쟁 차량들이 전방 도로에 나타나면, 플레이어의 기술에 따라 추월하거나 충돌합니다. 스피커에서 들리는 엔진 소음은 운전자의 조작에 따라 변합니다. 실제 사물과의 유사성은 솔직히 아주 조잡한 수준이지만, 우리의 감각은 그것을 놀랍도록 생생하게 느낍니다. 하지만 '실제로' 일어나는 일은 스크린 뒤의 컴퓨터 메모리에 있는 셀cell들이 (예를 들어) 3볼트에서 0볼트로, 그리고 다시 빠른 속도로 상태를 바꾸고 있는 것뿐입니다.

게임의 창시자인 프로그래머는 이 가상 세계를 만들기 위해 현실의 상당 부분을 구현해야 했습니다. 그는 자신이 만드는 가상 세계에 각각의 나무와 언덕을 어디에 놓을지 결정해야 했죠. 어떤 의미에서 보면, 고정된 '공간적' 관계를 가진 고유한 지리와 랜드마크가 있는 일종의 경주용 서킷이 컴퓨터 안에 있는 셈입니다. 모델 자동차는 프로그램된 '현실'의 법칙을 따르는 풍경 속을 수학적 의미에서 '이동'합니다. 프로그래머가 원한다면, 그의 가상 자동차가 현실의 일반적인 법칙을 위반하게 만들 수도 있습니다. 예를 들어, 자동차 한 대가 갑자기 두 대로 쪼개지거나 말로 변할 수도 있겠죠. 하지만 이런 게임은 상업적으로 매력이 없을 겁니다.

오락실의 경주용 자동차를 떠올려보십시오. 곧 알게 되겠지만, 그것은 우리 뇌가 현실을 인식하는 방식에 대해 무언가를 말해줍니다. 그러나 저는, 동물의 뇌에 세계를 시뮬레이션한 모델이 들어 있다고 말하는 대신(이것은 사실이지만 이 문제는 잠시 후 다루겠습니다), 동물 자체가 세계의 모델이라고 했습니다. 이게 무슨 뜻일까요? 이 말의 뜻에 접근하는 한 가지 방법은, 훌륭한 동물학자에게 어떤 동물을 주고 그 동물의 몸을 충분히 자세하게 조사하고 해부할 수 있게 하면 그 동물이 살았던 세계의 거의 모든 것을 재구성할 수 있어야 한다는 사실을 깨닫는 것입니다. 더 정확히 말하면, 그 동물학자는 그 동물의 조상들이 살았던 세계들을 재구성하게 될 겁니다. 물론 이런 주장은 동물의 몸이 주로 자연선택을 통해 형성된다는 다윈주의 가정에 근거를 두고 있습니다. 다윈의 이론이 옳다면, 동물은 자신의 조상들이 조상이 될 수 있게 해준 속성들을 물려받은 계승자일 것입니다. 만일 그 조상들이 그런 성공적인 속성을 갖지 못했다면 그들은 조상이 되지 못하고 후세 없이 생을 마쳤겠죠.

그렇다면 조상들이 될 수 있게 해준 속성들은 무엇일까요? 우리가 한 동물을 조사할 때 그 동물의 몸에서 찾아야 하는 속성들은 무엇일까요? 정답은, 그 종의 개체가 자신의 환경에서 생존하고 번식하는 것을 돕는 모든 것입니다. 만일 그 종이 사막에 산다면, 개체들은 뜨겁고 건조한 환경에서 생존하기 위해 필요한 모든 속성을 물려받게 될 것입니다. 만일 그 종이 열대우림에 산다면, 개체들은 찜통 같은 습기 속에서 살아남기 위해 필요한 모든 속성을 물려받겠죠. 종마다 한두 가지 속성이 아니라 수백수천 가지 속성을 물려받을 것입니다. 이런 까닭으로, 과학계에 알려지지 않은 새로운 종을 지식이 풍부한 동물학자에게 주면, 그는 그 동물의 몸을 '읽어' 그 동물이 사막, 열대우림, 북극 툰드라, 온대삼림 지대, 산호초 등 어떤 종류의 환경에서 살았는지 알아낼 수 있어야 합니다. 그 동물학자는 동물의 이빨과 장을 읽고 그 동물이 무엇을 먹었는지 말해줄 수 있을 것입니다.

납작한 맷돌처럼 생긴 이빨을 가졌다면 초식동물, 날카로운 송곳 같은 이빨을 가졌다면 육식동물이었다는 뜻입니다. 복잡하게 구불구불 꼬인 긴 소장이 있다면 초식동물, 짧고 단순한 소장이 있다면 육식동물이었다는 뜻입니다. 동물학자는 동물의 발이나 눈을 포함한 감각기관을 읽고 그 동물이 어떻게 먹이를 찾았는지 알아낼 수 있어야 합니다. 또한 그 동물의 줄무늬나 섬광, 뿔, 가지 달린 뿔, 볏을 읽으면 그 동물의 사회생활과 성생활에 대해 무언가를 알아낼 수 있어야 합니다.

하지만 동물학은 갈 길이 멉니다. 새로 발견된 종의 몸을 '읽음'으로써 현재는 서식지와 생활방식에 대한 대략적인 판단만을 할 수 있을 뿐입니다. 여기서 대략적이란, 컴퓨터가 생기기 전의 일기예보가 대략적이었다는 것과 같은 뜻입니다. 하지만 미래의 동물학자는 동물에서 '읽어낸' 해부 구조와 화학적 성질의 더 많은 측정치를 컴퓨터에 입력할 것입니다. 게다가 더 중요한 사실이 있습니다. 미래의 컴퓨터는 단지 이빨, 장, 위의 화학적 정보를 제각기 따로 취급하지 않을 것입니다. 정보들을 결합하고 그것의 상호작용을 분석하는 기술을 점점 발전시켜서 엄청나게 위력적인 추론을 이끌어내겠죠. 이 낯선 동물의 몸에 대해 알려진 모든 것을 통합함으로써 그 동물의 세계에 대해 어떤 날씨 모델만큼이나 정확한 모델을 구축할 것입니다. 저는 이런 의미에서 모든 동물은 자신의 세계, 또는 조상들이 살았던 세계의 모델이라고 생각합니다. 이것이 바로 제가 처음에 말한 문장이었죠.

몇몇 경우, 동물의 몸은 인형이나 장난감 기차와 똑같은 의미로 자기 세계의 모델입니다. 대벌레는 나뭇가지라는 세계에서 사는데, 대벌레의 몸은 나뭇가지를 정확히 본뜬 모델입니다. 새끼 사슴의 털가죽은 햇빛이 나무를 통과해 숲 바닥에 비칠 때의 얼룩덜룩한 패턴을 본뜬 모델입니다. 얼룩나방의 몸은 그 나방이 쉬는 장소인 나무껍질에 붙어 있는 이끼를 꼭 본뜬 모델이죠. 하지만 똑같이 본뜨는 것만이 모델이 아닙니다. 한 동물의 털가죽이나 깃털이 말 그대로 그 동물이 사는 세계의 특징을 닮는 건 빙산의 일각에 불과합니다. 배경을 모방하기 위해 위장을 하든 하지 않든, 모든 동물은 자신이 사는 세계의 상세한 모델입니다.

이 논증의 다음 단계로 가려면, 정적인 모델과 동적인 모델의 차이를 활용해야 합니다. 철도 시간표는 정적인 모델인 반면, 컴퓨터 날씨 모델은 동적인 모델입니다. 날씨 모델은 전 세계에서 들어오는 새로운 데이터에 의해 자주(첨단 시스템에서는 지속적으로) 업데이트됩니다. 동물의 몸의 일부 측면은 세계에 대한 정적인 모델입니다. 예를 들어, 맷돌처럼 납작한 말의 이빨이 그런 경우죠. 하지만 다른 측면들은 역동적입니다. 즉, 변합니다. 변화는 때로는 느리게 일어납니다. 다트무어 조랑말은 겨울에는 복슬복슬한 털가죽을 기르지만 여름에는 털가죽을 벗습니다. 조랑말의

가죽을 동물학자에게 주면 그는 조랑말이 살았던 장소의 종류뿐 아니라 조랑말이 어느 계절에 잡혔는지도 '읽어낼' 수 있습니다. 북극여우, 눈신토끼, 들꿩처럼 북반구 고위도 지역에 사는 많은 동물은 겨울에는 몸 색깔이 하얗고 여름에는 갈색을 띱니다.

이런 사례들에서 한 동물이 구현하는 세계 모델은 주나 월 단위의 느린 시간 척도에서 역동적입니다. 하지만 동물들은 초 단위 또는 그보다 훨씬 더 빠른 시간 척도에서도 역동적입니다. 이것은 행동의 시간 척도입니다. 행동은 환경에 대한 고속 동적 모델로 볼 수 있습니다. 재갈매기가 해안 절벽의 상승기류를 능숙하게 타는 모습을 상상해보십시오. 재갈매기는 날개를 퍼덕이지는 않을지도 모르지만, 그렇다고 날개 근육이 가만히 있는 건 아닙니다. 재갈매기의 날개 근육과 꼬리 근육은 끊임없이 미세 조정을 하고 있습니다. 미묘한 변화가 생길 때마다, 주변 공기의 소용돌이에 따라 비행 표면을 민감하게 미세 조정하죠. 만일 우리가 이 모든 근육의 상태를 순간순간 컴퓨터에 입력한다면, 컴퓨터는 원칙적으로 그 새가 타고 있는 기류의 모든 세부 사항을 재구성할 수 있을 것입니다. 컴퓨터는 이 새가 잘 설계되어 있다고 가정하고, 그 가정에 따라 새 주변 공기에 대한 모델을 구축할 것입니다.

다시 말씀드리지만, 이것은 기상예보관이 사용하는 모델과 같은 의미의 모델입니다. 둘 다 새로운 데이터에 의해 지속적으로 수정되죠. 둘 다 기존의 자료를 바탕으로 미래를 추정합니다. 기상 모델은 내일 날씨를 예측하고, 재갈매기 모델은 다음 순간으로 활공하려면 날개와 꼬리 근육을 어떻게 조정해야 하는지 새에게 '조언'할 수 있습니다.

요컨대, 어떤 인간 프로그래머도 아직 갈매기에게 날개와 꼬리 근육을 조정하는 방법을 조언하는 컴퓨터 모델을 만들지 못했지만, 방금 예로 든 재갈매기와 그 밖의 모든 비행하는 새의 뇌에서는 그런 '컴퓨터' 모델이 지속적으로 돌아가고 있는 것이 거의 확실합니다. 유전자와 과거 경험을 토대로 대략적으로 프로그램된 후 매순간의 데이터에 의해 지속적으로 업데이트되는 엇비슷한 모델이 모든 헤엄치는 물고기, 모든 질주하는 말, 반향정위를 사용하는 모든 박쥐의 두개골 안에서 실행되고 있습니다.

케임브리지대학교의 생리학자 호러스 발로Horace Barlow는 오래전에 제가 지금 지적하고 있는 점과 일맥상통하는, 감각생리학에 대한 흥미로운 견해를 발전시켰습니다. 그의 개념을 이해하고 그 개념이 제 주제와 어떤 관계가 있는지 알기 위해서는 주제를 약간 벗어날 필요가 있습니다. 발로는 먼저, 감각인식 시스템이 맞닥뜨리는 중대한 문제를 지적했습니다. 감각인식 시스템은 가능한 모든 자극 패턴의 한 부분집합에 반응하는 동시에 나머지 자극에는 반응하지 않아야 합니다. 예를 들어, 특정인의 얼굴을 인식하는 문제를 생각해보죠. 관습적으로 그 얼굴은 저명한 신경생리학자 제롬 레트빈Jerome Lettvin의 할머니 얼굴로 가정됩니다. 레트빈의 인식 시스템은 망막에 다른 어떤 상도 아닌 할머니 얼굴의 상이 맺힐 때 반응해야 합니다. 상이 항상 망막의 특정 부분에 정확히 맺힌다고 가정할 수 있다면, 이건 쉬운 일이겠죠. 예를 들어 열쇠구멍처럼 되어 있다고 상상해보십시오. 즉, 망막의 한 영역을 이루는 세포들이 할머니 형태를 하고 있고, 그 영역과 중추신경계에 있는 할머니 감지 세포가 연결되어 있는 겁니다. 이때 다른 세포들, 즉 '열쇠구멍에 해당하지 않는' 세포들은 반응이 억제되어야 합니다. 그렇지 않으면 중추신경계의 할머니 감지 세포가 백지를 봐도 레트빈의 할머니를 볼 때만큼이나 강하게 반응할 테니까요.

하지만 망막에 모든 상에 대한 열쇠구멍을 배치하는 건 실현 가능하지 않습니다. 설령 레트빈이 할머니만 알아보면 된다 해도, 할머니가 다가오거나 물러나거나 옆으로 돌 때마다 망막의 다른 영역에 맺히는 각기 다른 크기와 모양의 상에 어떻게 대처할 수 있을까요? 열쇠구멍과 열쇠의 가능한 모든 조합을 더하면 그 수는 천문학적 수준에 이를 것입니다. 레트빈이 할머니의 얼굴뿐 아니라 수백 명의 얼굴, 할머니와 다른 사람들의 다른 모든 부분, 알파벳의 모든 글자, 보통 사람이라면 즉시 이름을 말할 수 있는 수천 개의 사물을 인식할 수 있다는 사실을 떠올려보세요. 조합의 수는 통제 불능의 수준에 이를 겁니다.

심리학자 프레드 애트니브Fred Attneave는 발로와 똑같은 일반 이론에 독자적으로 도달했고, 상을 인식하는 부담을 다음과 같은 계산을 통해 극적으로 표현했습니다. 만일 각각의 열쇠구멍 조합에 대응하는 중추신경 세포가 하나씩 있다면, 뇌 용량은 세제곱 광년 단위에 이를 거라고 했죠.

그렇다면 뇌 용량이 고작 수백 세제곱센티미터밖에 되지 않는 우리가 이 정보를 어떻게 처리할까요? 발로는 우리가 감각 정보의 어마어마한 중복성을 이용한다고 말합니다. 중복성을 감지하는 회로(계층구조를 이루고 있습니다)를 통해 중복되는 정보를 줄이는 거죠. 이 중복 탐지기는 레트빈의 할머니와 같은 특정 사물을 탐지하는 대신, 통계적 중복성을 탐지합니다.

'중복성redundancy'은 정보이론에서 사용하는 전문용어로, 수신자가 이미 정보를 알고 있기 때문에 정보로서의 가치가 없는 메시지나 메시지의 일부를 말합니다. 신문은 '오늘 아침에 태양이 떴다'라는 기사를 싣지 않습니다. 하지만 어느 날 아침 갑자기 태양이 뜨지 않으면, 그리고 그때도 혹시 살아 있는 기자가 있다면 그는 그 사건에 주목하겠죠. 엄밀하게 말하면, 한 메시지에는 가능한 신호 레퍼토리 중 일부 신호가 다른 신호보다 더 자주 발생하는 정도의 중복성이 포함되어 있습니다.

감각 정보에는 중복성이 가득합니다. 가장 이해하기 쉬운 예는 시간적 중복입니다. 시간 t에서의 세계 상태는 t-1에서의 세계 상태와 보통은 크게 다르지 않습니다. 예를 들어, 기온이 변하지만 보통 천천히 변합니다. 감각기관이 '덥다'라는 신호를 보내고 1초 후에도 정확히 같은 신호를 보낸다면 그건 시간낭비겠죠. 중추신경계는 한 번 덥다는 정보를 받으면 추가 공지가 있을 때까지는 덥다고 가정하면 됩니다.

'추가 공지'는 잘 설계된 감각 시스템이 무엇을 해야 하는지 실마리를 제공합니다. '덥다'라는 신호를 줄기차게 보내면 안 됩니다. 대신 기온 변화가 있을 때만 신호를 보내야 해요. 그러면 중추

신경계는 감각기관이 변화를 알려올 때까지는 현 상태가 유지되고 있다고 가정하면 됩니다. 생리학자들은 대부분의 감각기관이 정확히 이렇게 일한다는 것을 오래전부터 알고 있었습니다. 이 현상을 '감각 적응sensory adaptation'이라고 부릅니다.

[그림1]은 파리 털이 맥주에 반응해 내보내는 신경임펄스가 잠잠해지는 것을 보여줍니다. 파리 털이 처음 맥주를 감지하면 신경이 빠르게 발화합니다. 하지만 맥주가 그대로인데도 발화 속도는 '새 소식 없음'이라는 안정적이고 낮은 값으로 감소합니다.

그림 1

공간 영역에도 비슷한 중복이 존재합니다. [그림2]의 맨 위 그림은 우리가 실제로 보고 있는 장면입니다. 망막에서 빛이 떨어지는 지점을 '+'로 표시하고 어두운 지점을 '-'로 표시합니다. 가운데 그림에서 보다시피, 엄청난 중복이 존재합니다. 대체로 + 옆에는 +가 있고, - 옆에는 -가 있습니다. 맨 아래 그림은 중복을 제거한 것입니다. 가장자리에만 +와 -가 남아 있습니다. 이런 가장자리에만 신호를 보내면 됩니다. 정보가 중복되는 내부는 중추신경계가 알아서 채울 수 있습니다. 이 메커니즘을 '측면 억제lateral inhibition'라고 부릅니다. 줄지어 배열된 시각세포 집단의 모든 세포가 인접한 세포를 억제한다면, 가장자리에 있는 세포가 가장 크게 발화할 것입니다. 왜냐하면 한쪽에서만 억제를 받으니까요. 이런 식의 측면 억제는 척추동물과 무척추동물의 눈에서 다 흔합니다.

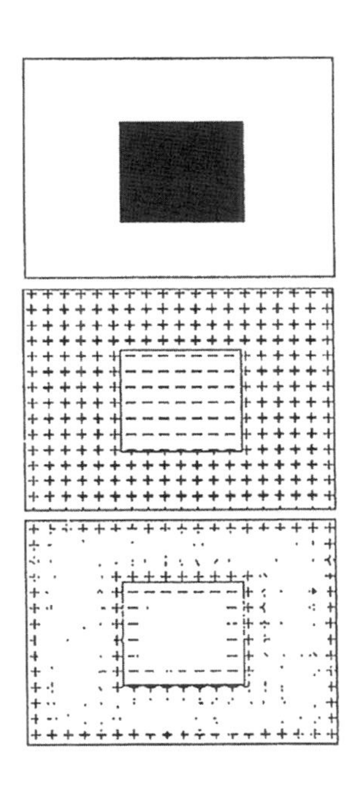

그림 2

직선은 또 다른 종류의 중복성을 가지고 있습니다. 직선의 경우는 끝점만 특정하면 중간은 알아서 채울 수 있습니다. 포유류의 시각피질에서 발견된 중요한 뉴런 가운데는, 특정 방향으로 향하는 선 또는 끝점을 골라내는 '선 탐지기'가 있습니다. 시각피질에 있는 각각의 선 탐지기 세포는 저마다 선호하는 방향이 있습니다. 발로는 다음과 같은 일이 일어난다고 봅니다. 선 탐지기가 없다면 직선을 따라 모든 세포가 발화할 테지만, 신경계는 끝점을 알리는 하나의 세포를 사용함으로써 발화를 줄입니다.

공간 속의 움직임은 정보가 풍부합니다. 시간적 변화가 정보가 풍부한 것과 마찬가지입니다. 앞에서 말한 온도 사례와 마찬가지로, 시야도 움직임이 없으면 지속적인 보고가 필요하지 않습니다. 하지만 시야의 한 부분이 갑자기 나머지 부분과 분리되어 작고 검은 파리처럼 배경을 기어가기 시작하면, 그것은 '뉴스'라서 알려야 하죠. 실제로 시각생리학자들은 시야에서 뭔가가 움직일 때까지는 침묵하는 뉴런을 계속 발견하고 있습니다. 이런 뉴런들은 시야 전체가 움직일 때는 반응하지 않습니다. 시야 전체가 움직이는 건 동물이 스스로 움직일 때 볼 수 있는 움직임과 같기 때문이죠. 뉴런은 시야의 일부가 나머지 부분에 상대적으로 움직일 때만 반응합니다. 이런 상대적 움직임 감지기 중 가장 유명한 것이 개구리 망막에서 제롬 레트빈과 움베르토 마투라나Humberto Maturana가 발견한 '벌레 탐지기'입니다.

한 동물이 돌아다니거나 눈동자를 돌릴 때 나타나는 세계의 움직임은 정보량이 적습니다. 즉, 중복성이 높습니다. 따라서 뇌에 도달하기 전에 걸러내야 하죠. 실제로 여러분이 걸어다닐 때, 여러분의 망막에 맺히는 상은 움직여도 여러분은 그것을 안정된 세계로 인식합니다. 이때 자신의 눈을 찌르면, 마치 작은 지진이 일어난 것처럼 보일 겁니다. 하지만 망막에 맺힌 상은 두 경우 모두 같은 방식으로 움직입니다.

에리히 폰 홀스트Erich von Holst와 호르스트 미텔슈테트Horst

Mittelstaedt의 유명한 재구심성 원리에 따르면, 차이는 이것입니다. 뇌가 눈 근육에 눈을 움직이라는 메시지를 보낼 때마다 뇌의 감각 영역에도 같은 메시지를 보내 눈의 움직임에 따른 세계의 위치 변화를 예상하고 정확한 양만큼 보정하라고 지시합니다. 뇌는 예상되는 움직임과 관찰된 움직임이 일치하지 않을 때만 움직임을 인식합니다. 다음과 같은 사실은 이 원리를 멋지게 증명합니다. 눈 근육이 마비된 사람들은 자신의 눈을 움직이려고 시도할 때마다 (의도한 방향과 같은 방향으로) 세계가 움직이는 것처럼 보입니다. 오래전부터 잘 알려진 사실이었죠. 이 사람들이 눈을 움직이려고 시도할 때 뇌는 움직임을 예상하고 그것을 보정하라는 지시를 받지만, 움직임은 실제로 일어나지 않기 때문에 세계에 대한 모델이 움직이는 것입니다.

시각피질이 세계의 나머지 부분에 비해 정보가 풍부한 움직임을 인식한다는 이야기로 돌아가봅시다. 레트빈과 그의 동료들은 개구리 뇌의 시각덮개optic tectum(동물이 그 환경에서 움직이는 무언가를 볼 때 눈의 움직임을 제어하는 부위로, 중뇌의 일부분에 속한다—옮긴이)에서 기본적인 '벌레 탐지기'의 변형된 버전을 발견했습니다. 우리가 다루는 주제의 관점에서 가장 흥미로운 점은 이른바 '동일성' 뉴런이라는 것입니다.

> 처음에 시야는 텅 빈 회색 반구와 같다. 세포는 일반적으로 조명을 켜고 끄는 것에 반응하지 않는다. 뉴런은 침묵을 지킨다. 회색 반구를 1~2도쯤 차지하는 작고 어두운 물체를 가져오면, 물체가

특정 지점에 이를 때 시야의 거의 모든 곳에서 세포가 갑자기 그것을 '알아챈다'. 그 후에는 물체가 가는 곳을 따라 세포가 반응한다. 물체가 움직일 때마다, 아주 작은 움찔거림에도 신경임펄스의 속도가 폭증한다. 그러다 속도가 느려지고, 물체가 보이는 한 그 상태가 지속된다. 만일 물체가 계속해서 움직이고 있다면, 회전이나 반전처럼 불연속적인 움직임이 있을 경우 신경임펄스의 속도가 폭증한다. 이때 느린 속도의 배경임펄스가 계속 이어지면서 시야에 물체가 있다는 것을 우리에게 알려준다. (신경임펄스는 자극이 가해질 때 신경섬유를 타고 전해지는 전압의 변화를 말한다.—옮긴이)

이는 마치 신경계가 자극 수위에 따라 반응을 조정하는 것처럼 보입니다. 즉, 예상치 못한 움직임에는 강하게 반응하고, 예상한 움직임에는 약하게 반응하거나 아예 반응하지 않는 것입니다. 코드 이론에서 가져온 발로의 표현으로 돌아가면, 신경계는 자주 발생하고 예상되는 메시지에는 짧고 경제적인 단어를 사용하고, 드물게 발생하고 예상치 못한 메시지에는 길고 덜 경제적인 단어를 사용한다고 말할 수 있습니다. 이를 다른 방식으로 표현하면—여기서 제 주제로 다시 돌아가는데—잘 조정된 신경계는 동물이 살고 있는 세계의 통계적 모델을 구현하는 코드 기호 사전을 가지고 있다고 말할 수 있습니다. 발로는 이렇게 설명합니다.

중복을 줄이는 코딩은 단지 쓸데없는 신경 활동을 제거하는 효과를 내는 것에 그치지 않는다. 그것은 감각 정보를 구성하는 방법이기도 하다. 즉, 한편으로는 과거의 감각 입력을 유발한 환경에 대한 내부 모델을 구축하고, 다른 한편으로는 현재 감각 상황을 간결한 방식으로 표현하여 학습과 조건화를 담당하는 신경계 부분의 작업을 단순화한다.

제가 어떤 사물을 본다고 해봅시다. 예컨대 그 사물이 테이블 위에 놓인 나무상자라고 치죠. 저는 제가 실제로 상자를 보고 있으며 상자가 제 몸 밖에 있다는 느낌을 강하게 받습니다. 고대 그리스인은 우리 눈이 보이지 않는 광선을 내뿜어 우리가 보고 있는 사물을 감지한다고 생각했습니다. 제 주관적 의식에는 그리스인의 생각이 사실인 것처럼 들립니다. 저는 태양에서 오는 광선이 상자에서 반사되어 수정체를 통과하며 굴절되고 그래서 상자의 거꾸로 된 작은 상이 망막 양쪽에 각각 맺힌다는 것을 알지만, 그럼에도 제가 보는 상자가 정말로 '밖에서' 제 눈이 감지하기를 기다리고 있는 것처럼 느껴집니다.

상자는 입체이고 깊이를 가지고 있습니다. 그런데 양쪽 망막에 맺히는 두 개의 상은 입체가 아니라 평면입니다. 그것이 입체처럼 보이는 이유는 뇌가 두 망막에 맺힌 상의 차이를 토대로 정교한 계산을 했기 때문입니다. 제가 실제로 인식하는 상자는 '밖'에 있는 것도, 제 두 망막 중 어느 하나에 있는 것도 아닙니다. 그것이 어딘가에 있다면, 뇌에 있는 상자의 컴퓨터 모델에 있다고 말해야 합니다.

만일 누군가가 상자를 회전시키면, 저의 두 망막에 맺힌 2차원

상은 복잡한 방식으로 변하지만, 제 뇌의 3차원 입체 모델은 그대로입니다. 상자가 돌아갈 때마다 저는 상자의 다른 면을 보는 것처럼 느끼고, 상자가 제게서 가까워지거나 멀어지면 상자가 커지거나 작아지는 것처럼 보이죠. 하지만 제 압도적인 주관적 경험은 그것은 같은 상자라는 것입니다. 회전하거나, 커지거나 작아져도, 그것은 계속 같은 상자입니다. 제가 보고 있는 것이 실제로 같은 '것'이기 때문입니다. 상자가 회전하고 그에 따라 망막에 맺히는 상이 변할 때 저는 뇌의 동일한 컴퓨터 모델을 '보고 있는' 것이기 때문입니다.

이런 '머릿속의 모델'을 분석하면, 우리가 모르는 세계를 돌아다니는 동물들의 마음을 들여다볼 수 있습니다. 칠흑 같은 어둠 속을 돌아다니는 박쥐는 세상을 보지 않고 듣습니다. 하지만 박쥐가 주관적으로 느끼는 감각은 아마 밝은 대낮에 날아다니는 새 같은 시각적 동물이 느끼는 감각과 흡사할 것입니다. 왜냐하면 박쥐도 새도, 뇌에 구축된 모델을 '보는' 것이기 때문입니다. 자연선택이 구축한 이 모델은 공기 속을 3차원적으로 빠르게 이동하는 데 필요한 모델일 것입니다. 모델을 업데이트하는 데 사용되는 외부 정보가 새의 경우에는 광선에서 오고 박쥐의 경우에는 소리 반향에서 오지만, 이 사실은 뇌 안에 구축된 모델 자체의 기능적 속성과는 무관합니다. 저는 박쥐가 색을 인식할 수 있을지도 모른다고 생각합니다. 우리의 주관적인 색채 경험은 특정 파장의 빛과 필수적인 관계가 없습니다. 색은 뇌에 구축된 모델의 일부로, 우리가 빛의 파장을 식별하기 위해 사용하는 임의적 꼬리표입니다. 박쥐도 반향 반사의 일부 측면들을 식별하기 위한 박쥐만의 임의적 꼬리표를 사용하지 않을 이유가 없습니다. 박쥐 암컷의 귀에 들리는 수컷의 소리는, 우리 눈에 보이는 공작의 꼬리처럼 아름다운 색깔로 느껴질지도 모릅니다.

지금까지 우리는, 어떤 의미에서 동물의 몸은 그 동물이 사는 세계의 모델이라는 사실을 알았습니다. 또한 적어도 새와 박쥐처럼 발달한 신경계를 가진 동물들의 뇌에는 그 동물의 세계에 대한 역동적으로 업데이트되는 모델(즉 컴퓨터 시뮬레이션)이 들어 있다는 사실도 알았습니다. 전반적으로 정적인 모델인 동물의 몸과 달리, 뇌에 있는 이런 컴퓨터 시뮬레이션은 시시각각으로 빠르게 바뀔 수 있습니다. 이런 역동성에서 제가 지금까지 강조한 측면은 이 모델이 지속적으로 업데이트된다는 사실입니다. 먼 기상대에서 들어오는 날씨 데이터처럼 감각기관에서 쏟아져들어오는 신경임펄스에 따라 뇌 모델은 지속적으로 업데이트됩니다.

그런데 날씨 비유는 뇌 안의 컴퓨터 모델도 기상예보처럼 미래 예측으로 나아갈 수 있음을 상기시켜줍니다. 동물의 뇌 모델도 미래를 내다보고 동물에게 유용한 예측을 제공할 수 있을까요? 대답부터 말하면, 그렇습니다. 하지만 이 이야기를 하기 전에 먼저 '예보'가 일반적으로 무엇을 의미하는지, 그것이 동물에게 무엇을 의미하는지, 그리고 왜 그것이 동물에게 유용한지 생각해볼 필요가 있습니다.

첫 번째로 말씀드릴 것은, 여기서 우리가 말하는 예측은 통계적 예측이라는 점입니다. 즉, 정확히 맞는다고 보장할 수 없는 예측이죠. 일기예보는 당연히 통계적 확률입니다. 미국의 라디오 방송국은 비가 올 확률(폼나게 '강수확률'이라고 표현하죠)을 이를테면 80퍼센트라고 발표합니다. 영국의 일기예보는 확률 수치를 언급하지 않는데, 아마도 가장 가능성이 높은 날씨의 확률이 당황스러울 정도로 낮기 때문일 겁니다.• 생명보험 회사들은 고객의 수명을 통계적으로 예측하는 일로 돈을 벌죠. 경마 정보는 특정 말이 이길 확률에 대한 통계적 예측입니다. 통계적 예측은 불완전하지만 그럼에도 해볼 만한 가치가 있습니다. 동물이 하는 것도 그런 종류의 통계적 예측입니다.

제가 지적하고 싶은 두 번째 사실은, 미래에 대한 모든 합리적인 예측은(점성술과 속임수를 쓰는 사기꾼의 수법들은 제외합시다) 과거를 토대로 추정하는 것이라는 점입니다. 우리는 미래를 지배할 법칙들이 과거를 지배한 법칙들과 같을 것이며, 따라서 과거에 일어난 일은 미래에도 일어날 것이라고 가정합니다. 만일 어느 날의 날씨가 이전 날들과 비교해 무작위적이라면 일기예보는 불가능하겠죠. 만일 모든 인간이 나이, 건강, 습관과 관계없이 사고로 죽는다면, 보험설계사는 직업을 잃을 것이고 모든 사람이 똑같은 보험료를 낼 것입니다. 경마장의 말들이 과거의 성적과 관계없이 들쭉날쭉한 성적을 보인다면 우승 후보에 베팅할 수 없

• 지금은 이 에세이를 쓴 1990년대 초보다 훨씬 정확해졌다.

을 겁니다.

이렇듯 미래를 예측하는 데 과거를 사용할 수 있는 것은 세상이 무작위적으로 돌아가지 않고 법칙에 따라 움직이기 때문입니다. 과학자들은 때때로 왜 미래가 과거와 무관하지 않은지 근본적인 이유를 알아내기도 합니다. 하지만 근본적인 이유를 알지 못해도 통계적 예측을 할 수 있습니다. 우리는 통계적으로 가을에 붉은 딸기가 열리면 혹독한 겨울이 온다는 사실을 알아낼 수 있습니다. 두 사건을 매개하는 원인이 무엇인지는 몰라도 됩니다. '과거에 일어난 일은 미래에도 계속 일어난다'는 경험칙은 잘 들어맞는 법칙이고, 모든 동물과 식물이 살아남기 위해 사용하는 법칙입니다.

모든 예측 시스템은 적어도 이론상으로는 자연 주기를 활용할 수 있습니다. 이 경우 경험칙은 다음과 같습니다. "과거에 일정한 주기로 일어난 일은 아마 미래에도 동일한 주기로 일어날 것이다." 하지만 규칙적으로 반복되는 리듬은 이 세계에 나타나는 패턴들 중 한 종류에 불과합니다. 어떤 종류든 패턴은 무작위적이지 않음을 뜻하고, 무작위적이지 않은 모든 성질은 미래를 예측하는 데 사용될 수 있습니다. 만일 여러분이 사는 곳에서 징소리가 들린 후에는 반드시 훌륭한 식사가 나온다면, 여러분은 배가 고플 때 징소리가 들리면 입에 침이 고이기 시작할 것입니다. 잘 알려진 대로, 이것은 파블로프가 개 실험에서 발견한 사실이죠.

그런데 여기서 '징'과 '음식'의 관계, 즉 조건적 자극과 비조건적 자극의 관계를 얼마나 믿을 수 있는가가 중요하다는 사실은 잘 알려져 있지 않습니다. 레스콜라R. A. Rescorla 등이 실시한 독창적인 실험에서 이 사실이 증명되었습니다. 두 개의 조건적 자극을 제시한다고 해봅시다. 예를 들어, 음식이 나오기 전에 종을 울리고 불을 켜는 겁니다. 둘 중 무엇이 입에 침이 고이게 하는 데 더 효과적일까요? 꼭 종이라고도, 꼭 불이라고도 말할 수 없습니다. 종이 본질적으로 불보다 더 효과적인 것도 아니고 그 반대도 아닙니다. 중요한 것은 음식이 나오는 시각을 확실하게 예측할 수 있는 자극입니다. 만일 종과 음식 사이의 시간 간격이 길지만 일정한 반면, 불과 음식 사이의 시간 간격은 짧지만 들쭉날쭉하다면, 종이 음식이 나오는 시각을 더 확실하게 예측해줍니다. 이때 동물의 입에 침이 고이게 하는 건 종입니다. 반대로, 종과 음식 사이의 시간 간격이 길고 들쭉날쭉한 반면, 불과 음식 사이의 간격은 짧고 일정하다면, 불이 더 믿을 수 있는 예측자입니다. 이때 입에 침이 고이게 하는 건 불이죠. 파블로프의 조건화는 뇌가 미래에 일어날 일을 예측하기 위해 이미 일어난 사건들을 이용하는 방식입니다. 동물의 세계에서 어떤 사건 뒤에는 특정한 사건이 반드시 일어난다는 사실을 이용하는 거죠.

개체가 과거에 경험한 사건들을 이용해 미래를 잘 예측할 수 있고 그럼으로써 미래에 살아남을 수 있도록 돕기 위한 장치로, 개체의 뇌는 파블로프의 조건화만이 아니라 모든 학습을 이용합니다. 동물이 반드시 의식적인 예측을 한다고 생각할 필요는 없습니다. 동물이 꼭 미래에 대한 어떤 종류의 정신적 그림을 갖는다고 생각할 필요도 없습니다. 물론 그럴 수도 있습니다. 하지만 학습을 이용한 예측은 기계적으로 할 수 있고, 실제로 자연선택 그 자체만큼이나 기계적입니다. 동물의 뇌 모델이 세계에 대한 점점 더 정확한 모델이 되어가는 것은 학습의 결과입니다. 많은 동물이 마치 오락실 컴퓨터가 모델 경주 트랙의 지리에 대한 '정신적' 그림을 가지고 있는 것과 같은 방식으로, 또는 체스 컴퓨터가 내부에 체스판에 대한 그림을 가지고 있는 것과 같은 방식으로, 집 주변의 세계에 대한 자세한 정신적 그림을 가지고 있는 것처럼 행동합니다. 제가 컴퓨터 은유를 사용한다고 해서, 뇌가 현대의 디지털 전자 컴퓨터처럼 작동한다고 받아들이면 안 됩니다. 뇌는 아마 컴퓨터처럼 작동하지 않을 것입니다. 제가 강조하고 싶은 점은 뇌가 시뮬레이션을 통해 실제 세계를 이해한다는 원리인데, 디지털 전자 컴퓨터가 시뮬레이션을 위한 친숙하고 강력한 도구인 것뿐입니다.

이제 그 질문으로 돌아가봅시다. 동물이 머릿속에 그리는 세계 모델은 미래를 내다보고 세계의 날씨를 예측하는 컴퓨터 모델처럼 미래 사건을 시뮬레이션할 수 있을까요? 우리가 다음과 같은 실험을 한다고 가정해보죠. 망토개코원숭이가 사는 에티오피아 산악 지대에 가서 가파른 절벽을 찾습니다. 그리고 절벽 끝에 걸쳐지도록 널빤지를 놓고 그 끝에 바나나를 올려놓습니다. 널빤지의 무게중심은 절벽의 안전한 쪽에 있기 때문에 널빤지가 아래 협곡으로 떨어지지는 않지만, 만일 원숭이가 과감하게 널빤지 끝까지 간다면 널빤지는 균형을 잃을 것입니다. 이제 우리는 숨어서 원숭이들이 어떻게 하는지 지켜봅니다. 원숭이들은 분명히 바나나에 관심이 있지만, 그것을 가져오기 위해 과감하게 널빤지 끝으로 가는 모험을 하지는 않습니다. 왜 그럴까요?

개코원숭이의 신중한 태도를 설명해주는 세 가지 가설을 떠올릴 수 있습니다. 셋 다 사실일 수 있습니다. 세 가설 모두에서 개코원숭이의 신중한 행동은 일종의 시행착오의 결과물이지만, 시행착오의 종류는 각기 다릅니다.

첫 번째 가설에 따르면, 개코원숭이들은 높은 절벽에 대해 '본능적인' 두려움을 가지고 있습니다. 이 두려움은 자연선택이 그들의 뇌에 직접 심어놓은 것입니다. 개코원숭이의 조상들 가운데 절벽을 두려워하는 유전적 성향이 없었던 개체들은 죽음을 맞아 조상이 되지 못했습니다. 결과적으로 현대의 모든 개코원숭이는 조상의 정의상 성공한 조상들의 자손이고, 따라서 그들은 절벽을 두려워하는 유전적 성향을 물려받았습니다. 실제로 다양한 종의 갓 태어난 새끼들이 선천적으로 높은 곳에 대한 두려움을 지니고 있다는 증거들이 있습니다. 첫 번째 가설은 가장 원시적이고 과감한 종류의 시행착오를 수반합니다. 자연선택이 조상들의 생사를 놓고 도박을 한 셈이죠. 우리는 이것을 '조상의 두려움' 가설이라고 부를 수 있습니다.

두 번째 가설은 개코원숭이 개체들의 과거 경험과 관련이 있습니다. 모든 개코원숭이 새끼는 성장하면서 떨어지는 경험을 합니다. 물론 높은 절벽에서 떨어졌다면 그것이 마지막 경험이 되었겠죠. 하지만 낮은 절벽에서 몇 번 떨어지는 경험을 했다면, 떨어지면 고통스럽다는 것을 학습했을 것입니다. 시행착오 학습에서의 고통은 자연선택에서의 죽음과 유사합니다. 자극의 강도가 높아지면 죽음을 초래할 수 있는 자극을 고통으로 경험하는 능력을 자연선택이 동물의 뇌에 심어놓았습니다. 고통은 죽음의 유사체일 뿐 아니라, 학습과 자연선택이 유사하다는 관점에서 생각한다면, 고통은 죽음의 상징적 대용물입니다. 개코원숭이는 낮은 절벽에서 떨어지는 고통스러운 경험을 통해, 아마 절벽이 높을수록 고통이 심했던 경험을 통해, 절벽을 피하는 경향을 자신의 뇌에 심었을 것입니다. 이것이 두 번째 '고통스러운 경험' 가설입니다. 이 가설은 어떻게 개코원숭이들이 바나나를 갖기 위해 널빤지 끝까지 달려가려는 본능에 저항하게 되었는지를 잘 설명합니다.

세 번째 가설이 바로 제가 도달하려는 결론입니다. 이 가설에 따르면, 각각의 개코원숭이는 머릿속에 이 상황에 대한 모델을 가지고 있습니다. 머릿속에서 절벽, 널빤지, 바나나에 대한 컴퓨터 시뮬레이션을 돌린다고 생각할 수 있죠. 그렇게 시뮬레이션을 돌려 미래를 예측할 수도 있습니다. 개코원숭이의 뇌는 널빤지를 따라 걷는 몸의 움직임을 시뮬레이션합니다. 마치 오락실 컴퓨터가 경주용 자동차가 나무를 지나가는 것을 시뮬레이션하듯이, 개코원숭이 뇌의 컴퓨터는 개코원숭이의 몸이 바나나를 향해 전진하고, 널빤지가 휘청거리다 절벽 밑으로 떨어지는 것을 시뮬레이션합니다. 개코원숭이의 뇌는 이 모두를 시뮬레이션하고 실행 결과를 평가합니다. '시뮬레이션된 경험' 가설에 따르면, 그것이 개코원숭이가 모험을 하지 않는 이유입니다. 이 세 번째 가설은 '조상의 두려움' 가설 및 '고통스러운 경험' 가설과 마찬가지로 시행착오 가설이지만, 시행착오가 현실이 아니라 머릿속에서 일어납니다. 이런 시뮬레이션을 돌릴 수 있을 정도로 성능이 뛰어난 컴퓨터를 뇌에 가지고 있다면, 분명히 머릿속으로 시행착오를 하는 편이 실제로 시행착오를 겪는 것보다 낫습니다.

여러분은 이 가설들을 들으며 분명히 머릿속으로 장면을 상상했을 것입니다. 머릿속으로 절벽을 '보고', 널빤지와 개코원숭이를 보았겠죠. 만일 상상력이 풍부한 분이라면 모든 것을 아주 자세히 보았을 겁니다. 그런 분이 상상한 바나나는 샛노란 색이거나, 껍질에 검은 점들이 찍혀 있겠죠. 또는 껍질이 벗겨진 바나나를 떠올렸을지도 모릅니다. 상상력이 풍부한 여러분은 바위와 바위틈을 보았을 것이고, 절벽에 달라붙은 키 작은 관목들을 보았을 것입니다. 하지만 상상력이 별로 풍부하지 않은 저는 수학 교과서에 나오는 스케치처럼 다소 추상적인 형태의 절벽을 떠올렸습니다. 우리가 상상한 장면의 세부 사항은 당연히 사람마다 매우 다를 겁니다. 하지만 우리 모두 개코원숭이의 미래를 예측하는 데 적합한 장면에 대한 시뮬레이션을 돌렸습니다. 우리는 머릿속으로 세계에 대한 컴퓨터 시뮬레이션을 실행하는 것이 어떤 것인지 알고 있습니다. 우리는 그것을 '상상'이라 부르고, 현명하고 신중한 결정을 하기 위해 수시로 상상을 이용합니다.

개코원숭이와 바나나에 대한 실험은 아직 시작도 하지 않았습니다. 만일 실험을 한다면 그 결과가 우리에게 셋 중 어느 가설이 옳은지, 아니면 진실은 셋을 조합한 것인지 말해줄까요? '고통스러운 경험' 가설이 옳은지 알아보려면, 어리거나 미숙한 개코원숭이의 행동을 살펴보면 됩니다. 이 가설이 옳다면, 절벽에서 한 번도 떨어져본 적이 없는 개코원숭이는 절벽 끝에 섰을 때 두려움이 전혀 없어야 합니다. 만일 그런 순진한 개코원숭이가 실제로 두려움을 보이는 것으로 밝혀진다면 이 가설은 틀린 것이고, 나머지 두 가설이 남습니다. 개코원숭이는 조상의 두려움을 물려받았거나, 아니면 상상력이 풍부한 것이겠죠.

우리는 추가 실험을 통해 이 문제를 해결할 수 있습니다. 널빤지에서 절벽의 안전한 쪽에 걸쳐진 부분 끝에 무거운 돌을 올려놓는다고 해봅시다. 이렇게 하면 널빤지를 따라 걸어가도 안전하다는 것을, 우리는 머릿속 시뮬레이션을 통해 알 수 있습니다. 바위가 안전한 균형추 역할을 하기 때문이죠. 개코원숭이들은 어떻게 행동할까요? 우리는 모릅니다. 그리고 이 실험에서 유익한 결과를 얻을 수 있을지도 장담할 수 없습니다. 제가 말할 수 있는 건, 저라면 머릿속 시뮬레이션을 통해 바위가 견고한 균형추가 되어줄 것을 확신해도 널빤지를 따라 나아가지 않을 것이라는 점입니다. 저는 높은 곳에 서 있기만 해도 무서우니까요. 제게는 '조상의 두려움을 물려받았다'는 가설이 꽤 그럴 듯하게 들립니다. 게다가 이런 두려움은 '시뮬레이션된 경험'으로도 느껴질 만큼 강력합니다! 그 장면을 상상할 때 저는 말 그대로 등골이 오싹해지는 공포를 느끼고, 10톤짜리 바위가 널빤지를 단단히 누르고 있다고 상상해도 두려움이 가시지 않습니다. 세 가설 모두가 맞다는 것을 알고 있는 저는, 개코원숭이들도 그럴 거라고 확신할 수 있습니다.

덧붙여, 제가 지금 머릿속으로 시뮬레이션하고 있는 장면은 진취적인 개코원숭이가 널빤지를 절벽 꼭대기의 안전한 곳으로 끌어당겨 바나나를 집는 모습입니다. 제 상상 속의 개코원숭이는 시뮬레이션을 돌려 이 현명한 해결책을 찾았지만, 개코원숭이가 정말로 그렇게 하는지는 제 상상만큼이나 훌륭한 여러분의 시뮬레이션에 맡기겠습니다.

상상력, 즉 세상에 (아직) 없는 것을 시뮬레이션하는 능력은 세상에 있는 것을 시뮬레이션하는 능력에서 자연스럽게 발전하는 창발 현상입니다. 기상 모델은 기상관측선과 기상대가 보내는 정보에 의해 지속적으로 업데이트됩니다. 여기까지는 실제 그대로의 상황을 시뮬레이션하는 것입니다. 그런데 이 기상 모델이 애초에 미래를 예측하기 위해 설계되었든 아니든, 미래를 예측할 수 있는 능력, 즉 현재 상태뿐만 아니라 미래 상태를 시뮬레이션할 수 있는 능력은 그것이 모델이라는 사실에서 나오는 자연스러운 결과, 거의 필연적인 결과입니다. 경제학자가 만든 영국 경제에 대한 컴퓨터 모델은 원래 현재와 과거에 대한 모델로 설계되었습니다. 하지만 이 프로그램은 아무런 수정을 가하지 않아도, 한 발짝만 내디디면 미래를 시뮬레이션할 수 있습니다. 앞으로의 국내총생산, 환율, 경상수지 추세를 예측할 수 있죠.

신경계의 진화도 마찬가지였습니다. 자연선택은 있는 그대로의 세계를 시뮬레이션하는 능력을 뇌에 심어놓았습니다. 세계를 인식하기 위해 그것이 필요했기 때문입니다. 유명한 착시 현상인 네커의 정육면체를 떠올려보세요([그림3]). 저명한 심리학자 리처드 그레고리Richard Gregory는 우리가 실재 그 자체가 아니라 머릿속에 그려놓은 실재의 모델을 보고 있다는 사실을 깨닫기만 하면 착시의 원리를 금방 이해할 수 있다는 것을 보여주었습니다.

그림 3

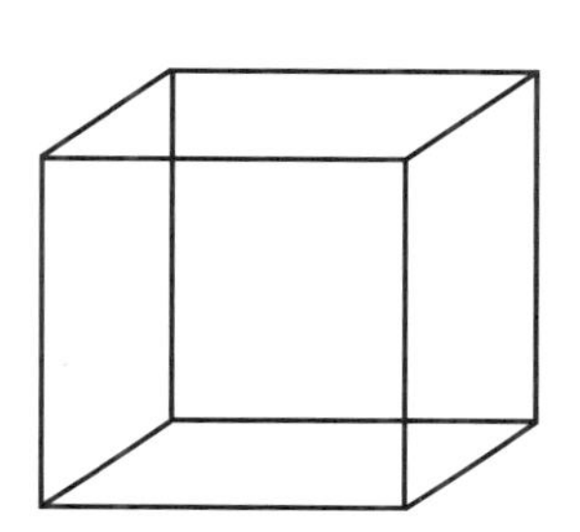

이것은 정육면체가 아닙니다. 종위 위에 잉크로 그린 2차원 패턴입니다. 하지만 인간은 보통 그것을 입체로 봅니다. 마주 보는 두 면 중 한 면이 다른 면보다 가깝게 보입니다. 뇌가 종이 위의 2차원 패턴을 바탕으로 3차원 모델을 만든 겁니다. 사실 이것은 우리가 그림을 볼 때마다 뇌가 하는 일입니다. 머릿속으로 입체 모델을 시뮬레이션하지 않으면, 여러분은 두 눈의 망막에 맺힌 직선의 2차원 패턴이 입체라는 것을 알 수 없습니다.

현재 존재하는 것들의 모델을 시뮬레이션하는 능력을 뇌에 심었을 때 자연선택은 깨달았습니다. 여기서 한 걸음만 내디디면, 아직 존재하지 않는 것들, 즉 미래를 시뮬레이션할 수 있다는 것을 말이죠. 이것은 가치 있는 창발적 능력이었습니다. 이 능력을 갖췄을 때 동물들은 자신이 과거에 직접 겪은 시행착오 경험이나 조상들이 겪은 생사를 갈랐던 '경험'이 아니라, 안전한 두개골 내부에서의 대리 경험을 통해 이익을 얻을 수 있었습니다.

그리고 자연선택이 현실에서 약간 벗어난 상상을 시뮬레이션할 수 있는 뇌를 만들었을 때, 또 하나의 창발적 능력이 저절로 꽃을 피웠습니다. 바로, 꿈과 예술에서와 같이 무제한적으로 상상의 나래를 펼치고, 평범한 현실로부터 무한히 벗어날 수 있는 능력이었죠.

7

실제 유전자와 가상 세계

레다 코스미데스 Leda Cosmides**와 존 투비**John Tooby **부부는 역시 부부인 마틴 데일리**Martin Daly**와 마고 윌슨**Margot Wilson**, 그리고 스티븐 핑커와 함께 진화심리학의 창시자로 평가받아 마땅한 사람들이다. 코스미데스와 투비는 제롬 바코**Jerome Barkow**와 함께 진화심리학의 토대가 되는 이론서 《적응된 마음**The Adapted Mind**》을 편집했다. 데이비드 버스**David Buss**도 이 분야를 이끄는 리더다. 이 에세이는 데이비드 버스가 편집해 2005년 출판한 《진화심리학 핸드북**Handbook of Evolutionary Psychology**》의 후기로 쓴 글이다.**

《진화심리학 핸드북》은 《적응된 마음》이 나온 지 10년 후 그 유산을 계승하는 훌륭한 책이다. 이런 대작에 후기로 남길 만한 말이 뭐가 있을까? 34장을 요약하는 어떤 말? 의미 없는 반복일 뿐이다. '앞으로의 진화심리학'을 예언하는 말? 주제넘은 일이다. 독자가 이 책을 다시 한번 들춰보며 책 전체를 약간 다른 각도에서 보게 만드는 기발한 촌철살인은 어떨까? 좋은 생각이지만, 꿈도 야무지다. 진화심리학 현장을 지켜본 관찰자로서 지난날을 돌아보는 것은 어떨까? 좋다! 일단 그쪽으로 가보고 어떻게 되는지 보자.

먼저 한 가지 고백을 하겠다. 진화심리학계를 지켜본 관찰자로서 나는 눈이 밝은 편은 아니었다. 나는 '진화심리학'을 사회생물학의 완곡한 변종으로 잘못 생각한 사람들 중 하나였다. '행동생태학'의 경우처럼 '민중을 위한 과학' 소속의 과학자들과 그 동업자들•의 발목 잡기로부터 스스로를 보호하기 위한 위장전술인 줄 알았다. 하지만 위장전술이라니, 그것은 절반의 진실은커녕 잘 봐줘도 4분의 1의 진실밖에는 안 되는 억지 해석이었다.

우선 코스미데스, 투비, 그리고 이 책의 다른 저자들 체급의 선수들에게는 위장이 전혀 필요 없다. 하지만 이것도 요점은 아니다. 요점은, 진화심리학은 사실 사회생물학과 아주 다른 분야라는 것이다. 그것은 심리학이고 사회생활, 성, 공격성, 부모자식 관계가 주제의 전부가 아니며, 심지어는 대부분도 아니다. 진화심리학은 인지편향, 언어, 정보처리상의 오류 등 그보다 훨씬 더 많

• 에드워드 윌슨의 위대한 책《사회생물학Sociobiology》에 대한 야만적인 공격에 영감을 준 사람들, 하버드대학교와 기타 대학교의 마르크스주의에 영감을 받은 사상경찰을 언급하는 것이다(이 책《리처드 도킨스, 내 인생의 책들》1장 챕터 7의《우리 유전자 안에 없다》에 대한 내 서평을 참조하라).

은 것의 진화를 다루는 학문이다. 사회적 행동으로 범위를 한정해도, 진화심리학은 자연선택과 행동 자체를 매개하는 심리와 정보처리 과정을 강조한다는 점에서 사회생물학과 구별된다.

하지만 진화심리학과 사회생물학은 공통된 골칫거리를 안고 있다. 둘 다 냉혹하리만큼 심한 적의에 노출되어 있다. 두 분야에 가해지는 적의는 멀쩡한 이성을 가졌다면, 또는 평범한 예의만 있어도 차마 그렇게까지 할 수 없을 만큼 심하다. 에드워드 윌슨은 좌파 이데올로기 신봉자들이 사회생물학에 퍼붓는 공격을 이해해보려고 고군분투하다가, 한스 큉Hans Küng이 다른 맥락에서 '신학자들의 격노'라고 부른 것을 불러일으켰다. 말 그대로 어떤 주제를 놓고도 평화롭고 건설적인 대화를 나눌 수 있는 대단히 이성적인 철학자들이, 진화심리학에 대해서만큼은 말만 꺼내도, 심지어는 주요 진화심리학자의 이름만 거론해도 이성을 잃고 화를 낸다.

나는 여기서 이 이상한 현상을 자세히 파헤칠 생각은 없다. 이 책에 참여한 사람들을 포함해 진화심리학자들이 충분히 다뤘고, 울리카 세거스트라일도 《진리의 수호자들Defenders of the Truth》에서 잘 다뤘다. 나는 단지 선험적 회의주의, 즉 우리가 유독 진화심리학에만 다른 과학보다 지나치게 높게 설정해놓은 허들바에 대해 한마디만 더 보태고 싶을 뿐이다.

초자연적 주장을 회의적으로 조사하는 사람들이 자주 인용하는 철칙이 하나 있다. "특별한 주장을 하려면 특별한 증거가 필요하다."• 방음처리를 한 각각의 방에 갇힌 두 남자가 텔레파시로

서로에게 정보를 전달할 수 있다고 누군가가 주장한다면, 우리는 모두 그 주장을 받아들이기에 앞서 높은 허들바를 세울 것이다. 우리는 의심의 눈초리로 살펴볼 일군의 전문 마술사를 불러놓고, 아주 엄밀한 대조군 이중맹검 조건 아래서 그 일을 여러 번 재현하도록 요구할 것이다. 통계적 p값(유의확률)은 10억분의 1 이하로 한다.

반면, 알코올이 반응 속도를 늦춘다는 말은 두 번 듣지도 않고 그 자리에서 받아들일 것이다. 나쁜 실험 설계나 가짜 통계를 인정하지는 않겠지만, 알코올 실험의 결론을 받아들이기에 앞서 그것을 열심히 조사할 생각도 하지 않을 것이다. 이 경우는 허들이 있는지조차 알 수 없을 만큼 너무 낮게 설정되어 있다.

두 사례의 중간에는 중간 정도의 선험적 회의주의를 불러일으키는 다양한 스펙트럼의 과학적 주장이 존재한다. 이상하게도 진화심리학을 비판하는 사람들은 진화심리학이 회의주의 스펙트럼의 '텔레파시' 쪽 끝에 있다고 보는 것 같다. 회의주의라는 황소를 흥분시키는 붉은 천이랄까.

이전의 사회생물학을 둘러싼 논쟁도 비슷했다. 필립 키처Philip Kitcher의 《지나친 야망Vaulting Ambition》은 인간 사회생물학에 대한 끝장 비판으로 널리 칭송받는다. 사실 그 책은 특정 연구의 방

• 흔히 칼 세이건이 한 말로 회자되지만 다양한 형태로 오래전부터 쓰였다.

법론적 단점들을 나열한 목록에 가깝다. 결함으로 거론되는 단점들은 사소한 실수부터 날조에 이르기까지 다양하지만, 같은 계통의 연구 방법을 개선함으로써 해결할 수 있는 종류의 문제들이다. 사회생물학에 대한 키처의 비판과 맥을 같이하는 비판들, 또는 더 최근에 진화심리학자들을 향한 비판들(데일리와 윌슨의 계부모 학대 이론, 코스미데스와 투비의 사회적 교환 이론, 버스의 성적 질투심 등에 대한 비판)이 그처럼 가혹한 이유는 딱 하나, 바로 비판자들이 그 가설들을 마치 특별한 증거가 필요한 특별한 주장처럼 다루기 때문이다. 진화심리학은 비판자들의 눈에 회의주의 스펙트럼의 높은 허들 쪽 끝, 즉 '텔레파시' 쪽에 있는 것처럼 보인다. 동시에 진화심리학자들은 자신들의 연구를 검증하는 허들이 그 스펙트럼의 타당한 쪽 끝에 있는 알코올 반응 실험처럼 낮아야 한다고 본다. 누가 옳을까?

이 경우에는 당연히 진화심리학자들이 옳다. 그들이 펼치고 있는 핵심 주장은 특별한 주장이 아니다. 그것은 마음이 몸과 똑같이 다윈주의적 자연선택을 받는다는 매우 평범한 주장이다. 발, 간, 귀, 날개, 껍데기, 눈, 볏, 인대, 더듬이, 심장, 깃털이 그것을 소유한 개체들의 생존과 번식을 위한 도구로서 자연선택을 받아 만들어졌다면, 왜 뇌와 마음, 심리에 대해서는 똑같이 말하면 안 되는가? 똑같이 말해도 된다면, 진화심리학 논제를 회의주의 스펙트럼의 타당한 쪽 끝으로 옮겨야 한다. 이를 거부하는 것은 생명의 모든 것을 지배하는 다윈주의 명령이 심리학에만 통하지 않는다고 주장하는 것과 같다. 이것이야말로 완전히 미친 소리까지는 아니어도, 적어도 특별한 증거가 필요한 특별한 주장이다. 물론 그 주장이 옳을 수도 있다. 하지만 우리는 다윈주의자이므로, 입증 책임은 진화심리학 논증을 부정하는 쪽, 즉 회의주의 스펙트럼의 '텔레파시' 쪽 끝에 있는 비판자들에게 있다.

비판자들의 목엣가시가 혹시 인간은 특별하다는, 잊을 만하면 고개를 드는 지긋지긋한 개념일까? 진화심리학은 '동물들'에게는 괜찮아도 호모 사피엔스에게는 적용할 수 없는 것일까? 이번에도 그런 예외주의를 주장하려면, 그것이 비록 정당한 주장이라 해도 무거운 증명 부담이 따른다. 아마 지구상에는 지금 이 순간 1천만 종이 살고 있을 것이고, 지금까지 10억 종이 살았다. 물론 우리 종이 정말로 10억 종 가운데 진화심리학을 적용할 수 없는 단 하나의 사례일지도 모른다. 하지만 당신이 그렇게 생각한다면, 입증 책임은 당신에게 있다. 당신이 믿는다고 주장하는 것은 매우 특별한 주장임을 인정해야 한다.

아니면 혹시 '모듈성'이 비판자들에게 목엣가시일까? 그럴지도 모른다. 어쩌면 그들이 옳을지도 모른다. 어쨌든 진화심리학자들 중에도 모듈성을 탐탁지 않게 여기는 사람들이 있으니까. 하지만 모듈성도 특별한 주장이 아니다. 특별한 증거를 제시해야 하는 쪽은 인간의 마음이 모듈로 되어 있지 않다고 생각하는 사람들이다. 모듈성은 보편적으로 훌륭한 설계 원리다. 공학, 소프트웨어, 생물학에 널리 퍼져 있는 원리다. 정치, 군사, 사회 제도에는 말할 것도 없다. 특수한 단위들(전문가, 기관, 부위, 서브루틴, 세포) 사이의 분업은 모든 복잡한 작업을 처리할 때 사용하는 방법이다.

그 반대라고 믿을 타당한 이유가 있지 않은 한, 우리는 마음이 모듈로 되어 있다고 예상해야 한다. 자세한 논증은 본문에서 확인하시기를. 나는 단지 입증 책임은 진화심리학을 반대하는 사람들에게 있다는 내 논점을 강조할 뿐이다.

물론 일부 진화심리학자들은 방법론을 가다듬을 필요가 있다. 어쩌면 많은 진화심리학자가 그래야 할지도 모른다. 하지만 그건 모든 분야의 과학자들에게 해당되는 말이다. 유독 진화심리학자들만 비정상적일 정도로 심한 의심과 적대적 지레짐작에 짓눌려서는 안 된다. 오히려 진화심리학자들은 머리를 꼿꼿이 들고 자신 있게 연구해야 한다. 그들이 몸담고 있는 분야는 신다윈주의 패러다임 안에 있는 정상 과학이니까.

내가 하고 싶은 말은 다 했다. 이제 첫 단락에서 꿈도 야무지다고 생각해 피했던 촌철살인을 시도하며 이 글을 마무리하고 싶다. 때때로 과학은 실험이나 관찰을 통해서가 아니라 관점의 변화에 힘입어 앞으로 나아간다. 즉, 익숙한 사실을 익숙하지 않은 각도에서 보는 것이다. 나는 '확장된 표현형'이 그런 사례라고 생각하고 싶다. 또 다른 후보는 '유전자판 사자의 서'이고, 세 번째는 '지속적으로 업데이트되는 가상 세계'다.

'유전자판 사자의 서'는 동물은 환경에 너무나도 잘 적응되어 있어서 그 자체로 환경을 기술하는 것처럼 보인다는 개념이다. 지식이 풍부하고 예리한 동물학자에게 미지의 종의 표본을 주어 그것을 조사하고 해부하게 한다면, 그는 그 동물의 서식지와 생활방식을 재현할 수 있을 것이다. 재현된 서식지와 생활방식은 엄밀하게 말하면 그 동물의 조상들이 살았던 서식지들과 생활방식들의 복잡한 평균값이다. 그것을 진화심리학 용어로 EEA•라고 한다.

이 개념을 유전학 용어로 다시 표현할 수 있다. 당신이 보고 있는 동물은 그 종의 유전자풀에서 추출된 유전자들로 구성되었다. 유전자풀의 유전자들은 '세대'라는 필터를 통과해 성공적으로 전달된 유전자들이다. 이들은 EEA에서 살아남은 유전자들이다. 이 유전자들은 EEA의 명세서인 셈이다. 그것이 '유전자판 사자의 서'다. (더 자세한 설명을 원하면《무지개를 풀며》의 같은 제목의 장을 보라.)

'제약된 현실'은 모든 뇌가 그 동물이 활동하는 세계에 대한 가상 세계 모델을 구축한다는 개념이다.•• 이 가상 현실 소프트웨어는 이론상으로는 (꿈에서와 같이) 순수한 환상을 시뮬레이션할 수 있지만 실제로는 감각기관에서 들어오는 데이터에 의해 제약을 받는다는 의미에서 '지속적으로 업데이트'된다.

네커의 정육면체 같은 착시는 이런 관점에서 가장 잘 해석된다. 망막에서 받은 데이터는 뇌가 구축한, 정육면체의 두 가지 가상 모델에 똑같이 잘 맞는다. 어느 것을 선택할지에 대한 기준이 없을 때 뇌는 둘 사이를 왔다갔다 한다. 우리 뇌가 구축하는 가상 세계

• EEA는 '진화적 적응 환경Environment of Evolutionary Adaptation'을 말한다. 이 에세이가 처음 게재된《진화심리학 핸드북》의 끝부분에 이른 독자에게는 완전한 철자를 말할 필요가 없었다.

•• 직전 에세이를 보라.

는 당연하게도 다람쥐, 두더지, 고래의 뇌가 구축하는 가상 세계와 상당히 다르다. 뇌가 구축한 이런 세계들은 비록 가상이지만, 동물들은 스스로 만든 이 세계에서 실제로 살고 생존한다.

각 종은 특정한 생활방식에 유용한 가상 모델을 구축할 것이다. 박쥐나방과 박쥐는 둘 다 3차원 세계를 빠르게 움직이며 날개로 곤충을 잡는다. 따라서 둘 다 세계에 대한 똑같은 종류의 가상 모델이 필요하다. 박쥐나방은 대낮에 눈을 사용해 사냥하고, 박쥐는 밤중에 귀를 사용해 사냥한다는 것이 다를 뿐이다. 박쥐나방이 색을 식별하는 감각질(느낌)은 실제로는 가상 세계 소프트웨어가 구축하는 것이다. 실제로 검증이 불가능할 수도 있겠지만, 나는 박쥐가 '색을 귀로 들을지'도 모른다고 제안했다. 박쥐의 가상 세계 소프트웨어가 청각 세계의 성질을 식별하기 위해 박쥐나방이 색을 식별할 때 사용하는 것과 동일한 감각질을 이용할 가능성이 높기 때문이다. 표면의 질감(파리의 윤기 있는 몸, 절벽의 거친 돌 등)에는 아마도 특정한 방식의 반향이 담겨 있을 것이고, 이런 질감은 박쥐나방에게 색의 변화를 감지하는 것만큼이나 박쥐에게도 중요할 것이다. 따라서 박쥐의 가상 세계 소프트웨어는 저마다 다른 음향 질감을 표시하는 내적 라벨로 똑같은 감각질(빨강, 파랑, 초록 등)을 사용할 가능성이 높다.

내 박쥐 가설은 '지속적으로 업데이트되는 가상 세계' 개념이 동물 심리를 보는 우리의 관점을 어떻게 바꾸는지를 보여주는 한 가지 예일 뿐이다. (더 자세한 논의를 알고 싶으면 《무지개를 풀며》의 〈세계를 다시 짜다Reweaving the world〉 장을 보라.)

지금부터는 '지속적으로 업데이트되는 가상 세계'라는 개념을 '유전자판 사자의 서'와 결합해보고 싶다. 지식이 풍부한 동물학자에게 한 동물의 해부 구조와 생리적 특징을 알려주고 그 동물의 EEA를 재현하게 할 수 있다면, 지식이 풍부한 심리학자에게도 비슷한 방법으로 마음의 세계를 재현하게 할 수 있을까? 우리가 다람쥐의 마음속을 들여다볼 수 있다면 그 세계는 분명히 숲으로 이루어진 세계일 것이다. 나무줄기, 잔가지, 큰 가지, 이파리가 3차원 미로를 이루고 있을 것이다. 한편, 두더지의 마음의 세계는 캄캄하고, 습하고, 퀴퀴한 냄새가 날 것이다. 두더지의 뇌를 만든 유전자들은 대대로 캄캄하고 축축한 장소에서 살아남았기 때문이다. 우리가 각 종의 가상 세계 소프트웨어를 역설계할 수 있다면, 자연선택이 그 소프트웨어를 만든 환경을 재구성할 수 있을 것이다.

오늘날 우리는 한 종의 모든 유전자는 조상들이 대대로 살아온 세계에서 살아남은 것이라는 말에 익숙하다. 이것은 은유라기보다는 문자 그대로의 의미에 가깝다. 우리가 조상들의 세계에 대해 말할 때 그것은 대개 물리적·사회적 환경을 의미한다. 내 후기를 마무리하는 샷으로 내가 고른 소박한 촌철살인은 이것이다. 우리 유전자들이 살아남은 연속적인 조상 세계들에는 우리 조상들의 뇌가 구축한 가상 세계도 있다. 실제 유전자들은 (역시 문자 그대로에 가까운 의미에서) 조상들의 뇌가 구축한 가상 EEA에서 살아남기 위해 선택되었다.

8

좋은 놈이 (그래도) 승리한다

1990년에 나는 로버트 액설로드 Robert Axelrod**의 《협력의 진화**The Evolution of Cooperation**》 펭귄판 서문을 썼다. 이 글은 2006년에 나온 개정판을 위해 새로 쓴 서문이다.**

이 책은 낙관적이다. 하지만 이 책의 낙관론은 믿음이 가는 현실적인 낙관론이다. 기독교, 이슬람교, 마르크스주의가 말하는, 실현 가능성 없는 순진한 낙관론보다 훨씬 만족스러운 낙관론이다. 가난한 생활이나 순교의 보상을 내세에 받는다는 약속은 약속하는 사람의 잇속이 뻔히 보여서, 증거의 빈약함을 눈치채기도 전에 의심의 눈초리로 보게 된다. 보편적인 프롤레타리아 형제애가 생기면 국가는 결국 소멸할 수밖에 없다는 예언은, 잇속은 눈곱만큼쯤 덜 보이지만 비현실적이라는 점에서는 피장파장이다.

믿음이 가는 낙관론이 되려면 먼저 인간 본성을 포함한 근본적인 현실을 인정해야 한다. 인간 본성만이 아니라 모든 생명의 본성을 인정해야 한다. 여기서 말하는 생명이란, 그리고 우주 어딘가 있을지도 모를 생명도, 다윈주의 원리를 따르는 생명을 의미한다. 다윈주의 세계에서는 일단 살아남아야 하므로, 세계는 살아남기 위해 필요한 자질로 가득 차게 된다. 다윈주의자들인 우리는, 남의 고통에 대해 무자비할 정도로 무관심하고 야멸차게 타인을 밟고 자신의 성공을 추구하는 뿌리 깊은 이기심이 자연선택된다는 것을 가정하고 비관적으로 시작한다. 하지만 이런 비뚤어진 출발에서,• 꼭 의도하지는 않아도 형제애나 자매애와 다름없는 것이 생길 수 있다. 이것이 로버트 액설로드의 놀라운 책이 전하는 고무적인 메시지다.

내가 이 책의 서문을 쓰게 된 것은, 비록 주변인이었지만 이 책과 여러 번 인연이 있었기 때문이다. 앞에서 언급한 비관적인 원리들을 설명한 내 첫 책《이기적 유전자》를 출간하고 몇 년 뒤인 1970년대 말, 나는 느닷없이 로버트 액설로드라는 모르는 미국 정치학자에게 타자로 친 문서 한 통을 받았다. 죄수의 딜레마 게임을 반복하는 '컴퓨터 토너먼트' 대회를 개최한다면서 참가를 요청하는 내용이었다. 정확히 말하면(컴퓨터 프로그램은 의식과 통찰력이 없으므로 이 차이는 매우 중요한데) 나에게 경쟁에 참여할 컴퓨터 프로그램을 제출해달라는 것이었다.

• 영국 시인 세실 데이 루이스가 쓴 시 〈언원티드The Unwanted〉를 간접적으로 언급한 것이다.

유감스럽게도 당시 나는 출품할 짬을 낼 수 없었다. 하지만 그 아이디어에 몹시 흥미를 느끼고, 그 일에 비록 수동적이지만 한 가지 가치 있는 기여를 했다. 액설로드가 정치학 교수였기 때문에 나는 그가 내 편인 진화생물학자와 협력할 필요가 있겠다는 생각이 들었다. 그래서 그에게 W. D. 해밀턴을 소개하는 편지를 썼다. 아마 우리 세대에서 가장 뛰어난 다윈주의자일 해밀턴은 안타깝게도 2000년 콩고 정글로 탐사를 떠났다가 목숨을 잃어 이제 우리 곁에 없다. 1970년대에 해밀턴은 액설로드와 같은 미시간대학교의 다른 과에 재직하고 있었지만 서로 알지 못했다. 내 편지를 받자마자 액설로드는 즉시 해밀턴에게 연락했다. 그들은 이 책의 전신이 된 논문을 공동 저술했고, 그 내용을 축약한 것이 이 책의 5장이다. 이 책과 같은 제목의 그 논문은 1981년 〈사이언스〉에 발표되었으며, 미국 과학진흥협회가 주는 뉴컴-클리블랜드상을 수상했다.

《협력의 진화》 미국 초판은 1984년에 출간되었다. 나는 출간되자마자 읽고 흥분을 억누를 수 없어서 만나는 거의 모든 사람에게 마치 전도사처럼 열정적으로 그 책을 추천했다. 내게 배운 옥스퍼드대학교 학부생들은 그 후로 액설로드의 책에 대한 에세이를 필수적으로 써야 했는데, 그들은 그 과제를 무엇보다 즐겁게 했다. 하지만 영국에서는 이 책이 출판되지 않았다. 그리고 어쨌든 책은 텔레비전에 비해 독자층이 제한적이다. 그래서 나는 1985년 BBC의 제러미 테일러에게 액설로드의 책을 바탕으로 기획한 프로그램 〈호라이즌Horizon〉에 해설자로 출연해달라는 요청을 받았을 때 기꺼이 수락했다. 우리는 프로그램의 제목을 '좋은 놈이 승리한다Nice Guys, Finish First'로 정했다. 나는 그 프로그램을 찍으며 축구장, 영국 산업단지에 있는 학교, 폐허가 된 중세 수녀원, 감기 예방접종을 실시하는 클리닉, 제1차 세계대전 참호 모형과 같이 익숙하지 않은 장소에서 대사를 읊어야 했다.

〈좋은 놈이 승리한다〉는 1986년 봄에 방영되어 큰 성공을 거뒀다. 하지만 미국에서는 방영되지 않았다. 나는 이해할 수 없지만, 알아들을 수 없는 내 영국 억양 때문이 아니었나 싶다.• 방송 덕에 나는 잠시나마 '너그럽고', '질투심 없는', '나이스 가이'를 열렬히 지지하는 사람이라는 이미지를 얻었다. 그것은 이기심을 설파하는 교회의 고위 성직자라는 악명에서 해방되는 반가운 기회이자, 내용보다 제목이 중요하다는 것을 깨달은 유익한 경험이었다. 내 책의 제목이 '이기적 유전자'였던 탓에 나는 이기심을 옹호하는 사람으로 간주되었다. 그런데 내가 출연한 방송 프로그램의 제목은 '좋은 놈(나이스 가이)이 승리한다'여서 이번에는 '미스터 나이스 가이'로 환영받았다. 두 칭호 모두 책이나 방송의 내용과는 관계가 없었다.

그럼에도 불구하고 〈좋은 놈이 승리한다〉가 방영되고 나서 몇

• 믿을 수 없게도, 데이비드 애튼버러가 BBC에서 만든 대단한 다큐멘터리들 중 적어도 두 편이 미국 시장을 위해 미국인 성우의 목소리로 재녹음되었다.

주 동안 기업가와 제조업체 사장들이 내게 점심을 사주며 '좋은 놈이 되는 방법'을 조언했다. 영국의 유명 의류체인 사장은 나에게 점심을 사주면서 자신의 회사가 직원들에게 얼마나 좋은 회사인지 설명했다. 유명 과자회사 대변인도 비슷한 임무를 띠고 내게 점심을 사줬는데, 그는 자기 회사가 초콜릿바를 파는 주된 이유는 돈을 벌기 위해서가 아니라 말 그대로 전국에 달콤함과 행복을 전파하기 위해서라고 설명했다.

한번은 세계 최대 컴퓨터회사의 초청을 받아 회사 간부들 사이에서 하루 종일 전략 게임을 조직하고 감독한 적도 있다. 게임의 목적은 임원들끼리 우호적인 협력 관계를 맺게 하는 것이었다. 그들을 빨간 팀, 파란 팀, 녹색 팀으로 나눠, 액설로드 책의 주제인 죄수의 딜레마 게임의 변형판을 진행했다. 하지만 불행히도, 회사의 목표였던 협력적 유대를 실현하는 일은 보기 좋게 실패했다. 액설로드라면 예상할 수 있었을 테지만, 게임이 오후 4시 정각에 끝난다는 사실을 모두가 알고 있었던 탓에, 종료 시간 직전에 빨간 팀이 파란 팀을 집단적으로 배신했던 것이다. 게임이 끝난 후 열린 평가회의에서 참가자들은 하루 종일 보이던 선의가 갑자기 깨진 것에 대해 씁쓸한 감정을 감추지 못했고, 다시 협력하도록 그들을 설득하기 위해서는 상담이 필요했다.

1989년 나는 옥스퍼드대학교 출판부의 요청에 따라 《이기적 유전자》 제2판을 냈다. 2판에는 그사이 20여 년 동안 나를 가장 들뜨게 한 책 두 권을 바탕으로 쓴 두 개의 장이 포함되었다. 그 중 하나는 당연히 액설로드의 책을 해설하는 장이었고, 이번에도 제목은 '좋은 놈이 승리한다'였다. 하지만 나는 여전히 영국에서도 액설로드의 책이 출판되어야 한다고 느꼈다. 그래서 내가 먼저 펭귄출판사에 연락했는데, 기쁘게도 출판사가 내 권유를 받아들여주었고, 나에게 영국판 페이퍼백(1990)을 위한 서문을 써달라고 요청했다. 그리고 이번에는 로버트 액설로드 본인이 개정판(2006) 서문을 써달라는 요청을 해서 두 배로 기뻤다.

《협력의 진화》는 첫 출간 후 수십 년 동안 완전히 새로운 연구 산업을 탄생시켰다. 이건 전혀 과장이 아니다. 1988년 액설로드가 그의 동료 더글러스 디온Douglas Dion과 함께 《협력의 진화》에서 직접적으로 영감을 받은 연구 출판물의 목록을 작성해 주석과 함께 펴냈다. 그들은 다음과 같은 표제 아래 그때까지 출판된 250편이 넘는 논문을 열거했다. '정치와 법', '경제학', '사회학과 인류학', '생물학적 응용', '이론(진화론 포함)', '자동화 이론(컴퓨터과학)', '새로운 토너먼트', '기타'. 액설로드와 디온은 '협력의 진화의 진화The further evolution of cooperation'라는 제목의 또 다른 논문을 공동 저술했다. 이 논문은 1984년 이후 4년 동안 이 분야에서 이루어진 발전을 요약한 것이었다. 그 논문 후로도 이 책에 영감을 받은 연구 분야들의 성장은 계속되고 있다. 하지만 맹렬하게 쏟아지는 새로운 연구들을 보면서 내가 받는 인상은, 이 책의 기본적인 결론은 바뀔 필요가 별로 없어 보인다는 것이다.

늙은 뱃사람처럼 나는 이 책을 학생들과 동료들, 그리고 어쩌다 마주친 지인들에게 계속해서 읽으라고 권했다('늙은 뱃사람'은 새뮤얼 테일러 콜리지의 시 〈늙은 뱃사람의 노래〉에서 따온 것이다.

이 시는 항해하는 동안 겪은 기이하고 섬뜩한 일들을 고국으로 돌아와 만나는 사람마다 전달하는 내용이다—옮긴이). 나는 모든 사람이 이 책을 읽고 이해한다면 지구가 더 나은 장소가 될 거라고 굳게 믿는다. 세계 지도자들을 이 책과 함께 가둬놓고 다 읽을 때까지 풀어주지 말아야 한다. 그들에게는 즐거운 경험이 될 것이고, 나머지 우리에게는 구원이 될 것이다. 《협력의 진화》는 《기드온 성경Gideon Bible》을 대체할 자격이 충분하다.

9

예술, 광고, 그리고 매력

로빈 와이트 Robin Wight**는 상상력과 창의력이 풍부한 영국의 광고 전문가다. 오래전부터 그는 동물과 인간의 광고 기법이 비슷하다는 사실에 매혹을 느꼈다. 나는 와이트가 2007년에 발표한 에세이 〈공작의 꼬리와 평판 반사: 예술 후원의 신경과학**The Peacock's Tail and the Reputation Reflex: the neuroscience of art sponsorship**〉의 머리말로 이 글을 썼다('평판 반사'는 무언가를 선택할 때 명성에 기대는 마음을 뜻한다—옮긴이).**

다윈은 로빈 와이트의 이 사려 깊은 에세이를 좋아했을 것이다. 자연선택의 공동 발견자인 앨프리드 러셀 월리스는 한술 더 떠 이 책을 사랑했을 것이다. 두 과학 영웅은 특정 견해의 스펙트럼에서 반대쪽 끝에 서 있다. 우리는 스펙트럼의 다윈 쪽 끝을 '예술 그 자체를 위한 예술'로 표현할 수 있고, 월리스 쪽 끝은 '후원에 보답하는 예술'이라고 표현할 수 있다. 두 사람이 의견 차이를 보이는 그 특정 분야는 다윈의 '다른 이론'인 성선택에 관한 이론이다. 성선택은 자연의 광고산업의 상징인 공작으로 대표된다. 즉, 공작은 조류 세계의 로빈 와이트인 셈이다.

생존에 집착하는 따분하고 실용주의적인 회계사로 취급되는 자연선택은 공작과 공작나비, 에인절피시와 극락조, 나이팅게일의 노래와 수사슴의 가지 달린 뿔을 다룰 때마다 항상 어려움을 겪었다. 다윈은 개체의 생존은 번식이라는 목적을 위한 수단에 불과하다는 사실을 깨달았다. 요즘 말로 하면, 진화라는 장기전에서 살아남는 것은 결국 공작이 아니라 공작의 유전자들이고, 유전자는 다음 세대로 건너가는 경우에만 살아남을 수 있다. 그래서 장기적인 목적을 위해 단기적으로 일련의 몸을 조종한다. 공작과 그 밖의 동물들의 입장에서 번식을 가로막는 가장 큰 장애물은 같은 성의 경쟁자들이므로, 자연선택(다윈은 이 경우에는 그것을 '성선택'이라고 불렀다)은 사치스러운 매력이나 가공할 무기를 선호하는 경향이 있다. 하지만 그것은 개체의 경제적 자원에 어떻게든 손해를 끼치거나, 개체의 생존에 위험을 초래할 수 있다.

누구의 눈에 매력적이어야 할까? 물론 암컷의 눈이다. 암컷의 취향이 우리 취향과 우연히 일치하면 우리 입장에서는 더 좋을 것이다. 수컷 공작은 걸어다니는 현수막이며, 화려한 옥외 광고판이며, 유혹적인 네온사인이며, 값비싼 선전이다. 예술작품이라고 해도 될까? 당연히 된다. 왜 안 되겠나? 오스트레일리아와 뉴기니에 사는 바우어새를 보면 분명히 알 수 있다. 그들의 깃털은 특별히 밝거나 화려하지 않다. 하지만 바우어새 수컷은 '몸 밖의 공작 꼬리'를 만드는데, 이것은 공작 꼬리와 목적이 같다. 암컷을 유혹하기 위한 사랑의 노동인 것이다. 풀, 잔가지, 잎사귀를 아치 모양이나 오월제 기둥 모양으로 엮은 후, 바닥에 돌을 깔고 딸기로 장식하거나 그 즙을 짜서 색칠한다. 꽃, 조개껍데기, 다른 새의 화려한 깃털, 색유리 조각, 심지어 맥주병 마개까지 가져와 집을 꾸민다. 어떤 집도 똑같지 않다. 암컷은 집을 둘러본 다음, 가장 마음에 드는 건축물을 지은 수컷을 선택한다.

수컷들은 집을 꾸미고 완성하는 데 많은 시간을 쓴다. 만일 연구자가 새가 없는 동안 장식물 하나를 옮기면, 새는 돌아와 그것을 다시 제자리에 가져다놓는다. '몸 밖의 공작 꼬리'라는 수사적 표현이 더없이 어울린다는 생각이 드는 인상적인 관찰 결과가 있다. 바로, 가장 칙칙한 깃털을 가진 바우어새 종이 가장 정교한 집을 짓는 경향이 있다는 것이다. 마치 그들이 오랜 진화 과정에서 광고 예산을 몸에서 집으로 조금씩 옮긴 것처럼 보인다.

바우어새 수컷은 한 걸음 물러나 고개를 한쪽으로 기울이고 자신의 작품을 살펴본 후 앞으로 가서 블루베리를 오른쪽으로 5센티미터 옮긴다. 그러고 나서 다시 물러나 작품을 살펴본다. 이런 행동을 지켜보고 있으면 마치 캔버스에 섬세하게 마무리 터치를 하는 화가를 보고 있는 듯한 느낌이다. '화가' 비유는 정말 그럴듯한데, 수컷은 자신과 같은 종의 눈과 뇌를 의식하고 집을 짓기 때문이다. 수컷이 자기가 지은 집이 마음에 든다면, 암컷 마음에도 들 확률이 높다. 만일 당신이 바우어새 수컷이라면, 당신을 흥분시키는 것은 무엇이든 같은 종의 암컷도 흥분시킬 것이다.

멧종다리American song sparrow 수컷은 마치 실험을 하듯 아무렇게나 지껄이면서 스스로 노래를 배우고, 자신의 귀에 멋지게 들리는 소리를 반복한다. 실험 연구자들의 말을 빌리면, 그 소리는 유전자가 뇌에 심어놓은 이상적인 노래인 '내장된 주형'과 일치한다. 하지만 '주형'을 이해하는 또 다른 방법이 있다. 바우어새의 집과 마찬가지로, 어린 새의 노래가 서서히 향상되는 것을 예술작품을 만들고 완성하는 것으로도 볼 수 있다. 이 경우 예술은 작곡이다. 그리고 다시 말하지만, 목적은 같은 종 (암컷) 개체의 신경계에 호소하는 것이므로, 스스로 이런저런 소리를 내보는 것보다 더 완벽한 곡을 만들기에 좋은 방법이 뭐가 있겠는가? "나를 흥분시키는 것이라면 무엇이든 암컷도 흥분시킬 것이다. 왜냐하면 우리는 멧종다리 신경계를 공유하고 있으니까." 작곡가가 자기 머릿속으로나 피아노로 멜로디 조각이나 이런저런 화음을 시도하면서 그것을 자신의 취향에 맞춰가는 것보다 더 멋진 곡을 만들기에 좋은 방법이 뭐가 있겠는가? 자기 마음에 드는 것이라면 분명히 콘서트홀에서도 좋은 반응을 얻을 거라고 암묵적으로 추론하면서.

'예술작품'은 성선택의 완벽한 산물들을 보는 한 가지 방법일 뿐이다. 또 다른 방법은 '약물'이다. 시원한 녹음 속에서 나이팅게일이 존 키츠에게 여름을 노래할 때, 키츠는 마치 독당근 즙을 마신 듯 나른한 마비로 감각이 저릿했다. 키츠는 새가 아니지만 새와 척추동물 신경계를 공유했다. 그리고 나는 다른 지면에서, 나이팅게일 암컷의 신경계도 키츠가 느낀 것과 같은 방식으로 취했을 것이라고 주장했다. 카나리아 수컷의 노래는 암컷의 난소를 부풀어오르게 하고, 번식 행동에 영향을 미치는 호르몬을 분비하게끔 유도한다고 알려져 있다. 마치 약물에 취한 것 같았던 키츠의 경험은 분명히, 나이팅게일 암컷이 수컷이 혼신의 힘으로 쏟아내는 노래를 들으며 황홀경에 빠질 때의 경험과 같았을 것이다(키츠의 경우는 우연한 경험이었기 때문에 실제로는 나이팅게일이 경험한 것보다는 정도가 약했을 것이다). 새의 노래는 데이트강간 약물의 조류 버전이 아닐까?

고급 예술작품? 유혹적인 약물? 피커딜리 광장의 네온사인? 우리가 그것을 뭐라고 부르든, 성선택의 산물은 일반적인 실용주의 노선을 걷는 자연선택을 넘어서는 다윈주의 이론을 요구한다. 여기서 월리스와 다윈이 갈라졌다. 헬레나 크로닌Helena Cronin은 아름다운 저서 《개미와 공작The Ant and the Peacock》에서 그 차이를 잘 보여주었다.

다윈은 암컷들이 취향, 미적 기호, 불가해한 변덕을 지니고 있으며 이것이 짝을 찾는 수컷들의 노래, 치장, 집 짓는 방식을 결정한다는 것을 기정사실로 받아들였다. 자신을 다윈보다 더 다윈주의적이라고 묘사한 월리스는 암컷의 변덕에 대한 근거 없는 가정이 마음에 들지 않았다. 그는 공작의 꼬리 같은 화려한 몸치장에 실질적이고 실용적인 유용성이 숨겨져 있을지도 모른다는 기대는 접었지만, 그런 몸치장이 적어도 수컷의 실질적인 가치를 암컷에게 보여줄 수 있다는 강한 믿음을 고수했다. 월리스가 보기에 공작의 화려한 깃털은 다윈의 생각처럼 아름다움 그 자체를 위한 아름다움인 것만은 아니었다. 그것은 가치를 증명하는 증거이자 배지였다. 수컷의 자질을 입증하는, 위조가 불가능한 인증이었다. 크고 정교한 집은, 이곳에는 에너지와 끈기, 숙련된 솜씨를 갖추고 열심히 일하는 부지런한 수컷이 있다, 새끼들의 아버지로서 갖춰야 할 바람직한 자질을 모두 갖춘 수컷이 있다는 가시적인 증거였다.

다윈과 월리스의 위대한 계승자인 20세기 전반의 R. A. 피셔와 후반의 W. D. 해밀턴은 각각 다윈과 월리스 관점의 성선택을 지지했다. 피셔는 '아름다움 그 자체를 위한 아름다움'은 암컷의 종잡을 수 없는 변덕에 의존할 필요가 없고, 실질적인 자질을 증명하는 지표가 될 필요도 없다는 것을 보여주었다. 암컷의 선호가 수컷의 치장과 나란히 진화한다고 가정하고 수학적 추론을 해보면 우리는 다음과 같은 과정을 예측할 수 있다. 암수는 '점점 속도를 높이며' 고삐 풀린 진화의 질주를 계속하다가 실용주의의 압력을 압도하는 지경에 이르러서야 진화 경쟁을 멈추게 된다. 피셔는 엄격한 다윈주의 기준에서 벗어나지 않고 '아름다움 그 자체를 위한 아름다움' 모델을 세우는 데 성공했다. 해밀턴은 피셔의 독창적인 수학적 추론을 부정하지는 않았지만, 수컷의 치장이 진짜 자질을 보여주는 광고로서 성선택되었다는 월리스 모델에 더 끌렸다. 다윈이 보기에는 수컷의 화려한 치장이 (비록 그렇게 하기 위해 유혹적인 예술을 사용하기는 하지만 그럼에도) "나를 선택해, 나를! 나를 선택하라고!"라는 말에 지나지 않았다. 반면 월리스 모델은 수컷의 치장을 이렇게 해석한다. "증거를 보면 알겠지만 나는 좋은 아버지가 될 가능성이 높은, 강하고 잘 적응된 건강한 수컷이니 나를 선택해!" 물론 인간의 관점에서 보면, 다윈주의와 월리스주의의 구분은 상업광고 세계에서 로빈 와이트와 그의 동료들에게 아주 친숙한 것이다. 광고의 두 학파는 각기 다른 상황에서 나름의 장점을 발휘한다.

해밀턴의 컴퓨터 모델은 특히 수컷의 건강과 기생충 저항성을 광고하는 지표에 중점을 두었다. 해밀턴은 보다 일반적인 이론인 이스라엘 동물학자 아모츠 자하비의 '핸디캡 원리'에 신세를 졌다. 핸디캡 원리는 로빈 와이트가 이 책에서 제기한 '평판 반사'에 중요한 역할을 한다. 그리고 자하비는 다시 해밀턴의 친구이자 옥스퍼드대학교 동료인 (그리고 내 동료이기도 한) 앨런 그라펜에게 신세를 졌다. 그라펜은 동물학자들의 의심의 눈초리•에도 아랑곳없이, 자하비의 언뜻 기괴해 보이는 가설이 실제로 잘 작동한다는 것을 보여주었다.•• 그라펜의 엄격한 수학 모델은 우리에게 핸디캡 원리가 처음에는 말도 안 되게 역설적으로 보여도 실제 세계에서 일어나는 실제 사실들을 설명할 수 있는 훌륭한 가설임을 보여준다.

자연선택은 비용이 많이 들거나 과하거나 위험한 광고를 선호

• 유감스럽게도 의심의 눈초리를 보낸 사람들 가운데는 《이기적 유전자》의 초판을 쓰던 시절의 나도 있다.

•• 《이기적 유전자》 30주년 기념판의 서문에 있는 주를 참조하라.

할 수 있다. (다윈과 피셔가 생각한 것처럼) '비용에도 불구하고'가 아니라, 정확히 그 비용 때문이다. 그것은 개체의 자질을 인증하는 훌륭한 광고의 불가피한 비용이다. 수컷은 의도적으로 자신을 위험에 빠뜨리거나, 실행하기 어려운 묘기를 하거나, 값비싼 도구나 희귀한 자원을 필요로 하는데, 그 이유는 값싼 대체물은 암컷이 본 체도 하지 않기 때문이다. 이것을 다윈주의 관점에서 표현하면, 자연선택은 값싼 대체물을 덥석 받아들이는 암컷에게 벌점을 주고, 자질을 인증하는 증거를 요구하는 암컷에게는 가산점을 준다. 해밀턴의 관점에서 말하면, 수컷의 광고와 과시는 건강한 수컷임이 최대한 드러나도록 치밀하게 계산될 뿐만 아니라 더 놀랍게도 그리고 심지어는 역설적이게도, 건강하지 못한 수컷이 암컷의 레이더망에 걸릴 수 있도록 계산된다.

앞에서 지적했듯이, 암컷은 말하자면 진단을 잘하는 의사로 진화한다. 그런데 동시에 더 놀랍게도, '자하비와 그라펜 이론'의 논리에 따르면, 수컷은 건강하지 않은 경우에도 온도계에서 겉으로 툭 튀어나와 있는 둥근 부분에 해당하는 것을 통해 비밀을 발설하도록 진화한다.

10

아프리카 이브에서 해변 떠돌이로

조너선 킹던 Jonathan Kingdon**은 동물학자와 일류 예술가의 놀라운 결합이다. 아프리카 포유류의 세계적 권위자인 그의 여섯 권짜리 대작 《아프리카 포유류**Mammals of Africa**》가 그가 직접 그린 아름다운 도판과 함께 수년 간의 집필 끝에 2013년 드디어 출간되었다. 그의 진화론에 대한 이 리뷰는 '스스로 만든 인간과 그의 파멸**Self-Made Man and his Undoing**'이라는 제목으로 1993년 3월 26일 판 〈타임스 문학 부록〉에 실렸다.**

> 우리 안에는 우리 밖의 우리가 추구하는 경이로움이 있다. 우리 안에는 아프리카의 모든 것과 아프리카의 천재성이 들어 있다.
>
> _토머스 브라운 경

아프리카에서 나오는 순한 지혜, 그것은 잊어도 그뿐인 덧없는 현대의 문화와 선입견을 꿰뚫고 무기력한 유행 저편을 보는, 시대를 초월한 비전이다. 조너선 킹던은 예술가의 눈과, 과학자와 박식한 사람의 머리로 과거를 깊이 응시한다. 인류의 과거를 충분히 깊이 들여다보려면 인류의 고향인 아프리카 대륙으로 갈 수밖에 없다.

조너선 킹던은 아프리카에서 태어났고, 공교롭게도 나 역시 마찬가지다. 하지만 우리 둘 다 (그가 정당하게 조롱하는) 백인종이라는 웃기는 범주로 분류된다. 그러나 킹던이 상기시켜주듯, 우리가 개인적으로 어디서 태어났든, 어떤 '인종'이든, 우리는 모두 아프리카인이다. 또한 어떤 인생을 살고 맛보든, 우리는 모두 '현대인'이다. 하지만 여기서 말하는 현대인은 예술사가나 문학비평가가 말하는 '현대인'이 아니다. 조너선 킹던의 긴 관점에서 보면, 현대는 10만~25만 년 전에 시작되었다. 그때 인류의 두개골이 거대한 버팀대와 눈썹뼈를 잃고 오늘날 모든 인종이 공유하는 곱게 다듬어진 윤곽을 가지게 되었기 때문이다.

'아웃 오브 아프리카' 가설에는 두 가지가 있다. 하나는 의심할 여지가 없고, 다른 하나는 논란의 여지가 있다. 논란이 있는 '최근 이주' 가설은 잠시 후 살펴보겠다. 150만~200만 년 전에 아프리카를 떠난 최초의 '위대한 도보여행자'는 체격이 크고 이마가 낮은 '직립보행자'였다. 다른 종인 호모 에렉투스•로 분류될 정도로 우리와는 달랐던 그들의 유해는 인류의 고향 아프리카뿐만 아

• 아프리카의 직립보행인을 호모 에르가스테르로 분류해야 한다고 주장하는 전문가들도 있다.

니라 자바와 중국, 이라크와 이스라엘에서도 발견된다. 눈섭뼈가 심하게 튀어나왔고, 두개골은 앞뒤로 길고 뒤로 젖혀져 있었으며 뇌가 우리보다 현저히 작았다. 그들은 석기를 소유했다. 아마 나무나 뼈 또는 뿔로 만든 도구도 사용했을 것이다. 그들은 일찍이 불을 사용하는 방법을 발견했다. 호모 에렉투스가 아프리카 밖으로 나가기 전의 인류 역사는 아프리카에만 머물렀고, 지금은 사라진 오스트랄로피테쿠스('남쪽 원숭이 사람'이라는 뜻의 라틴어 속명)의 이야기였다. 이 부분은 논란의 여지가 별로 없다. 그러니까 우리는 아프리카 유인원이다.

동물학자이자 자연학자인 조너선 킹던은 생물학의 뛰어난 예술가로 잘 알려져 있다. 그의 일곱 권짜리 아프리카 진화지도책 《동아프리카 포유류East African Mammals》는 연필 드로잉으로 인해 수집가들의 아이템이 되었다. 그의 《섬 아프리카Island Africa》는 생물지리학에 관한 중요한 문헌일 뿐 아니라 화가로서의 재능을 잘 보여준다. 그는 또한 재능 있는 조각가이기도 한데, 재현미술과 추상미술 모두에서 뛰어나다. 따라서 그가 진화를 우리 조상의 단단한 뼈를 깎는 조각가의 손으로 본다면 그것은 허황된 공상만은 아니다.

유전자는 진화 과정뿐만 아니라 개체가 발달하는 과정에서도 뼈를 깎아낼지 쌓을지 결정한다. 이 리모델링 기술은 조각가가 석고로 작업하는 것과 유사하다. 뼈를 쌓아야 할 곳에서는 활성화된 세포들이 뼈 무기질을 붙인다. 이 세포들을 조골세포osteoblast라고 한다. '싹'을 뜻하는 그리스어 블라스토스blastos에서 파생되었다. 반면 파골세포osteoclast('파괴하다'를 뜻하는 그리스어 클라스토스klastos에서 파생되었다)는 뼈를 깎아내는 세포들이다. 이런 무기질 추가하기와 덜어내기는 부위에 따라 매우 선택적으로 일어난다.

그가 말로 그리는 그림도 틀림없는 화가의 것이다.

나의 경우 기원에 대한 호기심은 교실이나 실험실 또는 도서관에서 시작되지 않았다. 그것은 내 고향 아프리카에서 시작되었다. 내가 어린 시절을 보낸 곳은 지금은 멸종한 소떼가 이동하는 소리로 우르릉거렸고, 나는 백만 년 전 목마른 사냥꾼의 땀을 식혀주었던 호숫가의 산들바람을 즐길 수 있었다. 이런 풍경들은 과학적 자료를 얻기 위해 퍼내야 할 물이나, 데이터를 찾기 위해 갈아엎을 들판이 아니라, 최근에 내가 청소년기를 보내기 전 수많은 사람이 살았던 땅이었다.

그가 아프리카가 유전적 다양성의 원천임을 어떻게 표현하는지 보라.

만일 아담과 이브의 자식들이 오늘날 저마다 다르다면, 그것은 어느 정도는 재조합 때문이고, 또 어느 정도는 까마득한 옛날 아프리카의 달빛 아래 우리 조상들이 짝짓기한 이후 우리 유전자들에 일어난 무수히 많은 화학적 변화 때문이다.

그는 아무런 주저 없이 에덴 신화를 암시하고, '스스로 만든 인간'이라는 주제를 소개하면서는 기술을 '선악과'와 동일시한다. 그리고 '아프리카 이브' 가설을 지지한다. 아프리카 이브 가설이란 논란의 여지가 있는 두 번째 '아웃 오브 아프리카' 가설을 부르는 인기 있는 이름이다. 나는 이 흥미로운 가설에 약간의 시간을 할애할 생각이다. 이 가설이 킹던이 생각하는 것만큼 확고하지 않아서 이것이 킹던의 책의 타당성에 영향을 미치는지 판단할 필요가 있기 때문이다.

아프리카 이브 가설에 따르면, 최초로 아프리카를 떠나 아시아를 가로질러 퍼져나간 호모 에렉투스의 자손들은 모두 멸종했고, 현재 살아남은 인류는 기껏해야 25만 년 전 이후 아프리카에 살았던 한 여성의 자손이다. 이 '아프리카 이브'의 자손들은 지난 몇십만 년 동안 아프리카 밖으로 퍼져나갔다.

우리가 이런 가설을 어떻게 검증할 수 있을까? 10만 년은 지질학자들에게는 짧은 시간이지만, 일반적인 역사적 기준으로는 가늠하기 어려울 정도로 먼 옛날이다. 설령 그때 언어가 있었다 해도(이 부분은 논쟁의 여지가 있다), 그 정도로 오래 입에서 입으로 전해내려온 이야기는 믿을 수 없기 때문에 증거에서 배제된다. 우리는 우리 부모가 자신이 성장한 세상에 대해 들려준 몇 가지 일화를 기억한다. 어쩌면 조부모의 일화도 기억할지 모른다. 하지만 그 이전의 가족사는 귓속말 전달 게임처럼 품질이 떨어진다. 문자로 기록된 경우는 구전되는 말보다 약간 더 멀리 거슬러 올라갈 수 있지만, 그야말로 약간일 뿐이다. 문자의 역사는 기껏해야 몇천 년인데, '아프리카 이브'는 그런 여성이 정말 살았다면 수십만 년 전 사람이다.

DNA '전통'은 그보다 훨씬 더 믿을 수 있다. DNA로 전해지는 기록은 언어로 전해지는 기록보다 훨씬 충실하다. 어떤 DNA 기록은 모든 생물의 공통 조상에까지 거슬러 올라가는 것도 있으며, DNA 복제의 충실함은 가장 꼼꼼한 필경사를 훨씬 능가한다. DNA는 우리가 태어날 때 우리의 모든 세포에 충실하게 기록된 가족 성경 같은 것으로, 오류는 어쩌다 하나씩 있을 뿐이다. 하지만 한 가지 단점이 있다. 바로 유성생식이다. 이때 우리 아버지의 DNA 문자와 어머니의 DNA 문자가 마구 뒤섞인다. 약 10세대만 거슬러 올라가도 당신의 조상과 내 조상은 몇 사람으로 추려지고, 우리가 재구성하려는 이주와 이산의 줄기를 분류하기가 어려워진다.

그런데 DNA 기록에는 유성생식의 오염을 겪지 않는 DNA 가닥이 하나 있다. 바로 미토콘드리아 DNA다. 미토콘드리아는 스스로 복제하는 세포소기관으로, 세포 각각에 수천 개씩 들어 있다. 원래 자유생활을 했던 박테리아의 후손임이 거의 확실하지만, 우리 세포 안에서 20억 년 넘게 밀접한 관계를 맺고 살면서 어느덧 우리 존재에 없어서는 안 되는 존재가 되었다. 미토콘드리아는 세포핵에 있는 일반 DNA와는 완전히 독립적인 자체 DNA를 가지고 있다. 그리고 이제부터가 핵심이다.

미토콘드리아는 우리 안에서 무성생식하기 때문에, 우리는 어머니에게서만 미토콘드리아를 물려받고 아버지에게서는 물려받지 않는다. 남성도 미토콘드리아 DNA를 가지고 있지만 본질적으로 그것은 자식에게 전달되지 않는다.• 내 세포핵에 있는 일반 DNA는 내 모든 조상의 DNA가 섞인 것이다. 예를 들어, 16분의 1은 각각의 고조부모들에게 받은 것이다. 반면 내 미토콘드리아 DNA는 어머니의 어머니의 어머니의 어머니(고조할머니)에게서 왔다. 이 풍성한 텍스트의 어떤 부분도 나머지 증조부모에게서 온 것은 없다. 당신의 가계도를 n세대까지 거슬러 올라가면, n이 아무리 큰 수라 해도 그 세대의 여성 조상 한 명만이 당신에게 미토콘드리아 DNA를 제공했다. 오직 한 명의 조상만이 당신에게 성씨를 제공한 것처럼.

미토콘드리아 DNA는 다음 세대로 가면서 핵 DNA처럼 무작위 돌연변이를 겪는다. 사실 핵 DNA보다 훨씬 빠르게 변한다. 이는 미토콘드리아 DNA에는 정교한 교정 메커니즘이 없기 때문이다. 그리고 미토콘드리아 DNA는 일정한 속도로 변하기 때문에, 화석 이력이 잘 밝혀진 계통을 사용하면 연대 측정을 위한 자료로 쓸 수 있다. 즉, 당신이 어떤 두 사람을 선택하면 그들이 순수한 여성 계통의 공통 조상에서 갈라진 시점이 언제인지 알아낼 수 있다는 뜻이다.

• 이 사실은 여전히 널리 받아들여지지만, 일부 연구자들이 이 사실에 의문을 제기했다(이 책 《리처드 도킨스, 내 인생의 책들》 3장의 챕터 4를 참조하라). 이 때문에 '본질적으로'라는 단서를 붙인 것이다.

고 앨런 윌슨 연구실의 연구자들이 처음으로 이 계산을 해냈을 때, 두 가지 사뭇 흥미로운 결과가 나왔다. 첫째, 조상 할머니는 놀라울 정도로 최근인 몇십만 년 전에 살았다. 이 결과는 비교적 논란의 여지가 없다. 논란이 있는 두 번째 결론은 '이브'가 살았던 장소와 관련이 있다. 이것을 이해하기 위해 우리는 분기도cladogram가 무엇인지 이해할 필요가 있다.

분기도는 친척관계를 나타내는, 분기하는 나무다. 다음 그림은 원리를 보여주는 아주 간단한 분기도다.

그림 4

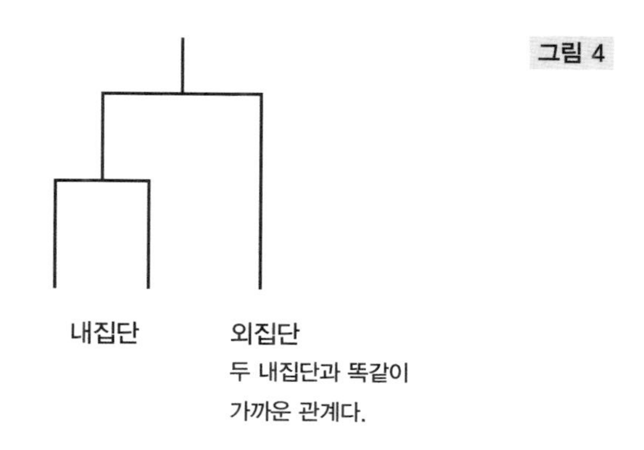

가장 많은 특징을 공유하는 사람들이 더 가까운 관계다(이 경우 미토콘드리아 DNA의 특징을 말한다). 혈연관계인 두 사람에게는 일정한 거리에 더 먼 혈연인 '외집단'이 있을 것이다. 외집단은 내집단의 구성원들과 그다음으로 가까운 관계다. 그리고 내집단의 모든 구성원과 똑같은 거리만큼 가까운데, 이는 내집단의 구성원들이 더 최근에 동일한 공통 조상에서 갈라졌기 때문이다.

앞의 [그림4]는 잔가지가 세 개뿐인 아주 간단한 나무를 보여주지만, 윌슨과 그의 동료들은 현생 인류의 관계를 나타내기 위해 최종 가지가 100개가 넘는 나무를 만들었다. 각각의 잔가지는 특정 지역의 집단에 속한 사람의 미토콘드리아 DNA를 대표한다. 이 나무는 미토콘드리아 DNA에서 수렴(다른 계통의 동식물이 같은 환경에서 비슷한 형질을 발달시키는 현상을 말한다—옮긴이)이 일어난 문자의 수를 가장 인색하게 계산하도록 컴퓨터 프로그램을 작성해서 만든 것이다. 무슨 뜻이냐 하면, 이론적으로는 인간과 코뿔소가 가까운 관계이고 침팬지가 외집단일 가능성이 있지만, 이것은 매우 방만한 분기도라서 채택되지 않는다는 뜻이다. 인간과 침팬지 사이의 많은 유사점이 모두 수렴에 의해 생겼다는 말이기 때문이다. 윌슨과 그의 동료들은 가장 인색한 분기도를 찾았고, 다음과 같은 놀라운 결론에 도달했다. 모든 비아프리카인의 미토콘드리아 DNA는 하나의 분기군(하나의 잔가지)을 구성하고, 이 비아프리카 집단의 외집단은 아프리카 집단이었다. 그리고 이 둘의 외집단은 또 다른 아프리카 집단이었다. 만일 이 패턴대로라면, 모든 비아프리카인이 모든 아프리카인보다 더 최근에 공통 조상에서 갈라졌다는 뜻이다. 그리고 비아프리카인과 아프리카인의 공통 조상은 아프리카에 살았다는 뜻이다.

그나저나 '이브'라고 표현했다고 그 여성이 혼자 살았다고 생각하지는 말라! 지금 살고 있는 모든 인간이 한 여성에게서 유래했다고 해서 그 여성이 먼 옛날에 아무도 없이 혼자 살았다는 말은 아니다. 순수한 여성 계통의 다른 여성 후손들이 멸종했다는 의미일 뿐이다. 미토콘드리아 계통은 귀족 성씨처럼 쉽게 사라질 수 있다. 또 '이브'가 모든 사람의 가장 최근 공통 조상이었다는 뜻도 아니다. 여성 계통만을 따졌을 경우 가장 최근 공통 조상일 뿐이다. 여성 계통뿐만 아니라 남성 계통까지도 포함시키면 우리의 가장 최근 공통 조상은 미토콘드리아 공통 조상보다 최근에 살았던 것이 통계적으로 거의 확실하다.

'아프리카 이브' 이론의 순수한 형태가 주는 놀라운 충격을 충분히 이해하기 위해 다음의 놀라운 추론 결과를 생각해보자. 인류는 아프리카인과 다른 아프리카인들로 나뉘고, 이들은 다시 다른 아프리카인들과 나뉜다. 나머지 인류 전체(유럽인, 오스트레일리아 원주민, 중국인, 아메리카 원주민 등)는 아프리카인의 작은 부분집합에 상당하는 비교적 작은 하나의 하위 분류군 안에 모두 들어온다. 다시 말해, 만일 당신이 인류의 모든 주요 가지를 보존하고 싶다면, 아프리카에서 사하라 이남부터 칼라하리사막까지만 빼고 전 세계를 삭제해도 된다.

이는 언뜻 말이 안 되는 이야기처럼 들린다. 얕고 편견에 치우친 시선으로 보면, 아프리카보다 나머지 세계 사람들이 더 다양한 것처럼 보인다. 따라서 '아프리카 이브' 이론이 사실이라면, 비교적 최근의 일로 추정되는 이주 이후로 상당히 많고 비교적 빠른 진화적 변형이 일어나 비아프리카인의 다양한 종류를 생산했어야 한다. 조너선 킹던은 이 사실을 받아들일 준비가 되어 있다. 실제로 어떻게 인류가 비아프리카 세계의 각기 다른 지역들에 맞게 진화적으로 분화되었는지는 이 책의 주요 주제 중 하나다.

현재의 인류가 비교적 최근에 아프리카에서 기원했다는 이론('아프리카 이브' 이론)은 정말 놀랍고, 따라서 그것이 논란이 되는 것은 놀라운 일이 아니다. 물론 인류학자들 중에는, 인류의 인종적 차이는 더 오래전에 일어났으며 호모 에렉투스의 각기 다른 지역 개체군들에서 비롯되었다는 견해를 선호하는 사람도 있다. 더 많은 인류학자가 모든 현대인이 비교적 최근의 공통 조상에서 갈라졌다는 증거를 받아들이지만, 그 조상이 꼭 아프리카에 살았는지에 대해서는 이론이 있다.

그들이 이 점을 의심하는 주된 이유는 이것이다. 앞에서 나는 컴퓨터가 가장 인색한 나무를 찾도록 프로그램되어 있다고 말했다. 즉, 수렴의 수가 최소로 상정된 나무다. 불행히도 가장 인색한 나무를 찾는 일은 쉽지 않고, 실제로는 찾지 못했는데 찾았다고 생각하기는 너무나도 쉽다. 여기에 문제가 있다. 가능한 분기도는 헤아릴 수 없을 만큼 많다(그 수는 너무 커서, 모든 아라비아숫자를 다 쓰기 위해서는 여러 줄이 필요하다). 이론상으로는 컴퓨터가 이 모든 나무를 찾을 수 있지만, 그렇게 하기 위해서는 세계에서 가장 빠른 슈퍼컴퓨터로도 우주가 존재했던 것보다 많은 시간이 걸릴 것이다. 그래서 실제로는 일종의 지능적인 표본 추출 방법인 '발견적heuristic' 방법을 사용해야 한다. 이때 주의하지 않으면, 컴퓨터가 분기도를 보는 순서와 같이 이 일과 무관한 사소한 것들이 결과에 중요한 영향을 미칠 수 있다. 당신은 가장 인색한 나무를 제안했다고 생각하지만, 나중에 보면 컴퓨터가 고려하지도 않은 더 인색한 분기도가 훨씬 많다는 것을 알게 된다.

미토콘드리아 데이터에 대한 최근 분석에서 똑같이 인색한 다른 분기도가 다수 발견되었다. 사실 인색함으로 공동 1위를 차지하는 분기도가 10억 개도 넘을 것이다. 그리고 똑같이 인색한 분기도의 대다수가 아프리카가 아닌 다른 장소에 뿌리를 두고 있다. 따라서 미토콘드리아 증거는 적어도 '아시아 이브'만큼이나 '오스트레일리아 이브'를 가리킬 수 있다. 이 문제는 아직 해결되지 않았다. '아웃 오브 아프리카' 이론은 여전히 많은 생물학자에게 받아들여지고 있으며, 조너선 킹던도 그중 하나다. 아마 이들이 옳을 것이고, 이들에게 유리한 화석 증거가 존재한다.

만일 아프리카 이브 이론이 틀렸다고 밝혀진다 해도 킹던은 큰 어려움 없이 책의 주요 주제들을 살릴 수 있을 것이다. 실제로 아시아나 인도네시아 이브가 그에게 더 잘 어울릴 수 있는 측면이 있다. 이따금 그는 인도양 가장자리, 코로만델해안, 안다만제도, 그리고 인도네시아에서 오스트레일리아까지 이어지는 동남부의 거대한 군도를 일종의 명예 아프리카 대륙으로 간주하는 듯하다. 여기서 그의 '해변 떠돌이' 이론이 등장한다.

킹던이 '색다른 이론'이라고 부르는, 우리 조상이 수생생활을 한 시기가 있었다는 주장(수생유인원 가설)은 대중의 상상력을 사로잡았다. 앨리스터 하디 경이 노년에 처음 제안하고, 더 최근에 일레인 모건Elaine Morgan이 훌륭하게 뒷받침한 이 이론은 인류 역사에서 오스트랄로피테쿠스 이전의 초기 단계를 가리킨다. 킹던은 이 버전을 진지하게 고려하지 않지만, 그럼에도 "호수와 해안을 주요 서식지로 주목하게 하는 미덕이 있다"고 느낀다. 그는 홍해 주변, 그리고 아프리카에서 인도를 거쳐 극동까지 인도양 해안을 따라 이동하며 낚시를 하고 부두를 떠돌던 사람들을 눈에 선하게 그려낸다. 그들은 뗏목을 짓고 카누를 만들어 이 해변 저 해변을 떠도는 섬사람이 되어 오스트레일리아까지 갔다. 그들의 이름인 '해변 떠돌이들Banda strandlopers'에서 해변은 아프리카가 아니라 인도네시아의 반다해를 말한다. 그들은 기회주의자였고 뛰어난 기술자들이었다. 그들은 기술 덕분에 이동할 수 있었고, 그 결과 더욱 빠르게 진화할 수 있었다. 군도만이 진화적 분기가 일어나는 작업장은 아니다. 킹던이 보기에는 기술이 인간의 유전적 진화에 더 집중적인 영향을 미쳤다.

해변 떠돌이들은 킹던 책의 영웅으로 불릴 수 있을 것이다. 그들은 자연학자이자 화가의 상상력이 낳은 흥미로운 산물이다. 그러므로 독자들은 킹던이 이 책에서 그들을 팡파르와 함께 소개했을 것이고, 그가 아주 잘하는 시적 수사로 그들의 존재감을 각인시켰을 거라고 예상했을 것이다. 하지만 해변 떠돌이들은 정식으로 등장하지 않고 독자의 의식에 몰래 들어온다. 우리는 이제껏 들어본 적 없는 신비로운 존재인 해변 떠돌이들이 우리 중에 있다는 것을 서서히 깨닫게 된다. 그러다 어느 순간 해변 떠돌이들이 암시되는 빈도가 높아지기 시작하면, 당황한 독자는 점차 초조해진다. 내가 뭔가를 놓쳤나? 내 책에만 없는 또 다른 장이 있나? 이 떠돌이들은 누구지?

하지만 킹던은 말해주지 않는다. 우리는 어린아이가 세계에 대한 발전하는 개념을 조립하듯 해변 떠돌이의 개념을 조금씩 끼워맞춘다. 그러다 마침내 우리가 킹던의 떠돌이들에 대한 완성된 그림을 손에 넣을 때 그 그림은 설득력을 얻을 뿐만 아니라 뇌리에 박혀 상상력을 자극한다. 하지만 그 그림을 그린 책임은 대체로 독자가 져야 한다. 나는 킹던 자신이 너무 오랫동안 해변 떠돌이들을 마음에 품고 살아온 탓에 다른 사람들에게 그들을 제대로 소개할 필요를 느끼지 못했다고 생각할 수밖에 없다. 훌륭한 편집자라면 이 점을 지적할 수 있었을 것이다.

한편 문학자들은 킹던이 일부러 해변 떠돌이들을 슬그머니 등장시키지 않았나 의심할지도 모른다. 그들의 조용한 등장은 수백 년 전 그들이 아시아에 한 걸음씩 소리소문없이 도착한 것에 대한 일종의 은유라고 말이다. 글쎄, 나는 잘 모르겠다. 왜냐하면 그것은 과학자와 정직한 사람은 쓰지 않을 일종의 문학적 속임수이기 때문이다.

또한 독자들은 이 책의 제목이기도 한 주제 '스스로 만든 인간'을 발견하려면 눈에 불을 켜고 찾아야 한다. 우리는 표지 광고, 머리말, 그리고 서문에서 '스스로 만든 인간'이라는 문구를 보지만, 정작 책 자체에서는 이 중요한 주제에 대해 거의 들을 수 없다. 킹던이 원시 기술을 자세히 묘사하지 않는 것은 아니다. 오히려 불 사용, 배 만들기, 석기, 우메라(원주민이 창을 던질 때 그 위에 얹어 던지는 칼금을 낸 막대기—옮긴이), 끈에 대한 그의 묘사는 마치 전문가가 피트리버스박물관(영국 옥스퍼드대학교의 고고학 및 인류학 컬렉션을 전시하는 박물관—옮긴이)을 안내하는 것처럼 상세하고 매혹적이다. 나는 중요한 발명품들이 생물에서 기원했다는(바구니 짜기는 베짜는새를 모방한 것이고, 끈은 거미줄을 모방한 것이다. 아마 아이들의 작품일 것이다) 상상력 풍부한 그의 추측에 매료되었다. 하지만 기술이 유전적 진화에 영향을 미치고 유전적 진화를 안내했다는 이론은 힘 있게 개진되지 않고 단지 암시로만 끝난다. 예를 들어 다음 대목(킹던의 책 37쪽)을 보자.

> 이 영장류들은 자연적 적응을 본떠 자연을 조작하고 재료를 사용함으로써 자신들이 침투할 수 있는 생태적 틈새의 수를 빠르게 늘렸다. 각각의 새로운 도구는 이전에는 매우 전문화된 동물들만 누리던 특권을 가질 수 있게 해주었다. 땅을 파기 위해서는 두툼한 손톱이 필요했던 곳에서 이제는 돌 곡괭이가 쓰였다. 고양이는 더 이상 날카로운 발톱을 독점하지 못했으며, 창은 뿔과 고슴도치의 가시, 송곳니를 모방했다. 생명 역사상 처음으로 기술의 발명을 통해 역할의 다원화를 학습하는 동물이 탄생한 것이다. 점점 많은 동물이 자신들만의 생태적 틈새였던 곳들의 적어도 일부를 새 경쟁자에게 잠식당했다.

다음은 서문의 한 대목이다.

> 거울에 비친, 또는 거리에서 흔히 보는 익숙한 얼굴 윤곽은 도구와 기술이 우리 운명을 결정하는 힘이 되었을 때 비로소 진화했다. (…) 예를 들어, 거대한 턱과 치아가 필요 없어지고 얼굴의 비

율이 바뀐 것은 음식을 조리하고 가공하는 기술 덕분이었다. 추운 북쪽을 침략할 수 있었던 것은 불을 통제할 수 있었기 때문이며, 새로운 섬과 대륙으로 이동할 수 있었던 것은 배를 만들 수 있었기 때문이다. 이러한 모험은 생물학적 적응의 결과라기보다는 스스로 만든 물질문화에서 비롯된 것이지만, 현재 살아 있는 사람들의 외모와 피부색에서 여전히 볼 수 있는 신체적 변화를 촉발시켰다. (…) 선사시대 인류가 아프리카 밖으로 퍼지면서, 검거나 흰 피부색 같은 기후에 대한 적응이 이루어졌지만, 기술과 문화에 대한 적응도 이루어졌고, 그 결과 인간은 생물학적 표준에서 벗어나게 되었다.

자연선택은 유전자풀에 있는 유전자들의 생존율에 차이가 있을 때 일어난다. 한 유전자가 다음 세대로 전달될 수 있는지는 그 유전자가 자신이 들어 있는 몸에 어떤 영향을 미치느냐에 달려 있다. 몸에 미치는 영향이란 일반적으로 몸의 생존 기술과 번식 성공에 어떤 영향을 미치느냐를 의미한다. 생존 기술과 번식 성공도는 진공상태에서 측정되는 것이 아니고 환경에 따라 달라진다. 환경은 관습적으로 날씨, 토양 조건, 기온 등을 말한다. 하지만 환경에는 포식자와 먹이, 기생충과 숙주, 사회적 경쟁자, 잠재적 배우자, 새끼와 부모 같은 중요한 생물학적 요소도 포함된다.

그리고 일반적이지는 않은 관점이지만, 나는 한 유전자의 환경은 다음 세대로 가는 여정에서 만날 가능성이 있는 다른 모든 유전자를 포함한다는 점을 강조하고 싶다. 유성생식을 하는 종에서 이것은 그 종의 다른 모든 유전자를 의미한다. 한 종의 다른 유전자들을 배경으로 자연선택된 유전자들은 일종의 공적응된 유전자 복합체를 구성한다. 그리고 킹던이 지적하듯, 인간이라는 특수한 사례에서는 기술도 환경에 포함된다.

나는 킹던의 책의 범위를 넘지만 킹던이 동의할 수 있는 선에서 이 주제를 약간 확장해볼 생각이다. 인간은 실제 세계에서 살 뿐만 아니라 두개골 안에서 창조된 가상 세계에서 산다. 그것은 시뮬레이션된 상상의 세계로, 실제 세계와 어느 정도 닮았지만 컴퓨터 시뮬레이션이 단순화된 것과 마찬가지로 단순화되어 있다. 그것은 지적 존재에 의해 현실 세계로부터 지속적으로 업데이트되는 역동적인 시뮬레이션이다. 그것은 일종의 인공물이다. 일부 사회과학 학파에서는 그것을 사회 전체가 함께 만든 집단적인 인공물이라고 말할 것이다. 그 정도까지는 아닐지 몰라도, 적어도 특정 문화에서 성장한 모든 개인의 가상 세계들은 문화마다 다른 여러 가지 특징을 공유할 것이다. 이런 특징에는 종교와 미신, 언어와 전설, 미적·윤리적 가치, 사물을 분류하는 '자연스러운' 방법과 지각된 현실(객관적인 현실과 비교해 개인의 주관적인 현실 경험—옮긴이)의 자연스러운 경계선에 대한 가정들 등이 포함된다.

내가 제안하고 싶은 것은 이런 가상 환경이 유전자가 생존해야 하는 일군의 환경을 이루는 중요한 요소라는 것이다. 가상 유전자가 아닌 실제 유전자가 가상 환경에서 '실제' 환경에서 선별되는 것과 똑같은 방식으로 자연선택에 의해 선별된다. 이 제안에는 신비주의적이거나 초자연적인 구석이 전혀 없다. 어느 수준에서는 유전자들이 실제 세계에서 선택되어야 한다. 하지만 우리 두개골 안의 가상 세계도 유전자의 자연선택이 일어나는 환경이라고 말할 수 있다. 나의 이 제안은 킹던의 핵심 논제를 자연스럽게 확장한 것이다.•

킹던은 자신의 마음이 옳은 곳에 있음을 유창하고 열정적으로 보여주며 책을 마무리한다. 무지와 편협함의 소산인 인종주의를 조롱하는 소리를 백인 아프리카인에게 듣는 것은 특별히 감동적이다. 아프리카인으로서 그리고 야생 생물과 장소를 사랑하는 사람으로서 GATT, 세계은행, 그리고 말할 수 없이 잔인한 일본 포경산업에 대한 그의 혐오에는 신랄함과 확신이 실려 있다.

> 인류의 주요한 서식지인 아프리카 사바나의 운명이 우려된다. 열대우림과 마찬가지로 사바나도 지구상의 어느 곳에서나 일어나고 있는 가장 파괴적인 '개발'의 표적이다. 카우보이와 불법 벌목꾼들은 외딴 목장과 통나무집에 사는 멋있는 무법자들이 아니다. 그들은 장관, 은행가, 산업계 대표 같은 거물들이다. (…) 은행과 기업가들은 야생이 미개발된 장소라는 태도를 부추겼다. 미개발된 장소가 아니라면 무엇으로 그렇게 순식간에 돈을 벌겠는가? (…) 밀렵꾼들이 아프리카 야생동물들을 위협하는 주요 원인으로 알려

• 이 책《리처드 도킨스, 내 인생의 책들》3장의 챕터 7을 참조하라.

져 있지만, 사실 밀렵꾼들은 야생동물의 서식지를 파괴하는 일에서 대개는 주변인에 불과하다. 주인공은 축산업과 목재산업이다. GATT, 세계은행, 그리고 각국 정부는 이 산업들을 장려하고 있으며 실제로 확장시키고 있다. 아프리카에 아직 남아 있는 유제류와 그들을 잡아먹는 화려한 육식동물들의 멸종은 궁극적으로, 살아 숨 쉬는 아주 오래된 생태계를 화학물질에 의존하는 육우 생산지로 바꾸도록 부추긴 세계 시장의 책임일 것이다.

선한 사람이 하는 말이니 귀담아듣자.

11

우리는 별부스러기

베일리 해리스 Bailey Harris**와 더글러스 해리스**Douglas Harris**가 쓴 《내 이름은 별부스러기**My Name is Stardust**》(2017)의 서문이다.**

어린이책 출판사들은 아이들이 무슨 책을 읽고 싶어 하는지 추측하기 위해 최선을 다한다. 하지만 당연히 아이들이 직접 판단하는 것이 최선이고, 매우 지적인 어린이가 쓴 책이라면 그야말로 최선이 아닐까? 베일리 해리스는 이 책이 겨냥하는 독자층인 여덟 살 때부터 이 책을 쓰기 시작했다. 베일리는 유타주 학교에서 《모르몬경》을 믿지 않으면 지옥에 간다는 괴롭힘을 당하면서 설명 기술을 연마하고 과학에 대한 지식을 쌓았다. 베일리가 초판의 제목을 '진실의 책'으로 하려고 했던 이유가 거기 있다. 베일리는 이제 열네 살이 되어 개정판 서문을 부탁했고, 나는 기꺼이 수락했다.

베일리는 라스베이거스에서 열린 2019년 CSICon(회의주의적 탐구위원회Committee for Skeptical Inquiry Conference)에 참석한 최연소 발표자였고, 참석자 모두가 동의하는 스타였다. 베일리는 '스타더스트(별부스러기)'라고 자신을 소개했는데, 실제로 우리 모두가 별부스러기다.

"안녕하세요, 여러분! 제 이름은 스타더스트입니다. 그리고 이쪽은 제 남동생 빈센트입니다." 이보다 더 매력적으로 시작하는 책이 있었던가? 사실 이 문장은 베일리의 '별부스러기' 시리즈 중 다른 책의 첫 문장이지만, 이 시리즈의 모든 책이 똑같이 매력적이다. 이 책에는 내가 좋아하는 동물인 3억 7,500만 년 전에 살았던 틱타알릭이 나온다. 내가 좋아하는 또 다른 동물인 300만 년 전에 살았던 루시도 나온다. 어떤 사람들은 루시는 동물이 아니라 사람이었다고 말할 것이다. 하지만 나를 포함한 다른 사람들은 루시가 둘 다였다고 말할 것이다. 왜냐하면 우리도 동물이니까. 우리는 아프리카 유인원이고, 침팬지와 고릴라 사이보다 우리와 침팬지 사이가 더 가깝다. 틱타알릭은 우리의 직계 조상은 아닐지라도 아주 먼 옛날의 할아버지라고 할 만하다. 틱타알릭은 땅으로 올라온 최초의 물고기였다. 우리의 수십만 년 전 할머니가 루시를 만났을지도 모르기 때문에, 베일리의 책에서 그리고 나탈리 맬런Natalie Malan의 아름다운 삽화 중 하나에서 루시를 만나면 가슴이 뛸 것이다.

우리는 별부스러기다. 여러분과 나, 루시 그리고 틱타알릭, 공룡, 박테리아, 삼나무 모두. 별부스러기인 베일리가 이 모든 별부스러기에 대해 들려준다.

12

에드워드 윌슨의 내리막길

이 글은 2012년 6월 〈프로스펙트Prospect〉에 실린 에드워드 윌슨Edward O. Wilson의 《지구의 정복자The Social Conquest of Earth》에 대한 서평이다.

출판업자 존 머리는《종의 기원》의 원고를 받고 그것을 심사관에게 보냈다. 그 심사관은 진화와 관련된 부분은 버리고 비둘기에 집중하라고 조언했다. 그의 서평은《채털리 부인의 연인》에 대한 풍자 서평만큼이나 웃기다. 그는 '꿩 사육, 밀렵꾼 검거, 해충 방제법, 전문 사냥꾼의 잡무와 의무'에 대한 흥미로운 문단을 칭찬하면서 이렇게 덧붙였다.

> 하지만 불행히도, 독자가 이 책에서 부수적으로 다루고 있는 미들랜드 사격장 관리에 대한 정보를 발견하고 즐기기 위해서는 본질에서 벗어난 소재를 다루는 많은 페이지를 헤쳐나가야 한다. 본 서평자가 보기에 이 책은 J. R. 밀러의《실용적 사냥터 관리Practical

Gamekeeping》를 대체할 수 없을 것 같다.

나는 웃기려는 의도가 전혀 없이, 에드워드 윌슨의 최신작에 대해 이렇게 말하고 싶다. 이 책에는 인간의 진화와 사회적 곤충의 생활방식(그는 곤충의 사회생활에 대해 누구보다 잘 아는 사람이다)에 대한 흥미롭고 유익한 장들이 포함되어 있으며, 사회적 진화의 정점에 이른 두 생물을 비교하는 책을 쓰기로 한 것은 좋은 생각이었지만, 불행히도 독자는 진화론에 대한 잘못되고 완전히 비뚤어진 오해들이 적힌 수많은 페이지를 헤쳐나가야 한다. 특히 윌슨은 여기서 '혈연선택'(잠시 후 설명하겠다)을 거부하고 그 자리에 '집단선택'을 부활시킨다. 집단선택은 진화가 생물집단들의 생존율 차이로 인해 일어난다는, 잘못 정의되고 앞뒤가 맞지 않는 견해다.

어떤 집단이 다른 집단보다 잘 살아남는다는 사실을 의심할 사람은 없다. 논란이 되는 부분은 집단들 간의 생존율 차이가 개체들 간의 생존율 차이와 마찬가지로 진화를 이끈다는 주장이다. 현재 아메리카에서 유입된 회색다람쥐가 영국 토종인 붉은다람쥐를 멸종으로 내몰고 있는데, 이는 분명히 회색다람쥐들이 어떤 이점을 가지고 있기 때문이다. 이것이 집단들 간의 생존율 차이다. 다람쥐의 어떤 부분이 붉은다람쥐보다 회색다람쥐의 번영을 촉진하기 위해 진화했다고 말할 사람은 없다. 윌슨도 다람쥐에 대해서는 그런 어리석은 말을 하지 않을 것이다. 그는 자신이 말하는 것이 자세히 살펴보면 다람쥐에 대한 말만큼이나 설득력이 없고 증거로 뒷받침되지 않는다는 사실을 깨닫지 못한다.

내 견해에 동의하는 동지들이 없었다면 나는 위대한 과학자에 대해 이런 식의 강한 비판을 감히 하지 못했을 것이다. 윌슨의 논제는 그가 2010년에 쓴 논문에 기초한다. 윌슨은 그 논문을 두 명의 수학자 마틴 노왁Martin Nowak, 코리나 타니타Corina Tarnita와 공동 저술했다. 이 논문이 〈네이처〉에 처음 등장했을 때 이 분야에서 가장 저명한 연구자 대다수를 포함해 140명 이상의 진화생물학자들이 매우 강력한 비판을 쏟아냈다. 앨런 그라펜, 데이비드 퀠러, 제리 코인, 리처드 미쇼드, 에릭 샤노프, 닉 바턴, 알렉스 케이슬닉, 레다 코스미데스, 존 투비, 제프리 파커, 스티븐 핑커, 폴 셔먼, 팀 클러턴 브록, 폴 하비, 메리 제인 웨스트 에버하드, 스티븐 엠렌, 말테 안데르손, 스튜어트 웨스트, 리처드 랭엄, 버나드 크레스피, 로버트 트리버스 등. 모두가 유명인사는 아니지만 관련 분야의 전문가라고 자부할 수 있는 사람들이다.

오래전에 〈펀치〉에서 본 만화가 생각난다. 한 어머니가 군대 행렬을 내려다보면서 자랑스럽게 외친다. "저기 내 아들이 있어요. 그는 보조를 맞춰 걷는 유일한 병사예요!" 윌슨이 보조를 맞춰 걷는 유일한 진화생물학자일까? 과학자들은 권위에 의지해 주장하는 것을 싫어한다. 그 점에서 보면 나는 윌슨의 견해에 반대한 140명의 권위자를 언급하지 말았어야 했다. 그렇다 해도 윌슨의 2010년 논문이 익명으로 제출되어 에드워드 O. 윌슨이라는 엄청나게 권위 있는 이름이 빠진 채로 통상적인 동료 검토를 받았다면 분명 〈네이처〉에 발표되는 일은 없었을 것이다. 그 논문이 발표된 것이 권위 때문이었다면, 권위로 응답하는 게 마땅할 것이다.

윌슨은 귀족처럼 거만한 태도로 자신의 〈네이처〉 논문이 받은 매우 심한 비판을 무시했다. 그는 그 많은 비판자를 언급조차 하지 않는다. 단 한 문장도 꺼내지 않는다. 자신처럼 권위 있는 사람은 전문가들을 무시하고 일반 대중에게 직접 호소해도 된다고 생각하는 걸까? 마치 전문가들 사이에 논란이 존재하지 않는 것처럼, 마치 자신의 소수 의견이 이미 수용된 것처럼? "그 아름다운 이론(혈연선택)은 제대로 작동한 적이 없고 지금은 완전히 무너졌다." 천만에! 혈연선택은 잘 작동했고 지금도 작동한다. 그리고 무너진 적이 없다. 윌슨은 자신이 전문가 동료 대다수와 반대되는 발언을 하고 있다는 사실을 인정하지 않는다. 나의 평생의 영웅에 대해 이렇게 말하는 것이 고통스럽지만, 그것은 부당한 오만이다.

권위에 의지하는 논증은 좋게도 나쁘게도 쓰일 수 있다. 그러니 권위에 대한 이야기는 이쯤 해두고, 진화 자체에 대해 이야기해보겠다. 문제는 다윈주의가 어느 수준에서 작동하는가다. '최적자 생존'이라고 하는데, 곤충학자 출신의 인류학자인 윌슨의 동료 리처드 알렉산더의 말을 인용하자면, 최적자란 무엇인가? 유전자인가, 개체인가, 집단인가, 종인가, 아니면 생태계인가? 어린아이가 편지봉투에 주소 쓰는 것을 재미있어하듯이(옥스퍼드, 잉글랜드, 유럽, 지구, 태양계, 은하수, 국부 은하군, 우주), 분석적이지 않은 사고를 하는 생물학자들은 선택이 여러 수준에서 일어난다고 생각하고 싶어 한다. 그것이 바로 고 스티븐 제이 굴드가 추구한 종류의 단조롭고 초점 없는 세계주의다(윌슨은 굴드와 엮이는 것이 달갑지 않겠지만). 천 송이의 꽃을 피우고 다윈주의적 선택이 생명의 모든 위계에서 선택하게 하자는 것이다. 하지만 이 주장은 진지한 조사를 견뎌내지 못한다. 다윈주의 선택은 매우 특정한 과정이며, 엄밀한 이해를 필요로 한다.

핵심은, 유전자는 내가 열거한 생명 위계에 속하지 않는다는 것이다. 유전자는 그 자체가 '복제자'로, 다윈주의 선택의 단위로서 고유한 지위를 가지고 있다. (생명 위계의 다른 단위들과 달리) 유전자만이 정확한 사본을 만들어 풀(유전자풀)을 이룬다. 따라서 어떤 유전자들은 생존에 유리하고 어떤 유전자들은 불리한 것이 장기적으로 차이를 만든다. 개체에 대해서는 똑같이 말할 수 없다(개체는 유전자를 전달하고 나면 죽고, 자신의 사본을 만들지 않는다). 집단이나 종, 또는 생태계에 대해서도 그렇게 말할 수 없다. 이중 어느 것도 자신의 사본을 만들지 않는다. 어느 것도 복제자가 아니다. 유전자만이 복제자라는 지위를 갖는다.

따라서 진화는 유전자풀을 이루는 유전자들 간의 생존율 차이에서 비롯된다. '유능한' 유전자는 '무능한' 유전자를 밟고 증식한다. 하지만 무엇에 '유능한' 유전자인가? 여기서 개체가 등장한다. 유전자는 유전자풀에서 번성하거나 실패하지만, 유전자풀에서 물 분자처럼 자유롭게 떠다니지 않는다. 유전자는 개체의 몸 안에 갇혀 있다. 유전자풀을 휘젓는 것은 유성생식 과정이다. 이 과정에서 세대마다 한 유전자의 파트너가 바뀐다. 한 유전자의 성공은 그것이 자리하고 있는 몸의 생존과 번식에 달려 있고, 유전자는 '표현형' 효과를 통해 몸에 영향을 미친다. 내가 유기체를 '생존 기계' 또는 유전자를 실어나르는 '운반자'라고 부르는 이유가 여기에 있다. 다람쥐의 눈이나 꼬리 또는 행동 패턴을 약간 개선하는 유전자는, 그 유전자를 가지고 있는 다람쥐 개체가 그 유전자를 가지고 있지 않은 개체보다 잘 생존하기 때문에 후대로 전달된다.• 유전자가 다람쥐 집단들을 더 잘 생존하게 한다고 말하는 것은 무리한 확대 해석이다.

《인간의 유래와 성선택》에 나오는 변칙적인 한 문단을 빼고, 다윈은 일관되게 자연선택을 개체들 사이의 선택으로 보았다. 다윈이 A. R. 윌리스의 권유로 허버트 스펜서의 '최적자 생존'이라는 용어를 채택했을 때, '최적자'는 일상적 의미에 가까운 것이었고, 다윈은 그것을 엄격하게 개체에 적용했다. 즉, 최적자란 가장 강하고, 가장 빠르고, 이빨과 발톱이 가장 날카롭고, 눈과 귀가 가장 예리한 개체였다. 생존은 번식이라는 궁극적 목적을 위한 수단일 뿐이므로 성적으로 가장 매력적이며 부모로서 가장 부지런하고 헌신적인 개체가 '최적자'에 포함되어야 한다는 것을 다윈은 잘 이해하고 있었다.

훗날, 줄리언 헉슬리가 '현대 종합modern synthesis'이라고 부른 흐름을 주도한 20세기 리더들이 수학으로 다윈주의와 멘델 유전

• 같은 종 내에서 경쟁하는 개체들을 말한다. 즉, 붉은다람쥐는 붉은다람쥐와 경쟁하고, 회색다람쥐는 회색다람쥐와 경쟁한다.

학을 결합했을 때, 그들은 '적합도'를 그들이 작성한 방정식의 변수로 채택했다. '적합도'란 '자연선택을 통해 최대화되는 경향'이었다. '최적자 생존'은 따라서 동어반복이 되었지만, 방정식에서는 이것이 문제가 되지 않았다. 예를 들어, 사자나 화식조 개체의 적합도는 살아남는 자손(자식이나 손자 등)을 영원히 남길 수 있는 능력을 수학적으로 표현하는 용어가 되었다. 부모의 보살핌과 조부모의 보살핌이 개체의 적합도에 기여하는 이유는 한 개체의 자손들이 그런 보살핌을 유도하는 유전자 사본을 실어나르는 운반자이기 때문이다.

하지만 직계 자손만이 운반자가 되는 것은 아니다. 1960년대 초, R. A. 피셔 이후 가장 저명한 다윈주의자라고 할 수 있는 W. D. 해밀턴은 피셔와 홀데인 이후 계속 있어온 개념을 공식화했다. 만일 형제자매나 조카에게 이익이 되는 유전자가 우연히 생긴다면, 그 유전자는 자식이나 손자에게 이익이 되는 유전자와 똑같은 방식으로 살아남을 수 있다. 적절한 조건이 갖춰질 경우 '형제자매를 돌보는 유전자'와 '자식을 돌보는 유전자'가 유전자 풀에서 생존할 확률은 같다. 사본은 직계든 방계든 관계없이 사본이기 때문이다.

하지만 조건이 제대로 갖춰져야 하는데, 현실에서는 그러기가 쉽지 않다. 완전한 형제자매는 자연 조건에서 자식보다 식별하기 어렵고, 대개 자식보다 덜 의존적이다. 따라서 현실적인 이유로, 형제자매를 돌보는 행동은 자식을 돌보는 행동보다 자연 조건에서 드물다. 하지만 원리상으로 자연선택은 형제자매를 돌보는 행동과 자식을 돌보는 행동을 똑같은 이유로 선호한다. 돌봄을 받는 개체는 돌봄 행동을 프로그램하는 유전자의 사본을 가지고 있기 때문이다.

의붓형제자매, 조카, 손자는 돌봄 유전자를 공유할 확률이 완전한 형제자매와 자식의 절반이다. 사촌은 다시 그 절반 확률이고, 사촌인지 여부를 식별하기도 더 어렵다. 해밀턴은 이 모두를 간단한 방정식으로 요약했고, 그것은 '해밀턴 법칙'으로 알려졌다. 혈연을 향한 이타주의 유전자는 이타주의가 치르는 비용 C가 수혜자의 이익 B에 r을 곱한 것보다 작다면 선택될 것이다. r은 작은 값이지만, 유전자를 공유할 확률을 나타내는 계산할 수 있는 지표다.•

• r의 정확한 의미와 그것을 계산하는 방법은 너무 복잡해서 이 서평의 범위를 벗어난다. 혈연도계수(r) 개념은 우리가 침팬지와 유전자의 90퍼센트 이상을 공유하고, 초파리와는 60퍼센트, 바나나와는 40퍼센트를 공유한다고 들었던 학생들을 혼란스럽게 만든다. 이것과 '완전한 형제자매와 유전자의 50퍼센트를 공유한다'는 사실을 어떻게 조화시킬 수 있을까? 드문 유전자(예를 들어 최근 돌연변이)의 경우는 문제가 되지 않는다. 이 경우 침팬지나 바나나는 그렇지 않지만 형제자매는 유전자를 공유할 확률이 실제로 약 50퍼센트이기 때문이다. 하지만 이 설명만으로는 부족하다. 왜냐하면 해밀턴의 업적 중 하나는 그의 법칙이 드문 유전자뿐만 아니라 흔한 유전자에도 적용된다는 것을 보여준 것이기 때문이다. 해

예를 들어 완전한 형제자매, 부모, 자식의 경우는 r이 1/2이다. 손자, 의붓형제자매, 조카는 1/4이며, 사촌은 1/8이다. 이타적인 돌봄을 추동하는 유전자는 rB〉C인 경우 집단 내에 퍼질 것이다. B와 C를 잊고, 특정 사례에서 혈연선택이 제대로 작동하는지 평가하는 데 r만이 중요하다고 결론 내리지 않도록 주의해야 한다. 유감스럽게도 윌슨은 해밀턴의 개념이 특정 사례에 적용되지 않는다고 주장함으로써 그런 결론에 위험할 정도로 가까이 갔다. 마치 r이 너무나도 흥미롭고 새로운 개념이라서 B와 C는 무시해도 된다는 듯 말이다.

해밀턴은 (직계 자손만을 고려하는) '고전적인 적합도'를 '포괄적합도'로 대체했다. 이것은 직계 가족뿐만 아니라 방계 가족까지도 신중하게 가중치를 부여한 합계다. 나는 포괄적합도를 비공식적으로(그리고 해밀턴의 인정을 받아) "실제로 최대화하고 있는 것이 유전자의 생존율일 때 개체가 최대화하고 있는 것처럼 보이는 수량"으로 정의한다. 윌슨은 이전 저서들에서 해밀턴의 개념

밀턴은 r을 '공통 조상에서 유래함으로써 동일한' 유전자의 비율이라고 설명했다. 옳은 설명이지만 이 문제를 이해하는 가장 쉬운 방법은 아니다. 앨런 그라펜은 1985년 〈옥스퍼드 진화생물학 조사 Oxford Surveys in Evolutionary Biology〉에서 아름다운 기하학 모델로 이 역설을 해소했다. 나는 보통 이렇게 설명하는 편이다. 완전한 형제자매와 유전자의 50퍼센트를 공유한다는 것은 집단 전체가 공유하는 기준선에 덧붙여 50퍼센트의 유전자를 공유한다는 뜻이다.

을 지지했지만, 이 책에서는 처음부터 제대로 이해한 적이 없었던 것처럼 그 개념에 등을 돌렸다.

'포괄적합도'는 유전자('복제자')로 바꿔도 결과가 같을 때 우리가 개체('운반자')를 계속해서 행위자로 취급할 수 있기 위한 수학적 장치로 만들어졌다. 우리는 자연선택이 개체의 포괄적합도를 최대화하거나, 유전자의 생존을 최대화한다고 말할 수 있다. 둘은 정의상 같다. 표면적으로는 유전자의 생존이 더 다루기 쉬운데, 왜 구태여 개체의 포괄적합도라는 복잡한 개념을 끄집어낼까? 개체는 목적을 위해 움직이는 행위자처럼 보이지만 유전자는 그렇지 않기 때문이다. 유전자는 목표를 추구하기 위한 다리, 세계를 인식하기 위한 감각기관, 세계를 조작하기 위한 손을 가지고 있지 않다. 자연선택에서 궁극적으로 중요한 것은 유전자의 생존이고, 세계는 생존에 능한 유전자들로 가득 차게 된다. 하지만 유전자는 이 일을 대리를 통해서 한다. 즉, 배발생을 통해 '표현형'을 프로그램한다. 유전자는 자신의 생존을 극대화하는 방식으로 개체의 몸, 뇌, 팔다리, 감각기관의 발생을 프로그램한다. 유전자는 운반자의 배발생을 프로그램한 다음 그 안에 올라타 운명을 공유한다. 그리고 성공하면 미래 세대로 전달된다.

따라서 '복제자'와 '운반자'는 '자연선택 단위'의 두 가지 의미를 구성한다. 복제자는 살아남아 후대로 전달되는(또는 전달되지 못하는) 단위다. 운반자는 복제자가 자신의 생존을 돕는 장치로 프로그램한 행위자다. 따라서 유전자가 직접적인 복제자고, 개체는 명백한 운반자다. 그러면 집단은 어떨까? 개체와 마찬가지로 집단도 확실히 복제자는 아니다. 그렇다면 운반자인가? 집단이 운반자라면, '집단선택'에 대한 설득력 있는 주장을 펼칠 수 있을까?

이 질문을 '개체가 집단생활에서 이익을 얻는가?'라는 질문과 혼동하지 않는 것이 중요하다. 하지만 윌슨은 유감스럽게도 혼동했다. 물론 개체는 집단생활에서 이익을 얻는다. 펭귄은 몸을 녹이기 위해 옹기종기 모인다. 하지만 이건 집단선택이 아니다. 모든 개체가 이익을 얻기 때문이다. 무리 지어 사냥하는 암사자들은 혼자 사냥하는 것보다 더 큰 먹이를 더 많이 잡는다. 그렇게 하면 집단의 모든 개체가 먹을 수 있다. 하지만 이번에도 역시 모든 개체가 이익을 얻는다. 집단의 이익은 엄밀히 말해 부수적이다. 무리를 짓는 새와 물고기는 수적 우위를 통해 안전을 확보한다. 어쩌면 사이클 선수들이 때때로 이용하는 방법처럼, 서로의 반류를 탐으로써 에너지를 아낄 수 있을지도 모른다.

집단생활에서 개체가 얻는 이익은 중요하지만 그것은 집단선택과는 아무런 관련이 없다. 집단선택은 집단이 생존이나 죽음, 또는 번식에 해당하는 일을 하고, 집단 표현형이라고 부를 수 있는 무언가를 가지고 있어서 유전자가 집단 표현형의 발생에 영향을 미치며, 그럼으로써 유전자 자신의 생존에 영향을 미칠 수 있다는 것을 암시한다.

집단이 유전자 운반자가 될 수 있는 표현형을 가지고 있을까? 설득력 있는 예는 찾기 어렵다. 집단선택의 대표적 주창자인 스코틀랜드 생태학자 윈-에드워즈V. C. Wynne-Edwards는 영역과 '순위제peck order'가 집단의 표현형일 수 있다고 제안했다. 영역을 갖는 종은 개체들이 서로 간격을 두고 떨어져 생활하고, 순위제가 있는 종은 노골적인 공격성을 덜 보이는 경향이 있다. 하지만 두 현상 모두 개체의 표현형에서 비롯된 창발 현상으로 보는 것이 더 간단하고, 유전자의 직접적인 영향을 받는 것은 개체의 표현형이다. 굳이 우긴다면 순위제를 집단 표현형으로 취급할 수 있겠지만, 각각의 암탉 개체가 자신이 이길 수 있는 상대와 자기보다 힘이 있는 상대를 파악하도록 유전적으로 프로그램된 것으로 보는 것이 더 합당하다.

하지만 윌슨의 전문 분야인 사회적 곤충은 어떨까? 사회적 곤충은 해밀턴의 전문 분야이기도 하고, 실제로 그의 이론의 가장 성공적인 초기 사례였다.

벌, 개미, 말벌의 암컷들은 생식력 있는 여왕이나 생식력 없는 일꾼으로 발달할 수 있는 유전 프로그램을 갖고 있다. 각 개체는 환경 스위치에 따라 여왕 경로나 일꾼 경로로 (개미의 경우는 여러 일꾼 경로 중 하나로) 발달하는데, 이건 아주 중요한 포인트다. 항상 불임을 초래하는 유전자는 살아남을 수 없지만, 환경 조건에 따라 불임을 초래하거나 생식력을 가질 수도 있는 유전자는 자연선택될 수 있고 실제로 선택되었다. 커다란 여왕 방에서 로열젤리를 먹으며 자라는 암컷 벌 유충은 생식 가능한 여왕이 될 것이다. 나머지는 불임인 일벌이 될 것이다. 불임인 몸에 들어가게 된 유전자는 생식력 있는 몸—늙은 여왕(그들의 어머니)이나 젊은 여왕(그들의 자매•) 또는 젊은 수컷—에 있는 동일한 유전자 사본들을 위해 일하도록 스스로를 프로그램한다. 그 결과 여왕들은 알을 낳는 일만 효율적이고 전문적으로 하도록 진화하고, 필요한 모든 것은 불임인 딸 또는 자매가 제공한다.

해밀턴 법칙의 B와 C, 그리고 r이 벌에서 어떻게 되느냐에 따라 어떤 조건에서는 불임 유전자가 선호되고 어떤 조건에서는 생식력을 높이는 유전자가 선호된다. 개미와 말벌도 마찬가지다. 흰개미도 그렇지만 세부적인 점에 차이가 있다(예를 들어 흰개미는 암컷 일개미만이 아니라 수컷 일개미도 있다. 안타깝게도 여기서는 이 차이와 더 많은 흥미로운 사실들에 대한 해밀턴의 멋진 설명을 제시하기에 지면이 부족하다). 벌거숭이두더지쥐와 몇몇 갑각류 같은, 곤충 아닌 몇몇 동물도 비록 세부적으로는 차이가 있지만 마찬가지다.

해밀턴의 법칙은 정말 아름다운 이론이다. 모든 것이 정확하게 맞아떨어진다. 다윈도 유전자 이전 시대의 표현을 사용했지만 이 사실을 이해하는 선견지명을 보여주었다. 늘 그렇듯 그는 사육 및 재배에서 영감을 얻었다.

> 따라서 맛있는 채소가 요리되고 그 개체는 파괴된다. 하지만 원예가는 같은 품종의 씨를 뿌리면 거의 같은 종류의 채소를 얻을 것이라고 확신한다. 또한 소 사육자는 살과 지방이 잘 섞인 고기를

• 또는 조카.

원한다. 그 동물은 도살되지만, 사육자는 확신을 가지고 도살된 소와 같은 가족구성원을 찾는다. 나는 선택의 힘을 굳게 믿기 때문에, 어떤 황소 개체와 암소 개체를 교배시킬 때 가장 긴 뿔을 지닌 황소가 태어나는지 주의 깊게 관찰하면 항상 가장 긴 뿔을 지닌 황소를 낳는 소 품종을 서서히 만들어낼 수 있음을 믿어 의심치 않는다. 하지만 거세된 수소는 같은 종류를 번식시킬 수 없었을 것이다.

다윈이 말한 '같은 품종의 씨'를 현대의 해밀턴 용어로 옮기면, '요리된 채소와 유전자를 공유하는 씨'가 될 것이다. 긴 뿔을 가진 거세된 수소는 번식에 쓰이는 수소와 유전자를 공유한다. 다윈은 멘델이 제안한 유전자 개념을 몰랐기 때문에, 같은 유전자 대신 '같은 가족구성원'을 찾는다고 표현했다. 하지만 윌슨은 이것을 '집단선택'의 한 형태로 해석한다. 가족이 '집단'인 경우라는 것이다. 이는 핵심을 한참 잘못 짚은 것이고, 심지어는 심술을 부리는 것처럼 보인다. 핵심은 혈연이 유전자를 공유한다는 것이고, 다윈도 거기에 맞장구를 쳤을 것이다. 가족도 '집단'으로 간주할 수 있다는 것은 완전히 요점을 벗어난 주장이며, 이런 식으로 주의를 딴 데로 돌리는 것은 아무 도움이 되지 않는다.

포괄적합도에 관한 해밀턴의 쌍둥이 논문이 1964년에 처음 발표되었을 때 두 논문을 추천한 심사관이었던 존 메이너드 스미스는 해밀턴의 혁신적 개념에 관심을 불러모으는 짧은 글을 〈네이처〉에 기고했다. 메이너드 스미스는 당시 자신과 생태학자 데이비드 랙David Lack 같은 사람들에 의해 신뢰를 잃은 '집단선택'과 구별하기 위해 '혈연선택kin selection'이라는 용어를 만들어냈다. 그 직후 윌슨은 해밀턴의 개념을 열렬히 환영하며 《곤충 사회The Insect Societies》(1971)에서 그것을 채택했다. 그는 《사회생물학》(1975)에서도 해밀턴의 개념을 계속해서 지지했지만, 이상하게도 오해의 소지가 있는 방식으로 그 개념을 개진했다. 이는 윌슨이 이 책 《지구의 정복자》의 오류에 물을 탄 버전을 그때 이미 만지작거리고 있었음을 암시한다. 윌슨은 혈연선택을 집단선택의 특별한 사례로 취급했는데, 나는 나중에 '혈연선택에 대한 12가지 오해'에 관한 논문에서 그것을 두 번째 오해로 다뤘다.• 혈연은 집단을 이뤄 생활할 수도 있고 그렇지 않을 수도 있지만, 혈연선택은 집단생활을 하든 하지 않든 관계없이 작동한다.

윌슨도 범한 '오해2'는 "혈연선택은 특별하고 복잡한 종류의 자연선택으로, 더 간결한 '표준 다윈주의 이론'으로 설명할 수 없는 경우에만 사용해야 한다"는 주장을 말한다. 내가 혈연선택에 대한 오해를 다루는 논문에서 분명히 밝혔듯이, B와 C의 조건이 현실에서 방계 친족을 돌보지 않는 방식으로 작동하더라도, 혈연선택은 논리상 다윈주의 표준 이론에 이미 들어 있는 개념이다. 혈연선택 없는 자연선택은 피타고라스 없는 유클리드 기하학

• 《영혼이 숨 쉬는 과학》에 실려 있다.

과 같다. 윌슨은 사실상 피타고라스 이론이 맞는지 알아보기 위해 자를 들고 다니며 삼각형을 재고 있는 셈이다. 혈연선택은 항상 신다윈주의 종합에 논리적으로 내포되어 있었다. 단지 누군가가 그것을 지적할 필요가 있었을 뿐이고, 그것을 한 사람이 해밀턴이었다.

에드워드 윌슨은 그만의 중요한 발견을 한 사람이다. 역사에서 그의 자리는 흔들리지 않으며, 해밀턴의 자리도 마찬가지다. 베르트 횔도블러Bert Hölldobler(집단선택과 아무런 관계가 없는 또 한 명의 세계적 전문가)와 함께 쓴 기념비적인 책 《개미The Ants》를 비롯해 윌슨의 초기 저작들을 읽으시라. 《지구의 정복자》에 대해 말하자면, 내가 설명한 이론적 오류는 중요하고 책 전체에 퍼져 있으며 그의 논지에 필수적인 것이라서, 나는 이 책을 추천할 수 없다. 도로시 파커Dorothy Parker의 말을 빌리면, 이 책은 가볍게 던져버릴 책이 아니라 아주 세게 내던져야 할 책이다. 진심으로 유감이다.

1

크리스토퍼 히친스와의 대화
미국은 신정국가로 향하고 있는가?

나는 〈뉴스테이츠먼New Statesman〉 2011년 크리스마스 특별호의 객원편집인으로 초청받아 크리스토퍼 히친스Christopher Hitchens와 대화를 나눴다. 그가 세상을 떠나기 전에 한 마지막 인터뷰였다. 여기 실린 텍스트는 인터뷰의 두 번째 부분으로, '회의주의를 지지하며'라는 4부의 중심 주제에 초점을 맞춰 진행되었다. 대화를 나눈 장소는 히친스가 암 치료를 하는 동안 아내와 함께 살던 텍사스주 휴스턴의 아름다운 집 정원이었다.

하나라도 놓치는 게 없도록 세 가지 장치로 대화를 녹음했고, 대화가 끝난 후에는 맛있는 만찬을 함께했다. 그는 너무 아파 먹을 수 없었지만, 그럼에도 재치가 번뜩이는 대화로 분위기를 살려주었다. 국제무신론동맹은 2011년 리처드도킨스상 수상자로 그를 선정했고, 인터뷰 다음 날 나는 텍사스 자유사상대회에서 그에게 상을 수여하는 영광을 누렸다(https://www.youtube.com/watch?v=HmTPLYT_-nU). 그날이 내가 그를 마지막으로 본 것이었다.

기독교가 서양에서 힘을 잃으면 이슬람교가 그 자리를 대체할까?

왜 세속적인 공화국으로 건설된 미국이 오늘날 서유럽 국가 대부분보다 훨씬 더 종교적일까?
학교에서 아이들에게 종교에 대해 가르쳐야 할까?

도킨스 미국이 신정국가가 될 위험에 처해 있다고 생각하십니까?

히친스 아니요, 그렇게 생각하지 않아요. 신이 운영하는 미국을 원하고 미국이 근본주의적 개신교 원리에 기초해 세워졌다고 믿는 극단적인 개신교 복음주의자들이야말로 미국에서 가장 과대평가된 위협이라고 생각합니다.

도킨스 오, 좋은 소식이군요.

히친스 그들은 모든 곳에서 패배했어요. 왜냐고요? 1920년대에 그들은 일련의 승리를 거뒀죠. 술을 판매, 제조, 유통, 소비하는 것을 금지했고, 이를 법제화했어요. 백인이 다수가 아닌 비개신교 국가들에서는 이민도 받지 않았어요. 하지만 이 승리를 다시는 회복하지 못했죠. 그들은 금주법(의 실패)에서 절대 회복하지 못할 겁니다. 그건 그들의 가장 큰 패배였어요. 그들은 스코프스 재판(1925년 7월 21일 미국의 테네시주에서 있었던 과학교사 존 스코프스에 대한 재판을 말한다. 존 스코프스는 공립학교에서 진화론를 가르치지 못하도록 한 테네시주 법률을 어기고 학교에서 진화를 가르쳤다는 이유로 벌금형을 받았다. 관용적으로 '원숭이 재판'이라 부르기도 한다—옮긴이)에서 절대 회복하지 못할 거예요. 그들이 (창조론 교육을 도입하려고) 시도할 때마다 교육위원회나 교사 또는 법원이 그것을 기각했어요. 그것이 얼마나 말도 안 되는 시도인지 당신 같은 사람들이 보여줬기 때문이죠. 그들은 언론의 자유를 문제 삼으려 하지만 그것도 실패할 거예요. 사람들은 비웃음받는 시, 주, 또는 국가 출신이 되기를 원치 않아요.
미국 남부를 돌면서, 얼마나 많은 사람이, 심지어 기독교인들도 (근본주의 목사 제리) 폴웰 같은 사람들의 노예가 되었다는 말을 반박하고 싶어하는지 보고 놀랐어요. 그들은 웃음거리가 되고 싶어 하지 않아요.
만일 그들이 학교에서 매일 아침 기도를 해야 한다는 조례를 통과시킨다면, 두 가지 중 하나가 일어날 겁니다. 모든 법원이 당장 기각해 그들이 웃음거리가 되거나, 사람들이 "좋아! 아침마다 힌두교 기도로 시작하지, 뭐"라고 말하거나. 어느 쪽이든, 그들은 뼈저리게 후회할 겁니다. 그래서 잠시나마 그들 마음대로 하도록 놔두고 싶다는 생각이 들 정도예요.

도킨스 오, 정말 고무적인 이야기군요.

히친스 오히려 저는 요즘 교황청의 극단적이고 반동적인 모습이 더 걱정스럽습니다. 하지만 그것도 미국 신자들 사이에서 그리 큰 호응을 받지 못하는 것 같습니다. 신자들은 피임 금지에 노골적으로 불복종합니다. 그리고 이혼과 동성애 결혼 금지에는 제가 예측하지 못한 정도까지 불복종합니다. 낙태에 대해서만 확고한 입장을 고수하고 있는데, 사실 그것은 매우 중요한 도덕적 문제라서 가볍게 결정되어서는 안 된다고 생각합니다. 저는 낙태가 매우 거북합니다. '태어나지 않은 아기'는 실체가 있는 개념이니까요. 여기서 우리가 이 논의를 할 필요는 없는 것 같습니다.• 하지만 저는 필요하면 언제든 낙태할 수 있다고 생각하는 쪽은 아닙니다. 이건 생각이 좀 필요한 문제 같아요. 그러나 이 문제에 대해서조차 가톨릭 신자들은 매우 고뇌하고 있습니다. 그리고 또, 가톨릭 신자들과 토론해보면, 교리문답이 실제로 무엇인지 제대로 아는 사람은 거의 없습니다. 가톨릭은 점점 더 문화가 되어가고 있어요.

도킨스 그건 그렇습니다.

• 우리는 그 문제는 다루지 않았다. 그것은 크리스토퍼와 동의하지 않는 두 분야 중 하나다(나머지 한 분야는 이라크 전쟁이다). 하지만 그 문제를 다루지 않은 이유는, 그것이 기독교가 몰락하고 있다는 그의 지적과 큰 관련이 없다고 생각했기 때문이다. 만일 그 문제를 다뤘다면 나는 "그들은 고통받을 수 있는가?"라는 제러미 벤담 Jeremy Bentham의 말을 인용했을 것이다. 인간 배아는 인간만의 독특한 신경계가 발달하기 전에는 성체 소나 돼지보다 더 고통을 느낄 수 없다.

히친스 그래서 미국 내에서 종교가 불러일으키는 유일한 위협은, 유감스럽게도 다른 많은 나라와 마찬가지로 외부로부터의 위협입니다. 지하드주의(극단적 이슬람 세력)도 있고 자생 세력도 있지만, 그중 일부는 힘이 매우 약해졌고, 스스로 신용을 깎아먹고 있죠.

도킨스 이슬람 세력은 영국에서 더 문제입니다.

히친스 유럽의 다른 많은 국가들에서도 그런데, 근본 원인을 치열하게 파고들지 않기 때문이라고 생각해요. 너무 친근하게 다루죠.

도킨스 제 친구들 중 몇몇은 이슬람교에 대해 너무 걱정한 나머지, 그것을 막을 일종의 보루로 기독교를 지지할 생각까지 합니다.

히친스 저는 많은 이슬람교도들이 이슬람 신앙을 버리고 기독교로 개종하거나, 기독교를 거쳐 결국 무신론자가 되기로 선택하는 것을 많이 봤어요. 그들 중 일부는 나사렛 예수의 성품이 온유하기 때문이라는 이유로 기독교로 개종했다고 말해요. 무함마드는 다소 과격하고, 거칠고, 강경하고, 탐욕적이죠.

도킨스 군벌이었으니까요.

히친스 무함마드의 성격, 저는 그것이 어떤 영향을 끼쳤다고 생각해요.

도킨스 만일 우리가 승리해서, 말하자면 기독교가 사라진다면, 그 공백을 이슬람교가 메울까 봐 걱정되지는 않나요?

히친스 아니요, 우습게도 우리가 이길까 봐 걱정할 일은 없을 것 같아요. 우리가 할 수 있는 일이란 고작 사람들에게 종교 외에 훨씬 멋지고 흥미롭고 아름다운 대안이 있다는 사실을 확실히 알리는 것뿐이니까요. 저는 유럽에서 기독교가 떠난 자리를 이슬람교가 채울 거라고 생각하지 않아요. 기독교는 문화가 되었다는 점에서 이미 자체적으로 패배했습니다. 몇 세대 전 방식으로 기독교를 믿는 사람은 실제로 없습니다.

도킨스 유럽에서는 확실히 그렇지만, 미국에서도 그런가요?

히친스 물론 부흥의 움직임이 있습니다. 유대인들 사이에서도 마찬가지고요. 하지만 저는 선진국과 그 밖의 많은 지역에서 사람들이 세속주의, 즉 국교 분리의 미덕을 알아보는 경향이 오래 지속되고 있다고 생각합니다. 대안을 시도해봤으니까요. 지하드나 샤리아 운동 같은 세력이 특정 국가를 점령할 때마다(솔직히 아주 원시적인 국가에서만 그렇게 할 수 있었지만) 아무런 소득 없이 실패로 끝났습니다.

도킨스 완전히 실패했죠. 만일 세계 여러 나라에서 종교적 성향을 조사해본다면, 그리고 미국 주들의 종교적 성향을 조사해본다면, 종교적 성향이 빈곤을 포함한 사회적 박탈의 다양한 지표들과 연관되어 있다는 사실을 알 수 있습니다.

히친스 맞아요, 그것도 종교를 키우는 원인이죠. 하지만 우월감을 느끼고 싶진 않습니다. 실제로 저는 교육을 많이 받고 매우 부유하고 생각 깊은 신자들을 많이 알고 있습니다.

도킨스 흔히 알려진 것처럼 토머스 제퍼슨과 제임스 매디슨이 이신론자(자연신론자)였다고 생각하십니까?

히친스 저는 그들이 마음의 동요를 겪었다고 생각합니다. 제퍼슨은 좀 더 확실히 그렇다고 말할 수 있는 사람입니다. 그는 대중 앞에서는 신학적으로 계몽된 견해로 기울 뿐이었지만, 사적인 편지에서는 훨씬 더 멀리 갔습니다. 우리가 2천 년 전의 지혜로 돌아갈 수 있기를 바란다고 말했죠. 《제퍼슨 성경》에 대해 논하면서 그렇게 말했어요. 그 성경에서 그는 예수와 관련한 초자연적인 내용을 모두 삭제합니다. 하지만 매우 중요하게 봐야 할 점은, 그가 조카인 피터 카에게 보낸 사적인 편지에서 (믿음이라는 주제에 대해) 이렇게 말했다는 겁니다. "이 탐구의 결과가 두려워 탐구에서 도망치지 말거라. 결국 신이 없다는 믿음에 이르더라도, 이 탐구에서 느끼는 편안함과 즐거움, 그리고 그것이 네게 가져다줄 다른 것들에 대한 사랑을 생각하면 충분히 해볼 만한 일이라는 생각이 들 거야." 그런 경험을 해본 사람만이 쓸 수 있는 글이죠.

도킨스 정말 멋진데요!

히친스 이건 제 판단이고 해석이지만, 제퍼슨이 임종을 맞을 때 머리맡에 성직자는 없었을 겁니다. 거의 확실합니다. 하지만 그는 C. S. 루이스의 규칙을 위반했고, 여기서 저는 루이스의 편입니다. 루이스는 예수가 위대한 도덕주의자였다고 주장하는 건 책임 회피라고 말했습니다. 그는 우리가 말해서는 안 되는 한 가지가 바로 예수가 위대한 도덕주의자라는 말이라고 했죠. 그건 부정직한 말이기 때문입니다. 예수가 신의 아들이 아니라면 그는 그냥 사악한 사기꾼이고 그의 가르침은 허망한 사기일 뿐인 것이죠. 여기서 우리는 "그는 신의 아들이 아니었을지도 모르고 구세주가 아니었을지도 모르지만, 적어도 훌륭한 도덕주의자였다"라는 식으로 손쉽게 빠져나가서는 안 됩니다. 루이스는 이 점에서 제퍼슨보다 정직합니다. 저는 그렇게 말한 루이스를 존경합니다. 릭 페리Rick Perry(2012년 미국 공화당 대선 후보 경선에 나와 한때 지지율 1위를 기록하며 돌풍을 일으켰다. 텍사스 주지사를 오래 지냈고, 독실한 감리교 신자이며, 트럼프 정부에서 에너지장관을 지냈다—옮긴이)도 일전에 그렇게 말했죠.

도킨스 예수가 착각했을 수도 있어요.

히친스 그럴 수도 있어요. 자신이 신이나 신의 아들이라고 착각하는 일은 심심찮게 있죠. 그것은 흔한 망상입니다. 하지만 아까도 말했다시피 우리가 우월감을 느낄 필요는 없다고 생각합니다. 릭 페리가 이렇게 말한 적이 있죠. "나는 예수가 나의 개인적인 구세주라고 믿는 것에 그치지 않고, 믿지 않는 사람들은 영원한 처벌을 받을 것이라고 믿는다." 그는 뒷부분에 대해서만큼은 항의를 받았는데, 그때 이렇게 말했어요. "나는 교리를 바꿀 권리가 없다. 나에게는 괜찮지만 다른 사람들에게는 나쁘다고 말할 수 없다."

도킨스 우리가 그런 근본주의자들 편을 들어야 합니까?

히친스 '편을 들자'는 게 아니라, 그들의 정직함에서 우리가 뭔가를 찾아야 한다는 말이죠.

도킨스 주교들에게서는 얻지 못할걸요.

히친스 옥스퍼드에 계신 말랑말랑한 이야기를 하는 주교들이라면 그렇겠죠.

도킨스 저는 종종 왜 세속주의를 토대로 건설된 이 공화국(미국)이 서유럽의 다른 국가들, 즉 스칸디나비아나 영국처럼 공식 국교가 있는 다른 국가들보다 훨씬 더 종교적이냐는 질문을 받습니다.

히친스 알렉시 드 토크빌Alexis de Tocqueville의 말이 맞아요. 미국에서 교회를 세우려면 자신의 이마에 땀을 흘려서 교회를 세워야 하고, 많은 사람들이 그렇게 했습니다. 그래서 그들은 교회에 애착을 가지고 있죠.

도킨스 맞습니다.

히친스 브루클린에 있는 그리스정교회 공동체를 보세요. 그 공동체가 제일 먼저 무엇을 할까요? 작은 성소를 지을 겁니다. 유대인들은 (모두가 그런 건 아니지만) 미국에 도착하자마자 놀랍게도 자신들의 종교를 포기했습니다.

도킨스 대부분의 유대인이 종교를 버렸다는 말씀이신가요?

히친스 미국에 와서 점점 더 많은 사람이 버렸죠. 종교적 박해를 피해서 왔다면 그런 일을 두 번 다시 겪고 싶지 않았을 겁니다. 그것은 강렬한 기억이죠. 유대인은 미국에 도착했을 때 매우 빠르게 세속화되었습니다. 미국 유대인들은 집단으로 보면 현재 지구상에서 가장 세속적인 세력일 겁니다. 그들이 집단이라면 말이죠. 실제로는 그렇지 않지만.

도킨스 종교적이지는 않아도 그들은 여전히 안식일 같은 것을 지킵니다.

히친스 그건 문화적인 행사가 되었죠. 저도 매년 유월절(이집트 탈출을 기념하는 유대인의 명절—옮긴이)에 참석합니다. 가끔은 유월절 행사도 치릅니다. 제 딸에게 자신이 다른 전통에서 왔다는 것을 알게 해주고 싶어서요. 딸이 증조할아버지를 만난다면 그가 왜 이디시어를 사용했는지 알 수 있을 테니까요. 그건 문화지만, 유월절 행사는 일종의 소크라테스식 포럼이기도 합니다. 일종의 토론회입니다. 와인도 곁들이죠. 꽤 훌륭한 토론의 뼈대를 가지고 있습니다. 그리고 운명론이 있습니다. 사람들은 미국이 정말 운이 좋다고 느낍니다. 두 바다 사이에 있고, 광물이 풍부하고, 물질과 아름다움이 넘쳐나죠. 그것은 많은 사람에게 신의 은총처럼 보입니다.

도킨스 약속의 땅, 언덕 위의 도시.

히친스 그리고 또 다른 에덴에 대한 열망. 몇몇 세속적인 유토피아주의자들도 같은 희망을 품고 여기에 왔습니다. 토머스 페인Thomas Paine 같은 사람들은 미국을 인류의 위대한 새 출발로 여겼죠.

도킨스 하지만 그건 모두 세속적인 동기였습니다.

히친스 대부분이 그랬죠. 하지만 전례에서 벗어날 수는 없습니다. 전례는 힘이 셉니다. 당신은 '약속의 땅' 같은 말을 하게 될 거고, 그것은 사악한 목적에 이용될 수 있습니다. 하지만 많은 경우 그것은 온화한 믿음입니다. 단지 '우리가 행운을 공유해야 한다'는 말일 뿐이죠.

(중략)

히친스 내 친구들 대부분이 무신론자인 이유는 우리가 그동안 해온 주장에 동참해서가 아닙니다. 그들은 학교에서 의무적으로 종교를 강요당하며 무관심해졌습니다.

도킨스 싫증이 난 거죠.

히친스 그들은 질렸어요. 그래서 이따금 종교에서 필요한 것만 취했죠. 결혼할 필요가 있다면 어디로 가야 하는지 알았어요. 물론 그들 중 일부는 종교적 믿음이 있고 일부는 음악을 좋아하지만, 일반적으로 영국인은 종교에 무관심합니다.

도킨스 국교가 있다는 사실도 그 효과를 높입니다. 종교는 지금과 같은 방식으로 세금을 면제받아서는 안 됩니다. 어쨌든 자동적으로 면제받아서는 안 돼요.

히친스 당연히 안 될 일이죠. 만일 교회가 교과과정에 창조론이나 사이비 창조론을 넣도록 요구한다면, 부속 학교에서 창조론을 가르치고 신앙 프로그램으로 연방 자금을 받는 모든 교회는 법에 따라 다원주의를 비롯한 대안도 가르치게 해야 합니다. 그래야 논쟁을 배울 수 있죠. 저는 그들이 이것을 원하지 않는다고 생각합니다.

도킨스 원하지 않죠.

히친스 그들이 교과과정에 동일한 시간을 원한다면 그렇게 해주면 됩니다. 그래서 그들은 늘 비교종교학에 반대해왔습니다.

도킨스 비교종교학은 최고의 무기 중 하나일 것 같습니다.

히친스 요즘 미국의 많은 아이가 어떤 종류의 종교 관련 지식도 배우지 않고 자랍니다. 부모는 아무것도 가르치지 않고 학교에만 맡기고, 학교는 그런 교육을 두려워하기 때문이죠. 너무 재미가 없어졌어요. 저는 아이들이 종교에 대해 알았으면 좋겠습니다. 그러지 않으면 어떤 권위자나 사이비 종교 또는 부흥주의자들에게 휩쓸릴 테니까요.

도킨스 아이들은 취약합니다. 저도 아이들이 문학적 이유로 종교를 알았으면 좋겠어요.

히친스 맞습니다. 우리 둘 다 《킹 제임스 성경》에 대한 글을 썼죠.

제가 어렸을 때는 AVauthorized version(흠정역 성서)라고 불렀죠. 《성경》을 모르면 영어 문학의 많은 부분을 이해할 수 없습니다.

도킨스 물론이죠. 현대 번역본 중 일부에 이렇게 번역된 걸 보셨나요? "헛된 일이라고 신부가 말씀하셨다. 완전히 헛된 일이다."

히친스 설마!

도킨스 정말이에요. "헛된 일이라고 신부가 말씀하셨다. 모든 것이 헛되도다."

히친스 〈예레미야애가〉였던가요?

도킨스 아뇨, 〈전도서〉예요. "덧없고, 덧없도다."

히친스 "덧없고, 덧없도다." 이런, 맙소사! 《성경》에서 가장 종교적이지 않은 책이죠. 그건 오웰이 자신의 장례식에서 읊기를 바랐던 구절입니다.

도킨스 그랬을 겁니다. 저는 가끔 시가 오역의 흥미로운 모호함에서 비롯되었다는 생각이 듭니다. "맷돌 소리가 멀어져가면, 메뚜기 울음소리가 땅에서 들리고, 메뚜기도 짐이 될 것이다."(〈전도서〉 12장 4~5절) 이게 대체 무슨 소리죠?

히친스 〈욥기〉는 종교적이지 않은 또 하나의 위대한 책이라고 생각합니다. "재난은 사람이 스스로 빚어내는 것, 불이 불티를 높이 날리는 것과 같다네." 이것이 없다고 생각해보세요. 우리가 《성경》에 대해 같은 생각이라서 기쁩니다. 《코란》 암송도 원래의 언어를 이해하면 같은 효과를 낼 수 있다고 하죠. 원래 언어를 이해했다면 좋았을 텐데요. 가톨릭 전례 중 일부는 매력적입니다.

도킨스 저는 그것을 판단할 만큼 라틴어를 잘 모릅니다.

히친스 때로는 너무 많이 알아도 짜증 나죠.

도킨스 맞아요. 크리스마스에 대해 한마디 해주시겠어요?

히친스 원래는 동지 휴가가 생겨나 지배적인 종교가 넘겨받을 예정이었죠. 디킨스 같은 사람들이 없었다면 그렇게 되었을 겁니다.

도킨스 크리스마스트리는 앨버트 공(빅토리아 여왕의 남편—옮긴이) 때 생겼습니다. 목자들과 동방박사 이야기는 모두 지어낸 거죠.

히친스 구레뇨(《성경》에는 구레뇨Cyrenius가 시리아 총독이 되었을 때 예수가 태어났다고 되어 있다—옮긴이)는 시리아 총독이 아니었습니다. 크리스마스는 점점 더 세속적인 날이 되어가고 있어요. 이 '행복한 휴가'가 저는 아주 별로예요.

도킨스 끔찍하지 않나요? '행복한 휴가 시즌!'

히친스 저는 우주에 대한 이야기가 더 좋습니다.

—

이 인터뷰를 한 다음 날 크리스토퍼에게 상을 수여했을 때, 많은 청중이 기립박수를 보냈다. 처음에는 그가 시상식장에 들어왔을 때였고, 두 번째는 그의 감동적인 연설이 끝났을 때였다. 나는 시상 연설•을 그에게 바치는 찬사로 마무리했다. 그 연설에서 나는 기독교가 일삼는 가장 치사한 거짓말이 거짓임을 히친스가 날마다 증명하고 있다고 말했다. 그 거짓말은 힘들 때 신에게 빌지 않는 사람은 없다는 것이었다. "히친스는 힘든 상황이지만 신에게 빌지 않고, 누구라도 그럴 수 있다면 자랑으로 삼을 수 있고 또 자랑으로 삼아야 마땅한 용기, 정직함, 그리고 위엄으로 힘든 상황에 대처하고 있습니다."

• 《영혼이 숨 쉬는 과학》에 실려 있다.

2

내적 망상의 증인

2008년에 나온 댄 바커Dan Barker의 《신은 없다Godless》 페이퍼백 판을 위해 쓴 서문이다.

종교적 근본주의자들이 망상에 빠져 있다는 사실을 이해하기란 어렵지 않다. 그들은 우주가 농업혁명 이후 시작되었다고 생각하고, 히브리어를 유창하게 하는 뱀이 진흙으로 빚은 남자와 그의 갈비뼈에서 생긴 여자를 꼬드겨 죄를 짓게 했다고, 문자 그대로 믿는다. 그들은 우연히 자신의 어린 시절을 지배한 창조 신화가 세상의 모든 꿈의 시대에 생겨난 수천 가지 다른 신화를 능가하는 것은 자명한 진리라고 생각한다.

그런데 이런 광신도들이 틀렸다는 것을 안다고 끝나는 게 아니다. 나는 순진하게도, 조용하고 합리적인 목소리로 말해주고 뻔한 증거를 제시하기만 하면 그들의 망상을 없앨 수 있다고 생각했는데, 그것은 실수였다. 망상을 없애는 건 그렇게 쉽지 않다. 그들과 대화하기 전에 먼저 그들을 이해하기 위해 노력해야 한다. 망상에 사로잡힌 그들의 마음속으로 들어가 공감하기 위해 노력해야 한다. 명백한 헛소리를 진심으로 진지하게, 자신의 온 존재를 걸고 믿을 정도로 세뇌된다는 게 어떤 것일까?

헬렌 켈러가 우리에게 시각장애인과 청각장애인이 된다는 게 어떤 느낌인지를 직접 겪은 입장에서 말해줄 수 있었듯이, 원리주의적 세뇌의 끈을 끊고 세뇌되는 것이 어떤 것인지 알려줄 수 있는, 명료한 지성을 가진 사람들이 드물게 있다. 이런 사람들의 회고록 중 일부는 거창한 약속을 해놓고는 결국 실망스럽게 끝난다.

에드 후사인Ed Husain의 《이슬람교도The Islamist》는 멀쩡한 청년이 급진적 이슬람교라는 정신적 뱀 구덩이에 서서히 빨려들어가는 것이 어떤 것인지를 잘 보여준다. 하지만 그는 자의적인 헛소리를 열정적으로 믿는 것이 실제로 어떤 것인지 내면을 드러내 보이지는 않는다. 그리고 이야기의 마지막 부분에 지하디즘(이슬람 원리주의의 무장투쟁 운동—옮긴이)에서 탈출할 때도 그가 포기하는 것은 정치적 극단주의일 뿐이다. 그는 지금도 어린 시절에 시작된 이슬람 자체에 대한 믿음을 떨쳐버리지 못한 것으로 보인다. 믿음은 그의 내면에 여전히 도사리고 있고, 독자는 여전히 취약한 저자를 걱정하게 된다.

아얀 히르시 알리Ayaan Hirsi Ali의 《불신자Infidel》는 생식기 절단이라는 형언할 수 없는 야만적인 관행을 포함해, 이슬람 치하 여성들에게 가해지는 유례를 찾아보기 힘든 억압에서 탈출하는 과정을 매혹적이고 감동적으로 그려낸다. 하지만 그녀는 가장 독실했던 순간에도, 여기저기 돌아다니며 설교하고 개종시킬 대상을 적극적으로 찾아다니는 종류의 광신자는 아니었다. 그녀의 책 역시, 독자들이 종교적 망상에 사로잡힌 정신을 이해하는 데는 별로 도움이 되지 않는다.

내가 아는 한 내적 망상이 어떤 것인지를 가장 설득력 있게 증언하는 증인은, 미국 근본주의 개신교의 기괴한 초현실 세계에서 빠져나와 환하게 웃고 있는 난민인 댄 바커다.

바커는 현재, 그의 (이 말이 담고 있는 모든 의미에서) 유쾌한 파트너인 애니 로리 게일러Annie Laurie Gaylor와 함께 미국 세속주의의 가장 재능 있고 감명을 주는 대변인 중 한 명이다. 좀 순화시켜 말하자면, 댄이 처음부터 그랬던 건 아니다. 그는 종교적 근본주의의 황무지에서 탈출한, 진정으로 놀라운 사연을 가진 사람이다. 그는 그 안에 깊이 빠진 관계자였다.

댄은 단순한 설교자가 아니라, '버스에서 옆자리에 앉고 싶지 않은' 종류의 설교자였다. 그는 거리에서 완벽하게 낯선 사람들에게 당당하게 다가가서 구원받았느냐고 묻는 설교자였다. 그는 당신이 개를 풀어놓고 싶다는 생각을 하게 만들 만큼 집요하게 찾아오는 설교자였다. 댄은 열렬한 광신도가 되는 것이 어떤 것인지, 노래하고 춤추며 알아들을 수 없는 기도를 지껄이는 시끌벅적한 종교 모임에 참여하는 것이 어떤 것인지 속속들이 알고 있다. 그는 독자를 웃기는 동시에 경악시키며 광신도의 괴팍한 세계로 데려가고, 심지어 그들을 동정하게 만든다. 하지만 그는 자신의 전부였던 사회적 세계의 반대를 무릅쓰고 다른 사람의 도움 없이 스스로 생각하는 익숙하지 않은 즐거움을 발견하는 것이 어떤 것인지도 알고 있다. '생각'이라는, 그의 사회에서 용납되지 않는 습관에 이끌려 그는 지금까지 살아온 인생 전체가 시간 낭비, 망상이었음을 깨달았다.• 그는 온전히 혼자서, 아주 제대로 정신을 차렸다. 그는 이례적으로 우리에게 이 모든 과정에 대해 한 단계씩 고통스럽지만 짜릿하게 들려줄 수 있는 언어 능력과 지성, 그리고 감수성을 갖추고 있다.

부모의 원리주의 종파에 세뇌된 어린 시절, 《성경》의 모든 단어가 문자 그대로 진실임을 묻지도 따지지도 않고 믿는 것, 영혼을 불안할 정도로 쉽게 '구원하는' 자신의 능력, 예수를 위한 설교자이자 음악가이자 작곡가로서의 성공적인 경력에 대한 그의 이야기는 넋을 잃고 들을 만큼 흥미진진하다. 더 매혹적인 부분은, 지적이지만 순진한 젊은 마음속에 의심이 싹트고 서서히 증폭되는 과정이다. 이미 확신에 찬 무신론자가 되었음에도, 자신이 사역하던 교회를 떠나지 못하던 기간에 대해 이야기하는 대목에서는 짠한 마음이 든다. 성직이 그가 아는 유일한 삶이었고, 외부 세계를 마주하고 가족에게 사실대로 말하는 것이 어려웠기 때문이

• 다행히도 그때 그는 아직 젊었다. "당신은 인생을 망상에 바쳤다고 말하는 예의 바른 방법 따위는 없다!" 같은 주제에 대해 대니얼 데닛이 한 말이, 내가 종교적 망상에 빠진 나이 든 사람들과 이야기할 때 입을 다물게 만들었다.

었다.

연민이 느껴지는 대목에서 흔히 그렇듯이, 곧 '웃픈' 상황이 벌어진다. 댄이 마침내 무신론자임을 선언했을 때 그의 종교적 친구들이 보인 반응은 일종의 우울한 코미디로 읽힌다. 그가 받은 많은 편지에서, 왜 무신론적 믿음이 실제로 틀렸는지 이유를 제시한 사람은 아무도 없었다. 어쩌면 가장 웃긴 예는, 밀턴 바풋 목사가 댄의 동생에게 "그런데 댄은 지옥이 두렵지 않답니까?"라고 솔직히 당황한 듯 말한 것이다. 아뇨, 목사님. 댄은 더 이상 지옥을 믿지 않습니다. 그것이 무신론자가 되는 것의 장점 중 하나랍니다.

무신론자가 된 후 목사직에서 사임하기까지 시간 지연이 있었다는 사실은, 댄과 똑같은 경로를 밟았으면서도 마지막 담장 앞에서 머뭇거리는 성직자들이 훨씬 많을 수 있다는 것을 암시한다. 그들이 아는 유일한 삶의 방식에서 감히 뛰어내리지 못하는 무신론자, 자신이 속한 제한된 사회에서 존경받을 수 있는 티켓, 작은 연못에서 누리는 거물의 지위를 잃을까 봐 두려운 목사 무신론자들이 부지기수일 것이다. 그것을 포기하는 게 얼마나 힘들겠는가?

흥미롭게도, 댄 바커는 이전 저서 《믿음에 대한 믿음을 잃다 Losing Faith in Faith》를 출간한 후, 본인은 신앙에서 해방되었지만, 여전히 머뭇거리고 있는 많은 성직자에게 일종의 집결 푯대가 되었다. 댄은 무신론을 털어놓기 위해 찾는 고해신부가 되어, 환멸을 느낀 성직자들을 자석처럼 끌어당긴다.* 훌륭한 고해신부인 그는 사람들의 개인적인 비밀을 누설하지는 않지만, 그가 일반적인 방법으로 그들의 이야기를 하는 것을 막을 이유는 없고, 그래서 다시 한번 '웃픈' 사연들이 펼쳐진다.

댄 바커 자신의 고해신부는 이 책의 모든 독자이며, 독자는 그 역할을 즐기지 않을 도리가 없다. 댄이 족쇄를 끊을 때, 그리고 그의 종교적 열정에 기여한 부모와 두 형제 중 한 명이 나중에 무신론자 대열에 합류할 때는 더더욱 기쁨의 환호성을 억누르기 어렵다. 그가 설교 기술을 가족에게 역으로 발휘해서 그들을 믿기 전으로 되돌려놓으려고 노력한 것이 아니었다. 오히려 그의 가족 중 누구도 무신론자가 되는 것이 선택지일 수 있다는 생각을 해보지 못했을 뿐이었다. 품위 있고 선한 사람이 신자가 아닐 수 있다는 것을 댄이 보여주자마자, 식구들은 진짜 문제에 대해 스스로 생각하기 시작했고, 명백한 결론에 도달하기까지 그리 오래 걸리지 않았다. 그의 어머니의 경우, "종교는 몽땅 허튼소리다"라는 결론에 이르는 데 불과 몇 주밖에 걸리지 않았다. 얼마 후 그녀는 "나는 더 이상 미워할 필요가 없다"고 행복하게 덧붙일 수 있었다. 댄의 아버지와 두 형제 중 한 명도 비슷한 길을 걸었다. 나머지 형제는 아직 거듭난 기독교인으로 남아 있지만, 언젠가

• 이 자석 효과는 성직자 프로젝트를 이끌어낸 여러 요인 중 하나였다. 이 프로젝트에 대해서는 이어지는 에세이 두 편에서 좀 더 다룬다.

그도 깨달음을 얻을 것이다.

믿기 전으로 되돌아가는 이야기는 이 책의 앞부분에서 끝난다. 종교에 빠져 허우적거렸던 댄의 젊은 시절이 더 충만한 성숙함에 자리를 내어주었듯이, 그의 책도 후반 장들로 가면서 독자에게 성숙한 무신론자란 무엇인지에 대한 관대한 성찰을 제공한다. 다마스쿠스에서 벗어나는 댄 바커의 길(무신론에서 벗어나 회개의 길을 걷는다는 내용의 스트린드베리의 희곡《다마스쿠스로 가는 길》을 거꾸로 비튼 것—옮긴이)을 앞으로 많은 사람이 걸을 것이고, 이 책은 그런 종류의 고전이 될 것이 틀림없다.

3

나쁜 습관 버리기

대니얼 데닛 Daniel C. Dennett**과 린다 라스콜라**Linda LaScola**의 《설교단에 갇힌 사람들**Caught in the Pulpit**》(2015)을 위해 쓴 서문이다.**

자기 자신의 견해에 겁을 먹는다는 건 어떤 느낌일까? 만일 "X에 대해 어떻게 생각하나요?"라는 질문을 받으면, 우리 대부분은 생각이라는 사치를 즐긴다. X라… 음, 내가 그것에 대해 어떻게 생각하지? X에 대한 증거는 뭘까? X의 좋은 점은 무엇이고 나쁜 점은 무엇일까? 어쩌면 내 의견을 공식화하기 전에 X에 대한 책을 읽어야 할지도 모르겠다. 어쩌면 X에 대해 친구들과 토론을 해봐야 할 수도 있다. X는 흥미롭다. 나는 X에 대해 생각해보고 싶다.

이런 생각을 금지하는 직업에 종사한다고 생각해보라. 당신은 엄숙한 서약을 하며 그 직업에 평생을 바치기로 맹세했다. 그 직업의 조건은 세계, 우주, 도덕, 인간 조건에 대해 특정한 믿음을 고수하는 것이다. 당신은 축구나 굴뚝 꼭대기의 통풍관•에 대해서는 자유로운 의견을 가질 수 있지만 존재, 기원, 과학의 많은 부분, 윤리의 모든 것에 대한 심오한 질문에 관해서는 시키는 대로 생각해야 한다. 당신은 고대 사막에서 미지의 저자들이 쓴 책에 적힌 생각을 앵무새처럼 외워서 말해야 한다. 만일 독서나 생각이나 대화를 통해 견해를 바꾸게 된다면, 절대 비밀을 누설해서는 안 된다. 만일 의심하는 기미를 조금만 내비쳐도 당신은 직업, 생계, 지역사회의 존경, 친구들은 물론 가족까지 잃을 수 있다.

동시에 그 직업은 최고 수준의 도덕적 엄격함을 요구한다. 따라서 이중생활을 하는 당신은 자신의 위선에 수치심을 느껴 스스로를 괴롭히며 시간을 낭비하게 된다. 믿음을 잃었지만 자리를 지키고 있는 성직자, 랍비, 목회자들이 바로 그런 곤경에 빠져 있다. 그런 사람들의 수는 놀랍도록 많고, 그들이 바로 때로는 괴롭고 때로는 용기를 주는 이 매혹적인 책의 대상이다.

다른 직업들은 특정 기량이 필요한데 부족할 경우, 그것을 채우기 위해 뭔가를 할 수 있다. 나무꾼이나 음악가는 연습으로 기

• 이것은 지금은 고인이 된 내 대부 밸런타인 플레처 목사에 대한 모호한 헌사다. 그는 여러 업적이 있는데, 그 가운데 영국 가정용 굴뚝 통풍관에 대한 표준 연구서를 펴냈고, 누구도 대적할 수 없는 200개 이상의 굴뚝 통풍관 컬렉션을 소유했다. 있을 법하지 않은 분야의 전문가가 되는 것은 내가 이 최고의 국교회 성직자와 연관시키는 많은 애정 어린 특징들 중 하나다. 다윈도 성직 서임을 받은 딱정벌레 전문가가 되기를 소망했다.

량을 향상시킬 수 있다. 더 열심히 노력하면 된다. 하지만 나무꾼과 음악가는 뭔가를 믿도록 요구받지는 않는다. 게다가 믿음은, 쇠사슬톱이나 키보드로 연습하면서 기량을 향상시키기로 결심하는 것처럼, 의지로 어떻게 해볼 수 없다. 눈앞의 증거가 어떤 믿음을 뒷받침하지 않는다면, 억지로 믿을 수 없다. 이것이 파스칼이 《팡세》에서 제시한, '파스칼의 내기'라고 불리는 논증들 중 하나다. 당신이 구원받아 영생을 얻을 확률을 어떻게 평가하든, 마치 보스턴 레드삭스나 맨체스터 유나이티드에 베팅하는 것처럼 신을 믿기로 결정할 수 없다.

설교단에 갇힌 남녀에게 동정심을 느끼지 않기란 어렵다. 도킨스재단이 성직자 프로젝트Clergy Project를 설립한 것은 이런 이유 때문이다. 성직자를 예를 들어 목수나 세속적인 상담사로 재교육하기 위해, 나는 처음에는 장학금을 모금할 생각이었다. 하지만 그렇게 하려니 비용이 너무 많이 들었다. 그래서 대신 우리는 배교한 성직자들을 위한 웹사이트를 만들었다. 그곳에서 그들은 가명과 암호를 사용해 교구민과 가족 모르게 비밀 이야기를 나눌 수 있다. 이 웹사이트는 그들이 서로 경험, 조언, 심지어는 울 수 있는 은유적 어깨까지 공유할 수 있는 안전한 안식처다.

대니얼 데닛과 린다 라스콜라는 처음부터 성직자 프로젝트에 참여했다. 실제로 이 프로젝트는 두 사람의 시범 연구에 영감을 받아, 선구적인 배교자 댄 바커의 경험을 결합해서 만들어졌다.• 라스콜라와 데닛의 시범 연구에는 다섯 명의 개신교 목사가 참여했다. 그들 중 네 사람은 성직자 프로젝트의 창립 회원이다. 이후 성직자 프로젝트는 점점 성장해 현재는 가톨릭교도, 개신교도, 유대교도, 이슬람교도, 모르몬교도를 포함해 회원 수가 500명이 넘는다.••

종교가 인간 복지에 부정적이고 교육적 가치에는 매우 적대적이라고 생각하는 우리 같은 사람들은 회원 수가 이렇게 늘어났다는 데서 힘을 얻는다. 하지만 한편으로 이 회원 수는 불운한 성직자들이 겪고 있는 고통이 어느 정도인지 짐작하게 해주는데, 대니얼 데닛과 린다 라스콜라의 자상한 친절은 이 책의 모든 페이지에서 빛을 발한다.

그들은 상세한 조사를 통해 30명의 개별 사례를 자세히 들여다본다. 이 남녀들 가운데 일부는 믿음을 잃기 전 수년 동안 독실한 신자였다. 나머지는 신학교에 있는 동안 이미 회의에 빠졌던 것으로 보이지만, 어떤 이유들로 인해 성직자의 길을 계속 걸었다. 탐구가 필요한 그 이유들이 이 책에서 실제로 탐구되고 있다. 이들 모두는 저마다 다른 인간이고, 희생자들은 이 책에서 그들만의 이야기를 털어놓을 것을 허락받는다. 그리고 두 저자는 그들의 이야기를 지적이고 통찰력 있는 논평과 함께 엮어놓았다.

인내심 있고 동정심 많은 사회연구자와 세계 최고의 철학자 중

• 직전 에세이를 보라.

•• 2019년에 1천 명에 이르렀다.

한 명의 협업으로 탄생한 이 책은 매혹적인 만큼이나 놀라울 것이다. 내가 바라고 기대하는 것처럼, 만일 현재 성직자 프로젝트에 참여하고 있는 500명•의 배교자가 커다란 쐐기의 가느다란 끝, 엄청난 빙산의 일각, 다가오는 반가운 티핑포인트의 전조로 밝혀진다면, 이 책은 좋은 의미의 광부의 카나리아로 여겨질 것이다. 이 책은 수문이 열리면서 무슨 일이 일어나고 있는지 이해하는 데 도움이 될 것이다. 또한 나는 이 책이 아직 믿음을 가진 성직자들에게 널리 읽히기를, 그리고 그들이 용기를 내어 먼저 깨달음을 얻고 설교단의 어두운 그늘에서 벗어난 성직자 프로젝트의 동료들과 함께할 수 있기를 바란다.

• 지금은 1천 명이 넘는다.

4

믿음에서 해방되는, 날아갈 듯한 가벼움

캐서린 던피 Catherine Dunphy**의 《배교의 사도**Apostle to Apostate**》(2015)를 위해 쓴 서문을 약간 축약했다.**

캐서린 던피는 성직자 프로젝트•의 창립 멤버였고, 배교자 대열에 합류한 최초의 성직자 중 한 명이었다. 그녀는 동료들이 직면하는 어려움을 감동적으로 증언하는데, 현재 600명••을 넘어선 그들은 각자 저마다의 방식으로 힘겹게 믿음의 상실을 받아들이며 밝은 곳으로 나오기 시작했다. 물론 이 투쟁은 사례마다 다르다. 특히 캐서린은 독보적으로 여성혐오적이며 고집스럽게 편협

• 성직자 프로젝트에 대해서는 직전 에세이를 참조하라.

•• 앞에서 밝혔듯이, 2019년에 회원 수가 1천 명을 넘었다.

한 종교인 로마가톨릭의 여성 모태신앙인으로서 겪은 특별한 어려움을 증언한다. 어린 시절부터 세뇌를 받은 그녀는 교회를 떠나기를 머뭇거리다가, '해방신학'과 '페미니즘 신학'을 통해 교회와의 마지막 화해를 모색하게 되었다. 그런 진보적인 호교론자들은 그녀에게 일시적 휴식을 제공한 것처럼 보이지만, 결국 그녀는 신학 자체가 문제임을 깨달았다. 그녀는 마침내 믿음을 완전히 포기하고, 수많은 타인이 각자의 방식으로 만난, 신앙에서 해방되는 날아갈 듯한 가벼움을 경험했다.

그녀의 책에는 성직자 프로젝트의 다른 회원들과의 심층 인터뷰들이 포함되어 있다. 일부는 실명이고 일부는 익명이지만, 모두가 각자의 방식으로 경험한 비슷한 이야기를 털어놓는다. 우리는 무신론자로 커밍아웃하는 것이 동성애자로 커밍아웃하는 것보다 훨씬 힘들고, 훨씬 가슴 아픈 냉대로 이어진다는 사실을 알게 된다. 이 모든 증언을 보면서 나는 종교가 자연 세계를 전혀 설명할 수 없다는 이유에서 믿음을 잃은 과학자로서, 성직자 프로젝트의 회원이 나와는 얼마나 다른 길을 걸었는지에 충격을 받았다. 그들에게는 교회의 도덕성에 대한 환멸과 사제들의 개인적 단점이 무엇보다 큰 이유였다. 그들은 신에 대한 믿음을 잃기 전에 교회를 거부했다. 캐서린은 특히 주교의 행동에 혐오감을 느꼈다. 주교는 아동 성추행을 은폐하고 경시하는 한편, 이에 의문을 제기하는 사람들에게 분노하며 복종을 강요했는데, 이 둘은 로마가톨릭교회의 대표적인 악덕이다.

공허한 환멸을 느끼고 있는 신앙인들에 대한 나 자신의 (아마도)

지나치게 성급한 반응은 “왜 그냥 떠나지 않나”였다. 따지고 보면 교회가 사실이라고 주장하는 것을 믿어야 할 확실한 이유는커녕 작은 근거조차 없으니까. 이제 교회가 도덕적으로 진흙탕이라는 것을 알았으니 그냥 떠나면 되지 않나? 캐서린 던피는 나에게 이것이 너무 냉정하게 과학적이고, 차가운 반응임을 가르쳐주었다.

그녀의 지성은 덫에 빠진 비극을 고통스럽게 드러내는 빛이다. 유년기 세뇌의 힘은 이토록 대단하다. 세뇌한 사람을 용서할 수 있는 이유도 그들 역시 어리고 감수성이 예민한 시기에 세뇌의 무고한 피해자가 되었기 때문이다. 그런 점에서, 다음 세대에 같은 재앙을 물려주지 않기 위해 세뇌의 힘을 극복하고 악순환의 고리를 끊는 사람들은 대단히 용기 있고 강인한 사람들이다. 한발 더 나아가서 성직에 평생을 바치는 단계로 들어설 만큼 불운한 사람들이 떠날 용기를 낼 때는 당연히 특별한 동정과 칭찬을 받아야 한다.

캐서린 던피의 책은 아직도 벽장에 숨어 있는 사람들의 결심을 굳히는 데 도움이 될 것이다. 지금까지 성직자 프로젝트에 참여한 600명은 지금도 불어나고 있는 거대한 빙산의 일각임에 틀림없다. 이 책은 또한 캐서린 던피는 다행히도 포기한 길로 깊숙이 들어감으로써 막다른 골목으로 유인당할 뻔한(그들은 아마 ‘부름을 받았다’고 표현하겠지만) 사람들에게 경종을 울릴 것이다. 성직자들이 이따금 하는 좋은 일들(친목과 공동체 육성, 자선사업, 비종교적 성격의 교육)은 초자연적인 헛소리와 강압적인 위계질서 없이 세속적인 방법으로도 충분히 할 수 있다. 여기서나 다른 곳에서나 캐서린 던피는 롤모델이고, 그녀의 책은 희망의 등대다.

5

공적 · 정치적 무신론자

허브 실버먼Herb Silverman은 내가 아는 가장 상냥한 사람이다. 미국 무신론계의 거목인 그가 어느 학회의 질의응답 시간에 일어난 많은 청중 중 한 명이라면, 의장은 회의장 사방에서 터져나오는 "허브에게 발언권을 주세요!"라는 청중의 합창을 듣게 될 것이다. 그의 부드러운 재치는 절대 실망시키는 법이 없다. 나는 그의 자서전 《기도하지 않는 후보자Candidate without a Prayer》(2012)의 서문을 써달라는 부탁을 기쁘게 받아들였다.

자신의 인생 스토리를 출판할 작정이라면, 먼저 흥미로운 인생을 사는 게 좋을 것이다. 아니면 적어도 글을 재미있게 쓰거나, 책의 모든 페이지를 틀에 얽매이지 않는 지혜로 채우는 것도 좋다. 그도 아니면, 보기 드물게 좋은 사람이 되는 방법도 있다. 다행히 허브 실버먼은 이 모든 조건을 충족하며, 그 이상인 사람이다.

모든 자서전 저자가 즐거운 부모 밑에서 즐거운 어린 시절을 보내며 인생을 시작할 수 있는 건 아니다. 하지만 실버먼의 유머러스한 설명에 따르면, 그의 어머니는 '모든 유대인 어머니 농담'의 어머니였다고 한다. 그의 이야기는 갈수록 점점 재미있어진다. 사춘기 시절 소녀들과의 만남, 수학자와 세속 활동가로 지낸 시절, 위선과 비논리를 발견할 때마다(민감한 무신론자는 이런 상황을 거의 날마다 만나게 된다) 친절하고 예의 바르게 일격을 가한 일까지. 실버먼은 스스로를 비꼬고 자신의 단점을 농담거리로 삼는 사랑스러운 능력을 가지고 있다. 새뮤얼 존슨의 전기를 쓸 때 보즈웰이 그랬듯이(1791년에 출판된 《새뮤얼 존슨의 생애》는 그 시대의 다른 전기들과는 달리 제임스 보즈웰이 자신의 일기장에 그때그때 기록한 대화들을 직접 통합했다는 점에서 독특했다—옮긴이), 실버먼은 자신이 과거에 쓴 말과 글을 인용하지만, 그럴 때 드러나기 마련인 허영심을 전혀 보이지 않는다.

이 책의 모든 페이지에는 독자를 미소 짓게 하는 농담이 수놓아져 있다. 학창 시절 가장 좋아하는 미국 대통령에 대한 에세이를 쓰라는 과제를 받았을 때 그의 친구들은 워싱턴이나 링컨 같은 뻔한 인물을 골랐지만, 허브는 존 애덤스를 골랐다. 왜일까? 더 이상 설명이 필요 없는 이유가 있었다. 그의 집은 백과사전을 A와 B, 두 권밖에 살 수 없었기 때문이었다. 허브는 "애덤스 패밀리가 없었다면, 가장 좋아하는 대통령이 체스터 A. 아서나 제임스 뷰캐넌인 이유를 정당화하기가 훨씬 더 어려웠을 것"이라고 말했다.

훗날 그가 이스라엘에 가서 세례자 요한의 '지정석'이었던 요르단강가에 서 있을 때 한 청년이 다가와 세례를 베풀어달라고 부탁했다. 허브의 '영적 느낌이 물씬 풍기는' 행동이 청년에게 깊은 인상을 준 데다, 수염과 샌들이 예수를 연상시켰던 것이다. 이 친절한 무신론자는 주저하지 않고 세례를 주었고, 의심할 나위 없이 멋지게 해냈다.

미국으로 돌아왔을 때 그는 다양한 선거에 출마했지만, 시대를 초월한 싸움에서 승리하기 위해 번번이 패하는 그다운 배짱을 보여주었다. 한 예로, 사우스캐롤라이나 헌법에는 절대자의 존재를 부정하는 사람은 주지사직에 오를 수 없다고 규정되어 있었다. 허브가 주지사에 출마한 동기는 오직 이 금지 조항이 제대로 작동하는지 시험하는 것이었다. 당선되면 가장 먼저 뭘 하겠냐는 질문에 대한 그의 대답 "재검표를 요구하겠습니다"가 이를 증명한다. 이 대목에서 나는 고위 관직에 적극적으로 오르고 싶어 하는 사람에게는 관직을 맡을 자격을 주면 안 된다는 역설적인 격언이 떠오른다.

나는 미국 무신론자들이 내가 보기에 더 중요한 문제(예를 들어, 거액의 정치헌금을 내는 텔레비전 전도사들에게 세금을 면제해주는 것)에 집중해야 할 때 형식적인 일(예를 들어, 1957년 지폐에 '우리는 신을 믿는다In God We Trust'라는 문구를 추가한 것에 항의해 지폐를 훼손한 일)에 에너지를 낭비하고 있다고 공개적으로 비판한 적이 있다. 하지만 지금은 그 비판이 잘못되었다는 것을 안다(그 지폐 슬로건을 미국이 기독교 사회라는 증거로 사용하는 무지한 사람들이 있기 때문이다).

다른 예로, 대학 시상식에서 고개 숙여 기도하는 관례를 거부하는 것을 형식적인 제스처라고 비판하는 사람이 있을지도 모른다. 실버먼은 이 비판에도 그답게 멋지게 응수한다. 그는 사람들 대부분이 기도를 하느라 눈을 감고 고개를 숙이고 있을 때 고개를 빳빳이 들고 눈을 뜬 자세는 반대 의사를 표명하는 완벽한 제스처라고 생각했다. 정말로 독실한 사람들은 그 제스처를 보지 못할 테니 기분이 상하지 않을 것이고, 반대파는 서로 눈짓을 하며 동지의식을 느낄 테니 말이다.

실버먼은 마지막으로 중요한 점을 지적한다. 나는 그 사실을, 이른바 (비록 과대평가된 것이지만) '성경 벨트'*에 포위된 놀랍도록 규모가 큰 청중에게 강연할 때 알았다. 사람들이 허브 실버먼에게 당신은 우리가 아는 유일한 무신론자라고 말하면 그는 이렇게 대답한다. "아뇨, 그렇지 않습니다. 당신은 수백 명의 무신론자를 알고 있습니다. 공개적으로 말한 사람이 저뿐인 거죠."

실버먼은 논쟁하기를 즐긴다. 그는 그것이 유대인의 특성이라고 말할지도 모르지만. 그리고 그는 상대방을 놀리는 데 소소한 재미를 느낀다. 빌리 그레이엄(미국 남침례회 목사로 세계에서 가장 많은 사람에게 설교한 목회자였다—옮긴이) 집회에 참석해달라는 요청을 받았을 때 그는 그답게 '구원'을 받기 위해 앞으로 나섰고, 빌리 그레이엄의 부하(아마 교구 목사를 뜻할 것이다) 중 한 명인 A 목사에

* 성경 벨트의 정확한 지리적 위치를 특정하기는 어렵다. 나는 자신의 고향 마을을 '성경 벨트의 버클'이라고 사과하듯 표현하는 수많은 사람을 보았다. 실체 없는 성경 벨트는 거의 성십자가 조각만큼이나 많은 버클을 가지고 있는 모양이다.

게 영접을 받았다. A 목사는 실버먼이 유대인임을 알고 유대교에서 개종한 B 목사에게 그를 인계했다. 허브는 B 목사의 부모님이 돌아가셨다는 사실을 알고, 유대인 부모님이 불지옥에서 구워지고 있다고 생각하면 흡족한지 물었다. B 목사가 항의하자 허브는 A 목사를 불렀고, 두 사람이 싸우는 것을 만족스럽게 지켜보았다.

기독교 호교론자들이 실버먼을 개종시키기 위해 '나는 길이요, 진리요, 빛이다' 같은 성경 구절을 인용할지도 모른다. 그런데 그들은 실버먼이 이마를 탁 치며 이렇게 말할 줄 예상이나 할까? "세상에, 그걸 몰랐네. 이제는 알았어요." 우리 모두 그렇게 말하고 싶었던 적이 얼마나 많았던가? 언론매체는 실버먼을 종종 '스스로 인정한 무신론자' 또는 '스스로 자백한 무신론자'라고 부른다. 반대로 그들을 '스스로 인정한 침례교 신자' 또는 '스스로 자백한 가톨릭 신자'로 묘사하면 어떤 기분일까? 다음은 '빈티지'라고 불러야 마땅한 실버먼의 말이다.

> 하지만 가장 이상한 발언은, 내가 심판하는 신을 믿지 않는다는 것을 내가 자유롭게 강간하고, 살해하고, 어떤 잔혹 행위를 해도 괜찮다고 생각한다는 뜻으로 받아들이는 사람들에게서 나왔다. 그럴 때마다 나는 "그런 사고방식을 가지고 있다면 하나님을 계속 믿기를 바란다"라고 대답하곤 한다.*

그는 '성경을 믿는 기독교인'에게 《성경》에 실제로 있는 말을 보여줌으로써 그들을 경악하게 한다.** 그는 종교 호교론자들과 토론하는 자리를 기쁘게 수락한다. 그들은 대개 기독교인이지만, 한 주목할 만한 경우에는 유대인이었다. 그 정통파 유대교도는 인간 시체에 대한 의학적 연구에 종교적 반대를 표명했다. 그는 그런 의학 연구 덕분에 많은 생명을 구했다는 점은 인정했지만, "그런 연구는 이교도와 동물들에게 하면 된다"고 주장했다. 요즘 젊은 사람들 말로 '헐!'이라는 말밖에 나오지 않는다.

또 다른 행사에서 허브는 기독교 호교론자와 맞붙었다. 그 사람은 이름 없는 '대학' 출신의 '철학자'로, 전국을 돌며 토론에 참석하는 것 말고는 하는 일이 없는 것 같다. 이 전업 토론가는 예수의 제자들이 믿음을 위해 목숨을 바칠 각오를 했기 때문에 예수의 부활은 역사적 사실임에 틀림없다는, 말도 안 되는 주장을 했다. 허브는 이에 촌철살인으로 응수했다. "그래서 9·11이 일어났군요."

- 유명한 마술사 펜 질렛도 똑같은 취지로 멋지게 응수했다. "내가 종교인들에게 항상 받는 질문이 있다. '신이 없으면 강간하고 싶을 때마다 어떻게 참습니까?' 나는 이렇게 답한다. '나는 강간하고 싶으면 합니다. 그런데 강간하고 싶지가 않습니다. 저는 살인하고 싶으면 합니다. 그런데 살인하고 싶지가 않습니다.' 감시하는 눈이 없으면 살인과 강간을 멈출 수 없을 것이라는 생각은 내가 상상할 수 있는 최악의 자기비하다."

•• 댄 바커도 저서 《신: 모든 허구를 통틀어 가장 불쾌한 인물》에서 그렇게 했다. 나는 그 책에 서문을 썼고, 그것을 이 책 《리처드 도킨스, 내 인생의 책들》 4장의 챕터 7에 실었다.

또 하나의 음미할 만한 순간은 내가 다닌 대학의 옥스퍼드유니언에서 있었다. 허브는 그 토론을 위해 (너무 큰) 턱시도를 빌려 입는 이례적인 조치를 취했다. 안건은 "미국의 종교가 미국의 가치를 훼손하고 있다"였다. 허브는 다음과 같은 말을 해서 응당 받아야 할 박수갈채를 받았다.

> 미국이라 불리는 인종의 도가니에서 우리는 헌법에 따라 한 국가를 이루고 있다. (…) 하지만 신 아래서는 한 국가가 아니다. 진화를 교육하는 것, 또는《성경》에 대한 문자 그대로의 해석과 충돌하는 과학적 · 사회적 견해를 가르치는 것을 종교적 우파가 반대하는 것을 보면, 우리는 실제로는 낮은 교육 수준으로 한 나라가 되어가고 있다. 이것은 자랑스러워할 만한 미국의 가치가 아니다.

한번은 브라운이라는 목사와 토론할 때, 허브가 그 목사에게 신이 아브라함에게 명령했듯이 가족구성원을 죽이라고 명령한다면 어떻게 하겠느냐고 물었다. "당신의 대답에 따라 저는 당신에게서 좀 더 멀리 떨어질 생각입니다." 웃자고 한 말임이 분명해서 목사는 화를 낼 수 없었지만, 그렇다 보니 답변은 더더욱 궁색해졌다.

브라운 목사는 허브의 질문을 "하나님을 거역하고 싶은 유혹을 느낀 적이 있는가?"라는 질문으로 일반화했다. "나는 아내를 속이고 다른 여자와 바람을 피우고 싶은 유혹을 이따금 느끼지만, 그렇게 하면 예수님이 얼마나 상처받을지 알기 때문에 그렇게 하지 않습니다." 목사의 말에 허브 실버먼은 아주 가뿐하게 응수했다.

"저도 아내를 속이고 다른 여자와 바람을 피우고 싶은 유혹을 이따금 느끼지만, 그렇게 하면 아내 샤론이 얼마나 상처받을지 알기 때문에 그렇게 하지 않습니다."

늦게 결혼한 허브와 샤론의 러브스토리는 오글거리는 감성을 뛰어넘기 때문에 감동적이다. 허브는 아내가 자신을 어떻게 참는지 알 수 없었는데, 알고 보니 그가 아내를 날마다 웃게 만드는 것이 비결이었다. 이 이야기는 웃긴 동시에 감동적이다.

허브 실버먼은 비록 '웃어라, 지옥은 없다'와 같은 문구가 적힌 티셔츠와 반바지 같은 '대사'답지 않은 차림새로 다녀도, 전설적으로 좋은 사람이라서 대사 역할을 할 최적임자다. 그는 말싸움을 거는 사람들과 친해지려고 하는데, 해보나마나 이기기 때문일 것이다. 한번은 통일교 신자들이 그의 대학 캠퍼스에 접근하지 못하게 되었을 때 그들 편에 서기도 했다. 대학은 모든 관점을 들어야 한다는 이유였다(그리고 어쨌든 더 최근에 생긴 기독교의 다른 분파들도 통일교 신자들만큼이나 광신도들이다).

만일 한 종교인이 무신론자에게 "당신을 위해 기도하겠습니다"라고 말하면(나는 그들이 자주 그렇게 한다고 확실히 말할 수 있다), 허브 실버먼은 가장 먼저 떠오르는 대답이 따로 있음에도("좋아요, 그럼 저는 우리 두 사람을 위해 '생각'하겠습니다") 너무 좋은 사람이라서 그렇게 응수하는 대신 "고맙습니다"라고 말한다. 그는 동의하지 않고도 불쾌감을 주지 않는 방법을 안다. 무신론자, 불가지론자, 인문주의자, 자유사상가 같은 라이벌 집단들을 화해시킬 때만큼 이 재능이 필요한 곳은 없다. '고양이 길들이기'는 진부한 표현일 수도 있지만, 진부한 표현이 딱 맞을 때가 있다. 고양이 길들이기에는 허브 실버먼만 한 사람이 없다. 그는 아마 미국에서 비신자 집단의 모든 분파를 우호적으로 통합할 수 있는 유일한 사람일 것이다.

이런 능력에 걸맞게 그는 10개 조직의 연합체인 미국세속주의연맹Secular Coalition for America의 창립자이자 대표다. 미국무신론자들American Atheists, 미국윤리연합American Ethical Union, 미국휴머니스트협회American Humanist Association, 미국무신론동맹Atheist Alliance of America, 탐구캠프Camp Quest, 세속적휴머니즘협의회Council for Secular Humanism, 휴머니즘연구소Institute for Humanist Studies, 무신론과자유사상군인연합Military Association of Atheists and Freethinkers, 세속주의학생동맹Secular Student Alliance, 인문주의유대교사회Society for Humanistic Judaism. 이보다 훨씬 많은 조직의 지지를 받고 있으며, 내가 자문위원으로 활동하는 미국세속주의연맹은 워싱턴에서 세속주의 대의를 위해 일하는 유일한 로비단체이고, 사무관들은 전국적인 활동을 펼치고 있다. 하지만 세속주의연맹의 원동력이자 지도자는 이 훌륭하고 이색적인 책을 쓴 신사(이 단어가 가진 가장 좋은 의미로)다. 그를 가장 잘 말해주는 한마디 말로 이 글을 마치겠다. "생각을 바꾸는 것은 내가 가장 좋아하는 일 중 하나다. 물론 증거가 그것을 정당화할 때는 내 생각도 바꾼다."•

• 존 메이너드 케인스가 비슷한 말을 했다. "저는 사실이 바뀌면 생각을 바꿉니다. 당신은 어떻습니까?"

6

위대한 탈주

세스 앤드루스 Seth Andrews**의 《믿음 이전으로 돌아가다: 종교에서 이성으로 가는 여정**Deconverted: a journey from religion to reason**》(2019)을 위해 쓴 서문이다.**

지옥이라 불리는 장소가 정말로 있다고 믿는 게 어떤 것인지 상상해보라. 펄펄 끓는 실제 지옥, 사후세계에 존재하는 형언할 수 없이 공포스러운 고문실, 예수를 믿지 않으면 영원히 그곳에서 살게 된다는 것을 한 치의 의심도 없이 확실하게 믿는다고 상상해보라. 내 말은 진짜로, 정말로 믿는다는 뜻이다. 당신의 온 존재를 걸고 그것을 믿는다는 뜻이다. 남극이라 불리는 매우 추운 곳이 있다고 우리 모두가 믿는 것처럼 완전한 확신을 가지고 믿는다는 뜻이다.

그렇다면 신은 걸핏하면 화내고 복수심에 불타는 사디스트란 말인가? 자기를 믿지 않는다는, 별것도 아닌 일로 당신을 영원히 불에 구울 정도로 허영심이 많은 천상의 나르시시스트인가? 왜 이렇게 터무니없는 걸 믿을까? 이렇게 믿기 어려운 것을 어떻게 정말로, 진심으로 믿을까? 이유는 유치할 정도로 단순하다. 말 그대로 유치한 수준의 믿음이다. 당신이 무력한 아이였을 때 부모가 그렇게 말했기 때문이다. 당신의 사랑하는 부모, 교사, 여타 훌륭한 어른들이, 당신이 너무 어려서 사리분별을 할 수 없던 시절, 그러니까 당신이 약하고 속기 쉽고 잘 믿고 누군가에게 기댈 때 당신에게 그런 믿음을 주입했기 때문이다. 그게 다다.

세스 앤드루스는 그것을 '심리적 학대'라고 제대로 명명했다. 이런 믿음을 주입하는 사람들은 아이에게 생생하게 와닿는 공포, 실제로 믿어지는 공포라는 무기를 사용한다. 하지만 우리는 이런 부모들을 용서해야 한다. 그들도 어렸을 때 똑같은 이유로 똑같은 헛소리를 진심으로 믿었기 때문이다. 그들의 부모가 그들에게 그 믿음을 주입했다. 그리고 이런 식으로 과거로 계속 거슬러 올라갈 수 있다. 우리가 이 비극의 고리를 끊어 '아이들을 구할' 어떤 방법을 찾지 않는 한 앞으로도 계속 그럴 것이다. 아이들을 구하기 위해서는 세스 앤드루스처럼 용기 있게 탈주하는 사람들이 더 많이 필요하다.

세스는 스스로 이 고리를 끊는 것 이상의 일을 했다. 그는 선의를 가진 부모와 조부모, 교사와 설교자들에 의해 어렸을 때 수렁에 내던져진 수많은 사람을 건져낼 수 있는 유능한 커뮤니케이터다. 그는 카리스마 있는 방송인이자 팟캐스터이자 프로듀서지만, 이 책은 그가 독자를 사로잡는 작가이기도 하다는 점을 보여준다. 그의 이야기는 위대한 탈주 이야기이며, 타인들에게 희망의 등대다. 그리고 이 책에는 아름다운 매력도 있다.

무엇보다 세스는 자신의 부모를 동정 어린 눈으로 바라본다. 그는 부모가 수치심을 느끼지 않도록 세심하게 배려한다. 부모가 자신의 교육을 방해하고, 과학의 영광과 현실의 시적 감수성으로부터 그를 차단한 것을 원망하지 않는다. 대인배인 그는 자신의 지적 성장을 가로막고, 지옥에 간다는 위협으로 분별없이 그를 겁주려 했던 부모의, 감사하게도 실패한 시도를 용서한다. 부모는 나쁜 의도로 그랬던 게 아니다. 자신들의 부모에게 받은 위협에 사로잡힌 그들은 끔찍한 운명에서 아들을 구하기 위해 최선을 다해야 한다고 믿었고, 지금도 그렇게 믿고 있다. 사랑하는 아들이 지옥과 저주 속으로 돌진하고 있다고 믿는다는 건 어떤 기분일까? 무지한 성경 벨트에 사는, 자식을 사랑하는 수많은 부모가 그런 끔찍한 처지에 놓여 있다. 우리는 그들을 거기서 구해내야 한다.

이런 부모들이 세스의 책을 읽고 회개하기를 바라는 것은 지나친 희망일까? (나는 그럴까 봐 두렵다.) 그들이 내 말에 귀 기울이기를 바라는 것은 분명 지나친 희망일 것이다. 어쩌면 광적인 청교도였던 올리버 크롬웰의 말이 더 와닿을지도 모른다. "그리스도의 자비를 빌어 간청합니다. 귀하의 생각이 잘못되었을 수도 있다고 생각해주십시오(스코틀랜드 교회에 찰스 2세를 왕으로 추대하려는 결정을 재고해달라고 간청한 편지—옮긴이)."

그건 그렇고, 당신의 생각은 정말로 잘못되었다. 최대한 마음을 열고 세스의 책을 읽으면 왜 그런지 알 수 있을 것이다.

7

신의 초상, 신이 직접 한 말로

댄 바커의 《신: 모든 허구를 통틀어 가장 불쾌한 인물 God: the most unpleasant character in all fiction**》(2016)을 위해 쓴 서문이다.**

다음에 호텔에 가게 되면 침대 머리맡 테이블 서랍을 열어보라. 거기에 뭐가 있을지는 말하지 않아도 알 것이다. 너무 뻔해서 구태여 확인해볼 필요도 없다. 그렇다! 《기드온 성경》이다. 국제기드온협회 웹사이트에 따르면, 그들은 1899년 창립한 후 거의 20억 권의 《성경》을 전 세계에 무료로 배포했다. 2초마다 한 권씩 《성경》을 나눠준다고 주장한다. 일반적인 하드커버 책의 제작 및 배포 비용을 최소로 계산했을 때, 2013년 8,100만 권의 《기드온 성경》을 배포하는 데 약 3억 달러가 들었을 것이다. 즉, 기드온협회에 소속된 30만 회원 각각이 1천 달러씩 부담했다는 말이다. 물론 세금공제를 받을 수 있지만, 그렇다 해도 상당한 돈과 노력이 드는 일이다. 그들은 왜 그렇게 할까?

그들은 "다른 사람들이 하나님의 말씀을 알고 하나님의 사랑을 배울 수 있도록 하기 위해서"라고 말한다. 그런데 그게 정말 그들의 목표라면, 나는 이 충성스러운 기드온협회 회원들 중 몇 명이나 실제로 《성경》을 읽었는지 궁금하지 않을 수 없다. 이성적인 사람이라면 대충 훑어만 봐도, 그 책이 하나님의 사랑을 알게 해주고 싶은 사람에게 내밀 책으로 적당하지 않음을 알 텐데 말이다. 혹시 당신이 기드온협회 회원이라면, 댄 바커의 책을 꼭 읽고 왜 기드온협회를 즉시 탈퇴하지 않는지 자문해볼 것을 요청한다. 사실 나는 30만 명의 회원들 중 대다수가 실제로는 잠복 활동을 하는 무신론자가 아닌지 궁금하지 않을 수 없다. 아브라함의 종교로부터 등을 돌리게 만들 가장 좋은 방법은 《성경》을 직접 보여주는 것이라는 치밀한 계산하에 말이다. 기드온협회가 공언한 목표에 비춰보면, 다행스럽게도 그들이 배포한 《성경》을 실제로 펼쳐본 사람은 별로 없는 듯하다.

댄 바커가 서론에서 직접 밝히고 있듯이, 그가 이 책을 쓰게 된 계기는 내 책 《만들어진 신The God Delusion》 2장의 첫 문장이다. 그 문장에서 나는 구약의 신은 "모든 소설을 통틀어 가장 불쾌한 등장인물일 것"이라고 말한 다음, 열아홉 가지 성격을 나열했다. 그 열아홉 가지를 한 빌런에게 몰아넣으니 아무리 악당이라도 그런 인물이 어디 있느냐고 독자들이 코웃음을 칠 지경이 되었다. 보증된 사이코패스를 제외하면 어떤 실제 인물도 다음과 같은 성격을 모두 가지고 있을 만큼 구제불능으로 고약하진 않다. 질투심에 불타는 데다 그것을 자랑스럽게 생각하는 자. 좀스럽고, 불공평하고, 용서를 모르는 통제광. 복수심에 불타고, 피에 굶주린 인종청소꾼. 여성을 혐오하고, 동성애를 증오하고, 인종을 차별하고, 유아를 살해하고, 대학살을 자행하고, 자식을 죽이고, 역병을 일으키고, 과대망상에 시달리고, 가학피학적이고, 변덕이 심하고 심술궂은 불량배.

그 문장은 논란을 불러일으켰다. 《만들어진 신》이 '귀에 거슬린다'는 평판은 오로지 그 문장 탓이라고 생각한다. 그 책의 나머지 부분은 귀에 거슬릴 만한 것이 없다. 이 문장을 본 영국 수석 랍비는 나를 '반유대주의자'라고 비난했지만, 더 읽어보고 나서 자신의 발언을 정중하게 철회한 일도 있었다. 그는 '구약의 신'이라는 표현이 거슬렸던 모양이고, 그것을 '신약의 신은 그렇지 않은 데 반해'라는 뜻으로 받아들인 것 같다. 그는 이 비교가 유대인 대학살에 대한 문화적 기억을 되살린다고 생각했다. 물론 그것은 내 의도가 아니었다.

사실 나는 《만들어진 신》의 다른 곳에서, '신약의 신'도 거의 똑같이 나쁘다고 생각하는 이유들을 제시했다. 실제로 구약에는 사도 바울로의 고대 희생양을 연상시키는 의식이 자아내는 공포에 필적할 만한 것이 거의 없다. 우주의 창조주이자 물리법칙의 발명자는 우리 죄(특히 아담의 죄)를 용서할 방법으로, 인간의 모습을 한 자신을 잔인하게 고문하고 처형하는 것보다 더 나은 방법을 생각해낼 수 없었다. 신약의 〈히브리인들에게 보낸 편지〉 9장 22절에는 "피를 흘리지 않고는 용서도 없다"고 적혀 있다. 솔직히 이 편지를 바울로가 썼는지는 논란의 여지가 있지만, 그 구절은

《성경》에서 자주 표현되는 속죄 교의의 정신에 완벽히 부합한다.

나는 《만들어진 신》을 쓴 날부터 내가 열거한 신의 열아홉 가지 추잡한 속성 하나하나를 성경 구절로 완전하게 입증할 수 있다는 것을 알고 있었지만, 그 속성들 하나하나에 대한 자료가 얼마나 풍부하고 철저한지까지는 몰랐다. 클릭하면 하나 또는 일련의 성경 구절로 연결되는 19개의 하이퍼링크를 넣으면 좋겠다는 생각이 떠오르기도 했지만, 내 성경 지식으로는 모든 성경 구절을 취합하는 일을 할 수 없다는 것을 곧 깨달았다. 실제로 그 구절들은 책 한 권을 채울 만큼 방대했다. 책 한 권을 말이다! 그때 나에게 한 가지 아이디어가 떠올랐다. 내가 그 책을 쓸 수는 없지만, 나는 쓸 수 있는 사람을 알고 있었다. 물론 댄 바커다. 다행히 그는 내 아이디어를 마음에 들어 했고, 그렇게 해서 탄생한 것이 이 멋진 책이다.

댄은 《성경》을 훤히 꿰고 있다. 그는 평생 《성경》을 토대로 설교해왔고, 집집마다 찾아다니는 젊은 목사였던 시절, 수많은 희생자의 면전에 《성경》을 들이밀었다. 그가 마침내 깨달음을 얻은 지금, 나는 《성경》의 순전하고 완전한 사악함을 낱낱이 고발하는 선집을 엮기에 그보다 적격인 사람은 없다고 생각한다.

호교론자들은 뭐라고 반응할까? '《성경》을 문자 그대로 받아들이면 절대 안 된다'고 말할까? 진담인가? 아담과 이브, 그리고 말하는 뱀의 이야기를 충실하게 복사한 수세대의 필경사들이 그 이야기를 문자 그대로 받아들이지 않았다고? 정말로? 중세 암흑시대를 거쳐간 수세대의 독실한 신자들이 그것은 모두 은유라는 것을 깨달을 만큼 '신학적으로' 세련되었다고? 정말? 리처드 2세를 몰아내기 위해 농민들이 모여 "아담이 밭을 갈고 이브가 실을 짜던 그 시절은 도대체 누가 영주領主였을까?"(14세기 영국에서 일어난 농민 민란 와트 타일러의 난에서 '캐치워드'로 사용된 말—옮긴이)라고 노래했을 때, 그들은 곧이곧대로 그렇다는 말은 아니라고 작은 목소리로 소곤거렸을까? 터무니없는 소리는 그만하자. 지금도 미국인의 40퍼센트 이상이 세상이 〈창세기〉에 적혀 있는 정확히 그대로 시작되었고, 역사가 1만 년도 안 되었다고 생각한다. 신도석에 앉아 있는 보통의 기독교인이 《성경》을 문자 그대로 받아들이지 않는다는 '세련된 신학자들'의 가식적인 주장은 부정직한 것이다.

그런데 우리 호교론자들이 《성경》을 문자 그대로 해석하지 않는다 치면, 그들은 어떻게 해석하고 싶은 걸까? 도덕적인 이야기로? 무엇이 옳고 그른지를 알려주는 유용한 안내서로? 진담인가? 《성경》을 도덕적인 이야기로 해석한다고? 설마! 이 책을 읽고 나서 말하라.

댄과 내가 불공평하게 신의 불쾌한 성격들만 골라서 열거했다고? 훨씬 더 많은 성경 구절이 보여주는 장점들도 열거했어야 하지 않느냐고? 내 악의적인 목록을 반박하는 목록을 작성해볼 수도 있지 않느냐고? 구약의 신은 배포가 크고, 관대하고, 격려하고, 용서하고, 자비롭고, 사랑이 많고, 다정하고, 유머가 풍부하고, 여성과 동성애자 그리고 어린이를 응원하고, 자유를 소중히 여기고, 마음이 열려 있고 넓으며, 폭력적이지 않다고? 그러면 이제 그것을 뒷받침하는 《성경》 구절을 찾아보라. 건투를 빈다. 당신 생각으로는 성공할 것 같은가? 내기할까?

우리는 종교를 비판하면 안 된다는 생각에 길들여져 있다. 그건 악취미라고 생각해서 그렇게 하지 않는다. 그렇기 때문에 가벼운 비판도 실제보다 훨씬 무겁게 들린다. 내 책 《만들어진 신》 2장의 첫 번째 문장은 가벼운 비판이 아니었다. 하지만 진실을 부풀린 것도 아니었다. 문자 그대로 보나 취지로 보나 《성경》에 대한 진실 그 자체다. 증거가 뭐냐고? 이 책을 읽어보면 알 수 있다.

8

신학으로부터의 해방

이 에세이는 톰 플린 Tom Flynn**이 편집해 2007년 출판한 《불신 백과사전**The New Encyclopedia of Unbelief**》을 위해 쓴 서문의 편집본이다.**

'불신unbelief'이라는 말은 부정적으로 들린다. 어떻게 부재한 것에 대한 백과사전을 만들 수 있을까? 음악 백과사전이 있지만, 만일 음치 백과사전이 있다면 그것을 누가 사겠는가? 나는 음식 백과사전을 보고 즐기지만, 굶주림 백과사전이 나온다면?

그런데 이것은 잘못된 비교다. 무엇보다 음악과 음식은 긍정적인 연상을 불러일으키기 때문이다. 음치는 가치 있게 여겨지는 무언가가 없는 것이다. 굶주림도 마찬가지다. 《불신 백과사전》이 보여주는 많은 것 가운데 하나는, 종교적 불신자들은 이처럼 뭔가가 박탈된 상태가 아니라는 점이다. 많은 사람에게 불신은 더 만족스러운 삶으로 가는 해방구다(나는 나중에 '해방'으로 다시 돌아올 것이다).

불신을 음감이나 포만감이 없는 상태와 비교할 수 없는 두 번째 이유는, 사람들이 믿지 않는 것들이 무한히 많이 있는데도 우리는 그런 것들을 믿지 않는다고 구태여 말하지 않는다는 데 있다. 나는 요정, 유니콘, 늑대인간, 화성에 간 엘비스, 정신 에너지로 숟가락을 구부리는 것, 부활절 토끼, 천왕성에 사는 녹색 캥거루를 믿지 않는 불신자다. 이 목록을 끝없이 이어나갈 수 있다. 우리는 아무도 믿지 않는 수백만 가지 것에 대해 구태여 불신자임을 선언하지 않는다. 적극적으로 반대 입장을 밝히지 않는 한 모두가 특정 가설을 믿는다는 기본 가정이 있을 때만, 불신을 선언하는 것이 가치 있다.• 신이 있다는 가설은 명백히, 그리고 단연코 이 경우에 해당한다.

신만이 널리 믿어지는 동시에 널리 의심받는 존재인 건 아니다. 점성술, 동종요법, 텔레파시, 수맥 찾기, 천리안, 외계인에게 성적 목적으로 납치당하는 것, 망자와의 의사소통 등이 가능하다는 널리 퍼진 주장을 의심하는 사람들에게는 일반적으로 '불신

• 내가 아는 한 젊은 여성이 병원에 입원했을 때 한 간호사가 서식에 개인정보를 채워넣기 위해 왔다. 그 간호사의 "종교가 무엇인가요?"라는 물음에, 내 지인은 "넌none"(없다)이라고 답했다. 나중에 지인은 간호사 둘이서 자신에 대해 뒷담화하는 것을 들었다. "넌nun(수녀)처럼 보이지는 않는데!" 그런 공식 서류에 누구나 종교가 있다는 가정하에 종교를 써넣는 칸이 있다는 게 이상하지 않나? 왜 정치적 성향이나 음악적 취향, 좋아하는 색깔은 적지 않을까?

자'보다는 '회의론자'라는 단어를 사용한다. 의미상 회의론자들은 이런 주장의 타당성을 꼭 부정하지는 않는다. 대신 그들은 증거를 요구하고, 때로는 적절한 증거가 반드시 갖춰야 하는 다소 엄격한 조건(지지하는 사람들이 일반적으로 생각하는 것보다 훨씬 엄격한 조건)을 설정하기 위해 노력한다. 예를 들어, 동종요법 의학이나 점치는 행위를 지지하는 사람들은 우연한 효과나 위약효과, 그리고 믿는 사람에게 그렇게 보일 가능성을 방지하기 위해 통계적으로 분석되는 이중맹검 대조군 실험이 필요하다는 사실을 거의 이해하지 못한다.

관습적으로 '회의론자'라는 말은 위와 같은 문제들과 연관되어 쓰이게 된 반면, 표면적으로 동의어인 '불신자'는 종교적 불신을 명시하는 표현이다. 회의주의와 불신은 종종 함께하지만, 단순히 그렇다고 가정하면 문제가 발생할 수 있다.

한 미국인 학생이 자신의 교수에게 나(도킨스)에 대해 어떤 견해를 가지고 있는지 물었다.

> 그는 과학이 종교와 양립할 수 없다고 말하지만, 자연과 우주에 대한 황홀경에 빠져 있는데, 내가 보기엔 그게 바로 종교야!

하지만 여기서 '종교'라는 말을 쓰는 게 과연 옳을까? 언어는 우리를 보필하는 종이지 우리의 주인이 아니지만, 초자연적 종교를 열정적으로 믿는 사람들 중에는 오해하기에 급급한 사람들이 많이 있다.

무신론자들이 유용하게 쓸 수 있는 전술적·정치적 전략을 여기서 찾을 수 있다. 어쩌면 아인슈타인의 '종교'(신이 지능을 가진 실체로 존재하지는 않지만, 그 단어가 우리가 아직 이해하지 못하는 우주의 심오한 법칙에 대한 시적 은유로 사용될 수 있다는 견해)는 무신론자들이 미국 사회에서 나름의 자리를 확보하고 근본주의적인 신정정치의 지배력을 약화시키는 데 유용한 방법이 될지도 모른다.

《불신 백과사전》 초판이 출판된 후 20년 동안 서유럽에서는 신자들의 감소세가 계속되었지만, 북아메리카•와 이슬람 세계에서는 그 반대의 일이 일어났다. 불운한 유럽인들은 이슬람 지하디스트와 기독교 근본주의자들이 신성한 동맹을 맺고 악몽 같은 협공을 펼치는 상황에서 궁지에 몰린 느낌을 받는다. 미국은 현재 종교라는 전염병에 시달리고 있는데, 이 전염병은 거의 중세 때처럼 강하게 번지고 있으며 정치적으로 매우 불길한 지배력을 가지고 있다.

역사적으로 여성, 유대인, 동성애자, 로마가톨릭교도, 아프리카계 미국인이 높은 정치적 지위를 얻는 것은 불가능했다. 오늘날 그런 대우를 받는 사람들은 대체로 무신론자와 범죄자뿐이다. 배우 줄리아 스위니Julia Sweeney는 아름다운 독백 연극 〈신을

• 사실 여론조사들은 미국조차 올바른 방향으로 나아가고 있다는 것을 보여준다. 서유럽에 비하면 갈 길이 멀 뿐이다.

떠나보내다Letting Go of God〉에서 자신의 온화한 무신론에 대한 부모의 반응을 블랙유머로 풍자한다.

> 어머니가 전화를 걸어 처음 한 말은 비명에 가까웠어요. "무신론자라고? 무신론자라고 했니?"
> 아버지는 전화를 걸어 이렇게 말씀하셨죠. "넌 가족과 학교, 그리고 도시를 배신했어."
> 마치 내가 러시아인에게 비밀을 팔아넘기기라도 한 것 같았죠. 부모님은 나와 더 이상 말하지 않겠다고 말했어요. 아버지는 "내가 죽으면 장례식에도 오지 마라"라고 말씀하셨죠. 전화를 끊고 나서 저는 생각했어요. "눈에 흙이 들어가도 안 된다는 말이군."
> 내가 신을 믿지 않는다고 말했을 때만 해도 부모님은 좀 실망할 뿐이었지만, 무신론자가 되는 건 차원이 다른 문제였어요.

'무신론자atheist'라는 말이 터무니없이 악마화되어 있는 것이 문제라고 주장할 수도 있다. 아인슈타인이 한 말을 잘 살펴보면, 그는 신 운운하는 표현을 썼음에도 불구하고 버틀런드 러셀이나 로버트 잉거솔 또는 왕립학회나 국립과학아카데미의 동료들만큼이나 무신론자였다.• 그래도 아인슈타인의 완곡한 표현 덕분에

• 위엄 있는 두 단체 회원들에 대해 설문조사를 해본 결과, 두 단체 모두 신자 비율이 대략 10퍼센트로 같다(https://link.springer.

아마도 한 명 이상의 지적이고 이성적인 사람이 선거를 통해 고위 공직에 오를 수 있었을 것이다.

이를 논거로 삼아 어떤 사람들은 동성애자들이 스스로를 '게이(즐거운)'로 긍정적으로 재명명하는 방식과 유사하게, 무신론자들도 전술적으로 '무신론자'라는 단어를 완전히 버리고 스스로를 '브라이트(밝음)'라고 부를 필요가 있다고 주장한다.• 아인슈타인 방식의 범신론을, 어설라 구디너프Ursula Goodenough의 '종교적 자연주의'나 '세계 범신론' 같은 이름을 가진 조직화된 유사 종교로 바꾸려는 다양한 매력적인 시도들이 일어나고 있다. 아마 이와 같은 만인구원론이 정치적으로 편리한 방법일 것이다. 반면, 다른 사람들은 '무신론자'를 '무신론자'로 부르면서 단어 자체를 악마화에서 회복시키는 의식 고취 운동을 하자고 주장한다.

'정치적으로 편리한'이라는 말은 너무 냉소적인 표현일지도 모른다. 칼 세이건의 《창백한 푸른 점》에 나오는 울림 있는 말은 용

---

com/article/10.1186/1936-6434-6-33).

• http://www.the-brights.net을 참조하라. 이런 시도가 널리 인기를 얻지 못하는 이유는 신자들을 '침침이dims'라고 불러야 한다고 암시하는 것처럼 보이기 때문이다. 여기에 대해 대니얼 데닛은 이렇게 반박한다. '브라이트'가 초자연적 믿음이 없다는 뜻이라면, 신자들은 초자연super이라고 부를 수 있을 것이다. 이렇게 하면 분명 아무도 기분이 상하지 않으려나?

기를 불어넣는 선언으로 읽힐 수 있다.

과학을 보며 "우리가 생각한 것보다 낫다! 우주는 우리 예언자들이 말한 것보다 훨씬 넓고 크고 심오하고 우아하다"라고 결론 내린 종교를 찾아볼 수 없다니, 대체 어떻게 된 일인가? 대신 그들은 이렇게 말한다. "아냐, 아냐! 나의 신은 작은 신이고, 나는 신이 계속 그 상태로 있었으면 좋겠어." 현대과학이 밝혀낸 우주의 웅장함을 강조한 종교라면 새로운 것이든 오래된 것이든, 아마 기존 종교가 불러일으키지 못한 존경심과 경외심을 불러일으킬 수 있을지도 모른다. 조만간 그런 종교가 생겨날 것이다.

다시 '해방'으로 돌아가보자. 우리는 속박과 비교해야만 해방을 느낄 수 있다. 오늘날 아무도 토르의 망치나 제우스의 번개를 불신하는 것에서 해방감을 느끼지 않는다. 하지만 우리 조상들은 그랬을지도 모른다. 오늘날 엄청나게 많은 사람이 (어디서 태어났느냐에 따라) 기독교, 이슬람교, 유대교, 힌두교에 대한 믿음을 당연한 것으로 여기며 성장한다. 이 믿음을 버리는 것은 괴롭고 부담스러운 결정이다(극단적인 예로 배교에 대한 이슬람교의 공식 처벌은 죽음이다). 나아가 세계의 많은 지역에서 여성들은 종교의 종말을 해방으로 간주해야 할 추가적인 이유가 있다.

나는 독자들로부터 종교의 속박에서 해방시켜줘서 고맙다는 편지를 드물지 않게 받는다. 그런 편지 중 딱 하나만 인용해보겠다. 내용은 그대로 두고 발신자의 이름만 '제리'로 바꿨다. (줄리아 스위니의 경험을 고려하면 당연하게도) 그는 자신이 무신론자가 되었다는 것을 부모님이 알까 봐 걱정할 테니까. 어린 시절 제리를 복음주의 기독교인으로 세뇌시킨 일은 우울할 정도로 성공적이었다. 그는 중등 과정의 마지막 학년에 대해 다음과 같이 술회한다.

> 교장 선생님은 그와 철학 공부를 할 똑똑한 학생을 몇 명 선별했습니다. 그런데 교장 선생님은 아마 저를 뽑은 것을 후회했을 겁니다. 제가 그런 토론조차 필요 없는 사람이라는 것이 토론 중에 분명하게 드러났기 때문이죠. 인생의 모든 문제에 대한 답은 간단했고, 그것은 바로 예수였어요.

제리에게 해방은 대학원에 들어가서야 찾아왔다.

> 대학원을 다니며 저는 있는지도 몰랐던 개념들에 눈을 떴습니다. 매우 지적인 동료 학생들을 만났는데, 그들은 인생의 모든 측면에 합리성을 적용하며 신은 없다는 결론에 도달했죠. 그런데 놀랍게도, 그럼에도 불구하고 그들은 행복했고, 인생을 즐겼으며, 제가 사람들에게 매우 자주 경고했던 오직 신만이 채울 수 있는 '신 모양의 빈자리'를 느끼지 못했습니다(제리는 교회에서 기부금을 받아 일정 기간 선교사로 활동했다).
>
> 난생처음으로 저는 기꺼이 도전을 받아들였습니다. "그날 새벽, 살아 있다는 것만도 행복이었죠." (프랑스혁명을 맞이해 워즈워스

가 쓴 시.—옮긴이) 저는 지적 양식을 더욱 갈망했고 (…) 닥치는 대로 책을 읽으며 1998년 여름을 보냈습니다.

그가 탐독한 책들 중 두 권이 내가 쓴 책이었다. 그가 내게 편지를 보낸 것은 그 때문이었다. 그는 내 책을 포함해 자신이 읽은 책들에 대한 소감을 상세히 설명했다.

점점 미약해지는 믿음을 안심하고 버려도 되며, 신 없는 세계는 내가 늘 상상했던 것처럼 기쁨이 사라진 지옥이 아니라는 것을 서서히 깨달아갔습니다. 가슴이 벅찼고 해방감을 느꼈습니다. 저는 그동안 신을 믿으면 자유, 의미, 목적, 기쁨 등을 누릴 수 있다고 설파해왔는데, 그 모든 혜택을 신앙이 아닌 다른 곳에서 실제로 발견했어요.

종교를 버리면 어떻게 해방될 수 있을까? 지금부터 하나씩 말해보겠다! 먼저 도덕적으로 해방된다. 나는 그렇지 않아 다행이지만, 특히 가톨릭 신자로 자랐다면 죄책감과 두려움이라는 불길한 짐을 벗을 수 있다. 독실한 사람들은 죄를 지었다는 끔찍한 관념에서 벗어날 수 없다. 따라서 그런 죄의식을 떨쳐버리고 도덕적인 철학적 추론의 합리적 감각으로 대체하면 기쁨의 해방감을 느낄 수밖에 없다. 죄의식을 갖는 대신, 우리는 타인에게 고통을 주지 않고 그들의 행복을 증진하는 방식으로 행동하게 된다.

우리는 실질적으로 해방된다. 특정 신앙에서 지켜야 하는, 시간을 낭비하는 어리석고 불편한 의식에서 해방된다. 예를 들어, 하루에 다섯 번 기도할 필요성, 사제에게 '죄'를 고백해야 할 의무, 고기와 우유가 같은 장소에 있지 않도록 냉장고를 두 대 사야 할 필요, 전등 스위치를 켜거나 전화를 받을 수조차 없을 정도로 주말에 아무것도 하지 말아야 할 의무, 피부가 드러나지 않도록 불편하고 답답한 옷을 입어야 할 의무, 스스로를 방어할 수 없는 어린아이들의 신체를 절단하는 의무로부터 해방된다.

지적으로도 해방된다. 노선에서 벗어나지 않는지 감시하는 신의 눈길을 끊임없이 의식하지 않고 증거와 학문이 이끄는 대로 자유롭게 따라갈 수 있다. 그 '노선'은 살아 있는 사제나 장로, 또는 아야톨라가 지시하는 것이 아니라 책(익명의 저자가 다른 시대에 다른 청중을 대상으로 쓴 글 조각들을 임의로 꿰맨 잡다한 모음집으로, 오래전에 시효가 만료된 쟁점들을 반영하고 있다) 속에 화석화된 것일 때조차 옳다.

우리는 개인적으로 해방된다. 그래서 지금의 삶이 우리가 가질 수 있는 단 한 번의 삶이라는 것을 깨닫고 가치 있는 성취를 향해 삶을 이끌 수 있다. 우리는 각기 천문학적으로 불가능한 확률을 뚫고 탄생함으로써 누리는 특권, 그 엄청난 행운에 마음껏 기뻐할 수 있다. 당신과 내가 존재함으로써 누리는 특권의 양은 가능한 사람의 수를 실제 사람의 수로 나눈 값이다. 제대로 계산하기에는 너무 큰 그 퍼센티지를 우리는 삶에 대한 감사의 척도, 주어진 삶을 최대치로 살겠다는 결심의 척도로 삼아야 한다. 새로이 해방된 불신자는 워즈워스와 그의 행복한 새벽을 인용해도 좋을 것이다.

9

신이라는 유혹

2016년 출판된 《만들어진 신》의 10주년 기념판을 위해 새로 쓴 서문의 축약본이다.

존재한다는 사실은 우리를 벅차오르게 한다. 당신과 나, 그리고 다른 모든 생명체는 이루 다 표현할 수 없을 만큼 복잡한 기계들이고, 믿을 수 없을 정도로 복잡하다. 여기서 복잡하다는 건 통계적 불가능성을 뜻한다. 즉, 생길 가능성이 매우 낮아서, 무작위적이지 않은 방향으로, 어떤 목적을 위해 설계된 것처럼 보인다는 뜻이다. 궁극적인 목적(유전자의 생존)은 겉으로 보이는 '설계' 뒤에 숨어 있는데, 설계의 세부 내역은 종마다 다르다.

무엇을 위한 것이든(날기 위한 날개, 헤엄치기 위한 꼬리, 오르고 파기 위한 손, 먹이를 잡기 위해 질주하는 다리 등) 모든 동물은 통계적으로 복잡한 세부를 갖추고 있으며, 그것은 한 공학자가 완벽하다고 판단할 수 있는 수준에 접근한다(하지만 완벽함에는 미치지 못한다는 점이 뭔가 중요한 사실을 말해준다). '통계적으로 불가능하다'는 것은 '우연히 일어나기 어렵다'는 뜻이다. 여기서 신이라는 유혹, 즉 설계자를 불러내 설명할 책임을 회피하고 싶은 유혹이 생긴다. 하지만 설계할 수 있기 위해서는 설계자 자신도 또 다른 종류의 복잡한 실체가 되어야 한다는 것이 중요하다. 즉, 설계자 역시 같은 종류의 설명이 필요하다. 설명되어야 하는 대상을 가지고 설명하려 하는 것은 책임 회피다.

나는 생물학자이므로, 따라서 신이라는 유혹의 생물학적 버전(다윈이 파괴한 잘못된 논증)에 대해 먼저 말하겠다. 생물학적 버전 외에, 다윈주의 영역을 벗어나는, 100억 년 전의 우주론적 버전도 있다. 우주는 공작이나 공작의 눈처럼 명백히 설계된 것처럼 보이지 않을 수도 있다. 하지만 물리법칙과 물리상수는 시간이 무르익으면서 눈과 공작, 인간과 인간의 뇌가 존재할 수 있는 조건을 설정하는 방식으로 미세 조정되었다. 여기서도 신을 불러내고 싶은 유혹, 지적인 다이얼 조정자를 불러들이고 싶은 유혹이 생긴다. 그('신')는 다이얼을 돌려 물리상수를, 진화를 일으키고 결국에는 우리를 존재하게 하는 데 필요한 정확한 값에 맞춘다.

생물학의 탈을 쓴 것이든 우주론의 탈을 쓴 것이든, 신을 불러내고 싶은 유혹에 굴복하는 것은 지적 항복이다. 만일 당신이 통계적으로 불가능한 어떤 것을 설명하려고 한다면, 그 자체도 통계적으로 불가능한 실체를 끌어들여서는 안 된다. 설명이 불가능한 공작 설계자를 마술로 출현시킬 생각이라면, 차라리 설명이 불가능한 공작을 출현시키고 중개인은 빼는 편이 낫다.

그럼에도 불구하고 그런 항복에 동정심을 느끼지 않기는 어렵다. 살아 있는 몸의 복잡성, 수조 개 세포 하나하나의 복잡성은 그것을 진정으로 이해하는 사람(모두가 그런 것은 아니다)에게는 너무나 충격적이어서, 무릎을 꿇고 설명 불가함을 받아들이고 싶은 유혹을 도저히 떨치기 어렵다. 마술도 같은 반응을 이끌어낼 수 있다. 오래된 카드 속임수가 있다. 마술사가 청중 한 명을 불러내 카드를 고르게 한 다음 그것을 청중에게 보여준다. 그러고 나서 카드를 태우고 재를 갈아서 자신의 팔뚝에 문지른다. 그러자 팔뚝에 재가 된 카드의 이미지가 나타난다. 최근에 한 마술사가 나에게 모닥불가에서 아랍인 무리에게 그 속임수를 썼던 일에 대해 들려주었다. 그 부족민들의 반응에 그는 생명의 위협을 느꼈다. 그들은 그가 귀신인 줄 알고, 벌떡 일어나 총을 잡으려 했다.

당신은 그것이 속임수임을 안다. 당신은 자신의 뺨을 치며 이렇게 외쳐야 한다. “아냐, 내 감각과 본능이 아무리 큰 소리로 ‘기적!’이라고 외쳐도 그건 기적이 아니야. 합리적인 설명이 있어. 마술사는 속임수를 쓰기 전에 내가 모르는 어떤 방식으로 사전 준비를 했고, 그런 다음 교묘하게 내 주의를 딴 데로 돌리고는 그사이에 영리한 마술을 부린 거야.” 이렇게 생각하기 위해서는 그것이 실제로 속임수일 뿐이라는 ‘믿음’을 가져야 한다. 초자연적인 일은 일어나지 않았다는 믿음. 물리법칙이 중지되지 않았다는 믿음.

마술사들의 마술이 속임수임을 우리가 알고 있는 이유는 (숟가락을 구부리는 사기꾼들과 달리) 제이미 이언 스위스나 제임스 랜디, 펜과 텔러, 데런 브라운 같은 정직한 일류 마술사가 우리에게 진실을 말해주었기 때문이다.• 마술사들이 말해주지 않았다 해도 이성적인 사람이라면 18세기 철학자 데이비드 흄의 회의주의 원리에 의존할 것이다. 당신이 속임수에 속았다는 것과 물리법칙이 위반되었다는 것 중 어느 것이 더 놀라운 일인가?

우리가 척추동물의 눈 또는 세포의 정교한 구조에 대해 생각할 때, 이번에도 우리 본능은 '기적이다!'라고 외친다. 그러면 이번에도 우리는 자신의 뺨을 칠 필요가 있다. 다윈은 정직한 마술사와 비슷한 역할을 하지만, 여기서 한발을 더 내디딘다. 정직한 마술사는 마술은 속임수일 뿐이라고 말하지만, 그 과정을 밝히면 마술계에서 추방당할 위험이 있다. 다윈은 생명의 속임수가 어떻게 작동하는지 우리에게 인내심을 가지고 알려준다. 비결은 '누적적인 자연선택'이다.

물론 자연선택은 우주의 속임수가 작동하는 방식은 아니다(아마 아닐 것이다). 자연선택은 생명의 기적을 설명하지만, 물리법칙과 물리상수가 미세하게 조정되어 있는 것처럼 보이는 현상은 설명할 수 없다. 다중우주 이론을 자연선택의 한 버전으로 간주한다면 모를까. 즉, 각기 다른 물리법칙과 물리상수를 지닌 수십억 개의 우주가 존재하는데, 인류 중심적으로 되돌아볼 때, 우리

• 제이미 이언 스위스는 유명한 마술사 칼 저메인의 말을 인용하며 이메일을 끝맺었다. "마술은 절대적으로 정직한 유일한 직업이다. 마술사는 속일 거라고 약속하고 그 약속을 지킨다."

는 물리법칙과 물리상수가 우연히 우리의 진화에 적합하게 맞춰진 소수의 우주들 중 하나에 존재할 수밖에 없었다는 것이다.

그것을 일종의 다윈주의로 간주할 수 있는 약한 의미가 있다. 인류에게 우호적인 선택이 우주들 사이에 일어났다고 사후에 인류 중심적으로 설명하는 것이다. 물리학자 리 스몰린Lee Smolin은 자연선택과의 더 강한 비유를 제안했다. 우주들이 돌연변이 법칙과 상수를 지닌 딸 우주들을 탄생시킨다는 것이다.

어떤 경우든 다윈은 힘든 일을 해냈다고 말할 수 있다. 그가 나타나기 전 공정한 판사라면 누구나 영국 국교회 대집사 윌리엄 페일리의 의견에 동의했을 것이다. 바로, 설계된 것처럼 보이는 물리법칙을 설명하는 일은, 생명의 웅장한 다양성은 말할 것도 없고 거의 모든 생물기관을 설명하는 일에 비하면 누워서 떡 먹기라는 것.

신을 불러들이고 싶은 유혹의 두 버전은 모두 논리적 오류지만, 그중 하나인 생물학 버전은 다윈 이전에는 논리 자체를 무시하고 싶을 정도로 설득력 있게 보였다. 다윈이 이 문제를 납득이 가도록 설명했다는 사실은 유혹이 훨씬 약한 우주론적 버전도 거부할 수 있다는 자신감을 심어준다. 다윈은 복잡한 것들을 설명하는 유일하게 타당한 방법으로서 더 간단한 것들과 그것들의 상호작용으로 설명하려는 논리적이고 용기 있는 충동을 따르는 모든 사람에게 용기를 주는 롤모델이다.

10

무신론의 지적·도덕적 용기

대니얼 데닛, 샘 해리스, 고 크리스토퍼 히친스와 함께한 대담집에 싣기 위해 쓴 에세이를 약간 편집한 것이다. 대담은 2007년 9월 워싱턴D.C.에 있는 크리스토퍼의 아파트에서 녹음되었고, 2019년 《신 없음의 과학The Four Horsemen》으로 출판되었다.

2007년에 무신론의 '네 기사four horsemen'가 논의한 많은 주제 가운데, 겸손과 교만의 측면에서 종교와 과학이 어떻게 다른지 비교하는 것이 있었다. 종교는 독보적으로 자기 확신에 차 있고 기함할 정도로 겸손하지 않은 것으로 비판받는다. 팽창하는 우주, 물리법칙, 미세 조정된 물리상수, 화학법칙, 느리게 돌아가는 진화의 맷돌. 이 모든 것이 140억 년이라는 시간이 무르익어 때가 되었을 때 우리가 존재할 수 있도록 움직이기 시작했다.

심지어는 우리가 원죄를 지니고 태어난 불쌍한 죄인이라는, 귀에 못이 박이도록 반복되는 주장조차 사실 뒤집어보면 일종의 오만이다. 그건 허영심이다. 우리의 도덕적 행위에 어떤 우주적 의미가 있다고 가정하는 것이니까. 마치 우주의 창조자가 우리의 잘한 점과 잘못한 점을 합계하는 것 외에는 달리 할 일이 없는 것처럼 들린다. 우주의 관심이 온통 내게 쏠려 있다니, 이거야말로 이해할 수 있는 한계를 넘어선 오만 아닌가?

칼 세이건은 《창백한 푸른 점》에서 이런 오만에 대한 변명으로, 먼 과거의 우리 조상들은 그런 우주적 나르시시즘을 피하기 어려웠다고 주장했다. 머리 위에 지붕도 인공 조명도 없었으므로 그들은 매일 밤 머리 위를 빙글빙글 도는 별들을 지켜보았다. 그 별들의 바퀴 한가운데에는 뭐가 있었을까? 물론 관찰자가 있었다. 그들이 우주가 '나를 위해' 존재한다고 생각한 것도 이상하지 않다. 다시 말해, 우주는 실제로 '나를 중심으로' 돌았다. '내'가 우주의 중심이었다. 하지만 코페르니쿠스와 갈릴레오가 등장한 후로 그런 변명은 더 이상 통하지 않게 되었다.

이번에는 신학자들의 자기 확신을 살펴보자. 자기 확신으로 17세기 대주교 제임스 어셔James Ussher의 경지에 도달한 사람은 거의 없을 것이다. 그는 자신의 연대기를 굳게 확신한 나머지 우주가 탄생한 시점을 정확한 날짜까지 특정했다. 바로 기원전 4004년 10월 22일이다. 10월 21일이나 23일이 아니라, 정확히 10월 22일 저녁이다. 9월이나 11월이 아니라 정확히 10월이라고 교회의 막강한 권위로 확실히 못 박았다. 4003년이나 4005년도 아니고, '기원전 4000년대 또는 5000년대의 어느 시점'도 아니고, 한 치의 의심도 없이 기원전 4004년이라고 말했다. 남들은 그렇게 정확하게 말하지 않지만, 무작정 지어내는 것은 신학자들의 특징이다. 그들은 마음대로 정하고, 무한하다고 여겨지는 교회의 권위로 타인들에게 그것을 강요한다. 때로는 (적어도 이전 시대에는, 그리고 이슬람 신정국가에서는 지금도) 고문하고 죽이겠다고 협박하기까지 한다.

그런 자의적 정확성은 종교 지도자들이 신자들에게 강요하는 절대적인 생활 규율에서도 드러난다. 그리고 통제에 대한 집착에 관한 한 이슬람교를 따라올 종교가 없다. 이란의 존경받는 '학자' 아야톨라 오즈마 사이드 모하마드 레다 무사비 골파이가니가 전한《이슬람의 간략한 계명Concise Commandments of Islam》에서 엄선한 몇 가지 예를 소개한다. 유모가 되는 일에 대해서만도 '쟁점Issue'으로 번역되는 매우 구체적인 규칙이 23개나 있다. 첫 번째로 쟁점 547을 보자. 나머지도 대동소이하게 독단적이고, 대동소이하게 뚜렷한 근거가 없다.

> 한 여성이 쟁점 560에 명시된 조건에 따라 어떤 아이에게 젖을 먹이면, 그 아이의 친아버지는 유모의 딸 또는 젖의 소유자인 유모 남편의 딸과 결혼할 수 없을뿐더러, 심지어는 아이 아버지 소유의 젖을 먹고 자란 여자아이들과도 결혼할 수 없다. 하지만 그 여성의 젖을 먹고 자란 딸들과는 결혼할 수 있다.

유모 부분에 나오는 또 하나의 예로 쟁점 553을 보라.

> 한 남성의 입장에서, 자기 부친의 아내가 어떤 여자아이에게 부친 소유의 젖을 먹이면, 그 남성은 그 여자아이와 결혼할 수 없다.

'부친 소유의 젖'이라고? 정말이냐고? 한 여성이 남편의 재산으로 취급되는 문화에서 '부친 소유의 젖'이라는 말은 우리에게 들리는 만큼 이상하게 들리지 않을 것이다. 쟁점 555도 황당하기는 마찬가지다. 이번에는 '형제 소유의 젖'에 대한 규정이다.

> 한 남성은 누나 또는 여동생의 젖을 먹은 여자아이와 결혼할 수 없으며, 형제의 아내(형수 또는 제수)의 (형제 소유인) 젖을 먹은 여자아이와도 결혼할 수 없다.

젖을 먹이는 행위에 대한 이 섬뜩한 집착이 어디서 비롯되었는지 모르지만, 경전에 근거가 없지는 않다.

> 《코란》이 처음 계시되었을 때, 한 아이를 가족으로 만드는 수유 회수는 열 번이었지만, 그런 다음에 이것이 폐기되고 지금 잘 알려진 대로 다섯 번으로 대체되었습니다.•

• https://islamqa.info/en/27280.

이것은 최근에 한 소셜미디어에서 (그럴 수밖에 없게도) 혼란에 빠진 여성에게 받은, 다음과 같은 질문에 또 다른 '학자'가 답변한 내용의 일부다.

> 저는 시동생의 아들에게 한 달 동안 젖을 먹였고, 제 아들은 시동생 부인(동서)의 젖을 먹었습니다. 제게는 동서의 젖을 먹은 아이보다 먼저 태어난 아들과 딸이 있습니다. 그리고 동서에게도 제 젖을 먹은 아이보다 먼저 태어난 두 아이가 있습니다. 그 아이를 가족으로 치려면 어떤 종류의 수유가 필요한지 설명해주시고, 나머지 자식들에게 적용되는 규칙도 알려주시면 감사하겠습니다.

'다섯 번'의 수유라고 정확히 못 박는 것은 이런 식의 광기 어린 종교적 통제에서 전형적으로 나타나는 특징이다. 2007년에 카이로 알아즈하르대학교 강사 이자트 아티야 박사가 공표한 파트와fatwa(이슬람 세계의 법률 용어로, 공식 권위자가 내놓은 종교상의 교리나 법과 관련하여 공표된 견해나 결정을 의미한다—옮긴이)에서 그것이 기이한 형태로 표출되었다. 아티야 박사는 남성과 여성 동료가 단둘이 있는 것을 금지해야 한다는 생각으로 기발한 해법을 내놓았다. 여성 동료가 남성 동료에게 적어도 다섯 번 '자기 젖을 직접' 먹여야 한다는 것이다. 이렇게 하면 두 사람은 '가족'이 되므로 직장에서 단둘이 있어도 된다. 네 번으로는 충분하지 않다는 점에 주목하라. 그는 농담한 것이 아니었지만 격렬한 항의에 부딪혀 파트와를 철회했다. 이런 말도 안 되는 것까지 따지는, 명백히 무의미한 규칙에 얽매여 살아가는 것을 어떻게 견딜 수 있을까?

이제 한시름 놓고 과학을 살펴보자. 과학은 흔히 모든 것을 안다고 주장하는 오만함으로 비난받지만, 그런 비난은 과녁을 크게 빗나간 것이다. 우리 과학자들은 답을 알지 못하는 문제를 사랑한다. 우리에게 할 일과 생각할 거리를 주기 때문이다. 우리는 모르는 것은 모른다고 당당하게 말하고, 그것을 알려면 뭘 해야 하는지 신이 나서 떠들어댄다.

생명은 어떻게 시작되었을까? 나는 모른다. 아무도 모른다. 우리가 그것을 안다면 얼마나 좋을까? 그래서 우리는 열심히 가설을 교환하고, 그 가설들을 조사할 방법을 제안한다. 약 2억 5천만 년 전에 무엇이 페름기 대멸종을 일으켰을까? 우리는 답을 모르지만, 생각해볼 만한 흥미로운 가설이 몇 가지 있다. 인간과 침팬지의 공통 조상은 어떤 생김새를 하고 있었을까? 우리는 확실히는 모르지만 약간은 알고 있다. 그 공통 조상이 어느 대륙에 살았는지 알고(다윈이 추측한 대로 아프리카에 살았다), 분자 증거는 그때가 대략 언제인지 알려준다(600만 년 전에서 800만 년 전 사이). 암흑물질은 무엇인가? 우리는 그것을 모르지만, 물리학계의 많은 사람이 그것을 간절히 알고 싶어 한다.

과학자에게 무지란 시원하게 긁어주기를 바라는 가려움증 같은 것이다. 하지만 신학자에게 무지는 뻔뻔하게 뭔가를 지어내 없애버려야 할 어떤 것이다. 만일 당신이 교황처럼 권위 있는 인물이라면, 혼자서 생각하며 머릿속에 답이 떠오르기를 기다릴 것이다. 그리고 답이 떠오르면 그것을 '계시'로 선언한다. 아니면 당신보다 훨씬 모르는 저자가 쓴 청동기시대 문헌을 '해석'할 수도 있다.

교황은 사적 견해를 '도그마'로 공표할 수 있지만, 그러기 위해서는 오랜 시간에 걸쳐 상당수의 가톨릭 신자들의 지지를 받아야 한다. 과학적인 사고를 가진 사람은 다소 이해하기 어렵겠지만, 한 가정에 대한 믿음이 오래 지속되었다면 그것은 그 가정이 진실이라는 증거다. 1950년에 교황 비오 12세(그는 '히틀러의 교황'으로 알려져 있다)는 예수의 어머니 마리아가 죽어서 영혼만이 아니라 육신도 승천했다는 교의를 공표했다. '육신'도 승천했다는 말은 마리아의 무덤을 들여다보면 텅 비어 있을 것이라는 뜻이다. 교황의 추론은 증거와는 아무런 관계가 없었다. 그는 〈고린토인들에게 보낸 첫째 편지〉 15장 54절 "사망을 삼키고 이기리라고 기록된 말씀이 이루어지리라"를 인용했다. 이 구절에는 마리아에 대한 언급이 전혀 없다. 〈고린토인들에게 보낸 첫째 편지〉의 저자가 마리아를 염두에 두었다고 가정할 만한 근거는 어디에도 없다.

우리는 여기서도 전형적인 신학적 수법을 본다. 텍스트를 가져와 다른 어떤 것과 막연하고 상징적이고 그럴듯한 관계가 있는 것처럼 '해석'하는 방식 말이다. 아마 많은 종교적 믿음과 마찬가지로, 교황 비오 12세의 교의도 적어도 부분적으로는 마리아처럼 성스러운 사람에게 적합한 것이 무엇인가라는 느낌에 의존했을 것이다. 하지만 일리노이대학교의 존 헨리 뉴먼 가톨릭사상연구소 소장 케네스 하월Kenneth Howell 박사에 따르면, 교황이 이 교의를 공표한 의도는 어떤 다른 의미에서 무엇이 적합한지를 고민한 결과였다. 1950년의 세계는 제2차 세계대전의 폐허에서 회복하고 있었고, 따라서 치유와 위로의 메시지가 절실히 필요했다. 하월은 교황의 말을 인용한 다음, 자신의 해석을 내놓는다.

> 비오 12세는 신자들이 성모승천에 대한 묵상을 통해 모든 인류가 가족으로서 똑같이 존엄하다는 사실을 더욱 깊이 인식하기를 바란다는 희망을 표명한다. (…) 무엇이 인간으로 하여금 초자연적 목적에 시선을 고정하고 동료 인간의 구원을 갈망하게 만들까? 성모승천은 마리아의 지상에서의 삶과 분리될 수 없기 때문에 인간을 존중하는 마음을 상기시키고 북돋웠다.

신학자의 생각이 어떤 식으로 작동하는지 보면 놀랍기 그지없다. 특히 사실적 증거를 경멸한다고 해도 과언이 아닐 정도로 사실에는 관심이 없다는 점이 그렇다. 마리아의 육신이 승천했다는 증거가 있는지 없는지는 중요하지 않다. 사람들이 그렇게 믿으면 그뿐이다. 신학자들이 일부러 거짓말을 하는 것은 아니다. 그들은 마치 진실이 무엇인지는 개의치 않는 것처럼, 진실에는 관심이 없는 것처럼 보인다. 심지어는 진실이 무엇을 의미하는지조차 모르는 것 같다. 그들은 진실을 상징적 또는 신비주의적 의미와 비슷하게, 다른 사고들에 비해 하찮은 지위로 강등시키는 것처럼 보인다. 그런데 동시에 가톨릭교도들은 이 만들어진 '진실'을 의심하지 않고 믿어야 한다.

비오 12세가 성모승천을 교의로 공포하기 전 18세기 교황 베네딕토 14세는 성모승천은 "가능성 있는 견해로, 그것을 부정하는 것은 신성모독"이라고 선언했다. '가능성 있는 견해probable opinion'를 부정하는 것이 '불경하고 신성모독적인 일'이라면, 무오류 교의를 부정하면 어떤 처벌이 따를지 상상해보라! 이번에도 역시, 역사적 증거가 없다는 것을 스스로도 시인하는 견해를 '사실'이라고 주장할 때 종교 지도자들이 보이는 뻔뻔한 자기 확신에 주목하라.

《가톨릭 백과사전Catholic Encyclopedia》은 확신에 찬 궤변의 보고다. 연옥은 죽은 자가 천국에 들어가기 전 자신의 죄를 처벌받는('속죄하는') 일종의 천국 대기실이다. 《가톨릭 백과사전》의 '연옥' 항목에는 '오류Errors'에 대한 긴 하위 항목이 있고, 알비주아파, 발도파, 후스파, 사도형제파 같은 이단들의 잘못된 견해가 (놀랍지 않게도) 마틴 루터와 장 칼뱅의 견해와 함께 열거되어 있다.•

《성경》에서 찾은 연옥의 증거는 가히 '창조적'이라 할 만하다. 이번에도 신학자들의 흔한 수법인 모호하고 교묘한 유비추리(두 개의 존재 또는 사물이 여러 면에서 비슷하다는 것을 근거로 다른 속성도 유사할 것이라고 추론하는 것—옮긴이)가 등장한다. 예를 들어 《가톨릭 백과사전》은 "의심을 품은 모세와 아론을 신은 용

• http://www.catholic.org/encyclopedia/view.php?id=9745.

서했지만 벌로 그들을 '약속의 땅'에 들어가지 못하게 했다"고 지적하고, 그런 추방을 연옥에 대한 일종의 은유로 간주한다. 더 섬뜩한 예도 있다. 다윗이 히타이트 사람 우리아를 죽음으로 내몰아 우리아의 아름다운 아내와 결혼했을 때 신은 다윗을 용서했지만 벌을 완전히 면해주지는 않았다. 신은 그 결혼으로 태어난 자식을 죽였다(〈사무엘하〉 12장 13~14절). 무고한 아이에게 너무 심한 처사라고 생각할지도 모른다. 하지만 이 일화는 연옥이라는 부분적 처벌 장소를 암시하는 유용한 은유처럼 보이고, 《가톨릭 백과사전》의 저자들이 이를 간과했을 리 없다.

'연옥' 항목의 또 다른 하위 항목인 '증명Proofs' 부분은 흥미로운데, 그것이 일종의 논리를 사용한다고 주장하기 때문이다. 그 논리라는 게 어떤 식인지 보자. 만일 죽은 자들이 하늘나라로 직행한다면 우리가 그들의 영혼을 위해 기도할 이유가 없다. 그런데 우리는 그들의 영혼을 위해 기도를 하지 않나? 그러므로 그들이 하늘나라로 곧장 가서는 안 되고, 따라서 연옥이 있어야 한다. 이상 증명 끝! 신학 교수들은 정녕 이런 종류의 일을 하고 월급을 받는다고?

이 정도로 하고, 다시 과학으로 돌아가자. 과학자들은 답을 모르면 모른다고 한다. 하지만 그들은 답을 알 때는 안다고 한다. 그리고 답을 안다고 선언하는 것은 수줍어할 일이 아니다. 증거가 확실할 때 알려진 사실을 말하는 것은 오만이 아니다. 물론 과학철학자들은 사실이라는 것은 언젠가는 반증될 가능성이 있지만 지금까지는 반증 시도를 견뎌낸 가설에 지나지 않는다고 말한다.

중언부언이긴 하지만 맞는 말이라고 해주자. 그리고 뒤돌아서서 갈릴레오의 '그래도 지구는 돈다'에 경의를 표하는 뜻으로 스티븐 제이 굴드의 백번 옳은 말을 중얼거리자.

> 과학에서 '사실'은 잠정적 동의를 보류하는 것이 청개구리 심보처럼 보일 정도로 '확인되었음'을 의미할 뿐이다. 내일 아침에 사과가 하늘로 솟을지도 모르지만, 물리 수업에서 그 가능성을 (뉴턴 역학과) 똑같은 시간을 할애해 가르칠 가치는 없다.•

이런 의미에 비춰 사실이라고 말할 수 있는 것으로는 다음과 같은 것들이 있다. 이 중 어느 것도 신학적 추론에 바친 수백만 시간에서 눈곱만큼의 덕도 보지 않았다. 우주는 130억~140억 년 전에 시작되었다. 태양과, 지구를 포함해 그 주위를 도는 행성들은 약 45억 년 전에 원반 모양으로 회전하는 가스, 먼지, 물질 잔해가 응축되어 생겼다. 세계지도는 수천만 년의 시간이 흐르면서 변했다. 우리는 대륙들의 대략적인 모양을 알고 있으며, 지질 역사의 특정 시기에 그 대륙들이 어디에 있었는지도 안다. 그리고 우리는 미래에 변화할 세계지도를 미리 그릴 수도 있다. 우리는 밤하늘의 별자리가 우리 조상들에게 어떻게 다르게 보였는지 알

• 〈사실과 이론으로서의 진화Evolution as fact and theory〉에서.

고, 우리 후손들에게는 어떻게 보일지도 안다.

우주 물질들은 각각의 천체에 무작위적이지 않은 방식으로 분포되어 있다. 많은 천체가 자체 축을 중심으로 회전하고, 수학법칙에 따라 다른 천체 둘레를 타원형 궤도로 돈다. 우리는 그런 수학법칙에 의거해 일식이나 천체 통과 같은 주목할 만한 사건들이 언제 일어날지 정확하게 예측할 수 있다. 이 천체들(항성, 행성, 미행성체, 암석 덩어리 등)이 모여 은하를 이룬다. 은하는 우주에 수십억 개가 존재하고, 은하들은 은하 내부의 (수십억 개) 항성들 사이의 (이미 충분히 먼) 간격보다 수백수천 배 멀리 떨어져 있다.

물질은 원자로 이루어져 있다. 원자 종류는 유한해서, 100개 정도의 원소가 존재한다. 우리는 이 원소들 각각의 질량을 알고 있으며, 왜 한 원소가 원자량이 약간 다른 한 개 이상의 동위원소를 갖는지도 안다. 화학자들은 원소들이 왜 그리고 어떻게 결합해 분자를 만드는지 방대한 지식을 보유하고 있다. 살아 있는 세포 안의 분자들은 크기가 매우 클 수 있고, 분자 안에 수천 개 원자가 이미 알려진 공간적 관계로 정확하게 결합되어 있다. 이 고분자들의 정확한 구조를 발견한 방법은 놀랍도록 독창적이었다. 물질의 결정구조에 엑스선을 쬐어 그것이 통과하며 흩어지는 형상을 꼼꼼하게 측정하는 것이었다. 이런 방법으로 발견한 고분자 중 하나가 모든 생명에 보편적인 유전물질인 DNA다.

모든 세부 사항까지 정확히 밝혀진 DNA의 디지털 코드는 또 하나의 고분자인 단백질의 모양과 성질을 결정한다. 단백질은 생명체를 다루는 정교한 공구다. 그런 단백질들이 배발생 과정에서 세포들의 행동에 어떤 식으로 영향을 미치는지, 그래서 모든 생명체의 형태와 기능에 어떤 식으로 영향을 미치는지에 대한 연구가 진행 중이다. 많은 것이 밝혀졌지만, 알아내야 할 어려운 문제들이 아직 남아 있다.

어떤 개체에 있는 어느 유전자에 대해서도 우리는 그 유전자를 이루는 DNA 코드 문자의 순서를 정확하게 작성할 수 있다. 이는 두 개체에서 문자가 일치하지 않는 부분이 몇 개인지 100퍼센트 정확하게 셀 수 있다는 뜻이다. 이 차이를 이용해 두 개체의 공통 조상이 얼마나 오래전에 살았는지 알아낼 수 있다. 종 내에서 비교하면, 예를 들어 당신과 버락 오바마의 공통 조상이 언제 살았는지를 알 수 있다. 그리고 당신과 땅돼지처럼 서로 다른 종의 비교도 가능하다. 이 경우도 문자가 다른 부분을 정확하게 셀 수 있다. 공통 조상이 살았던 시점이 멀수록 불일치하는 부분이 많아진다. 이런 정확성은 우리 종 호모 사피엔스의 사기를 높이고 우리 종이 느끼는 자부심을 정당화한다. 이번만큼은 린네가 우리에게 붙인 이름('호모 사피엔스', 즉 슬기로운 사람)에 대해 당당해도 교만은 아닐 듯하다.

교만은 부당한 자부심이다. 자부심은 근거가 있는 것이고, 우리는 과학에 대해서는 확실히 자부심을 가져도 된다. 베토벤에 대해서도 마찬가지고, 셰익스피어, 미켈란젤로, 크리스토퍼 렌에 대해서도 마찬가지다. 남반구 하늘의 눈에 보이지 않는 천체들을 관측하기 위해 하와이와 카나리아제도에 거대한 전파망원경과 매우 큰 장비들을 건설한 공학자들, 그리고 허블 우주망원경과 그 망원경을 지구 궤도로 쏘아올린 우주선을 만든 공학자들에 대해서도 마찬가지다. 유럽입자물리연구소CERN의 지하 깊은 곳에 있는, 기념비적인 크기와 극도의 정확성을 결합한 공학적 위업(입자검출기)을 보았을 때 나는 말 그대로 감동의 눈물을 흘렸다. 혜성이라는 작은 표적에 탐사로봇을 성공적으로 연착륙시킨 로제타 우주탐사의 공학, 수학, 물리학도 내가 인간이라는 데 자부심을 갖게 해준다. 언젠가 같은 기술의 변형된 버전이 공룡을 멸종시킨 것과 같은 위험한 혜성의 경로를 바꿔 지구를 구할지도 모른다.

레이저간섭계중력파관측소LIGO가 루이지애나와 워싱턴에서 동시에, 진폭이 양성자 지름의 1천분의 1 수준인 중력파 신호를 감지했다는 소식을 들을 때 인간으로서 북받치는 자부심을 느끼지 않을 사람이 누가 있을까? 우주론에 심오한 의미를 지니는 이 대단한 측정은, 지구에서 켄타우루스자리의 프록시마 켄타우리까지의 거리를 인간 머리카락 한 올의 오차 범위 내로 정확하게 측정하는 것과 같다.

양자이론의 예측을 검증하는 실험에서도 이에 필적할 만한 정확도가 달성된다. 그런데 한 이론의 예측을 실험을 통해 확실히 증명하는 능력과, 이론 자체를 마음속으로 그려보는 능력은 일치하지 않는데, 여기에는 흥미로운 사실이 감춰져 있다. 우리 뇌는 아프리카 사바나가 허용하는 정도의 공간 규모에서 물소 크기의 사물이 사자의 속도로 움직이는 것을 이해하도록 진화했다. 인간의 뇌는 사물이 아인슈타인 체계의 공간을 아인슈타인 체계의 속도로 움직일 때 일어나는 일, 또는 '사물'이라는 이름을 붙이기도 힘들 만큼 너무 작은 사물의 이상한 행동을 직관적으로 이해할 수 있게끔 진화하지 않았다. 하지만 진화한 우리 뇌의 창발적 능력 덕분에 우리는 직관적 이해의 레이더에 잡히지 않는 실체들의 행동을 정확하게 예측하는 수학의 결정체를 개발할 수 있었다. 이것도 내게 인간으로서 자부심을 느끼게 해준다. 유감스럽게도 내가 우리 종의 수학적 재능을 타고나지는 못했지만 말이다.

이처럼 원대하지는 않지만 그럼에도 여전히 자부심을 주는, 계속 발전하는 첨단 기술이 우리 일상에도 많이 있다. 당신이 사용하는 스마트폰, 노트북 컴퓨터, 자동차 내비게이션과 위치 정보를 제공하는 인공위성, 자동차 자체, 차체 무게뿐 아니라 승객과 화물 그리고 120톤의 연료까지 싣고 11만 킬로미터를 열세 시간 동안 비행할 수 있는 대형 여객기까지.

아직은 친숙하지 않지만 앞으로 친숙해질 기술인 3D프린터도 있다. 컴퓨터는 비숍(체스의 말) 같은 고체 사물을 한 층 한 층 쌓아서 '프린트'한다. 이 과정은 생물학적 버전의 '3D프린팅'인 배 발생과는 근본적으로, 그리고 흥미로운 방식으로 다르다. 3D프린터는 사물의 정확한 사본을 만들 수 있다. 한 가지 기법은, 복제할 사물의 모든 각도의 일련의 사진을 컴퓨터에 입력하는 것이다. 컴퓨터는 모든 각도에서 찍은 사진을 통합해 고체 형태를 합성하기 위해서 경이적으로 복잡한 수학적 계산을 한다.

우주에 이런 식으로 신체를 스캐닝해 자식을 만드는 생명 형태가 있을 수도 있지만, 인간의 생식은 인간에게 유익한 방식으로 다르다. 거의 모든 생물학 교과서가 DNA를 생명의 '청사진'이라고 묘사하는 것이 심각하게 잘못된 이유가 여기에 있다. DNA는 단백질의 청사진일 수는 있지만 아기의 청사진은 아니다. DNA는 레시피, 또는 컴퓨터 프로그램에 더 가깝다.

과학을 통해 우리가 알아낸 사실이 얼마나 많고 상세한지 자랑하는 것은 오만도 교만도 아니다. 우리는 반박할 수 없는 진실을 말하고 있을 뿐이다. 우리가 아직 모르는 것이 얼마나 많은지, 해야 할 일이 아직 얼마나 많은지 솔직하게 인정하는 것 또한 정직한 자세다. 그것은 교만과는 정반대다. 과학은 우리가 아는 방대하고 자세한 지식에 막대한 기여를 한 동시에, 무엇을 모르는지도 겸손하게 선언한다. 종교는 이와는 당혹스러운 대조를 보인다. 인간의 지식에 기여한 것이 문자 그대로 0이면서도, 단순히 지어낸 이른바 '사실'들에 교만에 가까운 확신을 보인다.

하지만 나는 종교와 무신론의 덜 명백한 차이를 추가로 지적하고 싶다. 나는 무신론적 세계관이 지적 용기라는 잘 알려지지 않은 미덕을 갖추고 있다고 주장하고 싶다. 왜 무無가 아니라 무언가가 있을까? 내 물리학자 동료 로렌스 크라우스는 저서 《무로부터의 우주》•에서, 양자이론상의 이유로 '무'(강조는 일부러 붙인 것)는 불안정하다는, 논란의 여지가 있는 가설을 제시했다. 물질

• 이 책을 위해 내가 쓴 후기를 《리처드 도킨스, 내 인생의 책들》 5장의 챕터 5에서 볼 수 있다.

과 반물질이 서로를 소멸시키며 '무'를 만들듯 그 반대의 일도 일어날 수 있다. 무작위 양자 요동의 결과, 물질과 반물질이 무에서 자연발생하는 것이다.

크라우스를 비판하는 사람들은 대체로 '무'의 정의에 초점을 맞춘다. 크라우스가 말하는 '무'는 모두가 아는 '무'는 아닐지도 모르지만, 적어도 극도로 단순한 상태다. 그것은 우주 팽창이나 진화 같은 '기중기'(대니얼 데닛의 표현이다) 설명(데닛은 적응적 형질을 차곡차곡 쌓아 정교한 생명체를 만드는 자연선택 메커니즘을 기중기에 비유했다—옮긴이)의 기초가 될 수 있을 정도로 단순한 상태임이 틀림없다. 그리고 그 이후의 세계에 비해 단순하다. 빅뱅, 우주 팽창, 은하의 형성, 행성의 형성, 항성 내부에서의 원소 형성, 우주 공간으로 원소를 내보낸 초신성 폭발, 다양한 원소로 가득한 먼지구름이 응축되어 지구 같은 암석 행성들이 탄생한 것, 화학법칙들에 의해 적어도 이 지구상에 자가 복제하는 최초의 분자가 생겨난 것, 자연선택에 의한 진화, 그리고 적어도 원리상으로는 이해 가능한 온갖 생물학적 과정 말이다.

왜 내가 지적 용기를 거론했을까? 나 자신을 포함한 인간의 마음은 생명처럼 복잡한 것과 팽창하는 우주의 나머지 것들이 '그냥 발생'할 수 있었다는 생각에 감정적으로 거부감을 느끼기 때문이다. 믿기지 않는 마음을 걷어차고 이성적으로 선택지는 그것밖에 없다는 것을 받아들이기 위해서는 지적 용기가 필요하다.

감정은 이렇게 외친다. "아니야, 도저히 믿을 수 없어! 나와 저 나무들, 그리고 그레이트배리어리프(오스트레일리아의 산호초)와

안드로메다은하, 완보동물의 발톱을 포함한 우주 전체가 감독자도 설계자도 없이 원자들의 무작위 충돌로 생겨났다는 것을 믿으라고? 설마 진담은 아니지? 이 모든 복잡하고 찬란한 것들이 무에서, 무작위 양자 요동에서 생겨났다고? 말도 안 돼." 그러면 이성이 조용히 침착하게 대답한다. "맞아. 최근까지는 잘 몰랐지만, 그 연쇄적 과정의 단계 대부분이 지금은 잘 이해돼 있어. 생물학적 단계는 1859년부터 이해되기 시작했지. 하지만 더 중요한 게 있어. 우리가 모든 단계를 이해하는 날이 오지 않는다 해도 다음과 같은 원리는 절대 바뀌지 않아. 즉, 네가 설명하려고 시도하는 것이 아무리 통계적으로 불가능하다 해도 창조주를 끌어들이는 것은 아무 도움이 되지 않는다는 거야. 왜냐하면 신 자체도 정확히 같은 종류의 설명이 필요하기 때문이지."

단순한 것의 기원을 설명하는 것이 아무리 어려워도, 복잡한 것의 자연발생이 정의상 훨씬 일어나기 힘든 일이다. 그리고 우주를 설계할 수 있는 창조적 지능은 통계적으로 훨씬 불가능한 일이며 그 자체로 설명이 필요하다. 존재의 수수께끼에 대한 자연주의적 설명이 아무리 통계적으로 불가능한 것처럼 보여도, 그 대안으로 신을 끌어들이면 해결은 훨씬 불가능해진다. 하지만 이 결론을 받아들이기 위해서는 이성의 용기 있는 도약이 필요하다.

무신론적 세계관을 갖기 위해서는 지적 용기가 필요하다고 말한 것은 바로 이런 뜻이었다. 또한 도덕적 용기도 필요하다. 무신론자인 당신은 상상의 친구를 버리고, 당신을 곤경에서 구해줄 하늘의 아버지라는 안심되는 버팀목도 버린다. 당신은 언제가 죽을 것이고, 세상을 떠난 사랑하는 이들을 다시는 보지 못할 것이다. 당신에게 어떻게 해야 할지, 무엇이 옳고 그른지 알려주는 성스러운 책은 없다. 당신은 지적으로 성인이다. 당신은 삶을 직시하고 스스로 도덕적 결정을 내려야 한다. 하지만 성인의 용기에는 위엄이 있다. 당신은 우뚝 서서 현실의 세찬 바람을 마주한다. 당신은 혼자가 아니다. 당신을 따뜻하게 감싸줄 사람들이 있다. 과학적 지식과 응용과학이 가져다주는 물질적 위안만이 아니라 음악과 미술, 법, 문명화된 도덕 담론을 생산한 문화적 유산이 있다. 도덕과 삶의 척도는 지적 설계, 즉 실제로 존재하는 진짜 지적인 인간의 설계를 통해 구축할 수 있다.

무신론자들은 현실을 있는 그대로 받아들이는 지적 용기를 가지고 있다. 현실은 설명 가능하고 그 설명은 경이와 충격을 준다. 무신론자인 당신은 당신에게 주어진 유일한 삶을 온전히 살아낼 용기를 가지고 있다. 당신은 현실을 온전히 살고 누릴 용기, 그리고 당신이 왔을 때보다 더 나은 세상을 만들고 떠나기 위해 최선을 다할 용기를 가지고 있다.

1

로렌스 크라우스와의 대화

과학이 종교에 대해 발언해야 하는가?

샌디에이고에서 열린 학회에서 강연을 마친 후 나는 한 청중에게 공개적으로 공격을 받았는데, 그 사람은 명료하고 설득력 있는 논변으로 보아 평범한 청중이 아니었다. 그는 종교인이 아니었지만, 내가 종교인들에게 너무 공격적이고 충분히 회유적이지 않다는 생각을 밝혔다. 이것이 로렌스 크라우스와의 첫 만남이었다.• 대화가 끝난 후 그가 내게 술을 한잔하자고 제안했고, 우리는 서로 동의하지 않는 부분보다 동의하는 부분이 더 많다는 것을 알았다. 이후 〈사이언티픽 아메리칸〉의 의뢰로 대담을 하게 되었고, 우리의 대화는 2007년 그 잡지에 게재되었다. 다음은 그 대화의 발췌본이다.

• 그것이 마지막이 아니었다. 우리는 이후 다큐멘터리 〈믿지 않는 사람들The Unbelievers〉을 포함해 많은 일을 함께 했다. 그의 책 《무로부터의 우주》를 위해 쓴 후기를 이 책 《리처드 도킨스, 내 인생의 책들》 5장의 챕터 5에 다시 실었다.

종교인에게 과학을 가르치는 최선의 방법은 무엇일까?
종교적 믿음이 과연 없어질까?
종교는 태생적으로 나쁜 것인가?

크라우스 과학자가 종교에 대해 말하거나 글을 쓸 때 주요 목표가 무엇이어야 하는지 함께 이야기해보고 싶습니다. 우리 둘 다 대중이 과학에 관심을 갖도록 하기 위해 노력해왔고, 동시에 각자 분야에서 세계를 과학적으로 설명하려는 시도를 해왔습니다. 그래서 다음 두 가지 중 어느 것이 더 중요한지 묻고 싶습니다. 과학과 종교의 차이를 이용해 과학을 가르치는 것과, 종교의 자리를 찾아주는 것. 저는 전자에 더 중점을 두는 것 같고, 당신은 후자에 더 중점을 두고 싶어 하는 것 같습니다.
제가 이렇게 말하는 이유는, 사람들을 가르치려면 먼저 그들에게 손을 내밀어 그들이 어떤 생각을 가지고 있는지 이해할 필요가 있기 때문입니다. 그들이 과학에 대해 생각하도록 유혹하려면 말이죠. 예를 들어, 저는 교사들에게 종종 이렇게 말합니다. 앞으로 가르칠 것에 학생들이 관심을 갖고 있다고 가정하는 것이야말로 최악의 실수라고요. 교육은 유혹하기입니다. 만일 대중에게 "당신들이 진심으로 믿고 있는 것은 헛소리이니 지금부터 우리가 하는 말에 귀 기울이고 진실을 배워야 한다"라고 말하면, 사실이 그렇다 해도 교육은 망하는 겁니다. 하지만 목적이 종교의 자리를 찾아주는 것이라면, 믿음에 의문을 품게 만드는 충격요법이 효과가 있겠죠.

도킨스 제가 종교를 나쁜 과학이라고 생각하는 반면 당신은 종교가 과학을 보조하는 것이라고 생각한다는 점에서 우리는 약간 다른 방향으로 갈 수밖에 없는 것 같습니다. 교육은 유혹하기라는 말씀에는 공감합니다. 시작도 하기 전에 대중을 소외시키는 것은 나쁜 전략이라는 것도 인정합니다. 제가 유혹하는 기술을 개선할 수 있을지도 모르죠. 하지만 정직하지 못한 유혹자를 좋게 볼 사람은 없습니다.
저는 당신이 어디까지 '손을 내밀' 준비가 되어 있는지 궁금합니다. 지구가 평평하다고 믿는 사람들에게까지 손을 내밀지는 않으실 줄로 압니다. 우주가 중석기시대 이후에 시작되었다고 생각하는 '젊은 지구 창조론자'에게도 그렇고요. 하지만 당신은 '늙은 지구 창조론자', 즉 신이 모든 것을 시작한 후 이따금 개입해 진화가 어려운 도약을 할 수 있도록 도왔다고 생각하는 사람들에게는 손을 내밀 수 있을 겁니다. 우리 둘의 차이는 양적인 것에 불과합니다. 당신은 저보다 조금 더 멀리 손을 뻗을 준비가 되어 있지만, 저는 그렇게 멀리 손을 뻗지는 않을 것 같습니다.

크라우스 손을 내민다는 것이 무슨 뜻인지 좀 더 분명히 말씀드리겠습니다. 그건 잘못된 생각에 굴복한다는 뜻이 아니라, 그것이 잘못된 생각임을 대중에게 보여줄 유혹적인 방법을 찾는다는 뜻입니다. 한 가지 예를 들어보죠. 창조론자와 외계인 납치를 믿는 사람들 양쪽과 토론을 한 적이 있습니다. 두 집단은 뭐가 '설명'인지에 대해 비슷한 오해를 하고 있어요. 그들은 상대방이 모든 것을 알고 있지 않으면 아무것도 모르는 것이라고 생각합니다. 토론을 해보면, 그들은 예를 들어 1962년 외몽골에서 몇몇 사람이 교회 위를 맴도는 비행접시를 보았다는, 확인하기 어려운 목격담을 언급합니다. 그런 다음 저에게 이 사건을 아느냐고 묻죠. 제가 모른다고 말하면 그다음은 언제나 이런 식입니다. "그런 사건들을 다 알지도 못하면서 외계인 납치가 불가능하다고 주장할 수는 없어요."

저는 다른 집단을 일종의 거울로 삼으면, 각 집단에게 본인들이 무슨 말을 하고 있는지 깨닫게 할 수 있다는 것을 알았습니다. 즉, 창조론자 집단에게는 이렇게 묻는 겁니다. "비행접시의 존재를 믿나요?" 그들은 "아니요"라고 말하겠죠. 그러면 제가 다시 묻습니다. "왜죠? 비행접시를 봤다는 주장을 전부 다 조사해보지도 않았잖아요?" 마찬가지로 외계인 납치를 믿는 사람들에게는 이렇게 묻습니다. "젊은 지구 창조론을 믿습니까?" 그들은 "아니요"라고 말하면서 과학적인 사람으로 보이고 싶어 합니다. 그러면 제가 다시 묻습니다. "왜죠? 젊은 지구 창조론자들의 주장을 모두 살펴봤습니까?" 제가 그들에게 하려는 말은, 모호한 반박을 전부 다 조사하지 않아도 현존하는 방대한 증거를 토대로 이론적 예측을 할 수 있다는 것입니다. 이런 '교육' 기법은 대부분 효과가 있었습니다. 물론 드문 예외가 있긴 한데, 그건 외계인 납치를 믿는 사람이 동시에 창조론자인 경우였죠!

도킨스 손을 내미는 것이 무엇을 의미하는지 명확하게 설명해주셔서 감사합니다. 하지만 오해받기가 얼마나 쉬운지도 알아두세요. 저는 〈뉴욕타임스〉 서평에서 "진화를 믿지 않는다고 주장하는 사람이 있다면, 그는 모르거나 우둔하거나 미친 사람(또는 그렇게까진 생각하고 싶지 않지만 사악한 사람)이라고 말해도 무방하다"•라고 쓴 적이 있습니다. 그 문장은 제가 편협하고, 관용이 없고, 마음이 닫혀 있으며, 과격하게 호통치는 사람임을 뒷받침하기 위해 계속 인용되고 있죠. 하지만 제 문장을 보세요. 사람들을 유혹하려고 지어낸 말이 아니라, 당신도 아시다시피 그저 단순하고 냉정한 사실을 쓴 것일 뿐입니다. 모르는 건 죄가 아닙니다. 누군가에게 모른다고 말하는 건 모욕이 아닙니다. 우리 모두는 알아야 할 것 대부분을 모릅니다. 저는 야구를 전혀 모르고, 당신은 아마 크리켓에 대해 모를 겁니다. 만일 세계 역사가 6천 년이라고 믿는 누군가에게 "잘 모르시는군요"라고 말한다면, 저는 그에게 바보도, 미친놈도, 악마도 아니라는 칭찬을 하고 있는 겁니다.

크라우스 전적으로 동의합니다. 저도 잘 모르는 사람들을 자주 만나지만, 무지는 가장 쉽게 다룰 수 있는 문제입니다. 누군가가 과학적 쟁점을 잘못 이해하고 있을 경우 잘 모른다고 말하는 건

• 메이틀랜드 에디와 도널드 조핸슨의 《블루프린트: 진화의 미스터리를 풀다》에 대한 서평. 이 책 《리처드 도킨스, 내 인생의 책들》 6장의 챕터 4에 실었다.

경멸이 아닙니다.

도킨스 제가 좀 더 요령 있게 표현할 수 있었고 그랬어야 했다는 당신의 의견에 저도 동의합니다. 좀 더 유혹적인 방법으로 사람들에게 다가갔어야 했습니다. 하지만 한계가 있습니다. 과연 이렇게까지 극단적으로 다가갈 수 있을까요? "친애하는 젊은 지구 창조론자 여러분, 이 세계가 겨우 6천 년밖에 안 되었다는 당신의 믿음을 깊이 존중합니다. 하지만 지질학, 방사성 동위원소 연대측정법, 우주론, 고고학, 역사, 동물학 등에 대한 책을 읽어보면 《성경》과 더불어 그런 책에 매력을 느낄 것이고, 왜 신학자들을 포함해 교육받은 대다수 사람이 세계의 역사를 수천 년이 아니라 수십억 년 단위로 말하는지 알게 될 것이라고 조심스럽고 부드럽게 제안합니다."
또 하나의 유혹 전략이 있습니다. 어리석은 의견을 존중하는 척하지 말고, '엄한 사랑'으로 대하면 어떨까요? 젊은 지구 창조론자에게, 본인의 믿음과 과학자들의 믿음에 얼마나 큰 차이가 있는지 극적으로 보여주는 겁니다. "6천 년은 46억 년과 조금 다른 정도가 아닙니다. 엄청나게 큰 차이예요. 젊은 지구 창조론자 여러분, 그건 뉴욕에서 샌프란시스코까지의 거리가 5,500킬로미터가 아니라 7미터라고 주장하는 것과 같습니다. 물론 과학자들의 의견에 동의하지 않을 권리를 존중하지만, 여러분의 의견과 과학적 견해의 차이가 실제로 얼마나 큰지를 연역적이고 논쟁의 여지가 없는 산술적 문제로 듣는 것이 크게 불쾌하지는 않을 것입니다."

크라우스 저는 그것이 엄하다고 생각하지 않아요. 사실 그것은 바로 제가 옹호하는 방법이기도 합니다. 즉, 무엇을 오해하고 있는지, 얼마나 오해하고 있는지 납득시키는 창의적이고 유혹적인 방법이죠. 사실을 알려줘도 영원히 현혹에서 벗어나지 못하는 사람들이 있지만, 그런 이들은 우리가 손을 내미는 대상이 아닙니다. 오히려 과학을 받아들일 준비가 되어 있지만 과학에 대해 잘 모르고 과학적 증거를 접해본 적이 없는 대다수의 대중이 그 대상이죠. 이와 관련해 다른 질문을 하나 드리겠습니다. 아마 당신에게 훨씬 더 강하게 와닿을 질문일 겁니다. 과학은 믿음을 풍요롭게 할 수 있을까요? 아니면 신앙을 파괴할 수밖에 없을까요? 이 질문이 떠오른 이유는 최근에 가톨릭대학에서 열린 과학과 종교에 대한 심포지엄에서 강연 요청을 받았기 때문입니다. 제가 과학과 종교의 화해에 관심이 있는 사람으로 비쳤던 모양입니다. 그런데 강연을 수락한 후, 강연의 주제가 '과학은 믿음을 풍요롭게 한다'라는 것을 알았죠. 처음에는 망설였지만, 제목에 대해 생각하면 할수록 이유를 알 것 같았습니다. 직접적인 증거 없이 초월적 지능을 믿는 것은 좋든 싫든 인간 심리의 근본적인 요소입니다. 인간은 종교적 믿음을 제거하지 않을 겁니다. 낭만적 사랑과 같은 인간의 비합리적이지만 근본적인 측면들을 없애지 않을 것처럼 말이죠. 종교적 믿음은 과학적 합리성과 대립하지만, 인간에게는 그만큼이나 현실적이고 어쩌면 찬미할 가치가 있는 것일지도 모릅니다.

도킨스 여담이지만, 인간에 대한 그런 염세주의는 합리주의자들 사이에서 자기 학대로 보일 만큼 인기가 있습니다. 이 대담이 시작된 컨퍼런스에 참석한 당신과 여타 사람들은 마치 인간이 영원히 비합리적일 수밖에 없다는 생각을 적극적으로 즐기는 것 같습니다.
하지만 저는 비합리성이 낭만적 사랑이나 시, 또는 그 밖에 인생을 살 가치가 있게 만드는 감정들과 아무런 관계가 없다고 생각합니다. 이런 감정들은 합리성과 대립하지 않습니다. 그냥 관계가 없다고 말하는 게 맞을 겁니다. 어느 경우든, 저는 당신과 마찬가지로 이 모든 감정을 지지합니다. 하지만 명백히 비합리적인 믿음이나 미신은 그런 감정들과는 완전히 다른 문제입니다. 당신은, 우리가 그런 비합리적인 믿음을 결코 제거할 수 없다는 것, 즉 그런 비합리성이 인간 본성의 어쩔 수 없는 부분이라는 것을 받아들이지 않을 겁니다. 아마 당신의 동료와 친구들도 마찬가지겠죠. 그렇다면 인간이 일반적으로 비합리적인 믿음에서 벗어날 수 없는 존재라고 가정하는 것은 알게 모르게 사람들을 깔보는 태도 아닐까요?

크라우스 저는 비합리적인 믿음, 적어도 저 자신에 대한 비합리적인 믿음만큼은 없앨 자신이 없습니다. 어쨌든 종교적 믿음이 많은 사람의 인생에서 중요한 부분이라면, 문제는 우리가 어떻게 세상에서 신을 제거할 수 있느냐가 아니라, 어느 정도까지 과학이 이 믿음을 완화하고, 종교적 근본주의의 가장 비합리적이고 해로운 측면을 제거할 수 있느냐라고 생각합니다. 그건 확실히 과학이 믿음을 풍요롭게 할 수 있는 방법입니다.
가톨릭대학 강연에서 저는 당신의 최신 책에서 본 "데이터를 취사선택해서는 안 된다"는 것을 포함한 과학적 원리에 따라, 종교에서 특정 부분만 골라서 믿을 수 없다고 설명했습니다.《성경》에 그렇게 나와 있다는 이유로 동성애를 혐오한다면,《성경》에 적혀 있는 다른 일들, 예를 들어 자식이 말을 듣지 않으면 죽일 수 있고, 어떤 여성이 자식을 낳아야 하는데 주변에 다른 남자가 없으면 아버지와 동침할 수 있다는 것도 받아들여야 합니다.
게다가 과학은《성경》을 문자 그대로 해석하면 안 된다는 것도 보여줍니다. 예를 들어,《성경》에서는 여성을 재산으로 취급하는데, 이것은 여성의 생물학적 역할이나 남녀의 지적 능력에 대한 생물학적 사실과 배치됩니다. 갈릴레오가 신이 인간에게 뇌를 준 것은 자연을 연구하는 데 쓰라는 의도였을 것이라고 말했을 때 주장한 것과 같은 의미에서, 과학은 확실히 믿음을 풍요롭게 할 수 있습니다.
과학이 주는 또 하나의 혜택은 칼 세이건이 가장 잘 보여줍니다. 그는 당신이나 저처럼 믿음을 가진 사람이 아니었지만, 일반적인 종교적 경이는 너무 편협하고 너무 제한적이라고 주장합니다.•

• 《창백한 푸른 점》에 나오는 비슷한 단락이 이 책《리처드 도킨스, 내 인생의 책들》4장의 챕터 8에 있다. 기퍼드 강연에 대해서는

1985년 스코틀랜드에서 열린 과학과 종교에 대한 기퍼드 강연을 사후에 묶은 책에 나오는 말이죠. 단 하나의 세계는 진정한 신에게는 너무 왜소합니다. 과학에 의해 밝혀진 우주의 규모는 훨씬 웅장하죠. 게다가 이론물리학의 현재 유행에 비춰볼 때 이제 누군가는 이렇게 덧붙일지도 모릅니다. '하나의 우주도 너무 작은 것 같다. 우리는 수많은 우주의 관점에서 생각하고 싶어질 것이다'라고 말이죠. 하지만 믿음을 풍요롭게 하는 것은 믿음을 뒷받침하는 증거를 제공하는 것과는 전혀 다른 일이라는 것을 분명히 밝힙니다. 그것은 과학이 할 수 없는 일이라고 생각합니다.

도킨스 맞습니다, 저도 세이건의 감수성을 정말 좋아합니다. 그리고 그 책을 인용하셔서 매우 기쁩니다. 기퍼드 강연집을 낸 출판사가 책 표지에 실을 광고 문구를 요청했을 때 저는 이렇게 써 보냈습니다. "칼 세이건은 종교적인 사람이었을까? 그러기에는 너무 큰 사람이었다. 그는 기존 종교의 쩨쩨하고 편협한 중세 세계를 떠났고, 정신적 빈곤 속에서 허우적거리는 신학자, 성직자, 이슬람 율법학자들을 떠났다. 그는 종교적이기에는 너무 큰 사람이었기에 그들을 떠났다. 그들은 청동기시대 신화, 중세 미신, 유치한 희망적 사고를 가지고 있지만 세이건은 우주를 가지고 있었

3장의 챕터 6에 있는 내 기고문을 보라.

다." 과학이 믿음을 풍요롭게 할 수 있는지에 대한 당신의 질문에 대한 대답으로 제가 여기에 덧붙일 수 있는 것은 아무것도 없다고 생각합니다. 과학은 당신과 세이건이 생각하는 의미에서 믿음을 풍요롭게 할 수 있습니다. 하지만 저는 믿음을 지지한다고 오해받고 싶지는 않아요.

크라우스 마지막으로, 요즘 종교와 관련해 과학자들 사이에서 벌어지고 있는 논쟁의 핵심 쟁점으로 마무리하고 싶습니다. "종교는 본질적으로 나쁜 것인가?"입니다. 저의 견해는 세월이 흐르면서 진화해왔다는 점을 여기서 밝힙니다. 당신은 제가 단순히 물렁해진 거라고 주장할지도 모르지만요. 종교가 많은 잔악 행위에 책임이 있다는 충분한 증거가 있고, 우리가 자주 말했듯이, 신이 자신들 편이라는 믿음이 없었다면 누구도 높은 건물에 비행기를 의도적으로 충돌시키지 않았을 겁니다.
사람들이 종교적 믿음 때문에 세계에 대한 거짓말을 가르칠 때 그것에 반대하는 것이 과학자로서 제 역할이라고 생각합니다. 따라서 우리는 종교적 감수성을 다른 형이상학적 성향만큼 존중해야 하지만, 틀린 것까지 존중해서는 안 된다고 생각합니다. 틀렸다는 건 경험적 증거와 일치하지 않는 믿음을 의미합니다. 지구 역사는 6천 년이 아니고, 태양은 하늘에 정지해 있지 않습니다. 케너윅맨Kennewick Man은 우마틸라족 인디언이 아니었습니다(케너윅맨은 1996년 워싱턴주에서 발굴된 약 8,500년 전 인간 유골로, 유골이 발굴된 워싱턴 북부의 콜빌 부족과 밀접한 관계가 있음이 밝혀졌다—옮긴이). 우리가 뿌리 뽑을 필요가 있는 것은 종교적 믿음이나 신앙이 아니라 무지입니다. 신앙은 지식에 의해 위협받을 때 적이 되죠.

도킨스 우리가 이 부분에서는 거의 동의한다고 생각합니다. 그리고 '거짓말'은 속이려는 의도를 내포하기 때문에 너무 강한 단어이기는 하지만, 어쨌든 저는 종교적 믿음의 사실 여부보다 도덕적 논증을 우선시하는 사람은 아닙니다. 저는 최근 자신을 기독교인이라고 칭하는 전직 기술부 장관인 영국 정치인 토니 벤과 화상 만남을 가졌습니다. 대화를 진행하는 동안 그가 기독교 신앙의 사실 여부에는 조금도 관심이 없다는 것을 분명히 알았죠. 그의 유일한 관심사는 '기독교 믿음이 도덕적인가'였습니다. 그는 과학이 도덕적 지침을 주지 않는다는 이유로 과학에 반대했습니다. 제가 도덕적 지침을 주는 것은 과학이 할 일이 아니라고 반론하자, 그는 하마터면 그러면 과학의 용도가 뭐냐고 물을 뻔했습니다. 이건 철학자 대니얼 데닛이 '믿음에 대한 믿음'이라고 부른 증후군의 전형적인 예입니다.

다른 예로 종교적 믿음의 사실 여부가, 삶의 위로와 인생의 목적을 제공하는 힘보다 덜 중요하다고 생각하는 사람들이 있습니다. 저나 당신이나 믿음에서 위안을 얻는 것에는 반대하지 않습니다. 또한 믿음이 강력한 도덕적 나침반을 제공하는 것에도 반대하지 않을 겁니다. 하지만 종교의 도덕적 가치나 위로 가치가 종교의 사실적 가치와 뒤엉켜서는 안 됩니다. 저는 종교인들에게 둘의 차이를 납득시키기가 몹시 어렵습니다. 이는 대중을 과학으로 유혹하려는 우리 같은 과학자들이 힘든 투쟁을 하고 있다는 뜻입니다.

크라우스 우리가 확실히 동의하는 또 다른 지점을 찾았으니, 이쯤에서 토론을 마무리하는 게 좋을 듯합니다.

2

국교 분리의 장벽을 방어하다

숀 페어클로스 Sean Faircloth**의 《신정주의자들의 공격**Attack of the Theocrats**》(2012)을 위해 쓴 서문을 약간 편집한 것이다.**

18세기 계몽운동의 거목이었던 미국 '건국의 아버지'들은 현명한 역사관을 지니고 있었기 때문에 원대한 계획을 품었다. 그들은 필그림 파더스Pilgrim Fathers(1620년 메이플라워호를 타고 영국을 떠나 식민지를 개척한 청교도단—옮긴이)가 도망쳐나온 유럽의 과거를 잘 알았고, 과거의 일을 반복하지 않도록 일종의 면역 문서를 만들었다. "의회는 국교를 정하거나 종교적 자유를 금지하는 법률을 제정할 수 없다." 다시 말해, 미국은 신정국가가 될 수 없다.

권리장전의 첫 번째 조항이자, 지금까지 작성된 가장 위대한 헌법에 더해진 수정조항 제1조는 세계의 부러움을 사는 것이며, 그래야 마땅하다. 내 나라(영국)는 여전히 명목상 신정국가다. 즉 국가수반이 영국 국교회 수반이라서 헌법상 로마가톨릭 신자가 되는 것이 금지되어 있다(이슬람교나 유대교는 말할 필요도 없다).• 오늘날까지도 가톨릭과 프로테스탄트 사이의 장벽이 북아일랜드에 갈등의 불씨로 작용하고 있으며, 글래스고를 연고지로 하는 두 축구단의 경기는 이 갈등의 축소판이다(북아일랜드계 개신교 팬과 아일랜드계 가톨릭 팬 간의 경쟁—옮긴이). 영국은 여전히 26개의 주교좌를 보유하고 있고, 주교들은 선출되지 않았지만 직권상의 자격으로 의회 상원에 참석한다.

이 중 어떤 것도 제임스 매디슨과 그의 동료들에게는 놀라운 일이 아니었을 것이다. 바로 그들이 수정헌법으로 막으려고 시도했던 종류의 사회악이었기 때문이다. 하지만 그들조차 21세기 신정주의의 어리석은 해악을 예상하지는 못했을 것이다. 예를 들어 사우디아라비아에서는, 무스타파 이브라힘이 '마법'을 행했다는 이유로 사법 절차에 따라 사형되었다(그는 약사였다). 영국의 우

• (완전히는 아니라도) 다소 경박한 이야기로 들릴지도 모르지만, 군주가 이슬람교도 또는 유대인이 되는 것이 로마가톨릭 신자가 되는 것보다 쉬울지도 모른다. 왜냐하면 그런 법이 제정되었던 시대에는 둘 다 상상할 수 없는 것이었기 때문이다. 레즈비언이 동성애 금지법에서 면책된 이유는 빅토리아 여왕이 법안에 서명할 당시 그것이 신체적으로 가능하다는 사실을 절대 믿으려 하지 않았기 때문이라는 이야기가 있는데, 아마 사실이 아닐 것이다.

방이자 석유 공급국인 그 나라에서는 여성이 운전을 하거나,* 팔 또는 발목을 드러내거나, 남성 가족의 동행(관대하게도, 동행하는 남성이 아이라도 괜찮다) 없이 돌아다니다 남들 눈에 띌 경우 체포될 수 있다.

또 우간다에서는 동성애가 14년 형을 선고받을 수 있는 범죄고,** 교사 데이비드 케이토는, 미국 선교사들의 뜻을 받드는 기독교 일간지들에 의해 선동된 기독교 광신도들에게 몽둥이로 맞아 죽었다. 한편 이스라엘에서는 2006년에 토베 요한손이라는 스웨덴 인권운동가가 팔레스타인 어린이들을 학교에 데려다주려다가 "우리는 예수를 죽였으니 당신도 죽이겠다"라고 외치는 유대인 폭도들에게 심한 폭행을 당했다. 그때 이스라엘 군인들은 냉담하고 무관심하게 지켜봤을 뿐이다.

소말리아에서는 2008년에 13세 소녀 아이쇼 이브라힘 두훌로가 사형선고를 받고 축구경기장의 대규모 군중 앞에서 돌팔매질을 당했다. 소녀의 죄목은 '간통'이었지만, 실제로는 집단 성폭행을 당한 것이었다. 샤리아법에서는 이것이 범죄다.

미국은 공식적으로는 신정국가가 아니다. 토머스 제퍼슨의 정교분리 장벽이 여전히 건재하다. 하지만 그 벽은 (주로 기독교도

---

* 그 터무니없는 법은 2017년에 폐지되었다.

** 2014년에 제정된 우간다의 반동성애법에서 최대 형량은 무기징역이다.

인) 파괴자들의 끊임없는 난타, 망치질, 쪼기…를 위태롭게 견디고 있다. 그들은 벽을 세운 사람들의 의도를 잘 모르고 오판하거나, 의도적으로 반대한다.

여기서 숀 페어클로스가 헌법과 이성의 영웅으로 등장한다. 그의 책은 절묘할 정도로 시의적절한 (무신론 선언이 아니라) 세속주의 선언이다. 페어클로스의 메시지는 세속적이고 보수적이라는 말이 가진 문자 그대로의 의미에 충실하다. 즉, 이른바 '티파티' 보수들과 달리, 헌법에 원래 담겼던 세속주의 원리를 지키는 것이다. 티파티 보수들의 목표는 수정헌법 제1조에 명시된 종교에 관한 핵심 원칙을 뻔뻔하게 훼손하는 것이다.

숀 페어클로스는 대조적인 두 보수주의자의 말을 인용한다. 배리 골드워터Barry Goldwater(1964년 미국 대통령선거에서 공화당 후보였다—옮긴이)는 "나는 종교적 우파에 어떤 존경심도 갖고 있지 않다"라고 말한 반면, 미셸 바크먼Michele Bachmann(미국의 보수 정치인으로, 공화당 소속의 전 연방 하원의원이다—옮긴이)은 "신이 내게 의회를 운영하라는 소명을 부여하셨다"라고 말했다. 숀 페어클로스는 자유주의적인 민주당원으로 메인주 의회에서 일했지만, 원조 보수주의자인 상원의원 골드워터의 다음 발언이 페어클로스의 책에 영감을 준 듯하다.

> 종교적 믿음만큼 요지부동인 것도 없다. 논쟁판에서 예수 그리스도, 신, 알라 같은 절대자보다 더 강력한 내 편은 없다. 하지만 모든 강력한 무기와 마찬가지로, 내 편으로 신을 거론하는 전략은

조심해서 써야 한다. 미국 전역에서 성장하고 있는 종교 분파들은 종교적 영향력을 지혜롭게 사용하고 있지 않다. 그들은 정부 지도자들에게 자기네 입장을 100퍼센트 따르라고 강요한다. 만일 한 지도자가 특정 도덕적 쟁점에 대한 그들의 의견에 동의하지 않으면, 그 종교집단은 자금 지원을 끊겠다거나 표를 주지 않겠다고 협박한다.

솔직히 나는 이 나라의 정치적인 설교자들에게 신물이 난다. 그들은 나더러 도덕적인 시민이 되고 싶다면 A, B, C, D를 믿어야 한다고 말한다. 자기들이 뭐라도 된 줄 아나? 무슨 근거로 자기네 도덕적 믿음을 내게 강요해도 된다고 생각할까? 그리고 입법자로서, 상원에서 내가 하는 모든 투표를 이래라저래라 할 권리를 신이 주었다고 생각하는 종교단체의 협박을 참는 건 훨씬 더 열불난다. 경고한다. 이 순간부터 당신들이 보수주의를 지킨다는 명목으로 모든 미국인에게 당신들의 도덕적 신념을 강요한다면, 나는 모든 단계에서 당신들과 싸우겠다.

숀 페어클로스는 전문 법률가였고, 이 책에서 종교의 편견과 법적 특권이 오늘날 미국인에게 끼치고 있는 피해를 반복적으로 폭로한다. 가장 운 나쁜 사람들은 신체적 상해와 고문을 당하고, 심지어는 죽임을 당하기도 한다. 페어클로스는 얼굴 없는 사람들에게 얼굴을 부여하고 목소리 없는 사람들에게 목소리를 부여함으로써, 종교적 특권에 희생당한 무고한 피해자들을 변호한다. 그중 하나가 기독교 어린이집의 승합차 안에 방치된 채 숨진

두 살짜리 아미야 화이트다. 여기서 굳이 '기독교'를 언급할 이유가 있느냐고? 왜냐하면 이 사고는 그 어린이집이 종교시설이라는 이유로 아동안전법을 면제받았기 때문에 생긴 비극이기 때문이다. 2002년 테네시주에서는 제시카 크랭크가 15세에 암으로 사망했다. 제시카의 어머니가 현대 의학이 아닌 '신앙치료'로 악성 종양을 치료하기로 결정한 탓이었다. 이런 무익한 '치료'가 시행될 수 있었던 것은 종교를 이유로 주의 아동보호법을 면제받았기 때문이다.

이런 사례는 많은 비극적 스토리 중 두 가지일 뿐이다. 이 밖에 같은 방식으로 피해를 입은 수많은 불운한 사람의 사례는 종교적 면책특권이라는 큰 서사에 딸린 각주 속으로 사라졌다. 이 서사에 인간적 요소를 되돌려놓기 위해 숀은 오래된 세속주의 프로젝트를 따르는 모든 이에게, 순교당한 어린이의 사연과 여타 종교적 피해 사례를 공유할 것을 요구한다. 이런 개인적인 사연들을 시작으로, 그는 미국의 신정주의 정치인과 정치장사꾼들의 협박을 광범위하게 조사했다.

신정주의적 법률이 미국 시민들에게 은밀하게 파고들어 금전적·사회적·군사적·물리적·감정적·교육적으로 피해를 끼치는 방식들은 그저 놀라울 따름이다. 하지만 책 부제에 언급된 '우리 모두'는 미국인으로 한정되지 않는다. 미국에서 30년 넘게 진행 중인 '신정주의의 공격'은 전 세계로 확대되고 있다.

페어클로스는 에티오피아에서 은밀히 행해지는 불법 낙태시술로 사망한 열네 살짜리 사론 삼타의 죽음을 조사하고, 이 비극을 로널드 레이건 정권에서 시작한 국제 '금지규정'과 연결한다. 이 규정은 기본적인 건강 정보와 서비스에 대한 여성의 접근을 제한한다. 페어클로스는 조지 W. 부시가 이라크전쟁 전에 프랑스의 자크 시라크 대통령에게 전화를 걸어 "곡과 마곡(반기독교의 상징—옮긴이)이 중동에서 활동하고 있다"면서 "《성경》의 예언이 실현되고 있다"고 경고했던 악명 높은 사건을 떠올린다. 미국의 현직 대통령이 다른 나라 국가수반에게 복음주의에 대한 그런 엉터리 확신을 전했다니, 끔찍한 일이 아닐 수 없다. 전쟁 전 부시 대통령이 자신과 똑같이 독실한 신자인 토니 블레어 총리와 함께 가진 기도회에서 어떤 진부한 성경 문구가 읊어졌는지는 상상에 맡길 뿐이다.

지금까지 말한 것들은 미국 종교적 우파의 '신정주의 공격'이 미국 국경을 충분히 넘을 수 있다는 것을 보여주는 단편적인 사례일 뿐이다. 근본주의자들이 미국 과학에 끼치는 해악은 전 세계적인 연쇄효과를 일으킨다. 인간이 세계를 '지배'한다는《성경》의 개념은 미국의 환경 정책에 고스란히 담길 뿐 아니라, 기후변화에 대한 종교 대중의 견해에 영향을 미침으로써 지구 전체의 파괴에 이바지한다.

페어클로스는 미국 조세 제도의 큰 부당성들 가운데 딱 한 가지에 관심을 기울인다. 이것은 영국을 포함한 다른 많은 나라에서도 공통된 문제다. 종교기관, 교회, 심지어는 불법 축재한 텔레비전 전도사들조차 세금을 면제받고, 소득신고까지 면제받는다. 페어클로스는 이렇게 쓴다.

- 비영리재단과 달리 교회는 990양식(기본적인 재무 공개)을 제출할 필요가 없다. 따라서 교회 재정은 이른바 자선단체들 중 가장 비밀스럽다. 물론 영리 사업자는 반드시 상세한 세금서류를 제출해야 한다. 501(c)(3) 비영리단체도 마찬가지다. 종교기관의 재정은 마치 블랙박스와 같아서, 부적절한 일이 발생했는지조차 파악하기 어렵다.
- 국세청의 '고위' 공무원만이 종교기관에 대한 감사를 인가할 수 있다. 한편 나머지 사람들은(개인이든, 영리 사업자든, 세속적인 비영리기관이든) 국세청의 누구에게든 감사를 받을 수 있다.
- 종교단체는 소위 성직자에게(일부는 단지 성직자의 가족일 것이다), 소득으로 계산되지 않는 수당인 비과세 주택수당을 제공할 수 있다.

이 에세이의 시작으로 돌아가자면, 페어클로스는 오늘날 신정주의가 가하는 공격과 미국 건국의 아버지들이 의도한 세속주의를 대조하면서 추악한 진실을 이끌어낸다. 건국의 아버지들은 국가가 교회로부터 영원히 분리되는 나라를 세웠다. 미국의 모든 어린이가 이 사실을 안다. 아니, 적어도 알고 있었다. (2010년에 텍사스 교육위원회가 사회 교과과정에서 제퍼슨의 이름을 제외하기로 한 결정은, 나로서는 도저히 불가능한 관대한 해석을 기다리고 있다.)

미국 헌법은 애초에 종교의 발이 마음대로 짓밟을 수 없게 함으로써 개인의 양심에 숨통을 틔워주도록 명시해두었다. 이 소중한 이상을 실천함으로써 미국은 문명과 인류를 위한 큰 도약을 했다. 프랑스를 시작으로, 인도와 튀르키예를 포함한 다른 나라들도 이 선례를 따라 그들만의 세속 헌법을 만들었다. 만일 세속적 통치의 세계적 표준인 미국이, 무식한 반문맹 기독교인들이 미국 예외주의(미국은 다른 국가와 차별성을 가지며 특별한 의미를 지니고 탄생한 국가라는 신념—옮긴이)의 토대(교회와 국가 사이의 장벽)를 무너뜨리는데도 구경만 하고 있다면, 세계가 어디로 가겠는가?

페어클로스가 보여주는 상황은 심란하지만, 그의 연설을 들어본 사람이라면 누구나 알고 있듯이, 그에게는 다행히도 용기와 희망을 주는 비전이 있다. 이 책의 명시적인 집필 의도는 종교적 우파가 우리 모두에게 어떤 해를 끼치는지 사람들에게 일깨울 뿐만 아니라, 절실히 필요한 행동 계획을 제시하는 것이었다. 빈틈없는 전직 정치인이자 듣는 이를 매료시키는 연설가 숀 페어클로스는 미국을 세속적 토대로 되돌리는 역할에 딱 맞는 사람이다. 그의 선언은 이 책이 제시하는 어두운 증거에 대한 낙관적인 반전이다. 책의 제목과 일부 내용은 신의 이름으로 자행되는 야만적 행위를 생생하게 보여주지만, 책을 다 읽고 나면 나처럼 유럽 계몽주의와 미국 건국의 아버지들이 품었던 세속주의의 꿈으로 돌아가려는 그의 대담한 시도에 적극 동참하고 싶어질 것이다.

3

도덕적·지적 위기

샘 해리스 Sam Harris**의 영국판 《기독교 국가에 보내는 편지**Letter to a Christian Nation》(2007)**의 서문이다. 이 책은 샘 해리스가 《신앙의 종말**The End of Faith》(2005)**에 이어서 쓴, 무신론에 관한 두 번째 책이다.**

샘 해리스는 딴청을 부리지 않는다. 그는 기독교 독자 '여러분'에게 직접 호소하고, '여러분'이 자신의 믿음을 진지하게 취급하는 것을 칭찬한다. "만일 우리 중 한 명이 옳다면 나머지 사람은 틀린 것이다. 시간이 충분히 흐르면, 한쪽이 정말로 이 논증에서 이기고 나머지는 질 것이다." 하지만 '여러분'의 프로필에 딱 맞지 않아도 이 멋진 책을 충분히 즐길 수 있다. 이 책의 모든 단어는 팽팽하게 당겨진 활시위에서 멋진 깃털이 달린 화살처럼 '쌩' 하고 튕겨나간 후 우아한 호를 그리며 표적을 향해 날아가 과녁의 한복판에 '탕' 하고 만족스럽게 꽂힌다.

당신이 이 책의 표적이라면, 감히 꼭 읽어보라고 말하고 싶다.

당신의 믿음에 대한 유익한 시험대가 될 것이다. 샘 해리스의 공격에서 살아남으면 당신은 평정심을 가지고 세상과 맞붙어볼 수 있을 것이다. 하지만 노파심에 미리 경고하자면, 해리스는 단 하나의 문장도 빗맞히는 법이 결코 없다. 이 책이 짧은 분량에 걸맞지 않게 파괴적인 이유가 바로 거기 있다. 당신이 해리스와 나처럼 이미 신앙에 대해 회의적인 사람이라면, 그래서 그의 표적이 아니라면, 이 책은 당신이 과녁에 해당하는 사람들과 논쟁할 수 있도록 강하게 무장시킬 것이다. 혹시 기독교인이지만 그의 과녁은 아닌 사람도 있을지 모른다. 이 책은 보다 다채로운 견해를 지닌 기독교도가 있다는 것을 허심탄회하게 인정한다.

> 자유주의자와 온건한 기독교도들은 본인들이 내가 이 책에서 다루는 '기독교도'에 포함되지 않는다고 생각할 것이다. 하지만 이웃들 중 다수, 1억 5천만 명 이상의 미국인이 여기 포함된다는 것을 알아야 한다.

그게 바로 요점이다. 그 1억 5천만 명이 끼치는 위험이 이 책을 탄생시켰다. 당신의 종교적 믿음이 모호하고 막연해서 해리스가 잘 조준한 화살조차 빗맞고 튕겨나온다면, 당신은 해리스의 직접적인 표적이 아니다. 하지만 그렇더라도 당신은 그와 내가 신경 쓰는 위기에 관심을 가져야 한다. 내가 과학 교육자로서 세상이 6천 년밖에 안 되었다고 믿는(뉴욕에서 샌프란시스코까지의 거리가 크리켓 경기장보다 짧다고 생각하는 것과 같은 오류다) 50퍼센트의 미국인에게 실망하듯이, 샘 해리스는 대략 동일한 그 50퍼센트가 가진 다른 믿음들에 절박한 위기를 느낀다.

> 만일 런던, 시드니, 또는 뉴욕에 갑자기 핵폭탄이 터진다면, 미국 인구의 상당수는 그 직후 생기는 거대한 버섯구름에서, 그들에게 최고의 일이 곧 일어날 것임을 암시하는 은색 띠를 볼 것이라고 말해도 전혀 과장이 아니다. 최고의 일이란 물론 그리스도의 재림이다. 이런 종류의 믿음이 인류의 지속 가능한 미래에 사회적으로나 경제적으로, 환경적으로나 지리·정치적으로 아무 도움이 되지 않는다는 것은 불 보듯 뻔하다. 만일 미국 정부의 주요 인사들이 곧 세계 종말이 올 것이고 그 종말은 영광스러운 일이라고 믿는다면 어떤 결과가 일어날지 상상해보라. 미국인의 거의 절반이 이렇게 믿는 것처럼 보인다는 사실, 그것도 순전히 종교적 도그마를 토대로 그렇게 믿는다는 것은 도덕적·지적 위기로 간주되어야 할 일이다.

이 책의 독자 대상인 '기독교 국가'는 물론 미국이다. 하지만 우리가 이것을 순전히 미국만의 문제로 치부한다면, 그건 안이한 실수일 것이다. 적어도 미국은 계몽사상에 영감을 받은 제퍼슨이 세워둔 국교 분리 장벽으로 보호받고 있다. 하지만 영국에서는 종교가 예로부터 기득권의 일부였으며, 지금 이 순간에는 글래드스턴(19세기 영국 총리를 지냈다—옮긴이) 이후로 가장 종교적인 정치 지도자가 '종교 학교'를 지원하는 데 혈안이 되어 있다. 비단 전통적인 기독교 학교만이 아니다. 영국 정부는 '신앙의 수호자'로 알려지기를 원하는 왕위 계승자의 부추김으로, 자녀들을 국가 세금으로 세뇌시키고 싶어 하는 다른 '신앙공동체'들의 "우리도"라는 우는 소리에 적극적으로 반응하고 있다.

과연 국교 분리를 원칙으로 하는 교육 정책을 설계하는 것이 가능할까? 더 중요한 것은, 세계 유일의 초강대국은 우주 전체가 개 가축화 이후 시작되었다고 믿는 유권자들이 지배하고 있다고 해도 과언이 아니며, 그들은 자신들의 살아생전에 그리스도 재림의 전조인 아마겟돈(선과 악이 벌이는 최후의 대결전—옮긴이)에 뒤따라 천국으로 '휴거'될 것이라고 믿는다. 대서양 건너편 영국에서도 샘 해리스가 말하는 '도덕적·지적 위기'가 절제된 표현처럼 보이기 시작했다.

나는 이 글을 시작할 때 샘 해리스가 딴청을 부리지 않는다고 말했다. 그가 하고 싶은 말 중 하나는, 우리 중 누구도 딴청을 피울 여유가 없다는 것이다. 《기독교 국가에 보내는 편지》는 당신의 마음을 휘저어놓을 것이다. 이 책을 읽고 방어적이 되든 공격적이 되든, 당신은 이 책을 읽기 전과는 다른 사람이 되어 있을 것이다. 할 수 있는 것이 아무것도 없다면 이 책을 읽어라. 그러면 할 수 있는 일이 있다는 희망이 생길 것이다.

4

설계 환상을 벗기다

니얼 섕크스 Niall Shanks**의 《신, 악마, 그리고 다윈**God, the Devil and Darwin**》(2004)을 위해 쓴 서문이다.**

통계적 불가능성 논증의 소유권은 누구에게 있는가? 통계적 불가능성은 창조론자들의 오래된 카드다. 《성경》에 적힌 것밖에는 모르는 순진한 사람들부터 비교적 교육을 많이 받은 지적 설계 '이론가들'•까지, 모든 창조론자의 삐걱거리는 천군만마다. "중간체 화석이 전혀 없다" 같은 허위사실과, "진화는 열역학 제2법칙에 어긋난다" 같은 무식한 헛소리를 무시한다면, 창조론은 그 밖에는 다른 논증을 가지고 있지 않다. 창조론을 옹호하는 논증들

• '비교적'에 방점이 있다.

은 저마다 겉으로는 달라 보일지라도 표면 밑의 깊은 구조는 언제나 같다. 자연의 무언가(눈, 생화학 경로, 또는 우주 상수)는 통계적으로 불가능해서 우연히 생길 수 없었고, 그래서 설계되었음이 틀림없다는 것이다. 시계가 생기려면 시계공이 필요하다. 하나마나한 말이지만, 시계공은 기독교의 신(또는 야훼나 알라 등 당신이 어린 시절을 보낸 지역에 널리 퍼진 신)으로 밝혀진다.

이것이 형편없는 논증이라는 것은 흄의 시대 이후로 명백해졌지만, 우리는 다윈이 이 논증을 대체할 이론을 제공할 때까지 기다려야 했다. 그런데 생각보다 잘 알려져 있지 않은 사실이 있다. 통계적 불가능성 논증을 제대로만 이해하면 그 논증을 신봉하는 사람들에게 치명적인 역공을 가할 수 있다는 것이다. 통계적 불가능성 논증을 양심적으로 성실하게 개진하면, 창조론자들의 강렬한 희망과 정반대되는 결론에 이르게 된다.

초자연적인 존재를 믿을 타당한 근거가 있을 수도 있지만(나는 그런 이유가 하나도 떠오르지 않는다), 설계 논증은 확실히 거기에 들지 않는다. 통계적 불가능성 논증은 오히려 진화론자들의 주장을 뒷받침한다. 다윈주의적 자연선택은 한심할 정도로 널리 퍼져 있는 오해와 달리 우연한 과정이 전혀 아니며, 단순함에서 통계적으로 불가능한 복잡성을 만들어낼 수 있는, 우리가 아는 유일한 메커니즘이다. 하지만 놀랍도록 많은 사람이 설계 추론에 직관적으로 끌린다. 곰곰이 생각해보기 전에는 말이다. 이 대목에서 니얼 섕크스가 등장한다.

역사 지식과 최신 과학 지식을 겸비한 섕크스 교수는 '지적 설계론' 패거리들과 그들의 '쐐기' 전략(이름만큼이나 소름 끼치는 전략이다)이 활개 치는 혼탁한 암흑세계에 명료한 철학자의 시선을 드리우며, 왜 그들이 틀렸고 진화가 옳은지 간단하고 논리적으로 설명한다. 각 장은 역사에서 생물학을 거쳐 우주론까지 논리적으로 연결되고, 마지막으로 창조론자들의 아종인 '지적 설계론자'를 포함한 현대 창조론자들의 근본 동기와 사회적 조종 기법들에 대한 정곡을 찌르는 날카로운 분석으로 끝을 맺는다.

지적 설계ID, Intelligent Design '이론'에는 텐트 부흥회를 여는 옛날 창조론자들의 순수한 매력이 조금도 없다(미국 건국 후 전국을 돌며 텐트를 쳐놓고 부흥회를 하는 순회 목회단들이 생겨났고, 이런 전통은 지금까지 전해내려오고 있다—옮긴이). 그들의 궤변은 그 옛날의 '시계공' 논증에 새로운 포장지를 씌운 '환원 불가능한 복잡성'과 '특정 복잡성'이다. 이 둘은 요즘의 ID 저자들에게서 유래했다고 잘못 알려져 있지만, 실제로는 훨씬 오래되었다. '환원 불가능한 복잡성' 논증은 현재 생화학적 수준이나 세포 수준에서 적용되고 있지만, 우리가 잘 아는 논증인 "반쪽뿐인 눈을 어디에 쓰는가?"와 본질은 같다. 그리고 '특정 복잡성' 논증은, 무작위 패턴처럼 보이는 모든 것이 지나고 보면 다른 어떤 것만큼이나 통계적으로 불가능하다고 주장한다. 해체된 시계 부품들이 한 상자에 던져지는 일은, 지나고 보면 잘 작동하는 정말로 복잡한 시계만큼이나 불가능하다. 나는 《눈먼 시계공》에서 이렇게 지적했다.

복잡한 것들은 사전에 특정된 성질을 갖추고 있는데, 그런 성질이 우연히 생길 수는 없다. 생명체의 경우, 사전에 특정된 성질은 '숙련도'다. 항공 기술자가 감탄할 만한 비행 같은 특정 능력에 대한 숙련도일 수도 있고, 죽음을 모면하는 능력 같은 보다 일반적인 능력에 대한 숙련도일 수도 있다.

다윈주의와 설계는 둘 다 특정 복잡성을 설명할 수 있는 것처럼 보인다. 하지만 설계는 무한 회귀에 빠질 수밖에 없다. 다윈주의는 그럴 염려가 없다. 설계자의 창조물처럼 설계자도 통계적으로 복잡할 것이고, 따라서 설계자는 궁극적 설명이 될 수 없다. 특정 복잡성은 설명이 아니라 설명해야 하는 현상이다. 따라서 더 큰 복잡성을 가지고 그것을 설명하려 해봤자 아무 소용이 없다. 다윈주의는 더 단순한 것을 가지고 복잡성을 설명한다. 더 단순한 것은 다시 훨씬 단순한 것으로 설명할 수 있고… 이런 식으로 시초의 단순함으로 거슬러 올라간다. 설계는 자동차나 세탁기 같은 특정 복잡성이 발현된 것들을 설명할 수 있는 것처럼 보이지만, 결코 궁극적인 설명이 될 수 없다. (일찍이 누군가가 발견했거나 심지어 설득력 있게 제안한 설명들 중) 궁극적인 설명의 후보에라도 오를 수 있는 것은 다윈주의 자연선택뿐이다.

프랜시스 크릭Francis Crick과 레슬리 오겔Leslie Orgel이 과거에 장난삼아 제안했듯이, 이 행성의 진화가 어느 먼 행성의 의도적 설계자가 우주선의 앞코에 박테리아의 형태로 실어보낸 생명 형태에서 시작되었을 수도 있다. 하지만 그 먼 행성의 지적 생명 형태 자체도 설명이 필요하다. 머지않아 우리는 설계된 것처럼 보이는 것들을 설명하기 위해 설계론보다 더 나은 설명이 필요하게 된다. 설계 자체는 결코 궁극적인 설명이 될 수 없다. 그리고 설명하고자 하는 특정 복잡성이 통계적으로 복잡할수록 설계론으로 설명하기 힘들어진다. 반면 진화는 점점 더 없어서는 안 되는 강력한 설명이 된다. 따라서 창조론자들이 순진한 청중을 꼼짝 못하게 만들기 위해 사용하는 계산들, 즉 어떤 실체가 우연히 생겨날 확률은 천문학적으로 낮다고 하는 것은 사실상 제 발에 총 쏘기다.

설상가상으로 ID는 게으른 과학이다. 문제(통계적 불가능성)를 제기하고 그 문제가 어렵다는 것을 인정한 후 문제를 풀려는 시도조차 하지 않고 어렵다는 핑계로 도피한다. '해법을 찾을 수 없다'는 어려움에서 '그러므로 더 높은 권능이 그것을 했음에 틀림없다'는 책임 회피로 곧장 도약한다. 무한 회귀라는 또 다른 문제가 없다 해도, ID는 게으른 패배주의만으로도 충분히 한심하다. ID가 얼마나 게으르고 패배주의적인지 보기 위해, 한 어려운 문제에 대해 궁리하는 두 과학자의 가상 대화를 상상해보자. 예컨대 호지킨과 헉슬리라고 하자. 두 사람은 실제 세계에서 신경흥분 전달 모델로 노벨상을 수상했다.

"헉슬리, 이건 정말로 어려운 문제야. 신경흥분이 어떻게 전달되는지 모르겠어. 자넨 알겠나?"

"아니, 호지킨. 나도 모르겠어. 이 미분방정식은 너무 어려워서 아무리 해도 못 풀겠어. 그냥 포기하고 '위대한 신경 에너지'가 신경 흥분을 전파한다고 말하는 게 어때?"

"좋은 생각이야, 헉슬리. 당장 〈네이처〉에 편지를 쓰자. 한 줄이면 돼. 그러고 나서 우리는 좀 더 쉬운 문제를 풀자."

헉슬리의 형인 줄리언이 비슷한 점을 지적했다. 오래전 줄리언은 생기론은 철도가 '기관차의 약동élan locomotif'으로 움직인다고 설명하는 것과 같다고 풍자했다.

정말이지 나는 기관차의 약동, 호지킨과 헉슬리의 가상 대화, 게으른 지적 설계론자들이 뭐가 다른지 모르겠다. 하지만 '쐐기' 전략은 매우 성공적이어서 미국 학생들의 교육을 한 주州씩 차례차례 전복시키고 있고, 심지어는 ID 이론가들이 의회 위원회에 증언을 위해 초대받기까지 했다. 이렇게 하는 동안 그들은 굴욕적이게도 동료 검토를 요하는, 학술지에 실릴 만한 가치 있는 연구 논문을 단 한 편도 제출하지 못했다.

지적 설계 '이론'은 미국 교육에 돌이킬 수 없는 피해를 끼치기 전에 제압할 필요가 있는 해로운 헛소리다. 니얼 섕크스의 책은 아무래도 긴 전투가 될 싸움에 빈틈없는 일제 사격을 가한다. 이 책이 쐐기 전략가들의 마음을 바꾸지는 못할 것이다. 실은 아무것도 그들의 마음을 바꾸지 못할 것이다. 섕크스가 깨달았듯이, 이론의 진실성보다 도덕적·사회적·정치적 함의가 더 중요하게 평가되는 이론인 경우 특히 그렇다.

하지만 이 책은 아직 마음을 정하지 못한, 정직한 호기심을 지닌 독자들의 마음을 흔들 것이다. 그리고 더 중요하게는, 생물교사들의 의지를 굳건하게 해줄 것이다. 현재 생물교사들은 학생들로 인해 사기가 꺾여 겨우 가르치고 있으며, 공격적인 부모와 교육위원회의 협박까지 받고 있다. 진화론이 교과과정에 소심하게 변명하듯, 또는 은근슬쩍 들어가서는 안 된다. 어린이의 교육과정에서 늦게 등장해서도 안 된다. 진화는 기이한 역사적 이유로, 계몽주의 힘들이 무지와 퇴행의 어두운 힘들과 맞붙는 전장이 되었다. 생물교사들은 최전선에 배치된 병력이므로 모든 지원을 아끼지 말아야 한다.• 그런 교사들과 학생들, 그리고 정직하게 진리를 추구하는 일반인은 생크스 교수의 훌륭한 책에서 도움을 얻을 수 있을 것이다.

• 아주 좋은 예로, '진화과학을 위한 교사 연구소TIES'에서 그런 지지를 제공하고 있다. 이 책《리처드 도킨스, 내 인생의 책들》1장 챕터 4의 다섯 번째 주를 보라.

5

"아무것도 없는 데서는 아무것도 생기지 않는다"

왜 리어 왕이 틀렸는가?

로렌스 크라우스의 《무로부터의 우주》(2012)를 위해 쓴 후기다. 내가 '이성과 과학을 위한 리처드 도킨스 재단'의 이름으로 로스앤젤레스에서 조직한 2009년 심포지엄에서 이 책이 탄생했다는 사실을 말할 수 있어서 기쁘다.

팽창하는 우주처럼 마음을 팽창시키는 것은 아무것도 없다. 은하 심포니의 웅장한 화음에 비하면, 천구들의 음악은 그 배경에서 잔잔하게 흘러나오는 자장가다. 은유와 차원을 바꾸면, 우리가 '고대'라고 부르는 역사의 안개도, 지질시대의 꾸준한 침식의 바람 앞에서는 훅하고 날아가버린다. 137.2억 년으로 유효숫자 네 개까지 정확하게 계산된(크라우스는 이렇게 단언한다) 우주의 나이조차 앞으로 남은 수조 년에 비하면 아무것도 아니다.

하지만 먼 미래를 내다보는 크라우스의 우주관은 역설적이고 충격적이다. 과학 발전이 거꾸로 뒤집힐 수도 있을 것 같다. 우리는 2조 년 후에도 우주학자들이 있다면 그들의 우주관은 우리보다 넓을 것이라고 생각하지만, 실은 그렇지 않다. 그리고 다음의 사실은 내가 책장을 덮을 때 기억에 남았던, 이 책의 여러 충격적인 결론들 중 하나다. 우리 인류가 살아온 몇십억 년 동안은 우주학자가 되기에 매우 길한 시기다. 지금으로부터 2조 년 후에는 우주가 너무 멀리 팽창해서, 우주학자 본인이 사는 은하(어느 은하가 되었든) 외의 모든 은하가 아인슈타인의 지평선 뒤로 완전하고 철저하게 물러날 것이다. 그 은하들은 보이지 않을 뿐 아니라, 간접적인 흔적조차 남길 가능성이 없다. 그들은 존재하지 않은 것이나 마찬가지인 존재가 될 것이다. 빅뱅의 모든 흔적은 영원히 사라져 복구가 불가능할 것이다. 미래의 우주학자들은 지금의 우리와 달리 과거로부터 완전히 단절될 것이며, 좌표를 완전히 잃게 될 것이다.

우리가 현재 우리의 좌표가 1천억 개 은하 한가운데임을 알고 빅뱅에 대해 아는 것은 우리 주변에 증거가 있기 때문이다. 먼 우주에서 오는 빛의 적색편이를 분석해 허블 팽창(우주가 팽창하고 있다는 사실)을 알아냈고, 그 과정을 거꾸로 거슬러 올라가며 과거를 유추할 수 있었다. 우리가 그 증거를 알 수 있는 이유는 우리가 아기 우주의 빛이 아직 남아 있는 '특별한 시기'에 살고 있기 때문이다. 크라우스와 그의 동료가 말한 재치 있는 표현에 따르면 "우리는 매우 특별한 시대에 살고 있다. (…) 우리가 매우 특별한 시대에 살고 있다는 사실을 관찰을 통해 입증할 수 있는 유일한 시대라는 점에서!" 3조 년 후의 우주학자들은 하나뿐인 우주에 갇혀 있던 20세기 초의 좁은 시각으로 돌아가야 할 것이다.

그들이 아는 한, 그리고 상상할 수 있었던 한, 그 은하는 우주와 동의어였다.

결국 그리고 필연적으로, 평평한 우주는 더 평평해져서 시작되었을 때와 비슷한 무로 돌아갈 것이다. 그때가 되면 우주를 관측할 우주학자들이 존재하지 않을 테지만, 설령 우주학자들이 있어서 우주를 볼 수 있다 해도 볼 것이 없을 것이다. 말 그대로 아무것도 없을 것이다. 원자조차도. 우주는 완전한 무로 돌아갈 것이다.

이것이 황량하고 우울한 우주관이라 해도 어쩔 수 없다. 현실은 우리에게 위안을 주지 않는다. 마거릿 풀러Margaret Fuller(19세기 미국의 수필가로, 초월주의자이자 여권운동가—옮긴이)가 "나는 우주를 받아들입니다"라고 말했을 때(현실과 어렵게 화해한 그녀는 아마 모든 것을 내려놓듯 만족스러운 한숨과 함께 말했을 것이다), 그 말을 전해들은 토머스 칼라일Thomas Carlyle은 그게 뭐 대수냐는 듯 반응했다. "그래? 잘됐군!" 나는 개인적으로, 우주가 무한히 평평해지며 무로 되돌아간다는 이런 우주관에는 장엄함이 있으며, 그것은 적어도 우리가 용기를 내 직면할 가치가 있다고 생각한다.

하지만 만일 무언가가 평평해지며 무로 돌아갈 수 있다면, 무에서 무언가가 생길 수도 있지 않을까? 신학자가 항상 하는 진부한 질문을 인용하면, 왜 우주는 무가 아니라 무언가가 존재할까? 이 질문에 대한 로렌스 크라우스의 답은 아마 이 책을 덮을 때 기억에 남을 만한 가장 놀라운 교훈일 것이다. 물리학은 어떻게 무로부터 무언가가 생길 수 있었는지 말해줄 뿐만 아니라, 크라우스의 설명에 따르면 무가 불안정한 상태임을 보여준다. 그렇다면 무에서 무언가가 생겨나는 건 거의 필연이었다. 내가 크라우스의 책을 제대로 이해했다면, 무에서 무언가가 생겨나는 일은 항상 일어난다. 그 원리는 마치 "악과 악이 만나 선이 된다"('악에 악으로 대응해서 선을 만들지는 못한다'는 영어 속담을 비튼 것—옮긴이)는 말의 물리학 버전처럼 들린다. 입자와 반입자는 아원자 반딧불이처럼 생겼다 사라지며 서로를 소멸시키고, 그 반대의 과정을 통해 무에서부터 자신들을 재창조한다.

무에서의 자연발생은 바로 시공간이 탄생할 때 대규모로 일어난 일이었다. 그 순간을 특이점이라고 하는데, 우리가 '빅뱅'으로 알고 있는 것이다. 그 후 팽창의 시기가 이어졌고, 우주와 그 안의 모든 것이 10^{28}배로 증가하기까지 1초가 채 걸리지 않았다(10^{28}은 1 뒤에 0이 28개 붙어 있는 숫자다).

이 무슨 기괴하고 황당한 말인가? 정말이지 과학자들이란! 이들은 핀 머리pinhead에 올라갈 수 있는 천사들의 수를 세거나 성변화聖變化의 '미스터리'에 대해 논쟁을 벌였던 중세 스콜라 학자들만큼이나 악취미를 가졌다.

하지만 꼭 그렇게 볼 일은 아니다. 과학은 아직 모르는 것이 많다(그래서 과학자들이 소매를 걷어붙이고 일하고 있다). 하지만 아는 것도 있다. 그저 대충만 아는 것이 아니라('우주는 단지 수천 년이 아니라 수십억 년 되었다'와 같이) 확실히, 매우 정확하게 아는 사실들이 있다. 나는 과학자들이 우주의 나이를 유효숫자 네 개까지 정확하게 측정했다고 이미 말했다. 이 정도만으로도 충분히 인상적이지만, 로렌스 크라우스와 그의 동료들이 내놓는 예측의 경이로운 정확성에 비하면, 그것은 아무것도 아니다. 크라우스의 영웅 리처드 파인먼은, 가장 애매모호한 신학자가 생각해낸 것보다 더 희한한 가정들에 기반을 두고 있는 양자이론의 예측들 중 일부는 뉴욕에서 로스앤젤레스까지의 거리를 머리카락 한 올의 오차 범위 내로 예측하는 것과 같은 정도로 정확하게 입증되었다고 말했다.

신학자들은 핀 머리에 몇 명의 천사가 올라갈 수 있는지 추측하거나, 그것에 상응하는 일을 한다. 물리학자들도 그들만의 천사와 핀 머리를 가지고 있는 것처럼 보일 수도 있다. 양자, 쿼크, '맵시 쿼크charm quark', '기묘도strangeness', '스핀' 같은 것들 말이다. 하지만 물리학자들은 신학자들과 달리, 그들의 천사 수를 셀 수 있으며, 총 100억이라고 정확하게 셀 수 있다. 과학은 기이하고 이해하기 어려운 것처럼 보일지도 모른다. 어떤 신학보다 기이하고 난해해 보인다. 하지만 과학은 잘 작동한다. 과학은 결과를 낸다. 과학은 슬링샷 효과를 이용해 당신을 금성에서 목성으로, 거기서 다시 토성으로 보낼 수 있다. 우리는 양자이론을 이해하지 못할지도 모르지만(나는 이해하지 못하는 게 확실하다), 실제 세계를 소수점 10자리까지 예측하는 이론은 어떤 의미에서도 틀릴 수 없다. 신학은 소수점 10자리가 없을 뿐만 아니라, 실제 세계와의 관련성이 조금도 없다. 토머스 제퍼슨이 버지니아대학교를 창립할 때 말했듯이. "우리 대학에 신학 교수가 발붙일 자리는 없어야 한다."

왜 신을 믿느냐고 물으면, 신은 '모든 것의 바탕'이라거나 '인간 관계에 대한 은유'라는 모호한 대답으로 도피하는 '수준 높은' 신학자가 몇 명쯤 있을지도 모른다. 하지만 대다수 종교인들은 그보다 솔직하다. 이들은 공격당하기 쉬운 설계 논증이나, 제1원인에 기반을 둔 논증으로 곧장 도약한다. 데이비드 흄 급의 철학자들은 안락의자에 가만히 앉아서 그런 논증들의 치명적 약점(창조주의 기원에 대한 의문)을 보여줄 수 있었다. 하지만 찰스 다윈은 그것으로 만족하지 않고 비글호를 타고 현실 세계로 나가서 설계론에 대한 놀랍도록 단순하고 의문의 여지가 없는 대안을 발견했다. 그런데 이건 생물학의 상황이다. 생물학은 다윈이 등장하기 전까지 자연신학자들에게 최고의 사냥터였지만, 다윈은 자연신학자들을 생물학에서 쫓아냈다. 일부러 그런 건 아니다. 다윈은 누구보다 친절하고 자상한 사람이었으니까. 자연신학자들은 물리학과 우주의 기원이라는, 인적이 드문 목초지로 도망쳤지만, 그곳에는 로렌스 크라우스와 그의 전임자들이 기다리고 있었다.

물리법칙과 물리상수들이 짜고 하는 일처럼 인간이 존재할 수 있도록 설계되어 있는 것으로 보이는가? 의도를 지닌 어떤 행위자가 모든 것이 시작되게끔 준비해두었다고 생각하는가? 이런 식의 논증이 왜 틀렸는지 모르겠다면, 빅터 스텐저Victor Stenger의 책을 읽어라. 스티븐 와인버그, 피터 앳킨스, 마틴 리스, 스티븐 호킹의 책을 읽어보라. 그리고 이제 우리는 로렌스 크라우스의 책을 읽을 수 있다. 내게 그의 책은 최후의 일격처럼 보인다. 로렌스 크라우스의 책을 읽고 나면, 신학자의 마지막 남은 비장의 카드인 “왜 무가 아니라 무언가가 존재하는가?”라는 질문조차 시들해 보일 것이다. 《종의 기원》이 생물학이 초자연주의에 가한 최후의 일격이었다면, 《무로부터의 우주》는 우주론이 가하는 최후의 일격이라고 말할 수 있을 것이다. 책의 제목이 바로 이 책이 말하는 바다. 그리고 이 책이 말하는 바는 파괴적이다.

6

패스트푸드 논증

종교는 진화의 부산물이다

앤더슨 톰슨J. Anderson Thomson**의 《왜 우리는 신을 믿는가**Why We Believe in Gods**》(2011)를 위해 쓴 서문이다. 앤더슨 톰슨은 '이성과 과학을 위한 리처드 도킨스 재단' 이사회의 창립 멤버다. 이후 우리는 이 재단을 탐구센터**Center for Inquiry, CFI**와 합쳤다. 톰슨은 합쳐진 이사회에서 활약하고 있으며, 이사들 중 유일한 의사다. 이 책에서 그는 무엇이 사람들을 종교적으로 만드는지를 정신과 의사의 시각으로 살펴본다.**

다윈은 《종의 기원》에서 인간의 진화에 대해서는 함축적인 예언으로 그친다. 역사에 대한 위대한 절제된 발언들 중 하나인 그 예언에서 다윈은 이렇게 말한다. "훗날 인간의 기원과 역사에 한줄기 빛이 비춰질 것이다." 이만큼 자주 언급되지는 않지만, 같은 문단의 첫 문장은 이렇게 시작한다. "먼 미래에는 훨씬 중요한 연구 분야가 개척될 것이라고 생각한다. 심리학은 새로운 토대 위에 설 것이다." 톰슨 박사는 다윈의 예언을 현실로 만들고 있는 진화심리학자들 중 한 명이다. 종교의 진화적 원동력이 무엇인지 밝히는 이 책을 다윈이 보았다면 분명 기뻐했을 것이다.

다윈은 성인 이후에는 독실한 신자가 아니었지만 종교적 충동을 누구보다 잘 이해했다. 그는 다운 마을 교회의 후원자였고, 일요일마다 식구들을 교회에 바래다주었다. (식구들이 교회에 있는 동안 그는 계속 산책을 했다.) 그는 성직자의 길을 가기 위한 교육을 받았고, 윌리엄 페일리의 《자연신학Natural Theology》은 학부 시절 그가 가장 좋아한 책이었다. 다윈은 자연신학의 답을 돌로 쳐 죽였지만, 자연신학이 던진 질문인 '기능'의 문제에 계속 집착했다. 그러니 그가 종교적 믿음의 기능이 무엇인지에 호기심을 느낀 것도 놀라운 일은 아니다. 왜 대부분의 사람들, 그리고 모든 민족이 종교적 믿음을 가지고 있을까? 이 '왜'는 기능이 무엇인가라는 특수한 의미로 이해해야 한다. 다윈 본인이 붙인 명칭은 아니지만, 오늘날 우리는 그것을 '다윈주의Darwinian'라고 부른다.

이 다윈주의적 질문을 현대 언어로 옮기면 이렇다. '종교적 믿음은 그것을 촉진하는 유전자의 생존에 어떤 방식으로 기여하는가?' 톰슨은 '부산물' 학파를 이끄는 사람이다. 부산물 이론에 따르면, 종교 자체에는 생존가가 없으며, 종교는 생존가를 지니고 있는 심리적 형질들의 부산물이다.

'패스트푸드'는 이 책에서 반복 등장하는 테마다. "패스트푸드를 먹고 싶어 하는 심리를 이해한다면 종교를 원하는 심리를 이해할 수 있을 것이다." 당분은 또 하나의 좋은 예다. 야생에 살았던 조상들은 당분을 충분히 얻는 것이 불가능했고, 그래서 당분에 대한 무제한적인 욕구가 우리에게 전해졌지만, 당분을 쉽게 섭취할 수 있게 된 지금은 그 욕구가 건강을 해치고 있다. "패스트푸드를 먹고 싶어 하는 욕구는 일종의 부산물이다. 그리고 현재 위험한 것이 되었다. 적절히 통제하지 않으면 우리 조상들에게는 없던 건강 문제가 생길 수 있기 때문이다. (…) 종교도 비슷한 경우다."

또 다른 위대한 진화심리학자 스티븐 핑커는 우리가 음악을 좋아하는 이유를 비슷한 '부산물' 이론으로 설명한다. 즉 "귀로 먹는 치즈케이크, 적어도 여섯 가지 정신 기능의 민감한 부분을 간지럽히는 정교하게 제작된 절묘한 설탕과자"라는 것이다. 핑커는 음악에 의해 일종의 부산물로서 민감하게 간지럽혀진 여섯 가지 정신 기능이 주로 배경 소음에서 의미 있는 소리(예를 들어 언어)를 분리해내는 데 필요한 정교한 뇌 소프트웨어와 관련이 있다고 생각한다.•

종교를 패스트푸드로 보는 톰슨의 이론은 '사회성'이라고 부를 수 있을 만한 심리적 성향들을 강조한다. "우리가 타인과 관계를 맺어나가고, 의도를 감지하고, 안전 감각을 생성하도록 진화한 심리적 적응기제들은 그리 멀지 않은 과거에 인류의 고향

• 인간이 음악을 좋아하는 이유에 대해 더 알고 싶다면 스티븐 핑커와의 대화를 찾아보라(이 책《리처드 도킨스, 내 인생의 책들》3장의 챕터 1을 보라).

아프리카에서 형성되었다."

톰슨은 책의 각 장에서 종교에 의해 악용되는 일련의 진화한 정신 능력들을 찾아내고 각각의 능력을 교묘하게 《성경》이나 예배에서 흔히 들을 수 있는 말로 불렀다. '일용할 양식', '우리를 악으로부터 구하소서', '뜻이 이루어지이다', '심판받지 않게 하소서' 등이다. 설득력 있는 이미지가 몇 가지 있다.

안아달라고 손을 뻗는 두 살짜리 아기를 생각해보라. 아이는 머리 위로 두 손을 뻗고 간청한다. 이제 방언을 쏟아내는 펜테코스트파(20세기 초 미국에서 시작된 기독교 근본주의 종파—옮긴이) 신도를 생각해보라. 그는 머리 위로 두 손을 뻗고, 똑같이 '나를 안아줘'라는 몸짓으로 신에게 간청한다. 우리는 죽음이나 오해, 그리고 물리적 거리 때문에 인간이라는 애착 대상을 잃을 수 있지만, 신은 언제나 우리 곁에 있다.

두 팔을 뻗는 신도들의 몸짓은 우리 대부분에게 그저 어리석어 보일 뿐이다. 하지만 톰슨의 책을 읽고 나면 그 몸짓을 좀 더 통찰력 있는 눈으로 보게 될 것이다. 그 몸짓은 어리석을 뿐만 아니라 유아적이다.

그다음으로, 우리에게는 의도를 지닌 행위자의 의도적인 손을 보려는 열망이 있다.

당신은 그림자는 강도로 착각해도 강도를 그림자로 착각하는 일은 없는데, 왜 그럴까? 문이 쾅 닫히는 소리가 들리면, 바람 때문일 수도 있다고 생각하기 전에 누가 그랬는지부터 궁금한 이유가 뭘까? 창밖의 나뭇가지가 바람에 흔들리는 것을 본 아이는 왜 귀신이 자기를 잡으러 온다고 겁낼까?

야생에 살던 우리 조상들의 뇌에서 과민한 의도 탐지기가 진화한 이유는 위험이 비대칭적이었기 때문이다. 높이 자란 풀밭에서 바스락거리는 소리가 나면, 통계적으로 표범보다는 바람 때문일 확률이 높다. 하지만 잘못 짚었을 때 치러야 하는 비용은 한쪽 방향이 다른 방향보다 더 높다. 표범이나 강도처럼 의도를 지닌 존재는 우리를 죽일 수 있다. 통계적으로 가능성이 낮아도 그렇게 추측하는 게 안전하다. (다윈도 바람에 흔들리는 파라솔을 보고 짖는 개의 반응에 대한 일화에서 그 점을 지적했다.) 톰슨은 우리가 의도가 없는 곳에서도 지나칠 정도로 의도를 찾는 성향이 있다는 가설을 착실하게 밀고 나가면서, 종교의 토대가 된 심리적 편향 중 하나를 정교하게 설명한다.

친족관계에 대한 우리의 다윈주의적 집착은 종교가 애용하는 또 다른 심리적 편향이다. 예를 들어, 로마가톨릭 전통에서는 "수녀들은 '자매'고, 심지어는 '어머니 수녀'도 있다. 신부는 '아버지'고, 수도사는 '형제'다. 교황은 '거룩한 아버지'고, 종교 자체는 '성모 교회'라고 불린다."

톰슨 박사는 자살폭탄 테러범들에 대한 특수 조사를 실시했고, 테러리스트를 모집하고 훈련시키는 과정에 친족 기반 심리가 어떻게 악용되는지 주의 깊게 관찰했다.

> 테러범을 모집하고 훈련시키는 카리스마 있는 지도자들은 허구적 혈족을 창조한다. 가짜 형제들은 이슬람 형제자매들이 받는 처우에 격분하여 실제 혈족과 분리된다. 순교를 매력적으로 보이게 하기 위해, 천국에 가면 여러 명의 처녀가 기다리고 있다는 성적 환상을 심어줄 뿐 아니라, 선택된 혈족을 천국으로 데려갈 수 있는 티켓을 주겠다고 말한다.

지역사회에서 열리는 예배, 성직자의 권위에 대한 복종, 종교적 의식 절차 같은, 종교의 다른 요소들도 하나씩 차례로 톰슨의 수술을 받는다. 그가 지적하는 모든 점에는 진실성이 담겨 있으며, 선명한 문체와 생생한 이미지가 그것을 돕는다. 앤더슨 톰슨은 설득력이 뛰어난 강연자이고, 그 능력은 그의 글에서 빛을 발한다. 이 짧고 충격적인 책은 순식간에 읽히지만 오랫동안 기억될 것이다.

7

야심찬 바나나 껍질

리처드 스윈번 Richard Swinburne**의 《신이 존재하는가**Is There a God?**》에 대한 이 서평은 1996년 2월 4일 〈선데이타임스〉에 실렸다. 스윈번은 유명한 신학자이자 종교철학자다. 이 정도면 소개로 충분할 것이다.**

명료한 글의 미덕은 내용에서 뭐가 옳은지만이 아니라 뭐가 틀렸는지도 알 수 있다는 것이다. 리처드 스윈번의 책은 명료하다. 독자는 그가 어디서 왔는지 알 수 있다. 또한 어디로 가는지도 알 수 있는데, 어디에 바나나 껍질이 있는지를 '여기를 밟으시오'라고 두꺼운 글씨로 적힌 화살표들로 친절하게 알려주기 때문에, 독자는 이 화살표들만 따라가면 된다.

스윈번처럼 명료하게 쓰는 작가가 옥스퍼드대학교의 종교철학 '놀러스Nolloth' 교수로 경력의 정점까지 올랐다는 사실은 놀랍다. 신학은 몽매주의로 일관하는 사람들이 성공하는 곳이고, 가장 즐겨 쓰는 속임수는 종교는 과학의 차원과는 별개인 자체 '차원(들)'

을 가지고 있다고 주장하는 것이다. 즉, 과학과 종교는 진리에 이르는 다른 종류의 길이므로 한쪽의 기준으로 다른 쪽을 판단할 수 없고, 종교는 과학의 영역 밖에 있는 질문들에 답한다는 것이다.

하지만 리처드 스윈번은 이런 무기력한 회피 전략을 전혀 쓰지 않는다. 첫 장에서 그는 자신이 증명하려고 하는 신이 무엇을 의미하는지 상세히 설명하는데, 그것은 모든 것의 토대라든지, 공동체의 보살핌으로 바꿔 부를 수 있는 모호한 개념이 아니라, 그 존재가 증명되기만 한다면 무언가에 중요한 영향을 미치게 될 영적이고 초자연적 지능이다. 스윈번은 옛날의 더 용감하고 지적으로 더 정직한 신학으로 돌아간다. 누군가는 그것을 무모하다고 할 테지만.

스윈번은 야망이 크다. 그는 비겁하게 과학이 아직 설명하지 못한 몇 안 되는 뒤안길로 꽁무니를 빼지 않는다. 그는 세상의 여러 측면 중에서도 과학이 설명했다고 주장하는 것에 대한 유신론적 설명을 제공하고, 자신의 설명이 더 낫다고 주장한다. 심지어 과학자들에게 호소력 있는 기준인 '단순함'에 비춰봐도 더 낫다고 주장한다. 그는 우리가 사실에 부합하는 가설들 중 가장 단순한 것을 선택해야 하는 이유를 설득력 있게 제시함으로써 자신이 올바른 방향으로 가고 있다는 것을 보여준다. 하지만 그런 다음에 그는 '바나나 껍질'을 밟고 멋지게 미끄러진다. 스윈번은 신학적 설명이 간단한 설명임을 굳게 믿는, 이중사고(모순된 두 가지 생각을 동시에 용인하는 마음의 작용 또는 능력—옮긴이)의 놀라운 묘기를 보여준다.

과학은 복잡한 것을 더 간단한 것들의 상호작용으로 설명하고, 궁극적으로는 기본 입자들의 상호작용으로 설명한다. 나는 (그리고 감히 짐작건대 여러분도) 모든 존재는, 비록 개수는 엄청나게 많지만 소수의 유한집단(원소의 개수가 유한개인 집합—옮긴이)에 속하는 기본 입자들을 각기 다른 조합으로 결합한 것이라는 생각이 아름다울 정도로 단순한 개념이라고 생각한다. 만일 뭔가가 믿기지 않는다면 그 개념이 너무 단순해서일 가능성이 높다. 하지만 스윈번에게 과학적 설명은 전혀 단순하지 않다. 오히려 그 반대다.

그의 추론은 정말이지 기이하다. 어느 한 유형의 입자, 예를 들어 전자는 수가 매우 많다고 하면서, 스윈번은 수가 지나치게 많은 입자가 저마다 똑같은 성질을 지니고 있는 것은 우연히 일어날 수 없는 일이라고 생각한다. 전자가 하나라면 몰라도 수십수백억 개의 전자가 모두 같은 성질을 지니고 있다는 것은 믿기 힘든 일이다. 그에게는 모든 전자가 각기 다른 경우가 오히려 더 간단하고, 자연스럽고, 설명 부담도 덜하다. 게다가 어떤 전자도 그 순간이 지나면 같은 성질을 유지하지 않고 그때그때 변덕스럽게 변해야 마땅하다. 그것이 스윈번이 생각하는, 자연 그대로의 단순한 상태다. 무엇이든 획일적인 상태(여러분이나 내가 더 단순하다고 부르는 상태)야말로 특별한 설명을 요한다. "존재하는 것들이 지금과 같은 상태인 이유는, 전자와 구리 조각 그리고 그 밖의 모든 물질이 20세기에도 19세기 때와 똑같은 힘의 작용을 받고 있기 때문이다."(스윈번의 책 42쪽)

여기서 신이 입장한다! 신은 수십억 개의 전자와 구리 조각들의 성질을 의도적으로 일정하게 유지시켜서, 그냥 두면 이랬다저

랬다 제멋대로 변하는 물질의 타고난 성향을 무력화시킨다. 우리가 전자 하나를 보면 모든 전자의 성질을 알 수 있는 것은 이 때문이고, 모든 구리 조각이 구리 조각처럼 행동하는 것, 전자와 구리 조각이 늘 같은 성질을 유지하는 것도 이 때문이다. 신이 입자 하나하나에 일일이 신경 쓰면서 그 입자의 무모한 과잉행동을 억제하고, 동료 입자들과 똑같이 행동하도록 채찍질함으로써 그들을 동일한 상태로 유지하고 있기 때문이다.

신이 10억 개의 손가락으로 10억 개의 전자를 동시에 관리하고 있다는 가설이 어떻게 단순한 가설일 수 있는지 궁금하다면, 이유는 이렇다. 신의 실체가 오직 하나이기 때문이다. 수십억 개의 독립된 전자가 그저 우연히 똑같은 성질을 지니게 되었다는 설명에 비하면 얼마나 경제적인 설명인가!

> 일신론은, 존재하는 모든 사물은 오직 하나뿐인 실체인 신에 의해 생겨나 존속한다고 주장한다. 그리고 모든 실체가 지니고 있는 모든 성질은 신이 그렇게 존재하게끔 의도했거나 허락했기 때문이라고 말한다. 이 설명은 극소수의 원인만 상정하면 되는 단순한 설명의 표본이다. 이런 견지에서 보면, 딱 하나의 원인을 상정하는 것보다 더 단순한 설명은 있을 수 없다. 그러므로 일신론은 다신론보다 단순한 설명이다. 일신론은 하나의 원인을 상정하고, 그 하나의 원인은 무한한 힘(신은 논리적으로 가능한 모든 것을 할 수 있다), 무한한 지식(신은 논리적으로 알 수 있는 모든 것을 알고 있다), 그리고 무한한 자유를 지닌 인격체다.

스윈번은 신이 논리적으로 불가능한 위업을 달성할 수는 없다는 것을 큰맘 먹고 인정하는데, 이 순간 우리는 그런 관용에 감사 인사라도 해야 할 것처럼 느껴진다. 그렇긴 해도, 신의 무한한 힘으로 설명하지 못할 것은 없다. X가 과학으로 잘 설명이 안 된다면? 걱정하지 마라. 신의 무한한 힘을 끌고 오면 X를 (그리고 다른 모든 것도) 전혀 힘들이지 않고 설명할 수 있다. 그것은 언제 어디서나 놀랍도록 단순한 설명이다. 왜냐하면 결국 신은 하나뿐이기 때문이다. 무엇이 더 단순할 수 있겠는가?

사실을 말하자면, 거의 모든 것이 신보다 단순하다. 우주에 있는 모든 입자의 상태를 일일이 지속적으로 감독하고 통제할 수 있는 신은 결코 단순하지 않을 것이다. 따라서 신의 존재는 그 자체로 어느 정도 설명이 필요하다. (이 문제를 꺼내면 보통 악취미라고 핀잔을 듣기 마련이지만, 스윈번은 오히려 단순함의 미덕에 희망을 걸고 이 문제를 꺼내줄 것을 요구한다.) 게다가 단순함의 관점에서 보면 더 큰 문제는, 신의 거대한 의식의 각기 다른 모퉁이가 동시에 개별 인간의 행위와 감정, 기도에 몰두하고 있다는 점이다. 스윈번에 따르면, 심지어 신은 우리가 암에 걸릴 때마다 기적 등으로 개입하지 않기로 하는 결정을 지속적으로 해야 한다. 신이 개입하는 일은 절대 일어나지 않는데, "만일 신이 암에서 낫게 해달라는 기도에 일일이 응답했다면, 인간이 암을 해결하려고 하지 않았을 것이기" 때문이다. 그랬다면 지금 우리가 어떻게 되었겠는가?

이런 게 신학이 하는 일이라면, 스윈번 교수의 동료들은 알아듣지 못하게 쓰는 편이 현명할 것이다.

8

천국의 쌍둥이

《예수와 모: 신의 터무니없는 짓들 Jesus and Mo: Folie à Dieu**》(2013)을 위해 쓴 서문이다.**

현대 종교가 하고 있는 터무니없는 짓, 그리고 현대 종교에 대한 조직적인 반대가 보여주는 부조리함까지도 예리하고 재치 있게, 비판적 통찰을 갖춰 해설해주는 시리즈를 우리는 어디서 찾을 수 있을까? 책? 블로그? 신문이나 잡지? 라디오? 텔레비전? 웹사이트? 어느 매체에서든 훌륭한 작품을 발견하겠지만, 동시에 나쁜 것도 많이 발견할 것이다. 만일 나에게 가장 독창적이고 재치 있는 작품을 뽑아 황금종려상을 수여하라고 한다면, (브라이언 돌턴의 풍자 단편영화 〈미스터 신〉과 미국의 싱어송라이터 로이 짐머먼의 풍자적인 노래를 포함한 주옥같은 작품들과의 치열한 경쟁 속에서) 가식이라고는 찾을 수 없는 영국의 연재만화 '예수와 모'를 고를 것이다.

《신의 터무니없는 짓들》은 '예수와 모'라는 훌륭한 만화 시리즈물의 최신작이다. 현대 논쟁의 지적인 관찰자라면 이 작품을 즐기지 않을 도리가 없을 것이다. 주인공인 예수와 모(무함마드)는 독자를 무장해제시킬 정도로 사랑스럽게 그려져서 도저히 화를 낼 수 없다. 신자들의 유독 왕성한 공격 욕구를 고려해도 말이다.•

이 만화책을 읽는 내내 웃음이 떠나지 않을 것이고, 마지막에는 예수와 무함마드를 정말 좋아하게 될 것이다. 그들의 애처로울 만큼 불안한 싸움에 공감하고, 냉엄한 현실 앞에서 각자의 신앙을 정당화하려는 사랑스러울 정도로 순진한 노력에 감정이입을 하게 된다. 이 만화에서 과학과 비판적 이성의 목소리는, 다정하지만 터무니없는 말은 하지 않는 여자 바텐더라는, 전에 본 적 없는 캐릭터를 통해 표현된다.

그림은 판에 박힌 형식을 갖추고 있다. 예수와 무함마드, 그리고 이따금 유대교 대표로 등장하는 '모세'는 붙박이다. 주인공들의 대화는 약 네 개의 장면으로 구성된다. 공원 벤치, 둘이서 콤비 연기를 펼치는 무대(무함마드가 기타를 치는 불가능한 일이 일어난다), 술집(둘이 함께 기네스를 마시는 불가능한 일이 일어난다), 그리고 더더욱 불가능한 것은 둘이서 함께 쓰는 더블침대다(동성애

• 요즘 들어서는 신자들만 그런지는 잘 모르겠다. '상처'와 '불쾌감'을 차단해주는 '안전 공간'을 원하는 학생들이 새로운 후보로 떠오르는 것 같다.

에 대한 암시는 전혀 없다). 매회 반복되는 네 장면은 익숙해서 편안하고, 그것이 풍자를 더 효과적으로 만든다.

풍자의 범위는 우리 시대 논쟁의 전 영역에 걸쳐 있다. '예수와 모'를 창조한 익명 저자의 통찰력 있는 시선을 빠져나가 무함마드와 예수의 대화에 담기지 못한 주제를 나는 하나도 떠올릴 수 없다. 또한 저자는 현대 종교를 반대하는 쪽에도 공평하게 시선을 돌려, 정의로운 척하는 진보가 잘 빠지는 내분을 정확하게 풍자한다. 나는 영국 코미디그룹 몬티 파이톤Monty Python의 영화 〈라이프 오브 브라이언〉에서 서로 치열하게 싸우는, 비슷한 단체명을 지닌 유대인인민전선Judean People's Front과 유대인민전선People's Front of Judea이 떠올랐다. 화제성도 있다. 모르몬교도가 미국 대선 예비후보로 출마했을 때 모르몬교 창시자인 19세기 사기꾼 조지프 스미스가 카메오로 단역 출연했는데, 그의 얼굴은 터무니없는 마법의 모자로 완전히 가려져 있었다.

하지만 이 멋진 풍자의 대상들 중 가장 심한 타격을 받을 사람은 아마 '수준 높은 신학자들'일 것이다. 이들은 텅 빈 풍선처럼 부풀어올라, 자기기만적이고 모호한 부정신학(부정신학에서는 신이 모든 존재와 근본적으로 달라서 적극적 규정을 사용해 인식할 수 없다고 생각한다—옮긴이)의 눅눅한 연기를 무한정 뿜어낸다. '수준 높은 신학'이라는 말은 모순어법인데, 사실 신학에는 수준 높다고 할 만한 것이 전혀 없기 때문이다. 이들은 가식적인 말을 끝없이 장황하게 늘어놓을 뿐이다. 반면 '예수와 모' 저자는 촌철살인으로 신학의 가식을 꿰뚫는다. 이것을 효과적으로 하기 위해서는 '신학'만이 아니라 철학도 잘 알아야 한다. 게다가 이 만화의 저자처럼 '신학자들'을 간결하고 우아하게 처리하기 위해서는, 신학자들의 자기기만적인 헛소리에 완전히 녹아들어야 한다. 전문 철학자가 천 마디 단어로 부정신학의 몽매주의에 구멍을 낸다면, '예수와 모'는 단 몇 마디로 같은 효과를 얻되 비판적 효과는 조금도 줄어들지 않는다.

이 만화는 풍자의 신랄함을 감추기 위해 부드럽게 표현되지만, 그것이 오히려 훨씬 효과적인 결과를 낸다. 《신의 터무니없는 짓들》은 이상적인 크리스마스 선물이 될 것이다. 특히 종교를 믿는 친구들에게는.

9

공포와 영웅 이야기

파리다 칼라프Farida Khalaf는 나에게 《ISIS를 이긴 소녀The Girl Who Beat ISIS》라는 범상치 않은 책을 보냈다. 나는 그것을 읽는 동안 공포가 커져갔고, 다 읽었을 때는 감동을 주체할 수 없어 즉시 이 서평을 써서 웹사이트에 올렸다.

이 책은 ISIS(강성 이슬람 원리주의 단체—옮긴이)에 붙잡혀 성노예로 팔려간, 거의 초인적으로 용감하고 영웅적인 젊은 여성의 대필 자서전이다. 파리다 칼라프(짐작할 수 있는 이유로 그녀의 실명이 아니다)는 10대 여성으로, 이라크 북부 쿠르드 지역에 사는 야지디족 출신이다. 야망 있는 수학도였던 파리다는 교사가 되기를 꿈꿨고, 독일로 유학을 보내주는, 모두가 탐내는 장학금을 받았다. 하지만 이슬람 원리주의자 일당이 파리다의 마을로 쳐들어온 날 그녀의 꿈과 가족의 행복한 삶은 산산이 부서졌다.

마을주민 중 남성들은 이슬람교도가 아니라는 이유로 일렬로 늘어서서 총살되었고(야지디족은 일신교 신자들이지만 그들의 신은 살인을 정당화하는 알라와는 확실히 구별된다), 여성들은 붙잡혀 노예로 팔려갔다. 그중에서도 젊은 여성과 어린이는 성노예로 팔려갔고, 처녀는 특히 비싼 값으로 팔렸다. 노예시장에서 '고객'들은 '상품(여성들)'을 꼼꼼히 살펴본 후 그 면전에서 가격을 흥정했다. 구매를 희망한 한 고객은 말을 살 때처럼 파리다의 입에 손가락을 넣어 이빨을 점검했다. 파리다는 고객의 손가락을 깨물었지만 아쉽게도 그의 손가락을 물어뜯는 데는 실패했다.

파리다와 그녀의 절친한 친구 에빈은 팔려가는 날짜를 최대한 늦추기 위해 일부러 매력적이지 않게 보이려고 안간힘을 썼지만, 투옥되어 판매를 기다리는 동안 그들이 처한 조건은 형언할 수 없이 끔찍했다.

파리다는 팔리고 또다시 팔리며 '주인'들에게 반복적으로 강간당했으며, 배를 곯고 매를 맞아 심각한 중상을 입었다. 독자에게는 자비롭게도, 이 책에 강간 장면은 자세하게 묘사되어 있지 않지만, 한 끔찍한 장면이 잊히지 않는다.

> "나는 충분히 오래 기다렸다" 그가 말했다. "내가 오래 기다렸다는 것을 신이 증명해주실 것이다. 나는 너를 가질 권리가 있다."

그가 오래 '기다린' 이유는 팔려온 파리다가 자살 기도로 한동안 신체적으로 무력했기 때문이었다. 파리다는 자신이 구할 수 있는 유일한 무기였던 깨진 병 조각으로 손목을 그었다. 강간은 파리다가 과다 출혈에서 겨우 회복했을 때 일어났다.

그가 이불을 깔더니 무릎을 꿇고 기도할 준비를 했다. 특정 종교인들은 여자를 취하기 전에 흔히 이렇게 한다는 것을 친구들에게 들었다. 그런 식으로 강간이 일종의 예배인 것처럼 선전했다.

그가 기도에 정신이 팔려 있는 동안 파리다는 창문을 넘어 도망치려고 필사적으로 시도했지만 붙잡혔다.

나는 그의 팔을 깨물려고 했다. 하지만 소용없었다. 암제드가 계획한 일을 막을 수 없었다. 그가 일을 마쳤을 때 나는 침대에서 공처럼 몸을 말고 울었다.

그날 밤 파리다는 간질 발작을 일으켰다.

에빈도 팔려가 두 친구는 자주 볼 수 없었다. 그들은 서로에게 큰 위안을 얻었으므로 이런 상황은 스트레스를 더욱 가중시켰다. 그들이 서로에게 의지해 형언할 수 없는 역경을 헤쳐나가는 이야기는 이 책에서 가장 감동적인 부분 중 하나다. 파리다는 아라비아어를 못 알아듣는 척했고, 에빈은 파리다에게 쿠르드어로 번역해주기 위해 함께 있어야 하는 여동생인 체했다.

소녀들의 '주인'들은 《코란》이 자신들의 행위를 허락했다는 역겨운 변명을 잊을 만하면 했다. 《코란》에는 전쟁에서 붙잡은 이교도 여성은 네 마음대로 해도 되는 재산이라고 적혀 있다. 다 아는 이야기이니, 옆에 있는 아무 '학자!'•나 붙잡고 물어보라. 그리고 물론 이교도 남성은 이슬람교로 개종하지 않으면 죽여도 된다고 되어 있다. 그 종교를 따르지 않는 자는 죽여도 괜찮다고 생각할 만큼 자신의 종교에 확신이 있다니, 정말 대단한 믿음이다. 그들은 노예로 팔려온 소녀들을 이슬람교로 개종시켜 《코란》을 배우게 만들려고 시도했고, 안 되면 매질을 해가면서 될 때까지 반복했다.

수차례 탈출을 감행했지만 번번이 실패한 후 파리다와 에빈은 여섯 명의 소녀를 모아 위험한 탈주를 계획했다. 에빈은 보초들에게 훔친 휴대전화로 독일에 사는 삼촌과 어찌어찌 연락이 닿았다. 에빈의 삼촌은 '스칼렛 핌퍼넬Scarlet Pimpernel'(프랑스혁명 당시 경찰의 체포망을 뚫고 다니던 소설 속 인물—옮긴이) 스타일의 지하조직과 접촉했다. 그 조직원들은 소녀들이 탈출에 성공할 경우 그들을 안전하게 밀입국시켜주기로 하고 돈을 받았다. 소녀들은 이 엄청난 일을 대담하게 해냈다. 이 도망자 집단에는 열두 살짜리 베스마도 있었다. (열두 살이면 강간당하기에 어린 나이가 아니며, 성서가 그것을 인가했다.)

ISIS가 점령하고 있는 적대적인 영토를 통과하는 역대급 탈출은 손에 땀을 쥐게 한다. 다시 잡힐 위험이 항상 존재했고, 소녀들은 잡힐 경우 어떻게 될지 두려움에 시달렸다. 그들의 탈출 이야기는 《콜디츠 이야기》(영국 작가 패트릭 리드의 책으로, 제2차 세

• 느낌표는 의도적으로 붙였다. 런던의 한 대중 강연에서 처음 말했듯이, 진짜 학자들은 책을 한 권만 읽지 않는다.

계대전 당시 연합군 포로를 수용하던 독일 콜티츠성에서의 탈출 시도를 그렸다—옮긴이) 급으로, 파리다와 에빈은 굶주림으로 목숨이 위태로웠던 어린 베스마를 포함해 어린 소녀들을 안전하게 인도한 것에 자부심을 느낀다.

소녀들의 오디세이는 보트를 타고 유프라테스강을 건너며 끝난다. 그곳에서 파리다의 삼촌과 소녀들의 다른 친척들이 연락을 받고 그들을 기다렸다. 파리다는 나중에 어머니와 눈물의 재회를 한다. 어머니 역시 노예살이에서 탈출하는 데 성공했지만, 잔인한 학대로 모습을 알아볼 수 없을 지경이 되어 있었다. 파리다의 남동생은 파리다가 살던 마을의 남자들이 이슬람교도가 아니라는 이유로 총살당할 때 살아남은 유일한 생존자였다. 그는 부상을 입었지만 죽은 척한 덕분에 무사했다.

탈출 후에도 과거의 그림자가 파리다를 따라다녔다. 파리다가 성장한 문화에서는 강간을 당하면 가족의 명예를 더럽힌 것으로 간주되었다. 마치 그것이 그녀의 잘못이기라도 한 것처럼. 그 일을 입 밖으로 낸 것은 오직 한 번이었지만, 파리다와 에빈 그리고 그들의 동지들은 말하지 않아도 알 수 있었다.

마침내 파리다는 자신이 와 있는 독일이 예전에 그토록 가고 싶어 했던 곳임을 깨달았다. 그러자 독일어를 배우는 데 속도가 붙었고, 수학교사가 되려 했던 꿈도 되살아났다. 이 모두가 독일에 온 덕분이었다. 영국이라면 파리다를 받아줬을까? 브렉시트의 영국이라면? 나이절 패라지Nigel Farage의 부끄러운 영국이라면? 이렇게 말하기는 싫지만, 답은 이미 알고 있다.

얼마나 용감한 젊은 여성인가? 복에 겨워 제1세계 문제로 징징거리는 영국인들에게 얼마나 훌륭한 모범을 보여주는가? 이 책을 읽어보라. 단, 미리 경고하는데 몹시 괴로울 것이다. 하지만 희망과 용기를 줄 것이다. 이건 절대 잊을 수 없는 이야기다.

6장 불꽃을 보살피다 진화의 복음을 전파하다

1

매트 리들리와의 대화

다윈에서 DNA까지, 그리고 그 너머

2020년 2월 6일 옥스퍼드에서 진행된 이 대담은 이 책에 넣기 위해 특별히 마련되었다. 오디오북으로 전체 버전을 들을 수 있다. 매트 리들리Matt Ridley와는 의견 차이가 있지만, 그럼에도 우리는 절친한 친구 사이이다. 그는 내가 아는 최고의 과학책 저자 중 한 명이지만, 저자로서 그의 능력은 과학책에만 머물지 않는다. 동물학을 공부한 그는 경제학에도 박식하며 (이 칭호를 그는 겸손하게 거절할 테지만) '대중 지식인'으로 불리기에 손색이 없다.

다윈은 당대 사람이었나, 아니면 시간을 초월한 천재였나?
왜 19세기 이전에는 아무도 자연선택에 의한 진화를 생각해내지 못했나?
유행이 진화의 원동력이 될 수 있을까?
도덕은 인간이 만들어냈을까, 아니면 진화했을까?
기술은 어떤가?
다윈의 이론도 언젠가는 대체될까?

도킨스 다윈은 빅토리아시대 인물이었고, 따라서 그를 당대에 비춰 해석해야 한다는 말을 자주 듣습니다. 다윈의 전기 저자들 중 적어도 한 명은, 빅토리아시대의 경제적 상황을 강조하면서 최적자 생존 개념이 거기서 나왔다고 말했죠. 하지만 다윈의 관심사가 오직 정치였다고 주장한다면, 다윈이 실망하지 않을까요?

리들리 많은 사람이 다윈을 시대를 초월한 인물로 보는 것 같습니다. 그는 시대를 훨씬 앞선 사람이었고, 그렇기 때문에 다윈의 몇몇 개념은 당대에는 이해받지 못하고 지금에 와서야 제대로 평가받고 있습니다. 전형적인 예가 암컷 선택에 의한 성선택입니다. 이것은 다윈이 제안한 아주 구체적인 개념으로, 당시에는 눈길을 끌지 못한 채 묻혔죠. 19세기에는 여성을 주체적 존재로 여기지 않았으니까요. 그리고 다윈은 노예제를 반대했지만, 그가 설파한 이론은 인종차별주의자들에게 편리하게 이용되죠. 따라서 여기에는 역설이 있습니다. 다윈은 당대 사람들이 자신의 이론을 해석하고 사용하는 방식이 분명히 불편했을 겁니다. 하지만 그는 성자가 아니었고, 그도 틀린 점이 있습니다. 그는 시대를 초월한 인물인 동시에 그 시대의 산물이었죠.

도킨스 물론입니다. 하지만 시대 조류에 부응하는 견해를 가지고 있다는 이유로 그 사람을 비난할 수는 없습니다. 다윈도 현대의 기준으로 보면 인종차별주의자였어요.

리들리 하지만 동시대인들에 비하면 훨씬 덜했습니다. 빅토리아 시대의 맥락에서 보면 그를 존경할 수밖에 없을 겁니다. 아주 흥미로운 점이죠.

도킨스 맞습니다. 다윈은 피츠로이 함장과 노예제도에 대해 다투다가 사이가 틀어졌습니다. 한편, 월리스는 다윈보다 인종차별을 훨씬 더 강하게 반대했죠.

리들리 그렇습니다. 월리스는 어떤 면에서 보면 진정한 민주주의자였죠. 그는 다윈보다 더 급진적이었지만, 영성에 빠지는 오류를 범했어요. 정말 이상한 일이죠. 게다가 월리스는 몸이 자연선택의 산물이라면 마음도 마찬가지라는 논리를 받아들이지 않았습니다. 다윈은 마음도 자연선택의 산물임을 아무렇지 않게 받아들였고, 그런 면에서 월리스보다 뛰어났다고 생각합니다. 월리스는 자연선택이 인간의 마음을 설명할 수 없다고 믿었죠. 우리가 진화심리학을 만나기까지는 100년이 더 걸렸습니다. 진화심리학자들은 "자, 보라고. 우리는 이 원리들을 인간의 몸뿐만 아니라 마음에도 적용해야 해"라고 말하기 시작했습니다.

도킨스 네. 그런데 재밌게도, 성선택에 대한 두 사람의 의견 차이는 일반적인 예상과 정반대였습니다. 월리스는 본인 말마따나 '다윈보다 더 다윈주의적'인 사람이었습니다. 그는 '암컷 선택'이라는 개념을 싫어했습니다. 신비주의에 가깝다고 생각했죠. 반면에 다윈은 암컷 선호, 암컷의 취향, 암컷의 변덕, 미적인 기준 등이 존재한다는 것을 인정할 준비가 되어 있었습니다. 월리스는 훗날 영성을 만지작거린 것과는 정반대로, 그런 개념을 받아들이지 않았고요.

리들리 그렇습니다. 암컷 선택과 성선택에 대한 최근 연구는 암컷 선택이 꼭 좋은 유전자를 고르기 위한 것은 아니라는 다윈의 개념을 발굴해낸 것 같습니다. 피셔가 큰 역할을 했죠. 꼬리가 가장 긴 공작 수컷이 가장 좋은 유전자를 가지고 있는 게 아닐지도 모릅니다. 즉, 암컷이 긴 꼬리를 선택하는 것은 좋은 유전자 때문이 아닐지도 모른다는 거죠. 그건 그냥 유행의 횡포일 뿐입니다. 만일 다른 암컷들이 전부 다 꼬리가 긴 수컷을 선택한다면 나 역시 꼬리가 긴 수컷을 선택해야 합니다. 그러지 않으면 섹시한 아들을 낳지 못할 테니까요. 성선택이란 이렇게 간단한 개념이고, 다윈은 암컷 새들이 마치 최면에 걸리기라도 한 듯 수컷의 과시 행위에 매료된다고 말합니다. 최근에 등장한 개념인 '감각 구동sensory drive'이 바로 그런 내용을 담고 있죠. 요즘 자주 쓰이는 표현인 것 같습니다. 다윈은 이 문제에서 시대를 앞서갔습니다.

도킨스 동의합니다. 저는 유행이 그 자체로 진화의 원동력일 수 있다는 생각이 몹시 마음에 듭니다. 어떻게 보면 인간의 이족보행조차 유행이었을지 모른다는 생각까지 듭니다. 많은 유인원이 뒷다리로 설 수 있습니다. 저는 당시 유인원들 사이에서 뒷다리로 서기가 유행하지 않았나 싶습니다. 그것이 유행이었기 때문에 뒷다리로 서서 보내는 시간을 늘리려고 하지 않았을까요?

리들리 아주 타당한 지적입니다. 저는 문화가 생물학보다 선행한다는 생각에 매력을 느낍니다. 젖당 내성이 좋은 예죠. 젖당 내성은 인간의 일부 집단이 소를 길러 우유를 마시기 시작하면서 갖게 된 형질입니다. 성인이 돼서도 우유를 잘 마시는 사람들은 젖당 내성 유전자가 발현되어 우유 속의 단백질뿐 아니라 당도 소화시킬 수 있기 때문이죠. 그러면 젖당 내성 유전자가 발현된 사람들이 우연히 소를 가축화한 걸까요? 아닙니다. 전후 관계가 뒤집혔습니다. 소 가축화가 젖당 내성 유전자가 발현되도록 선택압을 가한 겁니다. 저는 언어도 마찬가지 경우라고 생각합니다. 언어 능력과 관련한 유전자를 발견한다면, 또 이미 몇 개를 발견했다면, 그 유전자들은 언어의 원인이 아니라 언어의 결과일 것입니다. 다시 말해, 우리가 음성 의사소통을 사용하기 시작한 것이 그런 유전자들에 선택압을 가함으로써 입술을 더 잘 움직이게 하는 것 같은 변화를 이끌어낸 거죠.

도킨스 그런데 왜 다윈과 월리스가 19세기가 돼서야 나타났다고 생각하십니까? 왜 이렇게 오래 걸렸을까요? 지금 생각해보면 아주 뻔한 이론 같거든요. 어떤 면에서는 아이작 뉴턴의 이론이 훨씬 더 기발했다고 생각합니다. 그런데도 뉴턴은 다윈보다 200년이나 빨랐어요.

리들리 아주 좋은 지적입니다. 저도 비슷한 생각을 했어요. 저는 책들 중 하나에서 2천 년 전 로마 시인 루크레티우스가 아주 근접한 생각을 했다고 주장했습니다. 그는 키케로시대에 진화와 관련된 놀라운 발언을 했지만, 그를 싫어한 기독교 세계 학자들 때문에 조명받지 못했죠. 루크레티우스는 재발견되어야 합니다. 그의 창발 개념, 자연발생적 질서에 대한 개념은 계몽주의에 영향을 주었습니다. 자연 질서를 꼭 '스카이훅'이라고 불리는 하향식 관점에서 생각할 필요가 없다는 개념이죠. 거기서 영감을 받아, 저는 다윈이 생각해낸 '특수' 진화론과 일반 진화론이 있을 수 있다는 다소 엉뚱한 제안을 하게 되었습니다.《종의 기원》이 나오기 정확히 100년 전 애덤 스미스가《도덕감정론The Theory of Moral Sentiments》에서 다룬 것을 일반 진화론이라고 볼 수 있죠.
애덤 스미스는 그 책에서 사실상, 도덕은 진화한 것일지도 모른다는 주장을 하죠. 즉, 도덕은 사제들의 교육이 만들어낸 산물이 아니라, 자연발생적으로 생겨난 것일지도 모른다고요. 저는 스미스가 인간의 사회 질서도 마찬가지로 자연발생적인 창발 현상임을 은연중에 암시했다고 생각합니다. 우리는 그것을 잊은 채 100년 동안 "다윈주의가 생물학에는 적용되지만 문화에는 적용되지 않는다"고 말하고 있죠. 애덤 스미스는 재발견되어야 합니다. 물론 다윈은 애덤 스미스를 읽었고,《도덕감정론》을 읽은 것이 거의 확실합니다. 다윈은《도덕감정론》에서 영향을 받았죠. 그래서 저는 다윈주의 개념에 이르기 위해서는 18세기 계몽사상이 필요했다고 생각하지만, 어쨌든 다윈주의는 다윈 이전에 이미 명백한 것이었다는 의견에 동의합니다.

도킨스 다윈과 월리스가 둘 다 자연학자였고 여행을 했다는 점은 흥미롭습니다. 당신은 자연선택설이 안락의자에 앉아서도 떠올릴 수 있는 이론이라고 생각하지만, 그렇지 않습니다. 저는 당신이 말한 것 중에서, 애덤 스미스에 대한 생각과, 생명 세계는 하향식 통제가 아니라 생물들 간의 작고 지역적인 상호작용에 의해 조직된다는 생각이 흥미로웠습니다. 이 개념은 진화를 이해하는 데 절대적으로 중요합니다. 그리고 당신은《모든 것의 진화The Evolution of Everything》에서 이 개념을 중요하게 다뤘죠. 저는 사람들에게 진화를 이해시킬 때 가장 큰 문제 중 하나는 그들 내면에 확고히 자리 잡고 있는 하향식 사고방식이라고 생각합니다. 우리 인생의 모든 것이 하향식처럼 보이니까요.

리들리 전적으로 동의합니다. 제 생각에는 인간 본성이 그렇게 되어 있는 것 같습니다. 대니얼 데닛은 그것을 '지향적 태도'라고 부르죠. 심한 뇌우 때문에 애초에 계획했던 파티를 열지 못하면 사람들은, 당신과 저 같은 사람조차 "뇌우가 정말 원망스럽다"고 말합니다. 우리는 거의 모든 것에 일종의 하향식 원인이 있고, 따라서 하향식 해법이 있다고 가정합니다. 석기시대 심리학의 관점에서는 그럴 수도 있다고 생각합니다. 돌멩이가 뒤통수를 치면, "운수가 나쁘군"이라고 말하기보다 뒤를 돌아보며 "누가 던졌어?"라고 말하죠.

도킨스 다윈의 책들을 읽다 보면, 다윈이 인간은 예외라는 생각을 끊임없이 차단하려고 한다는 것을 알아챌 수 있습니다. 《인간과 동물의 감정 표현》을 예로 들 수 있지만, 사실상 대부분의 저서에서 인간과 동물 간의 장벽을 제거하려는 시도를 줄기차게 합니다. 적어도 좁히려고 하죠. 인간은 예외라는 개념이 지금도 여전히 문제라고 생각하십니까?

리들리 네, 그렇게 생각합니다. 우리는 동물계에 대해 아직도 이원론적으로 사고하는 것 같습니다. 그건 긴 싸움이었고, 우리는 이기지 못했어요. 심지어 지구상의 모든 생물이 DNA라는 똑같은 유전물질을 사용한다는 사실이 밝혀진 지금도 이원론적 사고는 그대로입니다. 지구상의 가장 영리한 동물, 또는 자신이 가장 영리하다고 생각하는 당사자(우리)가 가장 많은 유전자를 가지고 있지 않고, DNA의 양이 가장 많지 않으며, 심지어는 어떤 특별한 유전자를 전혀 가지고 있지 않다는 사실이 밝혀졌는데도 말이죠. 이 모두가 예상치 못했던 사실이었습니다. 20년 전만 해도 사람들은 이렇게 말했죠. "인간에게만 있는 유전자들이 있을 거야." 그런데 그렇지 않다는 사실이 밝혀졌습니다. 우리는 쥐가 가진 것과 똑같은 유전자를 가지고 있습니다. 단지 그 유전자들을 다른 패턴, 다른 순서로 사용하고 있을 뿐이죠. 사전에 있는 단어들이 책마다 다른 순서로 쓰여 있는 것과 마찬가지입니다. 1960년대에 유전 코드가 해독되면서 이루어진 분자 수준의 발견들은 우리를 특별한 지위에서 끌어내리는 데 엄청난 영향을 미쳤어야 마땅합니다. 사실, 20세기 전체가 인간의 지위를 우주의 중심에서 밀어내는, 일종의 코페르니쿠스적 전환이 일어난 시기였죠. 하지만 아직도 충분하지 않은 것 같습니다.

도킨스 이따금 영혼에 어두운 밤이 찾아올 때가 있습니다. 이 모든 복잡성, 이 모든 경이롭고 아름답고 정교한 생명, 우주와 그 밖의 모든 것이 정말로 상향식이 아니라 하향식 선택에 의해 일어날 수 있었을까 하는 생각이 드는 때가 있습니다. 저는 그럴 수 있다고 생각하지만, 그럼에도 받아들이기 어려운 건 사실입니다. 당신도 의심을 품어본 적이 있나요?

리들리 없는 것 같습니다. 당신이 그런 의심을 품어본 적이 있다는 게 좀 놀랍군요.*

• 매트 리들리에게. 놀랄 필요는 없습니다. 별문제 아니에요. 제 세계관에 근본적인 의심을 품는 사람들의 접근방식을 거론하기 위해 좀 무리한 겁니다. 서둘러 덧붙이자면, 영혼에 가장 어두운 밤이 찾아오는 순간에도 저는 곧바로 깨닫습니다. 우주의 복잡성에 대한 상향식 설명이 받아들이기 어려운 것이라도, 더 복잡한 하향식 설명은 재고할 가치가 없다는 것을요. 설령 우리가 대니얼 갤루이의 과학소설《위조 세계》에 나오는 것처럼 더 발전된 문명이 짜놓은 하향식 시뮬레이션 속에서 살고 있다 해도, 더 발전된 문명이 어떻게 존재했는지 설명하기 위해서는 결국 상향식 접근법이 필요합니다.

도킨스 저는 그런 의심에 굴복하지 않지만, 굴복하는 사람들을 이해할 수 있습니다.

리들리 그런 상향식 질서가 세계를 만들었다는 것을 아는 매우 지적인 사람들도 인생의 다른 측면들을 보자마자 그 사실을 잊어버리죠. 예를 들어, 우리는 기술에 대해 매우 창조론적인 사고 방식을 보입니다. 상아탑에 있는 똑똑한 사람들이 뛰어난 개념을 생각해낸 다음에 그것을 세상에 들이민다고 생각하죠.
하지만 실제로 기술 발전은, 보면 볼수록 진화에 더 가깝습니다. 제가 가장 좋아하는 사례는 전구입니다. 21명의 발명가가 동시대에 제각기 따로 전구를 생각해냈죠. 전구가 1870년대에 발명된 것은 필연이었습니다. 검색엔진이 1990년대에 발명된 것이 필연이었던 것과 마찬가지죠. 기술 발전에는 이렇게 진화적인 힘이 작용합니다.
케빈 켈리Kevin Kelly는 《기술의 충격What Technology Wants》에서 이것을 매우 아름답게 설명합니다. 물론 "그렇다면 왜 2천 년 전이나 500년 전에 시작되지 않았을까?"라는 의문이 생기기 때문에 이런 식의 설명에는 한계가 있습니다. 무슨 말인지 아시겠어요?

도킨스 글쎄요, 그건 문제지만, 그런 의문에는 이렇게 답하면 되지 않을까요? "잘 봐. 그 단계에 이르기 위해서는 전 단계의 문화적 진화가 필요했어. 컴퓨터가 생기기 전에 검색엔진이 생길 수는 없어." 소프트웨어와 하드웨어의 공진화 같은 것이 일어나고 있는 것이 분명합니다.

리들리 여기에 딱 맞는 표현이 (스튜어트 카우프만이 도입했다고 알려져 있는) '인접 가능성'(비교적 에너지 소비가 적은 변화를 점진적으로 일으킴으로써 생물학적 시스템이 더 복잡한 시스템이 될 수 있다는 개념—옮긴이)이라고 생각합니다. 즉, 진화는 도약할 수 없습니다. A는 B로 가고 거기서 다시 C로 가야 하죠. A가 곧바로 C로 갈 수는 없습니다. 기술도 마찬가지입니다. 말씀하신 것처럼, 검색엔진을 발명하기 위해서는 먼저 인터넷 등등을 발명해야 했습니다. 저는 진화도 이와 비슷하다고 생각합니다. 하지만 약간 새로운 주제를 꺼내도 괜찮으시다면, 이 대목에서 최근에 떠오르고 있는 새로운 진화 개념에 대해 생각해보죠. 그것은 다윈을 대체하는 개념이 아니라 그 자체로 큰 아이디어로 인정받을 수 있을 만큼 혁명적일지도 모릅니다.
안드레아스 바그너Andreas Wagner가 그것을 《최적자의 도착The Arrival of the Fittest》에서 소개했습니다. 책 제목은 '최적자 생존'을 가지고 말장난을 친 거죠. 그는 이종교배 사건들을 통해 유전자들이 팀을 짠다고 주장합니다. 이런 식으로 이른바 '적응도 지형(유전자형 조합의 적합도 값을 보여주는 은유적인 등고선 지도다. 적합도 값이 상대적으로 높은 곳은 봉우리로, 낮은 곳은 골짜기로 표시된다—옮긴이)의 계곡'을 건넌다는 거죠. 최근 몇 년 동안 읽은 책 중 '그래, 이걸 이해하려면 다윈주의에 개혁이 필요할지도 몰라'라는 생각이 들게 만든 유일한 책입니다. 이건 집단선택설이 아닙니다. 집단선택은 대체로 맹목적이죠. 후성유전도 아닙니다. 후성유전도 대체로 맹목적이에요. 그런데 뉴턴이 아인슈타인에 의해 뒤집힌 것처럼, 다윈의 경우도 그럴 수 있다고 생각하십니까?

도킨스 그것이 다윈의 이론을 뒤집는 건 아니라고 생각합니다. 제가 보기에 그 개념은 일종의 게임이론인 것 같습니다. 유전자들은 서로 협력하는 클럽을 조직할 필요가 있습니다. 하지만 이 유전자들이 하나의 단위로 선택되는 게 아니라, 각 유전자가 다른 유전자들을 배경으로 선택되죠. 생태계와 비슷합니다. 유전자 생태계가 있다고 생각해보세요. 그 안에서 한 종의 유전자풀은 서로 팀을 이뤄야 하는 유전자들의 집합입니다. 이 집합에 속하는 유전자들은 서로 잘 지내야 합니다. 서로 협업해야 해요.
이 개념을 포드E. B. Ford가 나방을 통해 보여주었다고 생각합니다. 포드는 서로의 효과를 조정하기 위해 선택되는 유전자 카르텔이 그 나방의 생태적 우위를 만들었기 때문에 유전자들이 협력하고 있다고 생각했죠. 따라서 두 종의 나방을 이종교배할 경우 우위는 깨질 것입니다. 그렇게 되는 이유는 다른 유전자들을 배경으로 서로 협력했던 유전자들이 더 이상 그럴 수 없을 것이기 때문이죠. 극단적인 예를 들면 마치 초식동물의 장을 육식동물의 이빨과 섞어놓은 것과 비슷하다고나 할까요.

리들리 안드레아스 바그너가 말하는 건, 이종교배를 통해 완전히 새로운 조합을 얻을 수 있다는 것입니다. 뭉텅이로 얻어야 하기 때문에 단계적으로 얻을 수 없었던 유용한 조합을 얻을 수 있죠.

도킨스 옳은 지적입니다. 하지만 이것이 일종의 집단효과라고 생각하는 함정에 빠지면 안 됩니다. 이런 효과는 유전자 생태계의 관점에서 이해해야 하고, 거기서 각각의 유전자는 몸 안에서 만날 가능성이 높은 다른 유전자들, 즉 그 종의 유전자풀에 있는 다른 유전자들과 잘 지내는 능력 때문에 선택됩니다.

리들리 우리가 처음에 말했던 대목으로 돌아갑시다. 멘델이 재발견되었을 때, 그것은 다윈 이론에 대한 사형선고처럼 여겨졌습니다.

도킨스 멘델이 재발견되었을 때 당대 최고의 유전학자들, 윌리엄 베이트슨 같은 사람들이 다윈주의에 실제로 반대하거나, 반대한다고 생각했는데, 정말 이해할 수 없습니다. 도대체 어떻게 자연선택 없이 기능을 위한 자연의 웅장하고 아름다운 조각이 일어날 수 있다고 생각했을까요? 그들 중 일부는 돌연변이가 직접 그런 마법을 부린다고 생각했습니다.

리들리 하지만 그것이 과학의 흥미로운 점 아닐까요? 당시에는 그렇지 않지만 지나고 보면 얼마나 뻔한가요? 1950년대에 발견된 이중나선과 유전 코드에 대해서도 비슷한 말을 할 수 있을 겁니다. 멘델과 같은 방식으로 반다윈주의적인 발견으로 해석되진 않았지만, 결국 다윈주의를 입증하는 데 결정적인 역할을 했죠. 한편으로는 유전 코드가 모든 생명의 통일성을 보여주었기 때문이고, 또 한편으로는 생명체에는 물리적으로나 화학적으로 무생물과는 다른 뭔가가 있을 거라는 일말의 환상을 깼기 때문입니다.
슈뢰딩거가 1944년 더블린에서 한 강연 '생명이란 무엇인가'를 토대로 쓴 책은 많은 물리학자에게, 이 문제는 해결할 수 있는 것이고 생명의 정체는 분자 수준에서 드러나게 될 것이라는 생각을 심어주었습니다. 한편으로 그 책은 양자물리학의 어떤 기이한 부분에 해답이 있을지도 모른다는 생각도 소개했죠.
하지만 1953년 2월 28일에 왓슨과 크릭, 그리고 로절린드 프랭클린Rosalind Franklin과 그 밖의 전임자들 덕분에 선명하게 드러난 사실은, 생명은 단지 네 개의 문자로 이루어져 있다는 것이었죠. 그것은 선형적인 디지털 코드이고, 그 밖에 다른 것은 전혀 없었습니다.

도킨스 시간이 흐름에 따라 개념과 가설들은 더 확고해지고 더 많은 증거가 나타날수록 우리는 더 큰 확신을 가질 수 있습니다. 다윈주의도 마찬가지라고 생각합니다. 다윈이 살던 시대에 다윈주의는 열렬한 지지를 필요로 했고 많은 사람에게 받아들여지지 못했지만, 시간이 흐를수록, 분자 증거부터 시작해 모든 분야에서 다윈주의를 지지하는 증거가 나타났고, 그러다 마침내 틀릴 가능성이 눈곱만큼도 없는 확고한 이론이 되었습니다. 물론 다윈주의가 앞으로 수정되지 않을 것이라는 말은 아닙니다. 어떻게 생각하세요?

리들리 다윈주의가 수정된다면 세부에서겠죠. 진화론의 세부를 보면, 다윈이 제안했던 것과는 꽤 다르지만, 전체적으로 보면 하나도 달라진 게 없습니다. 우리는 물론 다윈이 진화가 어떻게 일어났고 왜 일어났는지 세세한 부분까지 채웠기를 기대하지 않습니다. 자연선택이 형태와 기능의 복잡성을 점점 높여간다는 단순하고 아름다운 개념은 이후 우리가 생명에 대해 알아낸 다른 모든 발견에서 확실하게 입증되었기 때문에 그것이 뒤집히리라고는 도저히 생각할 수 없습니다.
지금으로부터 100년 후에도 우리가 여기 앉아 진화에 대해 논쟁하고 있다면, 정치적 싸움은 여전히 있을 수 있습니다. 누군가는 "그건 무자비한 이론이야. 최적자가 살아남고 꼴찌는 귀신에게 잡아먹히지"라고 말할 테고, 또 누군가는 "다윈주의는 종교와 상충되기 때문에 믿고 싶지 않아"라고 말할지도 모르죠. 하지만 처음부터 다시 시작하기 위해 "300년 전 찰스 다윈에게로 돌아가면 안 될까?"라고 말할 일은 없을 겁니다. 다윈주의는 사라지지 않을 겁니다. 그것은 문화 속에 뿌리내렸습니다. 다윈주의는 아름다운 개념이고, 생각보다 훨씬 일반적인 개념입니다. 다윈주의에 대한 이해는 오직 깊어질 뿐이라고 생각합니다.

2

재출시된 '작은 펭귄북'

케임브리지대학교 출판부에서 1993년에 펴낸 존 메이너드 스미스의 《진화란 무엇인가The Theory of Evolution》의 새로운 판을 위해 쓴 서문이다.

이 책의 더 짧은 초판은 내가 존 메이너드 스미스에 입문한 책이자 진화론에 입문한 책 중 하나였다. 나는 학생 시절 책표지에 적힌 광고 문구와 저자의 사진에 매료되어 이 책을 샀다. 괴짜 교수님 같은 야성적인 머리카락은 장난스러운 미소를 띤 입에 물린 파이프처럼 비스듬히 뻗쳐 있었고, 당장 닦아야 할 정도로 지저분한 두껍고 동그란 안경(존 레논이 유행시키기 전이었다) 너머로 웃고 있는 지적인 눈동자조차 왠지 삐딱해 보였다. 표지에서 본 그 사진은 그의 특이한 약력과 완벽하게 어울렸다. "항공기가 시끄럽고 한물갔다고 생각한 그는 동물학을 공부하기 위해 런던 유니버시티칼리지에 입학했다."

나는 책을 읽으면서 계속 뒤표지를 훔쳐보았고, 그러고는 미소를 지으며 본문으로 돌아와, 이 사람이 바로 내가 듣고 싶은 이야기를 하는 사람이라는 확신을 다시금 했다. 그를 개인적으로 알고 지낸 지 26년이 지났지만, 알면 알수록 첫인상은 더 깊어지기만 할 뿐이었다. 그는 내가 듣고 싶은 견해를 가진 사람이며, 그를 알거나 그의 책을 읽은 사람, 심지어 그를 우연히 만난 사람들조차 한결같이 그렇게 말한다. 예를 들면 학회가 그런 경우다.

'캠퍼스 소설'(1950년대에 시작된, 대학 캠퍼스를 무대로 한 소설—옮긴이)의 독자들은 학회가 학자들의 최악을 포착할 수 있는 장소라고 알고 있다.• 특히 학회장의 바는 학계의 축소판이다. 교수들은 무슨 모의라도 하듯 끼리끼리 구석에 모여, 과학이나 학

• 나는 이 문단 전체를 《조상 이야기》의 헌사로 사용했다. 존은 그 책이 나오기 전에 세상을 떠났지만 헌사를 수락한 후였다. 그는 내게 커다란 영향을 미쳤고 나는 그가 몹시 그립다. 내가 한 가치 있는 일 중 한 가지는 〈BBC 과학〉의 사장을 지낸 그레이엄 매시의 제안으로, 유튜브에 '이야기의 그물Web of Stories'이라는 제목으로 올라와 있는 시리즈물을 위해 그를 인터뷰한 것이다. 매시의 의도는 저명한 선배 과학자들을 더 젊은 동료들이 인터뷰함으로써 그들의 말을 영원히 기록으로 보존하는 것이었다. 나는 존 메이너드 스미스를 인터뷰하게 되었다. 인터뷰에서 내가 뭔가를 말할 필요는 거의 없었다. 그의 서식스 자택에서 이틀 동안 진행된 즐거운 대화에서, 나는 그저 그에게 이야기를 시키고 질문을 하기만 하면 되었다. 그 결과, 그의 지혜와 지식과 유머가 집약된, 값을 매길 수 없는 자료보관소가 탄생했다.

술에 대해서가 아니라 '종신 지위로 가는 길'('일자리'를 뜻하는 그들의 표현)과 '연구비'('돈'을 뜻하는 그들의 용어)에 대해 이야기를 나눈다. 만일 그들이 입씨름을 벌인다면, 그건 십중팔구는 깊은 인상을 심어주기 위해서지 지적 자극을 위해서가 아니다. 존 메이너드 스미스는 빛나고 독보적이며 사랑스러운 예외다. 그는 돈보다 창의적 아이디어를 중시하고, 학술용어보다는 평이한 표현을 더 높이 평가한다. 남자든 여자든 학생들과 젊은 연구자들이 모여 왁자지껄하게 떠들고 있다면 그 중심에는 항상 그가 있다. 강연이나 워크숍은 없어도 된다. 그 지역의 아름다운 명소로 버스를 타고 야유회를 떠나면 되니까. 멋진 시각 교재와 무선 마이크를 준비할 필요도 없다. 학회에서 실제로 중요한 것은 존 메이너드 스미스의 참석과 널찍하고 즐거운 만남의 장이다. 염두에 둔 날짜에 그가 올 수 없다면 학회 일정을 변경해야 한다. 그에게 꼭 공식적인 연설을 맡길 필요는 없다(물론 그는 넋을 쏙 빼놓는 연사지만). 정식 회의의 의장을 맡길 필요도 없다(물론 그는 현명하고, 공감할 줄 알고, 재치 넘치는 의장이지만). 그가 나타나기만 하면 학회는 성공이다. 그는 젊은 연구자들을 매혹시키고 즐겁게 할 것이며, 젊은이들의 이야기를 경청하고 영감을 불어넣음으로써 시들해져가는 열정을 다시 불러일으켜 연구실이나 진흙투성이 현장으로 돌려보낼 것이다. 그들은 그가 너그럽게 공유해준 새로운 아이디어를 시험해볼 생각에 생기와 활력이 넘칠 것이다.

아이디어만이 아니라 지식도 탁월하다. 그는 이따금 동식물에 대해 아무것도 모르는 평범한 기술자인 체하는데, 원래 기술자였고, 옛 직업의 수학적 관점과 기술이 현재 직업에 활력을 불어넣는다. 하지만 그는 40년 동안 전문 생물학자로 활동해왔고 어릴 때부터 줄곧 자연학자였다. 그는 주변에서 흔히 보는 뻔뻔한 물리학자와는 거리가 멀다. 그런 부류는 동료 물리학자들에 비하면 형편없는 실력이지만 적어도 평균적인 생물학자보다는 수학에 대해 많이 알고 있다는 이유로 자신이 생물학 분야에 뛰어들어 그 분야를 평정할 수 있다고 생각한다. 존은 평균적인 생물학자보다 수학, 물리학, 공학을 더 많이 알지만, 평균적인 생물학자보다 생물학도 더 많이 안다. 그리고 그는 대부분의 물리학자나 생물학자, 또는 다른 누구하고도 비교할 수 없을 만큼, 명료한 사고와 의사소통에 재능이 있다. 게다가 미세하게 조정된 안테나처럼, 생물학적 직관이라는 드문 재능을 가지고 있다.

내가 그랬듯이 그와 함께 야생을 거닐다 보면, 자연사에 대한 사실들만이 아니라 그런 사실들에 대해 올바로 질문하는 방법을 배울 수 있다. 게다가 그는 몇몇 이론가와 달리, 이론적 영향력은 갖지 못했어도 여전히 훌륭한 자연학자와 실험과학자들을 깊이 존경한다. 그와 내가 과거에 한 젊은이에게 파나마 정글 안내를 받은 적이 있다. 젊은이는 스미스소니언 열대연구소의 직원들 중 한 명이었다. 그때 존이 내 귀에 이렇게 속삭였다. "자신의 동물들을 진정으로 사랑하는 사람의 말을 들을 수 있다니, 얼마나 축복인가!" 나는 고개를 끄덕였지만, 그 젊은이는 실제로는 삼림감독관이었고 따라서 그의 '동물'은 다양한 종의 야자나무였다.

그는 젊고 포부가 있는 사람들에게 관대하고 너그럽지만, 힘으로 남들을 지배하려는 오만한 학자 또는 사기꾼을 포착하면 가차없이 적으로 변한다. 젊은 청중에게 이중적인 수사를 구사하는 한 고참 과학자• 앞에서 그의 얼굴이 붉으락푸르락하는 것을 본 적이 있다. 만일 그에게 자신의 가장 훌륭한 미덕을 말해달라고 한다면, 그는 거의 모든 기술과 업적에 대해 겸손할 테지만, 한 가지만큼은 주저함 없이 말할 것이다. 바로, 진실을 열정적으로 수호한다는 것이다.

그는 창조론자 토론자들이 몹시 두려워하는 몇 안 되는 상대 중 하나다. 그중에서 가장 교활한 족속들은, 돈만 보고 악랄한 사건을 변호하는 경박한 변호사들처럼 순진한 청중을 속이는 데 익숙하다. 그들은 존경할 만한 과학자와 토론하기를 열망하는데, 그렇게 하면 정통 학자와 대등하게 플랫폼을 공유했다는 점에서 명성과 신뢰를 얻기 때문이다. 하지만 그들은 존 메이너드 스미스를 두려워한다. 그가 비록 그것을 즐기지는 않지만, 항상 그들을 호되게 혼내주기 때문이다.

불과 몇 주 전, 출판사가 기자들에게 점심을 사주며 홍보한 덕분에 반짝 유명해진 한 반진화론자 저자가 옥스퍼드에서 토론을 하기로 되어 있었다. 신문과 텔레비전의 관심을 불러모으기는 식은 죽 먹기였고 출판사는 좋아서 손을 비비고 있었을 것이다. 그

• 옥스퍼드유니언에서 창조론을 설파하려던 물리학 교수였다.

런데 그때 그 불운한 저자는 자신의 상대가 누군지 알았다. 바로 존 메이너드 스미스였다! 그는 즉시 토론을 철회했고, 그의 지지자들은 어떤 방법으로도 그의 마음을 바꿀 수 없었다. 만일 토론이 열렸다면 존은 완승을 거뒀을 것이다. 하지만 그는 악의가 없었을 것이고, 토론이 끝난 후에는 그 비참한 남자에게 술을 사주고 심지어는 그를 웃게 만들었을 것이다.

일부 성공한 과학자들은 자신이 잘하는 한 가지 실험 기법을 악착같이 완성한 후 공동 연구자들을 모아 미련하게 그 일을 해나가는 방법으로 경력을 쌓는다. 이때 성공을 계속 이어갈 수 있느냐는 주로 정부•로부터 연구비를 안정적으로 따내는 능력에 달렸다. 반면 존 메이너드 스미스는 돈을 별로 들이지 않고 독창적인 생각으로 자신의 길을 개척한다. 진화론이나 집단유전학 이론에서 그의 생생하고 유연한 독창성에 빚지지 않은 분야는 거의 없다. 그는 사람들의 사고방식을 바꾸는 드문 과학자들 중 한 명이다. 존 메이너드 스미스는 W. D. 해밀턴과 G. C. 윌리엄스••를 포함한 소수의 사람들과 함께 오늘날 대표적인 다윈주의자들 중 한 명이다.

다재다능한 그는 생물역학, 생태학, 동물행동 이론에도 중요한

• 또는 연구비를 제공하는 다른 기관.

•• 나는 여기에 로버트 트리버스를 추가해야 했다.

기여를 했으며, 꾸준히 유행하는 게임이론의 방법들을 홍보하는 데 큰 역할을 했다. 그리고 현대 진화론에서 아마도 가장 당혹스러운 주제일 성 연구의 최전선에 있다. 그는 '섹스의 두 배 손실 the twofold cost of sex'(무성생식 또는 단위생식에 비해 유성생식은 유전자의 관점에서 두 배의 손실을 감수한다는 것을 수학적으로 예증했다—옮긴이)이라는 그의 문구로 잘 알려진 성 문제, 즉 '애초에 성이 왜 존재하는가'라는 문제를 인식한 사람이다.

그는 전염성이 강한 절묘한 어구를 만들어내는 재주가 있다. 그가 만든 표현들은 전문가들 사이에서 널리 쓰이는 약어가 되었다. '유전적 히치하이킹', '필립 시드니 경 게임', '메추라기의 오류', '건초더미 모델', 호모 사피엔스를 부르는 약어인 '녀석들'까지. 그가 도입한 용어와 표현만으로 작은 사전을 만들 수 있을 정도다. 전 세계 진화생물학자들은 그가 만든 표현을 잘 알고 또 일상적으로 사용한다. 그는 또한 자신의 스승인 J. B. S. 홀데인이 먼저 만든 용어들을 되살려내 전파했다. 예를 들어 '팡글로스의 정리', '벨맨의 정리'(내가 세 번 말한 것은 진실이다), 그리고 '조비스카 이모의 정리'(그건 온 세상이 아는 사실이다) 등이 있다.

이후 새로운 세대의 생물학자들도 그들만의 메이너드 스미스풍 어구를 만들어('보 제스트 효과the Beau Geste Effect', '변절자 이론the Vicar of Bray Theory' 등) 딱딱하고 지루한 학술지 페이지를 가볍고 산뜻하게 만들었다. '정치적 올바름'을 따지는 고매하신 분들은 이런 종류의 비공식적인 표현을 좋아하지 않는다. 하지만 메이너드 스미스는 그 이전의 홀데인과 마찬가지로 금욕적인 언어 거세에 동조하기에는 너무 큰 사람이다('거세'라는 표현이 누군가에게 불쾌감을 주었다면, 정말 유감이다).

존 메이너드 스미스를 훌륭한 학회의 생명이자 영혼으로, 창조론자와 사기꾼의 적으로, 그리고 수많은 젊은 연구자에게 영감의 원천으로 만드는 자질들은 바로 그를 지적이고 비판적인 일반인을 위한 책의 이상적인 저자로 만드는 자질들이기도 하다. 케임브리지대학교 출판부 덕분에 그가 이제 '나의 작은 펭귄북' 말고 다른 이름으로 불러야 할 이 책은 반짝 팔리고 말 책이 결코 아니었다. 출판사는 이 책을 홍보하기 위해 기자들에게 점심을 살 필요가 없었다. 세 번의 판본과 수많은 재쇄가 나오는 동안 이 책은 학생들과 일반 독자의 책장에서 자리를 지키며, 반짝 유행하고는 거품처럼 사라지는 책들이 오고 가는 것을 지켜봤다.

진화론을 설명하기에 존 메이너드 스미스보다 더 적합한 사람은 세상에 거의 없으며, 진화론보다 더 그런 재능 있는 선생이 필요한 주제도 없다. 당신은 이 책의 모든 페이지에서 그의 명확하고 논리적이며 인내심 있는 어조를 들을 수 있다. 그리고 무엇보다 이 책에는 가식적인 수사가 전혀 없다. 다윈과 마찬가지로 메이너드 스미스도 자신의 이야기가 그 자체로 충분히 흥미롭고 중요하기 때문에 인내심을 가지고 명확하고 정직하게 설명하는 것 말고는 아무것도 필요치 않다는 것을 알고 있다.

1975년에 쓰인 텍스트가 오늘날 수정 없이 제자리를 지키고 있다는 사실은 이 책의 탁월함과 신다윈주의 종합의 내구성을 보여주는 척도다. 물론 이 분야에는 흥미로운 새 발전들이 있었다.

그렇지 않다면 오히려 걱정스러운 일일 것이다. 메이너드 스미스는 그런 발전들을 새로운 서문에서 다룬다. 하지만 초판의 기본 개념과 세부적인 논증 대부분은 지금도 여전히 중요하고 유효하다. 새로운 서문은 그 자체로 추천할 만한 것으로, 진화론의 중요한 최신 발전을 요약하고 있는 우아한 에세이다.

다윈의 자연선택에 의한 진화론은 지금껏 제안된 이론들 중 우리의 존재, 그리고 우주 어딘가에 있을지 모르는 모든 생명의 존재를 설명할 수 있는 유일한 이론이다. 그것은 동물, 식물, 균류, 박테리아의 풍부한 다양성에 대한 유일한 설명이다. 표범, 캥거루, 코모도왕도마뱀, 잠자리, 뜸부기, 레드우드, 고래, 박쥐, 앨버트로스, 버섯, 그리고 바실루스(간균)뿐만 아니라, 우리는 화석을 통해서만 알고 있지만 그들 시대에 땅과 바다의 구석구석을 채웠던 수없이 많은 다른 생물(티라노사우루스, 익룡, 어룡, 판피어류, 삼엽충, 거대한 바닷가재 등)에 대한 유일한 설명이다. 자연선택은 모든 살아 있는 몸과 모든 기관에 퍼져 있는, 마치 '설계'처럼 보이는 아름답고 매혹적인 환상을 설명할 수 있는 유일한 이론이다.

진화에 대한 지식은 일상생활에서는 딱히 쓸모가 없을지도 모른다. 당신은 다윈이라는 이름을 들어본 적도 없이 살다가 죽을 수도 있다. 하지만 죽기 전에 왜 애초에 자신이 존재했는지 이해하고 싶다면 반드시 공부해야 할 유일한 주제가 다윈주의다. 이 책은 이 주제에 입문하는 책들 중 현재 구할 수 있는 최고의 책이다.

3

눈길의 여우

이 글은 조지 윌리엄스 George C. Williams**의 《적응과 자연선택**Adaptation and Natural Selection**》(2018)의 새로운 판을 위해 쓴 서문이다.**

1930년대와 1940년대의 신다윈주의 종합은 다윈주의의 '정경正經'이라 할 만한 피셔, 홀데인, 마이어, 도브잔스키, 심프슨의 책들로 정의되는 영국과 미국의 합작이었다. 줄리언 헉슬리의 《진화: 현대 종합Evolution: the modern synthesis》은, 비록 그 책에 담긴 이론은 딱히 뛰어나지 않지만, '현대 종합'이라는 명칭을 같은 이름으로 불리는 이 운동 전체에 전수했다.

만일 나에게 20세기 후반에 나온 책 중 1930년대와 1940년대의 '정경'과 나란히 명예의 전당에 오를 만한 책을 한 권 추천하라고 한다면, 나는 조지 C. 윌리엄스의 《적응과 자연선택》을 고를 것이다. 윌리엄스는 피셔와 달리 수학자가 아니었지만, 이 책을 펼치자마자 나는 마치 《자연선택의 유전이론》(1930)을 읽었을 때처럼, 핵심을 꿰뚫어보는 뛰어난 정신에게로 빨려들어가는 듯한 느낌을 받았다. 우리는 진화와 생태학의 모든 측면에 대해 깊이 생각한, 엄청난 학식과 예리한 비판정신을 겸비한 저자를 만날 수 있다. 윌리엄스는 현대 종합을 확장했을 뿐 아니라, 그 추종자들 다수가(심지어는 원저자 자신도) 잘못 이해한 부분을 명료한 눈으로 찾아냈다. 이 책은 우리의 생명관을 돌이킬 수 없게 바꾼 책으로, 진지한 생물학도라면 반드시 읽어야 한다. 나는 옥스퍼드대학에서 튜터로 일하는 동안 학생들에게 많은 책을 추천했지만, 이 책은 내가 필독서로 지정한 유일한 책이었다.

이 책을 읽기 전에는 범할 수 있으나 읽은 후에는 범하지 않을 중요한 실수들을 열거해보겠다. "돌연변이는 진화를 가속화하는 적응이다." "순위제는 가장 강한 개체들이 번식에 성공하게 만들기 위한 적응이다." "영역제는 종들을 분리하고 집단의 크기를 유리하게 제한하는 적응이다." "성비는 그 종의 번식 자원을 최대한 활용하기 위해 최적화된다." "늙어 죽는 것은 노쇠한 개체들을 솎아내 젊은 개체들을 위한 공간을 열어주기 위한 적응이다." "자연선택은 멸종에 저항하는 종을 선호한다." "종들은 균형 잡힌 생태계를 위해 생태적 틈새를 나눈다." "포식자는 미래에 필요한 먹이가 고갈되지 않도록 '신중하게' 사냥한다." "개체들은 지나친 증가를 피하기 위해 번식을 제한한다."

'적응'은 책 제목의 첫 단어고, 이 책은 적응에 대한 제대로 된 과학적 연구—윌리엄스가 옹호한 피텐드리히의 용어로 표현하면 과학적 목적학teleonomy—를 촉구하는 책이다(1958년 생물학자 콜린 피텐드리히Colin Pittendrigh는 생명 작용의 기능적 조직화를 명시적으로 밝혀내고자 하는 연구 분야를 '목적학'이라고 명명했다—옮긴이). 하지만 윌리엄스는 순진한 '적응주의자'라는 오명을 씌우기에 가장 적당하지 않은 사람이다. 이 경멸적인 표현을 널리 유포한 것은 굴드와 르원틴의 과대평가된 '스팬드럴 논문'(1979)이었다. '적응주의자'라는 말은 동물의 모든 것, 또는 동물이 하는 모든 행동을 아무 증거 없이 적응으로 가정하는 사람들을 가리킨다. 불행히도 적응주의에 대한 굴드와 르원틴의 비판을, 고 제리 포더 같은 일부 철학자들은 적응 개념 자체에 대한 비판으로 오해했다.•

'스팬드럴spandrel'은 적응의 부산물로, 그 자체로는 적응이 아니다. 스팬드럴은 고딕 양식 건물의 돔을 지탱하는 둥근 아치들 사이에 형성된 틈을 말한다. 기능적으로 중요한 아치를 만들 때 생길 수밖에 없는, 기능을 하지 않는 부산물이다. 적응을 과학 연구의 합당한 주제로 취급할 것을 앞장서 요구한 윌리엄스는 스팬드럴이라는 말이 생물학에 도입되기 오래전, 나중에 '스팬드럴'이라고 불리게 되는 것을 날카롭게 비판했다. 윌리엄스가 제시한 생생한 예로, 내가 옥스퍼드대학교에서 가르친 학생들의 관심을 늘 사로잡았던 것이 바로, 눈밭에 찍힌 자기 발자국을 따라 달

• 대니얼 데닛, 개인 서신.

리는 여우였다. 여우의 발은 눈밭을 점점 더 평평하게 다져서 다음번에는 같을 길을 더 쉽고 빠르게 갈 수 있게 해주었다. 하지만 여우의 발이 눈밭을 평평하게 고르기 위한 적응이라고 말하는 것은 잘못이다. 여우의 발이 눈밭을 평평하게 만들도록 돕는 것이 아니다. 이 특정한 이익은 부산물이다. 윌리엄스는 이 예시가 주는 메시지를 핵심을 찌르는 한마디로 요약했다. 적응은 '부담이 따르는 개념'이라는 것이다.

성공회의 결혼서약을 응용하자면, 어떤 형질을 적응이라고 말할 때는 경솔하거나 가볍게 해서는 안 되고, 경건하고 신중하고 심사숙고해야 하며, 냉정하고 '오컴의 면도날Occam's Razor'을 두려워하는 마음으로 해야 한다. 당신은 먼저 자신의 적응 이론을 엄밀한 신다윈주의적 관점으로 번역할 수 있는지 스스로 확신할 수 있어야 한다. 당신이 '적응'이라고 가정하는 형질이 단지 모호한 팡글로스적 의미로 '유익'해서는 안 된다. 당신은 그 '적응'이 진화한 다윈주의적 경로를 명확하게 제시하고 이를 방어할 준비가 되어 있어야 한다. 그 '유익함'은 생명의 계층구조의 적절한 수준에서 발생해야 한다. 적절한 수준이란, 다윈주의 선택이 작용하는 단위다. 윌리엄스에게 적절한 수준은 나와 마찬가지로 개별 유전자다.

'팡글로스적Panglossian'(근거 없이 낙천적인—옮긴이)이라는 말을 생물학에 도입한 사람은 J. B. S. 홀데인으로, 그는 현대 종합을 설계한 사람들 중 한 명이다. 그의 스타 제자 존 메이너드 스미스는 홀데인이 과학적 사고의 오류들을 풍자하기 위해 세 가지 '정리'를 제안했다고 보고했다.

조비스카 이모의 정리(영국 시인 에드워드 리어의 시에서 따옴)
"그건 온 세상이 아는 사실이다."

벨맨의 정리(루이스 캐럴의 이야기에서 따옴)
"내가 세 번 말한 것은 진실이다."

팡글로스의 정리(볼테르에서 따옴. 특히 생물학에 적용된다)
"모든 가능한 세계들 중 최선인 이 세계에서는 모든 것이 최선을 추구한다."

앞의 세 번째 단락에서 내가 열거한 오류들은 교수와 (학부생 시절의 나도 포함해) 학생들이 똑같이 자주 범하는 팡글로스의 오류였다. 적응은 단지 '유익'하기만 해서는 안 된다. '이익'을 주는 것으로는 충분하지 않다. 적응은 어떤 실체에게 유익해서 그 실체가 정확히 그 이익 때문에 자연선택되어야 한다. 그리고 그 실체는 윌리엄스가 강력히 주장하듯이, 보통은 유전자가 될 것이다. 나는 윌리엄스의 후속 저서《자연선택Natural Selection》에 나오는 재치 있는 표현을 좋아한다. "유전자풀은, 개체들의 분포 거리보다 훨씬 넓은 지역에서 장시간에 걸쳐 작용한 선택압의 이동평균running average(전체 데이터에 대한 평균이 아니라, 일부분씩 순차적으로 평균을 구하는 것—옮긴이)에 대한 불완전한 기록이다."

하지만 왜 하필 유전자일까? 그리고 어떤 의미에서 '유전자'인가? 윌리엄스의 논리적 근거는 너무나도 명쾌하고 반박 불가능한 것이라서 나는 그것을 통째로 인용하고 싶지만, 당신은 23쪽의 '소크라테스 단락'만 보면 된다. 내 옥스퍼드 학생들도 그 대목을 읽고 완전히 이해했다. 다음은 핵심 포인트다.

> 소크라테스가 죽었을 때 그의 표현형뿐만 아니라 그의 유전자형도 사라졌다. (…) 소크라테스의 유전자들은 아직 이 세계에 있을지도 모르지만 그의 유전자형은 그렇지 않은데, 그것은 감수분열과 재조합 과정에서 죽음처럼 확실하게 파괴되기 때문이다. (…) 유성생식을 통해 전달되는 것은 감수분열로 쪼개진 유전자형의 단편들뿐이고, 이런 단편들은 다음 세대에서 감수분열을 거치며 더 쪼개진다. 만일 더 이상 분리되지 않는 궁극의 단편이 있다면, 그것은 정의상, 집단유전학의 추상적 논의에서 다루어지는 '유전자'다.

마지막 문장이 내 두 번째 질문 "어떤 의미에서 '유전자'인가?"에 대한 답변이다. 나는 10년 후 농담으로《이기적 유전자》의 제목을 '염색체의 약간 이기적인 큰 조각과 훨씬 더 이기적인 작은 조각'으로 하는 게 더 좋았을지도 모르겠다고 썼는데, 그것은 윌리엄스의 대답을 요약한 것이었다. 제목을 '협력하는 유전자'라고 할 수도 있었을 텐데, 그렇게 했다면 자연선택의 '유전자의 눈' 관점에 대한 가장 흔한 비판을 해결할 수 있었을 것이다. 단일 유전자와 표현형 단위 사이에 단순하고 원자적인 일대일 대응은 존재하지 않는다. 대부분의 유전자는 몸의 여러 부분에 영향을 미치고, 대부분의 표현형 특징은 많은 유전자의 영향을 받는다. 비평가들은 그렇다면 어떻게 '유전자'가 자연선택의 단위가 될 수 있느냐고 우는 소리를 한다. 이 반론은 쉽게 해결할 수 있고, 윌리엄스는 특유의 침착함으로 그것을 해치운다.

> 한 유전자가 기능적으로 얼마나 의존적이든, 다른 유전자 및 환경 요인과의 상호작용이 얼마나 복잡하든, 그 유전자의 치환은 어떤 집단에서든 적합도에 산술평균적 영향을 미친다. p. 57

윌리엄스는 게놈(장기적으로는 집단의 유전자풀)의 다른 유전자들이 한 유전자가 작동하는 주요 환경—즉, 유전자가 자연선택되는 '배경'—을 구성한다는 개념을 유창하게 설명한다. 공적응된 유전자 복합체가 반드시 하나의 단위로서 선택된다고 가정하는 것은 오류(애석하게도 흔한 오류)다. 오히려 복합체의 각 유전자는 다른 유전자들과 조화를 이루기 때문에 선택되고, 다른 유전자들도 같은 이유로 선택되고 있다.

윌리엄스의 생생한 사례인 '눈밭의 여우'로 잠시 되돌아가보자. 나는 다음과 같은 경우 스팬드럴(부산물 교훈)을 유보할 수 있다는 것을 윌리엄스가 받아들였으리라고 생각한다. 자연선택은 실제로 눈길을 평평하게 하는 기능을 위해 여우의 발이 적응적으로 넓어지는 것을 선호할 수 있을 것이다. 단, 평평해진 눈길이 여우 전체가 아니라 그 여우(그리고 그 가족)에게만 이익을 줘야 한다. 그 평평한 눈길은 예를 들어 그 여우 개체가 다니는 영역에만 있어야 한다. 여기서 나는 이 책의 핵심인, '집단선택'에 대한 윌리엄스의 비판을 떠올린다. 이 비판은 지금도 1966년 당시만큼이나 필요하다. 집단선택설은 사라지지 않을 것이기 때문이다. 어쩌면 정치적인 동기일 수도 있고, 심지어는 미적인 동기일 수도 있는 그 자석 같은 매력 때문에 집단선택은 (이 말을 하지 않을 수가 없는데) 몬티 파이톤의 흑기사를 연상시키는 방식으로 계속 돌아온다.•

윌리엄스는 자연선택이 이론적으로는 집단들 사이에서 일어날 수 있다는 사실을 인정한다. 그는 단지 그것이 실제 세계에서는 중요하지 않다고 생각할 뿐이다. 그가 생각하는 집단선택 범주에는 그가 나중에 '분기군 선택'이라고 부른 것이 포함된다. 가상의 예로 종 내 자연선택은 몸집이 큰 개체들을 선호하는 경향이 있을지도 모르지만(윌리엄스는 그것을 '유기적 선택'이라고 부른다), 이와 동시에 몸집이 전반적으로 작은 종이 멸종할 가능성이 낮다('생물상 선택').

어떤 저자들은 다른 형태의 집단선택을 지지한다. 개체들의 이타적이거나 협력적인 행동, 또는 집단생활을 하는 경향은 그것이

• 〈몬티 파이톤과 성배〉에서 존 클리스가 갑옷으로 완전 무장하고 연기했다.

집단에게 이익을 주기 때문에 선호된다는 것이다. 윌리엄스는 그 현상이 혈연선택(해밀턴의 중요한 논문들이 막 등장했을 때였다) 또는 호혜주의(트리버스의 영리한 이론은 아직 나타나지 않았을 때지만, 윌리엄스는 그 이론의 기본 개념을 예견했다)로 더 간단히 설명될 때는 집단선택을 불러오지 않는다. 집단생활을 할 때 개체들이 이익을 얻을 수 있는 방법은 아주 많다. 온기를 유지하기 위해 옹기종기 모이거나, 포식자가 습격할 때 수적 우위로 안전을 확보하거나, '많은 눈동자 효과'로 기회를 포착하거나, 무리지어 이동하는 새나 물고기의 공기역학적·수리역학적 편의, 큰 먹이를 잡을 때 손해를 보는 개체가 별로 없어지는 '넌제로섬 게임'을 들 수 있다. 실제로 이 모든 사례는 오늘날 게임이론 모델에서 자주 다뤄지는 것으로, 이 모델들에 따르면 개체들은 다른 개체들이 그들 자신의 이익을 극대화하는 상황에서 자신의 이익을 극대화한다. 그런 모델에서 집단 이익은 아무런 역할을 하지 않는다. 덧붙여 말하자면, 윌리엄스는 이때 이미 진화적 게임이론을, 약간 다른 맥락에서 내다보았다. 윌리엄스는 1992년 저서 《자연선택》에서 집단선택에 대한 자신의 비판을 검토하고 업데이트했지만, 여기서 그 이야기는 하지 않겠다.

《적응과 자연선택》의 마지막 장에서 윌리엄스는 과학적 목적학을 위한 자신의 프로그램을 제시하면서, 윌리엄 페일리의 《자연신학》에 나오는 척추동물의 눈에 관한 대목(척추동물의 눈이 우연히 사물을 보기에 적합하게 만들어졌다는 제안에 대한 페일리의 답변—옮긴이)을 인용한다. 그의 목적은 생명체가 '설계'된 것처럼 보인다는 사실, 즉 눈 같은 일부(전체는 아닌데, 그렇다면 적응주의가 될 것이다) 생물학적 실체에 퍼져 있는 설계된 것처럼 보이는 매우 강력한 환상을 설명하는 것이다. 서로 어울리고 기능적으로 협력하는 부분들(초점이 정확히 맞는 수정체, 정밀하게 조정되는 홍채 조리개, 수백만 개의 빛 감지 세포들이 배치된 망막, 뇌로 가는 시신경)의 통계적으로 불가능한 배치를 생각해보라. 이런 현상들(모든 동식물의 모든 부위에 셀 수 없이 많다)을 설명하기 위해서는 물리학과 화학의 원리들만으로는 충분치 않다. "자연선택과 그 결과인 적응을 추가로 동원해야 한다."

자연선택(또는 페일리의 표현으로는 '신의 창조')가 필요하다는 뻔한 사실을 보지 못하는 철학자들과 그 밖의 다른 사람들은 자연선택과 관련된 아름다운 사실들을 모르는 것이 틀림없다. 데이비드 애튼버러의 다큐멘터리를 한 번도 보지 않았을까? 현미경으로 세포를 본 적이 없을까? 자신의 손에 대해 생각해본 적이 없을까?

윌리엄스는 적응에 대한 특별한 종류의 설명이 필요하다는 사실을 진지하게 받아들이되, 자연선택의 정확한 메커니즘과 선택이 작용하는 생명 위계의 수준에 주의를 기울일 것을 촉구한다. 그는 유전자 선택이 적절한 수준이라고 주장한다. 집단선택은 이론적으로는 가능하지만, 페일리가 지적한 복잡성을 만들기에는 역부족이다. 즉, 다윈의 "지극히 완벽하고 복잡한 기관들", 흄의 표현으로는 "그것에 대해 한 번이라도 생각해본 사람들은 감탄하지 않을 수 없는" 기관들을 만들 수 없다. 우리는 우리 개개인을 보게 하고, 새들을 날게 하고, 박쥐들에게 음파로 위치를 알게 하고, 개들을 냄새 맡게 하고, 치타를 질주하게 하는 복잡한 기관들을 보면서 경탄을 금치 못한다. 어떤 복잡한 기관도 종, 집단, 생태계에 무언가를 할 힘을 주지 않는다. 개체들이 모인 큰 집단은 복잡한 '기관'이나 어떤 종류의 적응을 보유한 실체가 전혀 아니다. 집단은 그 집단을 구성하는 개체들이 하는 일의 결과로 만들어지는 부산물이다.

윌리엄스는 큰 키에서 위엄이 뿜어져나오는 에이브러햄 링컨 같은 인물이다. 그는 조용하고, 친절하고, 사려 깊고, 겸손하다. 그는 진화생물학의 미해결 문제들(성, 노화, 생활사 전략의 진화 같은 매우 굵직한 문제들)을 해결하는 데 지대한 공헌을 했다. 또한 그는 유망하지만 아직은 저평가된 주제인 다윈의학의 개척자였다. 그의 《자연선택: 영역, 수준, 도전Natural Selection: domains, levels and challenges》은 이 책 《적응과 자연선택》을 잇는 중요한 책이었지만, 나는 이 책이야말로 그가 이뤄낸 걸출한 성취라고 생각한다.

서문을 쓰기 전에 이 책을 다시 읽으며, 비판적 수정이나 삭제가 필요한 단락을 발견할 것이라고 예상했지만, 결국 발견하지 못했다. 이 책은 오늘날 학생들에게 주저함 없이 추천할 수 있는 책이다. 현대 종합을 다루는 일부 책들처럼 역사적 관심을 채워주기 때문이 아니라, 50년이나 된 이 책이 여전히 생물학적으로 유익하고 현명하며, 그리고 (내가 판단할 수 있는 한) 정확하기 때문이다.

4

어두운 시기에 진실을 말하다

페이퍼백으로 나온 메이틀랜드 에디 Maitland A. Edey**와 도널드 조핸슨**Donald C. Johanson**의 《블루프린트: 진화의 미스터리를 풀다**Blueprints: solving the mystery of evolution**》에 대한 이 서평은 1989년 4월 9일자 〈뉴욕타임스〉에 실렸다. 내 서평을 26년이나 지나 발견한 텍사스의 한 남성이 서평 속 표현 중 하나가 자신을 지칭한다고 생각해 나를 고소하고 5,800만 달러의 손해배상을 요구했지만 패소했다.**

돈(도널드의 애칭)이 말했다. "미국인의 거의 절반이 진화를 믿지 않는다는 사실을 아십니까?"

이 문장은 이 책의 도발적 발언과 특이한 기원을 한마디로 요약한다. 후자를 먼저 살펴보면, 《블루프린트: 진화의 미스터리를 풀다》는 각각 저명한 과학자와 저널리스트인 도널드 조핸슨과 메이틀랜드 에디의 공저로 되어 있다. 이 책은 그들의 두 번째 협업이다. 첫 번째는 《루시: 인류의 기원Lucy: the beginnings of humankind》

이었다. 보통 이런 조합은 저널리스트가 과학자의 이름을 빌려 대필했다는 의혹을 불러일으키기 마련이다. 이 책의 차이는 유령이 이례적으로 자신의 정체를 드러낸다는 점이다. 조핸슨 씨• 는 책에 오직 제삼자인 '돈'으로만 등장한다. 돈은 이따금 등장해서 저자의 어깨 너머로 그 순간 작업하고 있는 일에 대해 한마디씩 논평한다. "'그것을 퍼넷 사각형(교배나 육종 실험의 유전자형을 예측하는 데 사용되는 정사각형 도표를 말한다. 이 방법을 고안한 레지널드 C. 퍼넷의 이름을 따서 명명되었다—옮긴이)이라고 부르지.' 내가 앞 페이지의 큰 사각형을 공들여 완성하는 것을 지켜보던 돈이 말했다. '정말 지루한 작업이지.'"

책의 다른 곳, 특히 분자유전학과 박테리아 진화에 관한 부분에서는 묘하게도 역할이 반전된다. '돈'이 학생, 공저자 메이틀랜드는 선생으로 등장한다. '메이트'(메이틀랜드)는 예를 들어 "저게 뭘 의미하지?" 같은 교육적 질문에 탐닉한다. 그리고 돈이 대답을 하면, 권위 있는 목소리로 "그렇지" 하고 보상을 내린다.

캘리포니아 버클리에 소재한 인류기원연구소 소장 조핸슨 씨는 훌륭한 고생물학자이자 인류학자다. 그는 이름값에 걸맞게 많은 업적을 남겼지만, 이 책은 그중 하나가 아니라서 지금부터는

• 평소 같으면 나는 '조핸슨 교수'라고 칭했겠지만, 저자를 '누구누구 씨'라고 부르는 〈뉴욕타임스〉의 (애정을 표현하는) 스타일을 따랐다.

저자를 단수로 지칭하겠다. 하지만 공연한 트집은 사절인데, 이 책은 어두운 시대에 진실을 사랑하는 모든 사람에게 환영받아 마땅한 책이기 때문이다. 이 책에는 중요하고 진실한 이야기인 '진화 이야기'가 담겨 있다. 내가 판단할 수 있는 한 이 책의 과학적 사실은 최신이고 정확하다. 앞에서 언급한 거리껴지는 점에도 불구하고 전체적으로는 마음에 들었다. (거리껴지는 점이 몇 가지 더 있다. 그중 하나는, 토머스 헨리 헉슬리가 윌버포스 주교에게 승리했다는 바보 같은 이야기다. 나는 그 이야기를 다시 듣는 일이 생기면 소리를 지르겠다고 공언했는데, 이 책에서 정말 그렇게 했다.)•

다윈과 그 전임자들의 역사에 이어 책의 중간 부분에서는 그레고어 멘델에서부터 미국 유전학자 T. H. 모건을 거쳐 프랜시스 크릭에 이르기까지 유전학의 굵직한 대목을 다루는데, 영국 유전학자 R. A. 피셔와 그의 1930년대 동료들의 공적은 내 생각에는 별로 비중 있게 다뤄지지 않는다. '생명의 기원'이라는 제목을 붙인 이 중간 부분은 독일 화학자 만프레트 아이겐Manfred Eigen의

• 하버드대학의 저명한 유인원 권위자 리처드 랭엄 교수가 윌버포스 주교의 미발표 시를 발굴했다. 제목은 '자기 할아버지가 유인원인 이어도 상관없다는 헉슬리 교수의 말을 듣고 쓴 시'다. 1980년 9월 18일에 발행된 〈네이처〉 287호에 실린 이 시는 윌버포스 주교가 유쾌한 유머감각을 지닌 사람이었으며, 헉슬리와의 만남을 기분 좋게 받아들였다는 사실을 잘 보여준다. 이 에세이 마지막 부분에 그 시를 실었다.

어려운 개념들을 설명하는 용기 있는 시도를 했다는 점에서 주목받을 만하다(나는 용기를 내지 못했다). 내가 가장 흥미롭게 본 대목은 미국 세균학자 칼 워즈Carl R. Woese의 연구를 다룬 장이다. 우리의 가장 먼 친척인 고세균과 그 밖의 모든 생물이 분기하는 진화의 초기 단계들을 다루기 때문이다.

인간 진화에 관한 장들은 화석에 대한 예상할 수 있는 전문지식을 보여주지만, 조핸슨 씨의 메마른 본거지가 분자 증거의 신선한 물방울로 촉촉하게 적셔지는 것을 봐서 좋았고, 특히 미국 생화학자 빈센트 사리치Vincent Sarich의 매우 중요한 연구가 마침내 제대로 인정받게 되어 흐뭇했다. 모든 고생물학자가 지금껏 내린 결론과 달리, 이제 사리치 씨와 그의 동료 분자생물학자인 앨런 윌슨의 연구를 통해 우리는 침팬지와 우리의 공통 조상이 놀랍도록 최근에 살았다는 사실을 알고 있다. 게다가 아프리카 유인원(침팬지와 고릴라)과 다른 유인원들(오랑우탄과 긴팔원숭이)의 관계보다 우리와 그 아프리카 유인원들의 관계가 더 가깝다. 따라서 우리는 그냥 유인원(또는 유인원의 자손)이 아니라 아프리카 유인원이다.

멸종과 지나친 지능의 위험에 대해 성찰하는 마지막 장은 눈에 띄게 잘 쓰였다. 에디 씨는 스스로를 그저 저널리스트라고 부르겠지만, 그는 일류 저널리스트임이 분명하다.

이제 이 책의 도발적 발언에 대해 이야기해보겠다. 그것은 미국인의 거의 절반이 진화를 믿지 않는다는 진술이다. '아무나'만 그렇게 생각하는 것이 아니라 권력자, 잘 알아야 하는 사람들, 교육 정책에 큰 영향력을 가진 사람들도 그렇다. 지금 우리는 다윈의 특정 이론인 자연선택에 대해 이야기하는 게 아니다. 생물학자들도 자연선택의 중요성을 의심할 수는 있고, 소수의 생물학자들은 실제로 의심스럽다고 주장하기도 한다. 미국인의 절반이 믿지 않는 것은, 합리적 의심이 남지 않도록 완전하게 증명된 사실인 진화 그 자체다.

생물 시간에 창조과학도 진화와 똑같은 분량으로 가르쳐야 한다고 주장하는 것은 천문학 시간에 평평한 지구 이론을 둥근 지구 이론과 똑같이 가르쳐야 한다고 주장하는 것과 같다. 또 누군가가 지적했듯이, 성교육 시간에는 황새가 아기를 물어다준다는 이론도 똑같이 가르쳐야 할 것이다. 만일 진화를 믿지 않는다고 주장하는 사람이 있다면, 그는 모르거나 우둔하거나 미친 사람(또는 그렇게까진 생각하고 싶지 않지만, 사악한 사람)이라고 말해도 무방하다.•

• 그렇기는 하지만, 다른 의미에서는 무방하지 않다. 내가 소송을 당한 것은 바로 이 문장 때문이었다. 소송을 제기한 그 텍사스 사람은 자신은 창조론자이므로, 내가 사실상 그 사람 개인을 지칭해 모르거나 우둔하거나 미친 사람이라고 말한 것이고, 이 때문에 자신이 동네에서 위신을 잃었으며 이웃들이 자신을 멀리한다고 주장했다. 그는 내가 5,800만 달러의 배상금을 지불해야 할 만큼 자신이 지역사회에서 대단한 위신을 가지고 있다고 생각했다. 그런데 이 사건에서 가장 놀라운 측면은, 그가 자신을 기꺼이 변호해줄 법률

내 표현에 누군가가 불쾌했다면 미안하게 생각한다. 당신은 아마 바보도, 미친놈도, 악마도 아닐 것이다. 그리고 생물교사들이 과목의 핵심 정리를 가르칠 자유를 방해받는 나라에 사는 사람이라면 모르는 것이 죄가 아니다. 나는 최근에 동쪽 해안 지역 라디오 방송국들을 한바퀴 돌며 청취자들과 전화로 의견을 나눴는데 그곳을 떠나면서 희망을 품었다. 시작할 때만 해도 나는 마음을 닫아건 창조론자들의 적대적인 야유를 예상했다. 하지만 그들은 그러기는커녕 진정한 호기심과 솔직한 관심을 보여주었다. 나는 정말로 알고 싶어 하는 지적인 사람들로부터 진지한 질문을 받았다. 그들은 진화에 대한 교육을 말 그대로 받아본 적이 없었다.

문명이 전쟁을 치르고 있다고 해도 지나치게 감정적이고 과장된 말은 아니라고 생각한다. 문명은 종교적 편협함에 맞서 전쟁을 치르고 있다. 최근 영국에서는 원리주의자들(그들은 기독교인이 아니라 이슬람교도들이지만 지금 문맥에서는 차이가 없다)이 저명한 소설가 살만 루슈디는 죽어야 한다고 외치며, 그를 본떠 만든 인형의 눈을 멀게 하고, 그의 책을 공개적으로 불태우는 모습이 신문에 실렸다. 그런 사람들의 소름 끼치는 공통점은, 살인을 부추기는 이슬람 고위 성직자들에게 선동된 것이든, 아니면 텔레

회사를 찾을 수 있었다는 점이다. 그 법률회사는 패할 것을 충분히 알고 있었을 것이다. 그리고 놀랍지 않게도 패했다. 어쨌든 나는 그 일로 텍사스 변호사를 고용해야 했다.

비전 복음주의자들의 덜 폭력적인 설교에 선동된 것이든, 자신들이 믿는 계시된 진실이 절대적이며 논리적 방어가 필요하지 않다고 확신한다는 것이다.• 아마 이란에서는 진화가 쟁점으로 떠오르지도 않을 테지만, 미국에서는 진화가 최전선에 있다고 주장할 수 있다.

만일 당신이 무언가에 분명하게 지지를 표명하고 싶은 생각이 어렴풋하게라도 든다면, 진화에 대해 입장을 표명하라. 진화는 이성과 문명의 온화한 미덕들을 대표하는 멋진 기수다. 당신이 차분한 마음으로 진화에 대한 증거를 읽으면 읽을수록 그 증거가 압도적이라는 사실을 알게 될 것이다. 당신은 지구가 태양 주위를 돈다는 것이 사실인 것만큼이나 진화가 사실이라는 입장을 안전하게 지지할 수 있다. 하지만 지구가 태양을 돈다는 생각은 원리주의와의 전쟁에서 (더 이상은) 위태롭지 않다. 진화는 원리주의자들이 걸고넘어지는 중요한 이슈이기 때문에 최전선에 있고, 당신은 그들이 틀렸다는 것을 가볍게 증명할 수 있을 것이라고 믿어도 된다.

《블루프린트: 진화의 미스터리를 풀다》는 당신이 탄약을 얻을 수 있는 유일한 책도, 최선의 책도 아닐지 모른다. 전시에조차 우리는 자기 편에 대한 비판을 억눌러서는 안 되고, 나는 억누른 적

• 유년기 세뇌의 오싹한 힘을 잘 보여준다.

이 없다. 하지만 이 책은 정직한 책이다. 자기 나라 국민 절반이 터무니없고 명백한 허위사실을 믿는다고 주장하는 분야에서 저자들은 진실을 들려주고 있다. 내가 '주장한다'고 말하는 이유는, 대안을 모르게끔 양육된 상태에서 갖는 믿음은 진지하게 취급될 수 있는 믿음이 아니기 때문이다. 결점에도 불구하고 이 책은 여러분 동네의 서점에 진열되어 있거나 또는 이 신문 지면에 소개된 많은 책보다 더 중요한 문제들을 다루고 있다고 감히 말할 수 있다.

자기 할아버지가 유인원이어도 상관없다는 헉슬리 교수의 말을 듣고 쓴 시

나는 사실이 아니라고 생각한 이야기를 종종 들었다.
인간이 캥거루의 사촌이었고,
모든 자연을 주눅 들게 한 존재가
겨우 원숭이의 후계자였다는 이야기를.
까부는 행동과 환상적인 속임수로
종종 우리의 웃음을 유발하는 경박한 유인원이
노아가 짐승들을 배에 태우기 오래전의
우리 상태였다는 이야기를.
그런데 지금, 진지하고 현명한 한 교수가

내가 거짓말로 알고 있는 것이 사실이라고 주장한다.
그리고 모든 청중이 놀라 입을 다물지 못하는 가운데,
우리가 원숭이 조상의 자랑스러운 후손이라고 주장한다.
아아, 슬프도다! 그 학자의 몽상이 그렇다면
이 불경한 주제로부터 주여, 저를 구하소서.
자기 비하적인 과학으로부터 저를 자유롭게 하소서.
겸손을 가장한 교만으로부터 저를 구하소서!
그러나 그 저주받은 몽상이 운명처럼 돌아오나니.
자연이 자신의 법칙이 뒤집힘에 몸서리치는구나.
이 경의의 시대에, 인간이 원숭이로 전락하고
원숭이가 인간이 되는 것을 다시 보는구나.
먼 해안가에 내 터전을 마련하리라.
과학이 나를 지치게 하지도, 학자가 지루하게 하지도 않는 곳,
깨우친 원숭이들이 추락한 우리 종을 비웃지 않는 곳,
도덕이 우리의 꼬리를 장식한다는 소리를 듣지 않아도 되는 곳에서
변형된 친구들의 모습을 피하리라.
시간이 흘러 그들의 엉덩이가 다시 변할 때까지.
이 모든 애틋한 회한을 어떻게든 달래보리라.
적어도 나 자신이 인간임을 꿈꾸리라.

_ S. 윌버포스

5

무책임한 출판?

리처드 밀턴 Richard Milton**의 《생명에 관한 사실들: 다윈주의 신화를 깨부수다** The Facts of Life: shattering the myth of Darwinism**》에 대한 이 서평은** 1992**년** 8**월** 28**일자 〈뉴스테이츠먼〉에 실렸다.**

나는 지구가 평평하다고 믿는 사람들, 지구 역사가 얼마 되지 않았다고 믿는 사람들, 영구기관(외부에서 한번 동력을 전달받으면 더 이상의 에너지 공급 없이 스스로 영원히 작동한다는 가상의 기관—옮긴이)을 맹신하는 사람들, 점성술사들, 그 밖의 무해한 미치광이들로부터, 꼭 녹색 펜으로 쓰지는 않아도 대문자와 밑줄을 강박적으로 사용한 편지를 날마다 받는다(신문사나 정치인 등에 보내는, 괴팍한 의견이 담긴 편지는 전형적으로 녹색 펜을 이용해 쓴다고 알려져 있다—옮긴이). 이 책이 이런 편지들과 유일하게 다른 점은 리처드 밀턴이 자기 원고를 출판할 수 있었다는 것이다. 훌륭한 출판사들이 몇 번이나 출판을 거절했는지 우리는 모르지만, 아무튼 이 책을 내준 출판사는 '포스에스테이트Fourth Estate' 라는 곳이다. 나는 처음 들어보는 출판사지만,• 자비출판이나 근본주의 쪽은 아닌 듯하다. 그러면 포스에스테이트는 뭘 하는 곳일까? 로마인들은 존재한 적이 없고 라틴어는 교사들을 고용하기 위해 빅토리아시대 사람들이 가짜로 만들어낸 언어라는 주장을 출판하는 곳일까? 내가 서평을 쓰고 있는 이 책도 대략 비슷한 헛소리를 주장하고 있으니 말이다.

냉소주의자는 이렇게 말할지도 모른다. 이 세상에는 단순히 자신의 종교적 확신을 채우기 위해 '다윈주의 신화를 깨부수다' 같은 부제를 단 책이라면 덮어놓고 사줄 대중들이 있다고 말이다. 저자 본인이 딱히 종교적인 사람이 아니라면 훨씬 잘 팔릴 것이다. 편견 없는 목격자인 체할 수 있기 때문이다. 쓰레기라는 것을 알지만 시장이 있다고 생각해서 유사과학을 출판함으로써 쉽게 돈을 버는 비양심적인 출판사들도 있다.

하지만 그렇게 냉소주의적으로만 보지는 말자. 출판사도 할 말이 있지 않을까? 이 무자격 매문가賣文家가 실은 고독한 천재고, 소대 전체, 어쩌면 연대 전체에서 유일하게 보조를 맞추고 있는 병사라고 생각했다면? 이 세계가 정말로 기원전 8000년에 갑자

• 지금은 들어봤지만 1992년에는 잘 알려져 있지 않았다. 지금은 리처드 밀턴의 책 같은 책들을 내면 안 된다는 것을 학습한, 훌륭한 출판사가 되었다.

기 생겨났을지도 모르는 일 아닌가? 정통 과학의 거대한 건축물 전체가 철저하고 완전하게 궤도를 벗어나 있을지도 모르는 일 아닌가(이 경우는 정통 생물학뿐만 아니라 물리학, 지질학, 우주론까지도 포함되어야 할 것이다)? 출간 후 혹평당하는 것을 보기 전까지 이 불쌍한 출판인들이 그걸 어떻게 알겠는가?

혹시라도 이런 변명이 설득력 있다고 생각했다면, 다시 생각해 보라. 그런 논리라면 평평한 지구, 요정, 점성술, 늑대인간 등 말 그대로 무엇이든 당당하게 출판할 수 있다. 물론 이따금 고독한 천재가 있는 것은 사실이다. 처음에는 미쳤거나 적어도 틀렸다고 무시당하지만 결국에는 옳다는 것이 밝혀지는 경우가 있지만(리처드 밀턴 같은 저널리스트가 그렇게 되는 경우는 별로 없다고 말해두어야겠다), 처음에 틀렸다고 여겨졌으면 실제로도 틀렸다고 밝혀지는 경우가 훨씬 많다. 출판할 가치가 있으려면 나머지 세계와 보조를 맞추지 않는 것보다 훨씬 많은 것이 필요하다.

하지만 이 불쌍한 출판사는 우리도 모르는 것을 어떻게 판단하느냐고 항변할지도 모른다. 그럴 때 가장 먼저 할 일은 과학 교육을 받은 편집자를 고용하는 것이다(일부 과학책들이 거두는 엄청난 성공을 감안하면 손해는 아닌 일이다). 교육을 많이 받은 사람일 필요도 없다. 리처드 밀턴 같은 사람을 가려내기 위해서는 A레벨(대학입학 자격시험—옮긴이) 생물학 정도면 충분하다. 더 진지한 책이라면, 출판 경력을 원하는 젊고 똑똑한 과학 전공 대학원생이 많이 있다(그들은 적어도 다윈주의를 '우연을 진화의 메커니즘으로 보는 이론'이라고 부르는 어처구니없는 개소리를 책 띠지에

넣는 짓은 하지 않을 것이다). 그리고 최후의 수단으로, 제대로 된 출판사들이 하는 것처럼 원고를 심사관들에게 보내는 방법이 있다. 생각해보면, 만일 테니슨이 《일리아드The Iliad》를 썼다고 주장하는 원고가 들어온다면, 서둘러 출판하기 전에 역사 O레벨(의무교육 수료 후 보는 시험—옮긴이)을 통과한 누군가와 상의하지 않을까?

당신이 출판인이라면 아마 저자의 자격도 훑어볼 것이다. 만일 그가 저서를 낼 자격요건을 갖추지 못한 무명 저널리스트라면, 바로 거절할 필요는 없지만 적어도 신용 있는 심사관들에게 보여줄 것이다. 진지한 반대 의견은 새겨들을 가치가 있지만, 당연히 그 심사관들이 저자의 논제를 지지하느냐로 출판을 결정할 필요는 없다. 그렇다 해도 심사관들의 평가는, 해당 주제에 대한 완전하고 철저한 무지를 거의 모든 페이지에서 드러내는 형편없는 책에 당신의 출판사명을 찍는 난처한 일은 피하게 해줄 것이다.

자격을 갖춘 모든 물리학자, 생물학자, 우주론자, 지질학자들은 상호 뒷받침되는 방대한 증거를 토대로, 지구 역사가 적어도 40억 년이라는 것에 동의한다. 리처드 밀턴은 악명 높은 헨리 모리스Henry Morris(현대 창조과학 운동의 아버지로 불리는 미국 공학자—옮긴이)를 포함한 다양한 창조'과학' 정보원들의 권위를 토대로 지구 역사가 겨우 몇천 년밖에 되지 않았다고 생각한다(밀턴 본인은 자신이 종교적이지 않다고 주장하고, 함께 어울리는 사람들을 모르는 척한다). 위대한 프랜시스 크릭은 (그는 판을 흔드는 것을 꺼리지 않는 사람인데도) 최근에 "지구가 1만 년이 채 되지 않았다고 믿는 사람은 정신과 치료가 필요하다"라고 말했다. 물론 크릭과 우리가 모두 틀렸고, 공학자 '출신'의 아마추어 비전문가인 밀턴이 마지막으로 웃는 자가 될 수도 있다. 내기해볼까?

밀턴은 자연선택의 첫 번째부터 잘못 이해하고 있다. 그는 자연선택이 종 사이의 선택을 가리키는 말이라고 생각한다. 사실 현대 다윈주의자들은 자연선택이 종 내 개체들 간의 선택이라는 다윈의 견해에 동의한다. 그런 기본적인 오해는 광범위한 영향을 미칠 수밖에 없고, 따라서 이 책에도 여러 대목에서 터무니없는 주장이 등장한다.

유전학에서 '열성'이라는 말은 모든 생물학자가 알고 있는 정확한 뜻을 가지고 있다. 즉, 같은 위치(좌위)에 있는 또 다른 (우성) 유전자에 의해 효과가 가려지는 유전자를 뜻한다. 또한 염색체의 많은 부분이 활성화되지 않는데(즉, 단백질로 번역되지 않는데) 이런 종류의 불활성은 '열성'과는 아무런 관계가 없다. 하지만 밀턴은 두 사실을 혼동하는 어려운 일을 해낸다. 최소한의 자격을 갖춘 심사관이라면 이런 큰 실수 정도는 거뜬히 잡아낼 수 있었을 것이다.

생각할 줄 아는 독자라면 누구나 찾아낼 수 있는 오류들도 있다. 임마누엘 벨리코프스키Immanuel Velikovsky는 행성충돌설로 당대에 조롱을 받았다(러시아계 미국인 정신분석가 벨리코프스키는 논란을 빚은 저서《충돌하는 세계들Worlds in Collision》에서 금성은 목성에서 나왔다고 주장했다. 처음에는 혜성이 되어 떠돌다가 기원전 1500년 유대인들이 이집트를 탈출할 때 지구에 접근해 그 꼬리가 닿았으며 화성과도 충돌했다가 결국 오늘날의 금성이 되었다는 것이다—옮긴이). 밀턴은 여기까지는 제대로 지적했지만, 여기서 한발을 더 내디딘다. "겨우 40년이 지난 지금 벨리코프스키가 제안한 것과 흡사한 개념이 많은 지질학자에게 널리 받아들여지고 있다. 그것은 백악기 말의 대멸종이 (…) 거대한 운석 또는 소행성과의 충돌로 일어났다는 가설이다." 그런데 밀턴이 벨리코프스키를 거론한 진짜 이유는(즉, 지구 역사에 대한 특이한 관점을 지닌 밀턴이 벨리코프스키를 옹호하는 이유는) 벨리코프스키가 그런 충돌이 최근에 일어났다고 주장했기 때문이다. 모세가 홍해를 갈라지게 한《성경》속 재난을 설명할 수 있을 만큼 최근 일이었다는 것이다. 반면 현대 지질학자들이 말하는 운석은 6,500만 년 전에 충돌한 것으로 추정된다! 대략 6,500만 년의 차이가 있다. 벨리코프스키가 그런 충돌이 수천만 년 전에 일어났다고 말했다면 조롱받지 않았을 것이다. 그를 마침내 제대로 평가받은 오해받은 야인으로 표현하는 것은 솔직하지 않은 것이고, 더 관대하고 그럴듯하게 표현하자면 어리석은 것이다.

리키와 조핸슨 이후 시대에 '잃어버린 고리'는 이제 쓸모를 다했다는 사실을 창조론자 설교자들은 깨달아야 한다. 현대 인류와 우리의 유인원 조상들을 연결하는 화석 고리들은 잃어버리기는커녕 물 흐르듯 연속적으로 이어지고 있다. 하지만 리처드 밀턴은 아직 그것을 깨닫지 못했다. 그에게 "지금까지 발견된 유일한 '잃어버린 고리'는 위조로 밝혀진 필트다운인"이다. 인간의 몸에 유인원의 머리를 가진 오스트랄로피테쿠스가 잃어버린 고리가 아닌 이유는 그것이 '실제로' 유인원이기 때문이다. 그리고 뇌 크기가 '현대 인류의 절반밖에 되지 않았던 것으로 추정되는' 호모 하빌리스('손을 쓰는 사람'이라는 뜻)는 정반대 이유로 탈락이다. '손을 쓰는 사람'은 잃어버린 고리가 아니라 인간이기 때문이다. 그러면 화석이 '잃어버린 고리'의 자격을 얻기 위해서는 무엇을 해야 하는지, 그리고 무엇을 더 할 수 있는지 궁금하지 않을 수 없다.

화석이 아무리 연속적이라 해도 동물 명명법의 관례상 우리는 불연속적인 명칭을 붙일 수밖에 없다. 현재 호미니드에게 붙일 수 있는 속명은 둘뿐이다. 유인원에 더 가까운 종은 오스트랄로피테쿠스 속, 인류와 더 가까운 종은 호모 속으로 밀어넣는다. 중간 형태들은 그때그때 이 속 또는 저 속으로 분류한다. 화석을 아무리 연속적으로 매끄럽게 배열할 수 있다 해도 명명에 관한 사실은 변하지 않는다. 따라서 밀턴이 조핸슨이 발견한 '루시'와 그 관련 화석들에 대해, "그 발견물들은 오스트랄로피테쿠스 또는 호모로 지칭되었다. 따라서 그들은 유인원 아니면 인간이다"라고 말했을 때 그는 명명 규칙에 대한 (재미없는) 사실을 말했을 뿐, 실제 세계에 대해서는 아무것도 말하지 않았다.

그러나 지금 이 서평은 밀턴의 책이 받기에는 너무 세련된 비판이다. 이 책의 출판이 제기하는 단 하나의 진지한 의문은 '왜 이런 책을?'이라는 것이다. 구매를 희망하는 독자들에게 조언 한마디 하겠다. 만일 당신이 뉴스거리가 없는 시즌의 헛소리를 원한다면 차라리 여호와의증인에서 발행한 소책자를 읽어라. 그것들이 읽기에 더 재미있고, 멋진 사진들을 포함하고 있으며, 적어도 종교적 속내를 솔직하게 드러내니까.

—

내가 이 서평을 쓴 후 〈뉴스테이츠먼〉에 두 통의 편지가 도착했다. 그중 한 통은 밀턴의 책을 낸 출판업자 크리스토퍼 포터의 편지였다(나는 그 편지를 가지고 있지 않다). 나는 〈뉴스테이츠먼〉에 아래와 같은 답변을 보냈다.

1992년 9월
〈뉴스테이츠먼〉 편집부

리처드 밀턴의 책에 대한 내 서평이 나간 후, 두 투고자가 밀턴을 변호하기 위해 용맹하게 나섰다. 그중 한 명은 밀턴 본인으로 밝혀졌으며, 다른 한 명은 출판업자였다. 왜 그의 어머니에게서는 편지가 오지 않았을까?

"(도킨스 씨는) 내가 창조론자임을 암시하지만, 나는 내 책에서 어떤 종교적 견해도 가지고 있지 않다는 점을 분명히 밝혔다." 그렇다. 그래서 내가 "밀턴 본인은 자신이 종교적이지 않다고 주장한다"라고 쓴 것이다.

"밀턴은 도킨스가 암시하는 것과 달리 은밀한 창조론자가 아니다." 그래서 나도 밀턴이 "종교적인 것처럼 보이지 않는다"라고 썼지 않나.

"조금만 조사를 해봤더라도 포스에스테이트는 근본주의 운동 단체가 아님을 알 수 있었을 것이다." 누가 그렇다고 했나. 그래서 나도 포스에스테이트는 "자비출판이나 근본주의 쪽은 아니다"라고 하지 않았던가. 이것만 봐도 그들이 얼마나 잘 속고 구별 능력이 없는지 알 수 있다.

"도킨스는 내가 지구 역사는 겨우 몇천 년밖에 되지 않았다고 생각한다고 말한다. 나는 그런 말을 한 적이 없다." 아이고, 내가 어리석었다. 책 표지에 적힌 출판사의 말만 보고 그렇게 생각했으니 말이다. "지구 지각을 이루는 암석들은 수백만 년이 아니라 수천 년 동안 형성되었다. 《생명에 관한 사실들》은 이 최신 발견을 다윈주의에 대한 일관되고 통렬한 반론으로 제시하는 최초의 책이다." 출판사는 이 말을 어디서 가져왔을까? 출판인도 나처럼 어리석어서 이 책을 읽었다고 치자. 다른 사람들은 우리보다 현명하기를 바랄 수밖에.

'최신 발견'의 당사자로 인용된 "세계 여러 나라의 전문 과학자들"은 주로 멜빈 쿡Melvin Cook과 헨리 모리스 두 사람이다. 인용된 세 권의 책을 각각 1957년, 1966년, 1968년에 펴낸 멜빈 쿡은 솔트레이크시티 출신으로, 〈창조연구과학 계간지Creation Research Science Quarterly〉라는 학술지를 후원하고 있다. 모리스는 캘리포니아주 샌디에이고에 소재한 악명 높은 창조연구소의 소장을 맡고 있는 연로한 인물이다. 과학을 전공했다고 자신을 소개한 밀턴의 출판인 크리스토퍼 포터가 거론하는 '과학계'는 이 두 사람을 말하는 것이다.

포터 씨가 차라리 역사를 전공했더라면 이 책을 출간하기 전에 더 나은 결정을 내렸을지도 모른다. 그랬다면 그는 밀턴의 원고에 적힌 말들이 터무니없다는 것을 알아챘을 것이다. 하지만 우리는 지구가 기원전 8000년에 갑자기 생겨났다는 생각을 진지하게 받아들일 수 있는 저자를 갖게 되었다. 공룡이 청동기시대 직전에 나타났다 사라졌을까? 이구아노돈을 훈련시켜 스톤헨지로 돌을 운반하게 했을까?

리처드 밀턴은 창조론자가 아닐 수도 있지만, 그렇다고 해서 그의 반진화론 논증이 진부한 창조론 선전이라는 사실이 달라지는 건 아니다. 나는 이런 종류의 헛소리를 식별해내는 감식가다. 따라서 장담하는데, 이 책에는 새로운 것이 전혀 없다. 리처드 밀턴과 논쟁하는 것은 집집마다 찾아다니는 여호와의증인 신도들과 논쟁하는 것만큼이나 쓸데없는 일이다. 내가 논쟁할 가치가 있다고 생각하는 유일한 대목은 출판업자에 대한 것이다. 그리고 내가 하려는 논쟁은 진화에 대한 것이 아니라(왜냐하면 그 출판사는 근본주의 단체가 아니므로) 출판사다운 출판사의 책임에 관한 것이다.

6

열등한 세계

마이클 비히 Michael Behe**의 《진화의 가장자리**The Edge of Evolution**》에 대한 이 서평은 2007년 7월 1일자 〈뉴욕타임스〉에 실렸다.**

나는 마이클 비히의 이 두 번째 책이 첫 번째 책만큼이나 신경에 거슬릴 것이라는 점은 이미 예상했다. 하지만 측은함을 느끼게 될 것이라고는 예상하지 못했다. 첫 번째 책, 즉 '지적 설계'를 과학적으로 변론했다고 주장하는 《다윈의 블랙박스Darwin's Black Box》(1996)는 비록 틀리긴 했어도 확신으로 활활 타오르고 있었다면, 두 번째 책은 다 포기한 사람의 책이다. 스스로 만든 지적이지 않은 설계를 따라가다가 그곳에 영영 갇혀버린 비히는 이제 탈출할 여지마저 잃었다.

어디서나 창조론자의 표상으로 통하는 그는 실제 과학계와 단절했다. 그리고 실제 과학계인 그가 졸업한 리하이대학교 생물학과는 공개적으로 그와 의절했다. 대학 웹사이트에는 다음과 같은 놀라운 공지가 올라와 있다. "우리는 비히 교수가 자신의 견해를 표명할 권리를 존중하지만, 그 견해는 혼자만의 견해일 뿐 우리 대학 생물학과는 그것을 어떤 식으로든 지지하지 않는다. 지적 설계는 과학적 근거가 없으며, 실험적으로 검증되지 않았고, 따라서 과학으로 간주할 수 없다는 것이 우리의 집단적 입장이다." 시카고대학의 유전학자 제리 코인이 최근에 〈뉴리퍼블릭The New Republic〉에서 비히의 책을 혹독하게 비판하며 말했듯이, 《진화의 가장자리》는 전례를 찾기 어려운 책이다.

한동안 비히는 괴짜로 꽤 괜찮은 경력을 쌓았다. 그의 동료들은 비히와 의절했을지 모르지만, 그 동료들은 비히처럼 전국에서 강연해달라거나 〈뉴욕타임스〉에 기고해달라는, 어깨가 절로 으쓱해지는 초청을 받지 못했다. 그들의 이름과 달리, 비히의 이름은 '밈권memosphere'에서 기세를 떨쳤다. 일이 틀어진 것은 그 유명한 2005년 재판에서였다. 당시 판사 존 E. 존스 3세는 지적 설계론을 펜실베이니아주 도버의 교과과정에 넣으려는 시도를 "기막히게 어리석은 짓"이라는 불멸의 한마디 말로 요약했다. 법정에서 굴욕을 당한 후, 창조론자 측의 주요 증인이었던 비히는 과학적 자격을 재정립하고 새롭게 시작하고 싶었을지도 모르지만, 불행히도 너무 멀리 와 있었다. 그는 계속 싸울 수밖에 없었다. 덕분에 《진화의 가장자리》는 무슨 말을 하는지 알 수 없는 책이 되었고, 따라서 매력적인 읽을거리로는 적합하지 않다.

요즘은 다행히도 '환원 불가능한 복잡성'이라는 말을 별로 들을 일이 없다. 《다윈의 블랙박스》에서 비히는 특정한 생물학적 구조들(예를 들어, 박테리아가 헤엄치는 것을 돕는 작은 프로펠러인 편모)은 제대로 작동하려면 먼저 그것을 구성하는 모든 부분이 갖춰져야 하므로 점진적으로는 진화할 수 없었다는 근거 없는 주장을 펼쳤다. 이런 논증 방식은 다윈도 예측했다시피 그때나 지금이나 설득력이 없다. 이는 부전승 논증의 논리적 오류를 범한다.

예를 들어, 경쟁하는 두 이론 A와 B가 있다고 치자. 이론 A는 수많은 사실을 설명하고 산더미 같은 증거로 뒷받침된다. 이론 B는 뒷받침하는 증거가 전혀 없거나, 증거를 찾으려는 시도조차 하지 않는다. 그러다 A도 설명할 수 없는 사소한 사실 하나가 발견되면, B도 그것을 설명할 수 있는지는 묻지도 따지지도 않고 B가 옳은 것이 된다. 덧붙여 말하자면, 대개는 후속 연구에서 A도 그 현상을 설명할 수 있다는 것이 밝혀진다. 생물학자 케네스 밀러Kenneth R. Miller(도버 재판에서 창조론자의 반대편을 위해 증언한 기독교도)는 박테리아 편모의 모터가 어떻게 기능적 중간 단계를 통해 진화할 수 있었는지 멋지게 보여주었다.

비히는 다윈주의 이론을 세 부분으로 나눌 수 있다는 것까지는 제대로 지적한다. 즉, 변형을 동반한 계승, 자연선택, 그리고 변이다. 변형을 동반한 계승은 그에게 문제가 되지 않는다. 자연선택도 마찬가지다. 이 둘은 각각 '사소하고' '대수롭지 않은' 개념이다. 그렇게 치면 우리가 아프리카 유인원이고 원숭이의 사촌이며 물고기의 자손이라는 사실은 '대수롭지 않은' 것이 된다는 점을 비히의 창조론자 팬들은 알고 있을까?

《진화의 가장자리》의 핵심 단락은 이것이다. "다윈주의 이론은 여러 측면을 가지고 있지만 가장 중요한 측면은 무작위 변이의 역할이다. 다윈주의 사고에서 새롭고 중요한 것은 거의 모두 이 세 번째 개념에 집중되어 있다."

이 무슨 해괴한 말인가! 유전학에 대해 잘 몰랐던 다윈이 무작위성을 중요하게 취급하지 않았다는 역사적 사실은 논외로 하자. 다윈은 새로운 변종들은 무작위로 발생하거나, 음식에 의해 후천적으로 획득된 형질일 수 있다고 생각했을 뿐이다. 다윈에게 훨씬 더 중요했던 것은, 어떤 개체들은 살아남고 어떤 개체들은 사라지게 되는 '무작위적이지 않은' 과정이었다. 자연선택은 지금껏 인간의 머릿속에 떠오른 가장 위대한 개념이라 해도 과언이 아니다. 생명 세계에 퍼져 있는, 정교한 설계처럼 보이는 현상들을 설명하고 그 과정에서 우리 존재도 설명할 수 있는, 우리가 아는 한 유일한 이론이기 때문이다. 자연선택을 뭐라고 부르든 그것은 '대수롭지 않은' 이론이 아니다. 변형을 동반한 계승도 마찬가지다.

하지만 속는 셈치고 비히의 고독한 길을 따라가서 무작위 돌연변이에 대한 과대평가가 그를 어디로 이끄는지 보자. 그는 우리가 관찰하는 진화의 전부를 허용하기에는 돌연변이가 충분하지 않다고 생각한다. 어디까지나 '한계'가 있고 그 한계를 넘으면 신이 직접 나서서 도와줘야 한다. 무작위 돌연변이에 작용하는 선택은 말라리아 원충의 클로로퀸(말라리아 특효약)에 대한 저항성을 설명할 수 있지만, 그건 어디까지나 그런 미생물들이 개체수가 많고 생활사가 짧기 때문일 뿐이다. 따라서 비히가 보기에는,

개체수가 적고 한 세대가 긴 크고 복잡한 생물은 진화의 원재료가 되는 돌연변이가 부족하기 때문에 진화하지 못한다.

실제로 선택 과정이 아니라 돌연변이가 진화적 변화를 제한하는 요인이라면, 자연선택뿐만 아니라 인위선택에서도 마찬가지여야 한다. 가축 육종은 자연선택과 정확히 동일한 돌연변이풀에 의존한다. 자, 만일 당신이 비히의 이론을 실험을 통해 검증하려면 어떻게 해야 할까? 예를 들어 순록을 사냥하는 야생 늑대들을 인위적으로 교배시켜, 땅굴 속에 숨은 토끼를 사냥하는 끈질긴 작은 늑대를 만들어낼 수 있는지 보면 된다. 그런 늑대가 나오면 그것을 '잭 러셀 테리어'라고 부르자. 아니면 털이 복슬복슬한 귀염둥이 늑대는 어떨까? 논증의 편의를 위해 이런 늑대를 '페니키즈'라고 부르자. 또는 알프스산맥에서 번성하고 생베르나르고개의 이름을 따서 세인트버나드라 불리는, 브랜디 궤짝을 옮길 수 있을 정도로 튼튼하고 두꺼운 털을 가진 늑대는? 비히의 말대로라면, 당신이 해가 서쪽에서 뜰 때까지 기다려도 필요한 돌연변이는 나타나지 않을 것이다. 당신의 늑대들은 변화가 전혀 없다. 개로 변하는 건 수학적으로 불가능하다.

개 육종은 지적 설계라는 말로 논점을 회피하지 말라. 그것은 일종의 지적 설계라고 할 수 있지만, '환원 불가능한 복잡성' 논쟁에서 패배한 비히는 완전히 다른 주장에 필사적으로 매달린다. 즉, 돌연변이는 중요한 진화적 변화를 일으키기에는 너무 드물게 일어난다는 것이다. 믿을 수 없는 마음으로 이 책을 덮을 때, 뉴펀들랜드에서 요크셔테리어, 와이마라너에서 워터스패니얼, 달마

시안에서 닥스훈트까지, 500가지 품종의 개들이 쏟아내는 깊고 통렬한 조롱의 외침이 들려오는 듯했다. 이 모든 품종은 저마다 지질학적 척도에서 보면 눈 깜박할 새로 보일 만큼 짧은 시간 내에 늑대로부터 유래한 자손들이다.

만일 비히의 계산이 맞다면, 여러 세대의 수리유전학자들이 난처해질 것이다. 그들은 돌연변이가 진화 속도를 제한하지 않는다는 것을 반복적으로 보여주었기 때문이다. 비히는 로널드 피셔, 수얼 라이트, J. B. S. 홀데인, 테오도시우스 도브잔스키, 리처드 르원틴, 존 메이너드 스미스, 그리고 그들의 수많은 재능 있는 공동 연구자들과 지적 후예들을 혼자서 상대하고 있는 셈이다. 개, 양배추, 파우터(다리가 긴 집비둘기의 일종—옮긴이)가 존재한다는 불편한 진실은 그렇다 치고, 그는 1930년부터 오늘날까지 이어져온 수리유전학 전체가 완전히 틀렸다고 주장하고 있는 셈이다. 그의 말이 옳다면, 리하이대학에서 손절당한 생화학자 마이클 비히는 계산을 제대로 한 유일한 사람이다. 당신도 그렇게 생각하는가?

누구 말이 맞는지 알아보는 가장 좋은 방법은 비히가 수학 논문을 〈이론생물학 저널Journal of Theoretical Biology〉이나 〈미국 자연학자American Naturalist〉에 제출하는 것이다. 그 학술지 편집자들은 그의 논문을 자격을 갖춘 심사관에게 보낼 것이다. 심사관들은 비히의 오류를, 완벽한 패를 가지고 있지 않으면 카드 게임에서 이길 수 없다는 믿음에 비유할지도 모른다. 하지만 지금 나는 심사관들의 판단을 예측하자는 것이 아니다. 내가 지적하고 싶은 점은, 비히가 선임 연구원으로 있는 이름도 기괴한 디스커버리연구소(이 연구소가 세금을 내지 않는 자선단체라는 것이 믿어지는가?)에서는 늘 있는 일이지만, 그가 동료 검토 절차를 완전히 우회하고, 한때 어깨를 나란히 하고 싶었던 과학자들을 무시한 채, (그도 출판사도 알 듯이) 그의 속셈을 간파하기에는 역부족인 대중에게 직접 호소했다는 것이다.

7

작동하는 유일한 종류의 진실

이 에세이는 제리 코인 Jerry Coyne**의 《왜 진화가 사실인가**Why Evolution is True**》에 대한 서평의 축약본으로, 애초의 서평은 2009년 〈타임스 문학 부록〉에 실렸다.**

진화가 '사실'인지 당신이 어떻게 아는가? 그건 다른 의견들에 비해 딱히 가치 있다고 할 수 없는, 그저 당신의 견해일 뿐이지 않나? 모든 견해는 똑같이 '존중받을' 자격이 있지 않나? 문제가 음악 취향이라든지 정치적 판단일 때는 그럴지도 모른다. 하지만 과학적 사실의 경우에도 그럴까? 불행히도 과학자들은 실제 세계의 무언가가 사실이라고 주장할 때마다 그런 상대주의적 항변을 듣는다. 제리 코인의 책 제목을 보면 그런 식의 항변은 딴청 피우기에 지나지 않기에, 나는 절대로 그냥 넘어갈 수 없다.

과학자는, 천둥이 치는 것은 토르가 망치를 내리쳤기 때문도 아니고, 신이 대지의 여신을 임신시킬 때 신의 고환이 의기양양하게 부딪히는 소리도 아니라고 도도하게 주장한다. 천둥은 우리 눈에 번개로 보이는 전기 방전에서 울려퍼지는 메아리다. 부족 신화는 시적이거나 적어도 감동적일 수는 있지만 그렇다 해도 거짓이다.

하지만 요즘은 특정 종류의 인류학자가 벌떡 일어나 다음과 같은 말을 할 수 있다. 당신이 무슨 자격으로 과학적 '진실'이 최고라고 주장하는가? 부족 신화는 그 부족의 나머지 세계관과 일관된 그물망으로 연결되어 있다는 의미에서 진실이다. 과학적 '진실'은 단지 진실의 한 종류일 뿐이다(그 인류학자는 그것이 '서양의 진실'이라고 덧붙일 것이다. 심지어 '가부장적 진실'이라고 말할지도 모른다). 부족의 진실들과 마찬가지로, 당신의 진실도 당신이 과학적이라고 부르는 세계관과 맞물려 있을 뿐이다. 이 관점의 극단적인 버전으로 가면, 논리와 증거 자체도 '직관적 마음'을 억누르는 '남성적 억압'의 도구에 지나지 않는다고 말하기까지 한다(농담이 아니다. 나는 실제로 그런 주장을 들은 적이 있다).

그런데 인류학자 여러분,• 여러분이 마법의 카펫이나 빗자루보다는 보잉747기에 비행을 맡기듯, 무당이나 문두무구mundumugu가 아니라 최고의 외과의사에게 종양 수술을 받듯, 여러분

• 인류학자들만이 아니다(그리고 기쁘게도, 모든 인류학자가 그런 것도 아니다). 문학 '이론가'라는 힘센 종에게서 비슷한 헛소리를 들을 수 있다.

은 과학적 버전의 진실이 잘 작동한다는 사실을 알게 될 것이다. 여러분은 그 과학적 진실을 실제 세계를 탐색하는 데 사용할 수 있다.

세상의 종말이 오지 않는 한 과학은 2009년 7월 22일 상하이에 개기일식이 일어날 것을 확실하게 예측할 수 있다. 달의 신이 태양신을 집어삼킨다는 신화는 시적으로 들릴 수 있고 부족 세계관의 다른 측면들과 조화를 이루겠지만, 일식이 일어나는 날짜와 시간, 장소를 예측하지는 못한다. 과학은 예측할 수 있다. 거기에 당신의 시계를 맞출 수 있을 정도로 정확하게 예측할 수 있다. 과학은 당신을 달로 데려갔다가 다시 데려올 수 있다. 최대한 양보해서, 과학적 진실이 실제 우주를 확실하고 안전하게, 그리고 예측 가능하게 비행할 수 있게 해주는 것 이상이 아니라는 것을 인정한다 해도, 진화는 적어도 이런 의미에서는 사실이다. 진화론은 생물학을 확실하고 예측 가능하게 헤쳐나갈 수 있게 해주고, 그것을 과학 분야의 어떤 이론만큼이나 상세하고 오류 없이 해낸다. 진화론에 대해 당신이 확실하게 말할 수 있는 점은, 적어도 그것이 잘 작동한다는 것이다. 거의 모든 학자는 여기서 더 나아가 진화가 사실이라고 주장할 것이다.

그렇다면 '진화는 이론일 뿐'이라는 자주 들리는 헛소리는 어디서 오는 것일까? 아마 과학은 결코 진실을 증명할 수 없다고 주장하는 철학자들의 오해에서 비롯되었을 것이다. 그런 철학자들은, 과학이 할 수 있는 일은 단지 가설을 반증하는 시도에 실패하는 것뿐이라고 생각한다. 특정 가설을 반증하기 위해 노력하면 할수록, 그리고 반증에 실패하면 할수록, 당신은 그것이 '가설'이 아니라 '사실'이라는 심증을 굳히지만, 그렇다 해도 사실에는 결코 도달하지 못한다. 그러므로 진화는 반증되지 않은 가설일 뿐이다. 즉, 반증될 가능성이 있지만 아직까지는 살아남은 가설인 것이다.

과학자들은 대체로는 이런 종류의 철학자들을 신경 쓰지 않고, 심지어는 그들이 그런 문제들을 처리해줌으로써 자신들이 지식을 계속 발전시켜나갈 수 있게 해주는 것에 감사한다. 하지만 과학자들은 과학에 해당하는 말은 일상 경험에도 해당한다고 따질 수도 있을 것이다. 만일 진화가 반증되지 않은 가설이라면, 실제 세계에 대한 모든 사실도 마찬가지고, 실제 세계의 모든 존재도 마찬가지라고.

이런 종류의 논증은 신속하게 외면당해야 마땅하다. 진화는 뉴질랜드가 남반구에 있는 것이 사실이라는 것과 똑같은 의미에서 사실이다. 만일 '사실'이라는 말을 사용하기를 거부한다면 어떻게 일상적인 대화를 해나갈 수 있겠는가? 또 "당신의 성별은 무엇입니까"와 같은 인구조사 양식을 어떻게 작성할 수 있겠는가? "내가 남성이라는 가설은 지금까지는 반증되지 않았지만 다시 한번 확인해보겠습니다." 더글러스 애덤스라면 이 답변을 읽고 나서 아마 "잘 읽히지 않는군요"라고 말했을 것이다.

그런데 철학은 과학에는 엄격한 잣대를 요구하면서 일상적인 사실들에 대해서는 아무 근거 없이 면죄부를 준다. 이런 의미에서 진화는—강력한 과학적 증거로 뒷받침되기만 한다면—사실이다. 그 증거는 매우 강력하고, 제리 코인은 객관적인 독자라면 누구도 설득당하지 않을 도리가 없는 방식으로 우리에게 그것을 보여준다.

경험상 나는 여기서 코인 박사와 그의 책에 투하될 또 다른 인기 있는 비난을 예상해야 한다. "왜 고생을 사서 합니까? 당신은 죽은 말을 채찍질하는 쓸데없는 노력을 하고 있습니다. 요즘에는 아무도 창조론을 심각하게 받아들이지 않습니다." 번역하면 이렇다. "우리 대학의 레기우스 신학 교수는 창조론자가 아니며, 캔터베리 대주교는 진화를 받아들인다. 따라서 당신은 쓸데없이 증거를 제시하느라 시간을 낭비하고 있다." 하지만 현실은 우울하다. 영국과 미국의 여론조사는 대다수 국민이 과학 시간에 '지적 설계'를 가르치기를 원한다는 것을 보여준다. 영국에서는 69퍼센트만이 진화를 가르치기를 원한다(영국 여론조사 기관 모리). 미국에서는 40퍼센트 이상•이 "지구상의 생명체는 태초부터 지금의 형태로 존재해왔고"(퓨리서치) "신이 인간을 지난 1만 년 내의 어느 순간에 거의 현재 형태로 창조했다"(갤럽)고 믿는다.

과학교사들은, 특히 미국에서 심하지만 영국에서도 점점 더 궁지에 몰리고 있다. 소수의 신학자와 주교들이 가끔 진화론에 대한 지지를 소곤거리는 것이 그들에게는 작은 위안이다. 그런데

• 지금은 40퍼센트에 약간 못 미친다. 올바른 방향으로 한 걸음 내디뎠다.

이따금 소곤거리는 것으로는 충분하지 않다. 2008년 10월에 약 60명의 미국 과학교사가 애틀랜타에 있는 에머리대학교 과학교육센터에서 만나 비슷한 경험을 나눴다. 한 교사는 학생들이 진화를 공부할 것이라는 말을 듣더니 "울음을 터뜨렸다"고 보고했다. 또 다른 교사는 그가 교실에서 진화에 대해 이야기하기 시작하면 학생들이 "싫어요!"라고 계속 소리친다고 말했다.•

그런 경험은 미국 전역에서 흔하고 인정하기는 싫지만 영국에서도 마찬가지다. 〈가디언〉은 2006년 2월에 "런던의 이슬람교 의대생들이 다윈의 이론을 거짓으로 일축하는 전단을 배포했다"고 보도했다. 그 전단을 만든 곳은 세금을 면제받는 등록된 자선단체 알나스르신탁이었다. 그러니까 영국 납세자들은 과학적 허위 사실을 교육기관에 체계적으로 배포하는 데 보조금을 지불하고 있는 셈이다. 영국 전역의 과학교사들은 그들이 주로 미국이나

• 나는 내 재단이 설립하고 버사 바스케스가 소장을 맡고 있는 진화과학을 위한 교사 연구소TIES를 이미 언급했다(이 책《리처드 도킨스, 내 인생의 책들》1장 챕터 4의 다섯 번째 주를 보라). 바스케스는 뛰어난 교사로, 미국의 과학교사들이 이런 종류의 문제를 다룰 수 있도록 돕는다. 과학 교과과정의 다른 어떤 주제도 그런 압도적인 적대감에 부딪히지 않는다(과학 교과과정의 다른 어떤 사실도 진화에 관한 사실보다 더 확실하게 입증된 것은 없다는 점에서 기이한 현상이다). 따라서 교사들은 그들이 구할 수 있는 모든 도움이 필요하다. 버사와 TIES가 그런 도움을 제공하고 있다.

이슬람의 영향을 받은 창조론 압력 단체로부터 경미하지만 점점 증가하는 압력을 받고 있다는 것을 확인해준다.

그러니 코인 교수의 책이 필요 없다는 뻔뻔한 말은 그만하도록 하자. 코인 교수뿐만 아니라 나도 진화의 증거를 제시하는 일에 관여했음을 여기서 밝힌다. 2009년 2월 12일은 다윈 탄생 200주년이고, 올가을은 《종의 기원》 150주년이다. 출판사들은 기념에 진심이므로 올해 다윈 관련 책들이 쏟아져나올 것이다. 그럼에도 불구하고, 제리 코인도 나도 각자 책을 쓰기 시작할 때는 진화의 증거에 대한 서로의 책이 나온다는 사실을 몰랐다. 그의 책은 지금 나왔고, 내 책•은 올가을에 나올 예정이다. 우리 두 사람의 책만이 아닐 것이다. 꼭 내달라. 많을수록 좋다. 증거는 압도적이고, 진화 이야기의 현대 버전은 다윈조차도 놀랄 만한 것이다. 그래서 지겨울 새가 없다. 진화는 결국 왜 우리가 존재하는지를 밝히는 실제 이야기고, 짜릿할 정도로 강렬하고 만족스러운 설명이다. 그 이전의 설명들이 아무리 굳게 받아들여졌다 해도 진화는 그 모두를 대체하고 압도한다.

제리 코인의 책은 매우 훌륭하다. 그의 진화생물학에 대한 지식은 비상하고, 그 지식을 전개하는 솜씨는 물 흐르듯 능숙하다. 그가 다루는 내용은 부러울 정도로 포괄적이지만, 동시에 간결하

• 《지상 최대의 쇼》이다.

고 읽기 쉽게 쓰여 있다. 9개 장 가운데 '바위에 적힌 증거'(2장)는, 창조론자의 대표적인 거짓말을 단번에 해치우는 사례들로 수놓아져 있다. 바로 화석 기록상의 '틈들'은 메울 수 없다는 거짓말이다. 창조론자들은 이렇게 말한다. "내게 중간체 화석을 보여달라!" 제리 코인이 그것을 보여준다. 그것도 엄청나게 많이. 전부 다 고개가 끄덕여지는 사례들이다. 고래와 새 같은 카리스마 넘치는 대형동물들과 물에서 육지로 올라온 실러캔스 사촌의 화석들만이 아니라, 미화석들까지 아우른다. 숫자만으로도 기가 죽는다. 어떤 종류의 퇴적암은 거의 전적으로 유공충, 방산충, 그리고 탄산칼륨(석회질)이나 실리카(규산질)를 함유한 기타 원생동물의 화석화된 미세골격들로만 만들어졌다. 이는 당신이 퇴적층의 중심부를 체계적으로 뚫고 내려가면서 지질시대를 한 축으로 특정 수치(예를 들어, 특정 동물의 특정 부위의 치수—옮긴이)에 대한 섬세한 그래프를 그릴 수 있다는 뜻이다(퇴적층을 순서대로 샘플링하기 위해 긴 튜브를 해저로 밀어넣고 기둥 모양의 코어 샘플을 끌어올려 밑바닥부터 꼭대기까지 읽어간다—옮긴이). 코인은 그런 그래프를 통해 방산충(랜턴처럼 생긴 작은 껍데기를 지닌 아름다운 원생동물)의 한 속이 200만 년 전 종 분화(종이 둘로 쪼개지는 것)한 현장을 포착한다.

한 종이 둘로 갈라진다는 것이 다윈의 책 《종의 기원》의 제목이 의미하는 바지만, 종 분화는 그 위대한 책의 몇 안 되는 약점들 중 하나다. 제리 코인은 아마도 오늘날 종 분화에 관한 세계 최고의 권위자일 것이고, 따라서 이 책의 '종의 기원'이라는 제목의 장(7장)이 그렇게 훌륭한 것은 놀라운 일이 아니다. '생물지리학'에 관한 장(4장)도 훌륭하다. 창조론이 거짓임을 보여주는 가장 실감나는 증거는 아마 대륙과 섬들에서 나타나는 동식물의 지리적 분포에서 찾을 수 있을 것이다(넓은 의미에서 '섬'은 호수, 산꼭대기, 오아시스까지도 포함한다. 동물의 관점에서는 거주 가능한 좁은 면적의 땅이, 더 넓은 면적의 거주 불가능한 땅으로 둘러싸여 있는 곳이다). 이 주제에 대한 방대한 증거를 제시한 후 코인은 이렇게 결론 내린다.

> 그러면 지금까지 본 이런 패턴을, 섬과 대륙에서 종이 제각기 특별하게 창조되었기 때문이라고 설명하는 이론에 대해 생각해보자. (…) 창조자의 목표가 마치 종을 섬에서 진화한 것처럼 보이게 만드는 것이라고 가정하지 않는 한, 그런 이론은 좋은 답이 될 수 없다. 아무도 그런 답을 받아들이지 않을 것이다. 이는 창조론자들이 섬 생물지리학을 단순히 외면하는 이유를 잘 설명해준다.

불리하면 슬쩍 빼버리는 부정직함은 유감스럽게도 창조론자들의 특징이다. 그들이 화석을 사랑하는 이유는 화석 기록의 '틈들'이 진화론자들을 당혹스럽게 한다고 (코인이 보여주듯 잘못) 믿도록 교육받았기 때문이다. 종의 지리적 분포는 창조론자들을 정말 당혹케 하는 일이고, 그래서 그들은 이 문제를 티 나게 무시한다.

이 책에는 유전자 수준의 자연선택에 대한 명쾌한 설명이 들어 있다. 다윈은 그것을 개체 수준에서 설명했다. 코인은 기생충이 숙주의 겉모습과 행동을 어떻게 바꾸는지 기술한다. 기생충은 개미의 복부를 붉은 딸기와 비슷한 형태로 바꾸고, 복부를 흉부와 연결하는 버팀대를 조심스럽게 약화시켜 복부를 마치 유혹하듯 공중으로 비스듬히 치켜올린다. 그다음에 일어날 일을 맞춰보라. 그렇다. 기생충 알이 가득 든 '딸기'를 기생충의 최종 숙주인 새가 먹는다. 코인의 말을 들어보자.

> 이 모든 변화는 기생충 유전자가 자신의 증식을 도모하기 위해 짜낸 교묘한 책략이다. (…) 이런 종류의 놀라운 적응, 즉 기생충이 자신의 유전자를 후대로 전달하기 위해 숙주를 조종하는 방법들이야말로 진화생물학자의 군침을 돌게 하는 것이다.

옳으신 말씀! 이 분야에서 일하는 진화생물학자들은 이런 종류의 유전자 중심적인 '적응주의' 언어를 보편적으로 사용한다. 따라서 코인이 이 책의 헌사를 바친 그의 오랜 스승이자 저명한 유전학자 리처드 르원틴이 30년 전에 고압적인 적대감을 품고 적응주의를 공격했다는 사실은 재미있는 반전이다. 또한 코인은 '이기적 유전자' 개념을 명료하게 밝힌다. 그는 이 개념이 우리가 애초에 이기적으로 태어났다는 거짓 주장과는 전혀 관련이 없다는 점을 올바로 설명한다. 30년 동안 얼마나 많은 것이 변했는지 격세지감이 느껴진다.

'진화의 엔진'에 대한 장(5장)은 소름 끼치는 예로 시작한다. 일본의 거대 말벌들은 유충을 먹이기 위해 꿀벌 둥지를 습격한다.

말벌 정찰병은 벌집을 발견하면 '표적'을 화학물질로 표시한다.

정찰병에게 표적을 찾았다는 알림을 받은 같은 둥지 동료들은 그곳으로 간다. 20~30마리 말벌 무리에 맞서 최대 3만 마리에 이르는 꿀벌 집단이 늘어선다. 하지만 상대가 되지 않는다. 벌집으로 들어간 말벌들은 턱으로 꿀벌을 한 마리씩 난도질한다. 각 말벌이 분당 40회의 속도로 꿀벌 머리를 처치하면 몇 시간이면 전투가 끝난다. 모든 꿀벌이 죽고 흩어진 몸 잔해들이 벌집에 나뒹군다. 그러면 말벌들은 벌집에 저장된 꿀을 거둬들인다.

코인이 이 이야기를 하는 목적은 일본에 유입된 유럽산 꿀벌의 끔찍한 운명을, 방어책을 진화시킬 충분한 시간이 있었던 일본 토종 꿀벌과 비교하기 위해서다.

그들의 방어 무기는 놀랍다. 그것은 경이로운 적응 행동의 또 다른 예다. 정찰 말벌이 벌집에 도착하면, 입구 근처에 있던 꿀벌들이 벌집 안으로 우르르 몰려와 친구들을 무장시키는 한편, 정찰 말벌을 안으로 유인한다. 그사이에 수백 마리 일벌이 벌집 입구에 집합한다. 정찰 말벌이 일단 벌집 안으로 들어오면, 꿀벌들이 공처럼 똘똘 뭉쳐 말벌을 뒤덮는다. 꿀벌들은 복부를 흔들어 덩어리 내부의 온도를 약 47도까지 올린다. (…) 정찰 말벌은 20분 내에 쪄죽고, 꿀벌의 둥지는 대체로는 무사하다.

꿀벌은 그 높은 온도를 견딜 수 있지만, 코인 박사는 '유전자 관점'에서는 꼭 그럴 필요가 없다고 덧붙인다. 꿀벌이 높은 온도를 견딜 수 없어도 이 방어기제는 자연선택될 수 있다. 왜냐하면 일벌은 생식력이 없기 때문이다. 일벌의 유전자들은 일벌의 몸에서가 아니라, 번식을 위한 공동운명체인 소수의 동료들 몸 안에서 사본으로 살아남는다. 만일 일벌들이 똘똘 뭉친 덩어리 중심에서 말벌과 함께 쪄죽는다면 그것은 값진 희생일 것이다. 말벌을 '쪄죽이는' 일벌 유전자의 사본은 살아남을 테니까.

다윈도 잘 다룬 주제들인 '잔재: 흔적기관, 배아, 나쁜 설계'에 관한 장(3장)도 훌륭하다. 또한 '성은 어떻게 진화를 추동하는가'에 대한 장(6장)과 인간 진화에 대한 장인 '우리는 어떤가?'(8장)도 훌륭하다. 하지만 코인은 다윈에게는 없었던 또 다른 종류의 강력한 증거에서 진가를 드러낸다. 1953년에 시작된 분자유전학 혁명을 다윈이 알았다면 얼마나 놀라고 기뻐했을까? 모든 생명체는 자신의 레시피가 적힌 방대한 문서를 각각의 세포 안에 가지고 있다. 현재 우리는 이 문서를 정확하고 완전하게 읽을 수 있다. 제약 요인은 오직 돈과 시간뿐이며, 이 역시도 하루가 다르게 줄어들고 있다. 모든 동식물의 DNA 문서가 네 개의 문자로 된 똑같은 코드를 사용하기 때문에, 비교할 수 있는 기회가 무궁무진하게 많다.

다윈은 자신의 시대에 박쥐 날개, 고래 지느러미, 두더지의 '삽'을 비교해 몇몇 뼈들 사이의 관계를 알아낼 수 있었다. 오늘날 우리는 (그리고 가까운 미래에는 저렴한 비용으로) 그런 비교를 더 큰 규모로 할 수 있다. 박쥐, 고래, 두더지의 10억 개 DNA 문자를 나열해놓고, 몇 군데가 다르고 몇 군데가 비슷한지 말 그대로 셀 수 있다. 게다가 그런 비교를 하나의 집단(예를 들어 포유류 집단) 내로만 한정할 필요도 없다. 이 유전 코드는 모든 생명체에 보편적인 것이라서 척추동물뿐만 아니라 식물, 달팽이, 박테리아와도 문자 대 문자로 비교할 수 있다. 이런 비교는 다윈이 수집할 수 있었던 가장 강력한 증거보다 수백 배 더 확실한 진화의 증거를 제공할 것이다. 그뿐만이 아니다. 마침내 우리는 모든 생명의 완전한 나무인 보편적인 계통수를 구축할 수 있다. 또한 인간의 맹장이나 키위의 날개 같은 진화적 흔적기관의 분자 등가물도 엄청나게 많이 찾아낼 수 있다.

게놈은 죽은 유전자들로 가득하다. 거기 있는 방대한 분량의 쓰레기 DNA는 폐기되고 대체된 옛 유전자들의 무덤이고(기능을 하지 않는 '난센스 DNA'라는 무의미한 서열들도 있다), 그 사이사이에 실제로 발현되는 유전자들이 섬처럼 놓여 있다. 분자 번역기가 이 유전자들을 읽어 단백질로 번역한다. 번역되지 않는 죽은 유전자들을 '가짜 유전자'라고 부른다. 우리의 후각이 개의 후각보다 덜 발달한 이유는 후각 기능을 하던 유전자들 대부분이 현재 불활성화되었기 때문이다. 그런 유전자들은 아직 게놈상에 있지만 이미 죽은 유전자들이다. 분자생물학자들은 그 죽은 유전자들(즉, 빽빽하게 늘어선 분자 '화석들')을 읽어낼 수 있어도 우리 몸은 더 이상 그것을 읽지 않는다.

발현되는 유전자들을 토대로 생명의 나무를 구축할 수 있고 서로 다른 유전자들이 같은 계통수에 놓이는 것을 보는 것만으로도 충분히 경이롭다. 이것은 진화가 사실임을 보여주는 놀라운 증거다. 게다가 DNA 서열이 아무것도 나타내지 않아서 역사의 유산으로 간주될 뿐인 죽은 유전자들도 같은 계통수를 공유한다는 것은 진화의 훨씬 더 유력한 증거다. 창조론자가 이것을 어떻게 설명하겠는가? 가짜 유전자들의 존재 자체를 어떻게 설명하겠는가? 왜 창조주는 쓸모없고 번역되지 않는 유전자들을 게놈에 방치할까? 게다가 창조된 게 아니라 진화했다는 인상을 주는 패턴으로 배치했을까? 이건 기만임을 신도 인정해야 할 것이다.

코인은 다윈주의에 대한 가장 널리 퍼진 오해가 "진화에서 '모든 것은 우연히 일어난다'는 개념"이고 "그 흔한 주장은 완전히 틀렸음"을 제대로 지적한다. 그렇다, 완전히 틀렸을 뿐 아니라 명백히 틀렸다. 심지어는 가장 뒤떨어진(최대한 자제한 표현이다) 지능도 뻔히 알 수 있을 만큼 틀렸다. 진화가 우연한 과정이라면 진화는 일어날 수 없을 것이다. 불행히도, 창조론자들은 자신들이 진화를 잘못 이해했다는 것을 깨닫는 대신 진화가 틀렸다고 결론짓는다. 이 한 가지 오해가 진화를 반대하는 잘못된 논리 대부분을 차지한다. 제리 코인이 책을 쓸 필요를 느끼게 한 것도 바로 이 오해다. 필요는 컸고 실행은 훌륭하다. 꼭 읽어보시라.

내 장례식에 읽힐 추도사

에필로그 제목은 이 글을 이 책에 포함시키는 것을 정당화하는 유일한 이유다. 《무지개를 풀며》의 첫 장에서 발췌해 편집했다.

우리는 죽을 것이고, 그래서 우리는 운이 좋은 사람들이다. 대부분의 사람들은 태어나지 않기에 죽을 일도 없다. 지금 내 자리에 있었을 수도 있지만 실제로는 영원히 빛을 보지 못할 사람의 수는 사하라사막의 모래알보다 많다. 그 태어나지 않은 유령들 중에는 분명 키츠보다 훌륭한 시인도, 뉴턴보다 위대한 과학자도 있을 것이다. 우리가 이 사실을 알고 있는 것은 DNA 조합이 허용하는 사람의 수가 실제 사람의 수보다 훨씬 많기 때문이다. 이런 놀라운 확률을 뚫고 평범한 당신과 내가 여기 있는 것이다.

우리는 우리 같은 종류의 생명체에 거의 완벽한 행성에서 살고 있다. 너무 덥지도 너무 춥지도 않고, 따사로운 햇살이 내리쬐고 물로 촉촉하게 적셔진 곳. 부드럽게 공전하며 싱그러운 계절과 황금빛 수확의 계절을 선사하는 곳. 우연히 고른 행성이 이런 흡족한 속성들을 가질 확률이 얼마나 될까? 장래에 먼 우주 세계에서 살기 위해 스스로 급속 냉동에 들어간 탐험가들을 태운 우주선을 상상해보라. 그 우주선은 아마, 공룡을 멸종시킨 것 같은 막을 수 없는 혜성이 고향 행성에 부딪치기 전에 종을 구하는 절망적인 임무를 수행하고 있을 것이다. 항해자들은 자신이 탄 우주선이 생명 친화적인 행성을 우연히 만날 확률을 냉정하게 따져본 후 급속 냉동에 들어간다. 적합한 행성은 기껏해야 100만 개 중 하나고, 한 항성에서 다음 항성까지 가는 데 수백 년이 걸린다면, 그 우주선이 깊이 잠든 화물에게 안전한 행성은 고사하고 견딜 만한 행성을 찾을 가능성조차 한숨이 나올 정도로 낮을 것이다.

하지만 그 우주선의 로봇 조종사가 상상할 수도 없게 운이 좋았다고 치자. 수백만 년의 항해 후 그 우주선은 생명이 살아갈 수 있는 행성을 만나는 특별한 행운을 맞이한다. 그곳은 기온이 늘 일정하고, 따뜻한 별빛이 포근히 감싸주고, 신선한 산소와 물이 공급되는 곳이다. 우주선의 승객인 '립 밴 윙클Rip van Winkle'(미국 작가 워싱턴 어빙이 1819년에 쓴 단편소설의 제목이다. '립 밴 윙클'이라는 이름의 네덜란드계 미국인이 미국 캣스킬산맥에서 신비로운 네덜란드인을 만나 술을 마신 뒤 잠이 든다. 잠에서 깨어보니 20년이 지났고, 전혀 다른 세상이 되어 있었다—옮긴이)들은 잠에서 깨어나 비틀거리며 환한 바깥으로 나간다. 100만 년 동안 잠을 자고 일어났더니, 눈앞에 완전히 새로운 비옥한 지구가, 따뜻한 목초지로 덮이고 개울과 폭포가 반짝거리는 싱그러운 행성이,

낯선 초록 들판을 행복하게 뛰어다니는 생명체들로 가득한 세계가 펼쳐져 있다. 우리의 여행자들은 자신의 익숙지 않은 감각, 아니 행운을 믿을 수 없어 넋을 잃고 걷는다.

나는 운이 좋아서 태어났고 당신도 마찬가지다. 게다가 우리는 특권을 누렸다. 우리 행성을 즐겼을 뿐 아니라, 왜 우리 눈이 열리고 지금처럼 볼 수 있는지를, 그 눈이 영원히 감기기 전 짧은 시간 동안 이해할 수 있는 기회를 선사받았기 때문이다.

도킨스의 과학문학

어떻게 보면 《리처드 도킨스, 내 인생의 책들》은 《영혼이 숨 쉬는 과학》의 동반자와도 같은 책이다. 같은 편집자 질리언 서머스케일스가 엮었다는 점에서 그렇고, 문학으로서의 과학을 표방하고 있다는 점에서 그렇다. 《영혼이 숨 쉬는 과학》에서 그는 자신을 "과학이 가진 공상적이고 시적인 면, 상상력을 자극하는 과학"을 추구하는 '칼 세이건 학파'라고 부르면서, 왜 과학자가 문학상을 받으면 안 되느냐고 물었다. "칼 세이건의 작품이 노벨문학상 감임을 누가 부정하겠는가? 로렌 아이슬리는 어떤가? 루이스 토머스는? 피터 메더워는? 스티븐 제이 굴드, 제이컵 브로노프스키, 다시 톰슨은?" 나는 여기에 도킨스의 이름도 추가하고 싶다.

이전 에세이집에서 과학의 문학성에 대해 운을 뗀 도킨스는 이 책의 서문을 통해 '문학으로서의 과학'이 무엇인지 좀 더 자세히 설명한다. 그는 "시인의 눈을 가졌으면서도 여전히 확고한 과학자의 눈으로 세상을 바라보고", "실재에 관한 사실들을 쓰고 나서 상상력의 불을 붙이는" 과학자들의 글들을 인용하면서 "과학은 시적으로 들리기 위해 언어를 치장할 필요가 없다. 시적 감수성은 주제인 '실재實在'에 들어 있다. 과학은 오직 명료하고 정직하게만 쓰면 독자에게 시적인 느낌을 전달할 수 있다. 그리고 조금만 더 노력하면, 관례상 미술과 음악, 시, 그리고 '위대한' 문학의 전유물로 여겨지는, 짜릿한 전율을 줄 수 있다"고 주장한다.

한 예로, 숙주의 게놈에 들어가 자신의 유전자를 이식하는 바이러스의 행동을 "거대한 파티에서처럼 유전물질을 나눠주고 다닌다"고 묘사한 영국 의학자 루이스 토머스를 인용한 후 도킨스는 이렇게 말한다. "바이러스를 꼭 그런 식으로 볼 필요는 없다. 사실 그 자체는 문학적 이미지를 허용하지만 강요하지는 않는다. 하지만 문학적 이미지가 더해지면 독자는 요점을 더 잘 볼 수 있다." 물론 도킨스 자신도 문학적 이미지를 적극 활용한다. 진화가 시간을 초월한 변화의 동력이라는 사실을 "연극은 같지만 무대에 오르는 배우들은 다르다"는 비유를 들어 설명하고(1장의 에세이 '영원함과 화제성'), 멸종에 대해 고찰하면서는 "진화적 관점을 가질 때 동물들은 더 이상 평범한 예술작품"이 아니라 "만드는 데 1천만 년이 걸린 예술작품"으로 보인다고 표현한다(2장의 에세이 '군집을 보존하는 일').

그러면 왜 문학적 이미지가 우리에게 그토록 큰 호소력을 가질까? 우리 마음의 오래된 진화적 측면이 답의 일부가 될 수 있을지도 모르겠다. 3장의 에세이 '소우주 안의 세계들'에서 그는 발달한 신경계를 가진 동물들의 뇌에는 그 동물의 세계에 대한 모델(컴퓨터 시뮬레이션)이 들어 있으며, 그런 모델은 지속적으로 업데이트되는 동시에 일기예보처럼 미래를 예측할 수 있다고 말한다. 그러면서 미래를 시뮬레이션하는 능력(상상력)은 조상들의 생존과 번식에 이익을 주었기 때문에 진화했으며, 상상력을 발휘할 수 있는 뇌가 생겼을 때 꿈과 예술에서와 같이 무제한적으로 상상의 나래를 펼치는 능력이 생겼을 것이라고 추측한다. 도킨스가 문학적 과학에서 중요하게 여기는 문학적 이미지 역시 일종의 '모델'이 아닐까? 모든 작가가 자신의 세계를 시뮬레이션함으로써 주변 세계를 탐구한다는 점에서 소설은 하나의 모델이라고 할 수 있지 않을까?

한편 이 책은 '책에 대한 책'이라는 점에서, 도킨스의 과학 커뮤니케이터로서의 모습을 가장 잘 보여주는 것이 아닐까 싶다. "모두 타인이 생산한 작품을 지지하고, 비판하고, 논평하기 위해 작성된" 글들이다. 여섯 개 장을 여는 대담은 그 자체로 흥미진진하다. 함께 대화를 나누는 상대들은 이름만으로도 어떤 대화가 펼쳐질지 가슴이 두근거리는 사람들이다. 칼 세이건의 후계자로 여겨지는 미국 천체물리학자인 닐 디그래스 타이슨, 진화심리학자 스티븐 핑커, 2011년에 작고한 작가이자 언론인 크리스토퍼 히친스, 이론물리학자 로렌스 크라우스, 저널리스트 매트 리들리, 그리고 나머지 한 사람은 영국의 출판인이자 방송인 애덤 하트-데이비스다. 데이비스와의 대담은 도킨스가 "내가 그동안 전 세계를 돌아다니며 한 수백 개의 인터뷰 가운데 내 과학 인생을 가장 간결하게 요약한" 인터뷰라고 고백했을 만큼 특별하다. 이 글에서 우리는 그의 학술적 성과를 대표하는 핵심 개념인 '이기적 유전자'와 '확장된 표현형', 그리고 과학 커뮤니케이션에 대한 그의 생각을 엿볼 수 있다.

커뮤니케이션과 관련하여 꼭 지적하고 싶은 점은, 도킨스가 인물을 관대하고 아름답게 그려내는 작가라는 점이다.《영혼이 숨쉬는 과학》에서도 느꼈지만, 그의 인물평을 읽다 보면, 나도 그들을 알고 있었던 것 같은 느낌, 나아가 그 속에서 함께 어울리고 싶다는 느낌이 든다. 그가 그토록 동료 과학자들을 잘 그려내는 이유 중 하나는 아마 뉴턴이 말했듯이 과학이란 "거인들의 어깨 위에 선" 공동 사업임을 잘 아는 진정한 과학 커뮤니케이터이기 때문일 것이다. 그리고 또 한 가지 이유는 그가 이 책을 헌정한 사람이자 많은 영감을 받은 작가로 꼽은 피터 메더워만큼이나 박학다식하기 때문이 아닐까. 그는 피터 메더워가 쓴 다시 톰슨(스코틀랜드의 위대한 생물학자이자 고전주의자)에 대한 인물평을 인용하며 "그처럼 박식한 사람만이 이렇게 관대하고 아름다운 초상화를 글로 써낼 수 있을 것"이라고 평한다. 그런 후 "피터는 자신이 많은 면에서 이 묘사와 겹친다는 것을 알았을까?"라고 묻는다.

사실 나는《리처드 도킨스, 내 인생의 책들》을 번역하는 동안 여러 대목에서 이 문장을 떠올렸다. 예를 들어, 피터 앳킨스에 대해 "현존하는 과학자들 중 가장 유려한 영어 문장가 중 한 명"이라고 묘사한 대목에서도, 또 다른 위대한 진화론자에 대해 "진화를 설명하기에 존 메이너드 스미스보다 더 적합한 사람은 세상에 거의 없으며, 진화론보다 더 재능 있는 선생이 필요한 주제도 없다"고 말할 때도 나는 리처드 도킨스를 떠올렸다. 또한 "넓은 캔버스부터 정교한 세밀화까지 붓을 능수능란하게 사용하는 화가처럼 영어를 사용한다"고 제이컵 브로노프스키를 극찬할 때도.

그렇다면 이 과학 커뮤니케이션의 대가는 어떤 책을 읽고 어떤 서평을 썼을까? 도킨스를 아는 사람이라면, 줄거리를 요약한 후 몇 마디 의례적인 감상평을 덧붙이는 주례사 같은 글을 예상하지는 않을 것이다. 그는 소개하는 책의 매력(때로는 오류)을 선명하게 보여주면서도, 서평 대상이 다루는 주제를 무대로 자신의 생각을 펼쳐보인다. 모든 서평이 독창성과 통찰력으로 가득하다. 예를 들어 위대한 생물학자 에드워드 윌슨을 비판한 에세이는 왜 생명 위계에서 유전자가 다른 단위보다 효과적인 선택의 수준이 될 수 있는지를 설명하는 독립적인 논증으로 손색이 없다. 또한 데이비드 휴스가 편집한 책인《기생충의 숙주 조작》의 머리말로 쓴 에세이(2장의 '생명 안의 생명')에서는 기생충에 감염된 숙주의 행동을 확장된 표현형 개념을 가지고 유려하게 설명한다.

리처드 도킨스의 '인생의 책들'은 주로 과학을 주제로 삼은 것들이지만, 장르는 과학소설에서부터 무신론자의 회고록을 거쳐 과학책까지 다방면에 걸쳐 있다. 그는 대니얼 F. 갤루이의《암흑 우주》를 과학의 범위를 벗어나지 않으면서도 과학을 새로운 방식으로 생각하게 해주는 훌륭한 과학소설로, 프레드 호일의《검은 구름》을 "그 자체로 과학을 가르쳐줄 수 있는 역량을 지닌 최고의 과학소설"로 극찬한다. 칼 세이건의《악령이 출몰하는 세상》

에 대해서는 "내가 썼다면 얼마나 좋을까? 하지만 그것은 불가능한 일이므로 내가 할 수 있는 최선은 친구들에게 이 책을 권하는 것이다"라고 시샘을 드러낸다. 제프 호킨스의 《천 개의 뇌》에 대해서는 자기 전에 이 책을 읽으면 "머릿속이 흥미진진하고 도발적인 아이디어로 소용돌이쳐서 책장을 덮고 잠을 청하기는커녕 밖으로 뛰쳐나가 아무나 붙잡고 말하고 싶어질 것"이라며 흥분을 감추지 못한다. 그리고 로버트 액설로드의 《협력의 진화》를 복음을 전파하는 전도사처럼 열렬히 추천한다. "나는 모든 사람이 이 책을 읽고 이해한다면 지구가 더 나은 장소가 될 거라고 굳게 믿는다. 세계 지도자들을 이 책과 함께 가둬놓고 다 읽을 때까지 풀어주지 말아야 한다. 그들에게는 즐거운 경험이 될 것이고, 나머지 우리에게는 구원이 될 것이다."

비판과 악평도 몇 편 있다. 하지만 자고로 싸움 구경만큼 재미있는 건 없다는 말이 있지만 도킨스가 거는 '싸움'은 신랄하면서도 우아하고, 유머와 풍자로 빛난다. 《우리 유전자 안에 없다》에 대한 서평에서는, 저자들이 단순히 에드워드 윌슨의 연구 결과가 정치적으로 마음에 들지 않아서 사회생물학을 거부한 것이라고 설득력 있게 주장한다. 진화심리학을 비판하는 사람들을 향해서는 마음이 몸과 마찬가지로 진화한 기관이라는 주장에는 특별할 것이 전혀 없다고 말한다.

하지만 비판의 대상에조차 그는 연민과 자비를 베푼다. 포스트모더니즘이 통찰력 부족을 모호한 말장난으로 가린다고 생각하는 그는 린 마굴리스와 도리언의 책을 혹독하게 비판하는 글에서, "마굴리스급의 능력과 엄격함을 지닌 과학자가 어떻게 이런 허세 가득한 헛소리에 속을 수 있는지는 이 책에 나오는 문장만큼이나 이해 불가다"고 하면서 마굴리스가 공동 저자와 논쟁을 벌이다 패했기를 바라며 독자에게 호의를 베풀어주기를 청한다.

물론 종교에 대한 비판도 빠질 수 없다. 예를 들어, 지구가 기원전 8000년 전에 갑자기 생겨났다는 생각을 진지하게 받아들이는 작가에 대해서는 "이구아노돈을 훈련시켜 스톤헨지로 돌을 운반하게 했을까?"(6장의 에세이 '무책임한 출판?')라고 비꼰다. 지적 설계 선전가인 마이클 비히의 책을 "포기한 사람의 책"이라고 평하는 서평(6장의 에세이 '열등한 세계')은 도킨스의 표현을 빌리면 그야말로 '피터 메더워 급'이다.

이 책에 실린 다양한 주제들은 크게 두 줄기로 나눌 수 있다. 이 둘은 리처드 도킨스가 평생 천착해온 두 가지 핵심 영역이기도 하다. 이 둘을 '속임수trick'라는 문학적 이미지로 연결할 수 있을 것 같다. 하나는 물론 다윈이 인내심을 가지고 설명한 "생명의 속임수인 누적적인 자연선택"(4장의 에세이 '신이라는 유혹')이고, 다른 하나는 모든 종류의 난해한 사이비 과학과 맹목적인 신념 체계, 즉 진짜 속임수다.

30대에 첫 책 《이기적 유전자》로 단숨에 스타덤에 올라 평생 논란과 화제 속에서 살았던 리처드 도킨스는 어느덧 80대에 이르렀다(《리처드 도킨스, 내 인생의 책들》은 그의 80세 생일을 기념하며 묶은 책이다). 비록 우리나라에는 뒤늦게 도착했지만(1993년) 이 혁명적인 책 이후로 도킨스는 내 마음속에서 항상 도발적인 아이디어로 세상을 휘젓는 젊은이의 모습으로 남아 있다. 그래서인지 에필로그의 제목 '내 장례식에 읽힐 추도사'를 보며 가슴이 철렁했다. 하지만 나이가 들어 죽음을 두려워할 나이가 되면 도킨스도 신념이 조금은 약해지지 않을까 예상했던 사람이라면 안심하시라(또는 실망할 준비를 하시라). "우리는 죽을 것이고, 그래서 우리는 운이 좋은 사람들이다. 대부분의 사람들은 태어나지 않기에 죽을 일도 없다"(《무지개를 풀며》를 시작하는 에세이에 나오는 구절)로 시작하는 이 글은 여전히 생명과 생명 탐구에 대한 기쁨으로 넘친다.

들리는 소문에 따르면, 도킨스는 요즘 디지털 클라리넷의 일종인 전자 관악기를 열심히 연습하고 있다고 한다. 또한 소설을 쓰고 있다는 소식도 들린다. 에세이 과제를 받고 "불가사리 수관계와 함께 자고, 먹고, 꿈을 꾸며"(1장의 에세이 '튜토리얼 중심의 교육') 유레카의 순간을 만났던 19세 대학생의 모습 위로 82세의 도킨스가 악기를 연주하고 소설을 쓰는 모습이 오버랩된다. 물론 그는 여전히 과학에 대해 이야기하며 행복해한다. 과학소설을 읽으며 과학을 배웠다고 고백하는 그가 어떤 소설을 내놓을지 궁금해서 견딜 수 없는 나는 도킨스가 좀 더 오래 건재하기를 빈다.

2023년 10월

김명주

출전과 감사의 말

저자, 편집자, 출판사는 이 책에 원고를 재수록할 수 있도록 허락해준 저작권자에게 깊은 감사를 표한다.

1장 두 업계의 도구: 과학 글쓰기

1. 닐 디그래스 타이슨과의 대화: 2015년 9월 〈스타토크〉에서 처음 방영.
2. 상식적이지 않은 과학: Lewis Wolpert, *The Unnatural Nature of Science*에 대한 서평. *Sunday Times*, 1992에 처음 발표.
3. 우리는 모두 친척일까?: Gemma Elwin Harris, *Big Questions from Little People, answered by some very big people* (Faber/NSPCC, 2012)에 처음 발표.
4. 영원함과 화제성: Tim Folger, ed., *The Best American Science and Nature Writing* (Boston: Houghton Mifflin, 2003)에 처음 발표.
5. 두 전선에서 싸우다: 'Edge' 회보 'Napoleon Chagnon: blood is their argument'의 서문으로 처음 발표(https:// www.edge.org/

conversation/napoleon-chagnon-blood-is-their-argument을 보라).

6. 포르노필로소피: Lynn Margulis and Dorion Sagan, *Mystery Dance: on the evolution of human sexuality*에 대한 서평. Nature, vol. 354, 12 Dec. 1991에 처음 발표.
7. 결정론과 변증법: Steven Rose, Leon J. Kamin and Richard Lewontin, *Not in Our Genes: biology, ideology, and human nature*에 대한 서평. New Scientist, 24 Jan. 1985에 처음 발표.
8. 튜토리얼 중심의 교육: David Palfreyman, ed., *The Oxford Tutorial: 'Thanks, you thought me how to think'*, 2nd edn (Oxford, Oxford Centre for Higher Education Policy Studies, 2008)에 처음 발표.
9. 빛이 사라진 세계: *Dark Universe* by Daniel F. Galouye (London, Audible Audiobooks, 2009) 오디오북의 서문으로 처음 발표.
10. 과학 교육과 난해한 문제들: Fred Hoyle, *The Black Cloud* (London, Penguin, 2010) 페이퍼백 에디션의 후기로 처음 발표.
11. 합리주의자, 성상파괴자, 르네상스인: Jacob Bronowski, *The Ascent of Man*, new edn (London, BBC Books, 2011)의 후기로 처음 발표.
12. 다시 《이기적 유전자》: *The Selfish Gene* 30주년 기념판(Oxford, Oxford University Press, 2006)의 서문으로 처음 발표.

2장 형언할 수 없는 세계: 자연을 찬미하다

1. 애덤 하트-데이비스와의 대화: Adam Hart-Davis, *Talking Science* (Chichester, Wiley, 2004)에 처음 발표.
2. 진실과의 근접 조우: Carl Sagan's *The Demon-Haunted World: science as a candle in the dark* (New York, Random House,

1995)에 대한 서평. The Times, February 1996에 처음 발표.

3. 군집을 보존하는 일: Art Wolfe, *The Living Wild*, ed. Michelle A. Gilders (Seattle, Wildlands, 2000)에 처음 발표.
4. 해부대 위의 다윈: David Dugan, *Inside Nature's Giants* (London, Collins for Channel 4, 2011)의 머리말로 처음 발표.
5. 생명 안의 생명: David P. Hughes, Jacques Brodeur and Frédéric Thomas, eds, *Host Manipulation* by Parasites (Oxford, Oxford University Press, 2012)의 머리말로 처음 발표.
6. 신 없는 우주의 순수한 기쁨: 미출판 원고.
7. 다윈과 함께 하는 여행: Charles Darwin, *The Origin of Species and The Voyage of the Beagle* 보급판(New York and London, Random House, 2003)의 서문에서 발췌. Everyman's Library, an imprint of Alfred A. Knopf. 의 허락을 받아 수록.
8. 천국의 사진: Paul D. Stewart, *Galápagos: the islands that changed the world* (London, BBC, 2006)의 머리말로 처음 발표.

3장 생존 기계 내부: 인간을 탐구하다

1. 스티븐 핑커와의 대화: *The Genius of Charles Darwin* (Channel 4 Television, 2008)에서 처음 방영.
2. 오래된 뇌, 새로운 뇌: Jeff Hawkins, *A Thousand Brains: a new theory of intelligence* (New York: Basic Books, forthcoming 2021)의 머리말로 처음 발표.
3. 종 장벽을 깨다: John Brockman, ed., *This Will Change Every-thing: ideas that will shape the future* (New York, Harper, 2009)에 처음 발표.
4. 가지를 내다: Ian Tattersall and Jeffrey H. Schwartz, *Extinct Humans* (Boulder, Colo., Westview, 2000)에 대한 서평. New

York Times, 6 Aug. 2000에 처음 발표.

5. 다윈주의와 인간의 목적: John R. Durant, ed., *Human Origins* (Oxford, Clarendon Press, 1989)에 처음 발표.
6. 소우주 안의 세계들: Neil Spurway, ed., *Humanity, Environment and God: The Glasgow Centenary Gifford Lectures* (Oxford, Wiley-Blackwell, 1993)에 처음 발표된 에세이에서 발췌.
7. 실제 유전자와 가상 세계: David Buss, ed., *Handbook of Evo-lu-tionary Psychology* (Hoboken, NJ: Wiley, 2005)의 후기로 처음 발표.
8. 좋은 놈이 (그래도) 승리한다: Robert Axelrod, *The Evolution of Cooperation*, new edn (New York, Basic Books, 2006)의 머리말로 처음 발표.
9. 예술, 광고, 그리고 매력: Robin Wight, *The Peacock's Tail and the Reputation Reflex: the neuroscience of art sponsorship* (London, Engine/Arts & Business, 2007)의 머리말로 처음 발표.
10. 아프리카 이브에서 해변 떠돌이로: Jonathan Kingdon, *Self-Made Man and his Undoing* (London: Simon & Schuster, 1993)에 대한 서평. Times Literary Supplement, 26 March 1993에 처음 발표.
11. 우리는 별부스러기: Bailey Harris and Douglas Harris, *My Name is Stardust*, illus. Natalie Malan (Augusta, Mo., Storybook Genius, 2017)의 머리말로 처음 발표.
12. 에드워드 윌슨의 내리막길: Edward O. Wilson, *The Social Conquest of Earth* (New York, Norton, 2012)에 대한 서평. Prospect, June 2012에 처음 발표.

4장 탄광의 카나리아: 회의주의를 지지하다

1. 크리스토퍼 히친스와의 대화: *New Statesman*, Dec. 2011에 처음 발표된 인터뷰에서 발췌.
2. 내적 망상의 증인: Dan Barker, *Godless: how an evangelical preacher became one of America's leading atheists*, pb (Berkeley, Ca., Ulysses, 2008)의 머리말로 처음 발표.
3. 나쁜 습관 버리기: Daniel C. Dennett and Linda LaScola, *Caught in the Pulpit* (Durham, NC, Pitchstone, 2015)의 머리말로 처음 발표.
4. 믿음에서 해방되는, 날아갈 듯한 가벼움: Catherine Dunphy, *Apostle to Apostate: the story of the Clergy Project* (Durham, NC, Pitchstone, 2015)의 머리말로 처음 발표.
5. 공적·정치적 무신론자: Herb Silverman, *Candidate without a Prayer: an autobiography of a Jewish atheist in the Bible Belt* (Durham, NC, Pitchstone, 2012)의 머리말로 처음 발표.
6. 위대한 탈주: Seth Andrews, *Deconverted: a journey from religion to reason* (Parker, Colo., Outskirts, 2019)의 머리말로 처음 발표.
7. 신의 초상, 신이 직접 한 말로: Dan Barker, *God: the most unplea-sant character in all fiction* (New York, Sterling, 2016)의 머리말로 처음 발표.
8. 신학으로부터의 해방: Tom Flynn, ed., *The New Encyclopedia of Unbelief* (Amherst, NY: Prometheus, 2007)의 머리말로 처음 발표.
9. 신이라는 유혹: *The God Delusion*의 10주년 기념판(London, Bantam, 2016)의 서문으로 처음 발표.
10. 무신론의 지적·도덕적 용기: *The Four Horsemen* (London, Ban-

tam, 2019)에 처음 발표.

5장 검찰이 묻다: 신앙을 심문하다

1. 로렌스 크라우스와의 대화: *Scientific American*, 19 June 2007에 처음 발표된 인터뷰에서 발췌.
2. 국교 분리의 장벽을 방어하다: Sean Faircloth's *Attack of the Theocrats: how the religious right harms us all - and what we can do about it* (Durham, NC, Pitchstone, 2012)의 머리말로 처음 발표.
3. 도덕적·지적 위기: First published as foreword to Sam Harris, *Letter to a Christian Nation* (London, Bantam, 2007)의 머리말로 처음 발표.
4. 설계 환상을 벗기다: Niall Shanks, *God, the Devil and Darwin: a critique of intelligent design theory* (New York, Oxford University Press, 2004)의 머리말로 처음 발표.
5. 아무것도 없는 데서는 아무것도 생기지 않는다: Lawrence M. Krauss's *A Universe from Nothing* (New York, Free Press, 2012)의 후기로 처음 발표.
6. 패스트푸드 논증: J. Anderson Thomson with Clare Aukofer, *Why We Believe in Gods: a concise guide to the science of faith* (Charlottesville, Va., Pitchstone, 2011)의 머리말로 처음 발표.
7. 야심찬 바나나 껍질: Richard Swinburne, *Is There a God?* (Oxford, Oxford University Press, 1996)에 대한 서평. Sunday Times, 4 Feb. 1996에 처음 발표.
8. 천국의 쌍둥이: 'Mohammed Jones', *Jesus and Mo: folie a dieu* (2013)의 머리말로 처음 발표.
9. 공포와 영웅 이야기: Farida Khalaf and Andrea C. Hoffman,

The Girl Who Beat ISIS: my story (London, Vintage, 2016)에 대한 서평으로, www.richarddawkins.net에 발표.

6장 불꽃을 보살피다: 진화의 복음을 전파하다

1. 매트 리들리와의 대화: 이 책을 위해 녹음한 대화.
2. 재출시된 '작은 펭귄북': John Maynard Smith, *The Theory of Evolution*, new edn (Cambridge, Cambridge University Press, 1993)의 머리말로 처음 발표.
3. 눈길의 여우: George Williams, *Adaptation and Natural Se-lec-tion: a critique of some current evolutionary thought*, new edn (Princeton, Princeton University Press, 2018)의 머리말로 처음 발표.
4. 어두운 시기에 진실을 말하다: Maitland Edey and Donald Johanson, *Blueprints: solving the mystery of evolution*, pb edn (New York, Penguin, 1989)에 대한 서평. New York Times, 9 April 1989에 처음 발표.
5. 무책임한 출판?: Richard Milton, *The Facts of Life: shattering the myth of Darwinism* (London, Fourth Estate, 1992)의 서평. New Statesman, 28 Aug. 1992에 처음 발표.
6. 열등한 세계: Michael Behe, *The Edge of Evolution: the search for the limits of Darwinism* (New York, Free Press, 2007)에 대한 서평. *New York Times*, 1 July 2007에 처음 발표.
7. 작동하는 유일한 종류의 진실: Jerry Coyne's *Why Evolution is True* (Oxford, Oxford University Press, 2009)에 대한 서평에서 발췌. *Times Literary Supplement*, 13 Feb. 2009에 처음 발표.

본문과 주석에 언급된 저작의 자세한 서지 사항은 다음과 같다.

- Atkins, Peter W., *The Creation* (London, Freeman, 1981)
- Atkins, Peter W., *Creation Revisited* (London, Freeman, 1993)
- Axelrod, Robert, *The Evolution of Cooperation*, new edn (New York, Basic Books, 2006)
- Axelrod, Robert, and Dion, Douglas, 'The further evolution of cooperation', *Science*, vol. 242, 1988, pp. 1385–90
- Behe, Michael J., *Darwin's Black Box: the biochemical challenge to evolution* (New York, Free Press, 1996)
- Burt, Austin, and Trivers, Robert, *Genes in Conflict: the biology of selfish genetic elements* (Cambridge, Mass., Harvard University Press, 2006)
- Colman, Andrew M., and Woodhead, Peter, 'The origin of the juxtaposition of "nature" and "nurture": not Galton, Shakespeare, or Mulcaster, but Socrates', *British Psychological So-*

ciety History and Philosophy of Psychology Newsletter, vol. 8, 1989, pp. 35-7

- Cosmides, Leda, Tooby, John, and Barkow, Jerome, eds, *The Adapted Mind* (Oxford, Oxford University Press, 1992)
- Cronin, Helena, *The Ant and the Peacock: altruism and sexual selection from Darwin to today* (Cambridge, Cambridge University Press, 1991)
- Dawkins, Richard, *The Ancestor's Tale: a pilgrimage to the dawn of life* (London, Weidenfeld & Nicolson, 2004; 2nd edn with Yan Wong, 2016)
- Dawkins, Richard, *The Blind Watchmaker* (London, Norton, 1986)
- Dawkins, Richard, *Climbing Mount Improbable* (London, Viking, 1996)
- Dawkins, Richard, *A Devil's Chaplain* (London, Weidenfeld & Nicolson, 2003)
- Dawkins, Richard, *The Extended Phenotype* (London, Oxford University Press, 1982)
- Dawkins, Richard, *The God Delusion* (London, Bantam, 2006
- Dawkins, Richard, *The Greatest Show on Earth: the evidence for evolution* (London, Bantam, 2009)
- Dawkins, Richard, *Science in the Soul: selected writings of a passionate rationalist* (London, Bantam, 2017)
- Dawkins, Richard, *The Selfish Gene* (Oxford, Oxford University Press, 1976; 30th anniversary edn, 2006)
- Dawkins, Richard, *Unweaving the Rainbow* (London, Allen Lane, 1998)

- Dawkins, Richard, Dennett, Daniel C., Harris, Sam, and Hitchens, Christopher, *The Four Horsemen: the discussion that sparked an atheist revolution* (London, Bantam, 2019)
- Dennett, Daniel C., *Breaking the Spell: religion as a natural phenomenon* (New York, Viking, 2006)
- Eberhard, W. G., *Sexual Selection and Animal Genitalia* (Cambridge, Mass., Harvard University Press, 1860)
- Edwards, A. W. F., 'Natural selection and the sex ratio: Fisher's sources', *American Naturalist*, vol. 151, 1998, pp. 564–69
- Eiseley, Loren, *The Firmament of Time* (London, Gollancz, 1961)
- Eldredge, Niles, *Unfinished Synthesis* (New York, Oxford University Press, 1985)
- Gould, Stephen Jay, 'Evolution as fact and theory', in *Hen's Teeth and Horse's Toes* (New York, Norton, 1994)
- Gould, Stephen J., 'The meaning of punctuated equilibrium and its role in validating a hierarchical approach to macroevolution', in R. Milkman, ed., *Perspectives on Evolution* (Sunderland, Mass., Sinauer, 1982)
- Grafen, Alan, 'A geometric view of relatedness', in Richard Dawkins and Mark Ridley, eds, *Oxford Surveys in Evolutionary Biology*, Vol. 2 (Oxford, Oxford University Press, 1985), pp. 28–89
- Harris, Sam, *The End of Faith: religion, terror, and the future of reason* (London, Simon & Schuster, 2005)
- Jeans, James, *The Mysterious Universe* (Cambridge, Cambridge University Press, 1930)

- Krauss, Lawrence M., *A Universe from Nothing: why there is something rather than nothing* (New York, Free Press, 2012)
- Marchant, James, ed., *Alfred Russel Wallace: letters and reminiscences*, vol. 1 (London, Cassell, 1916)
- Medawar, Peter B., *Pluto's Republic* (Oxford, Oxford University Press, 1982)
- Medawar, Peter B., and Medawar, Jean S., *Aristotle to Zoos: a philosophical dictionary of biology* (Cambridge, Mass., Harvard University Press, 1983)
- Miller, Geoffrey, *The Mating Mind: how sexual choice shaped the evolution of human nature* (New York, Random House, 2000)
- Morris, Desmond, *The Secret Surrealist* (Oxford, Phaidon, 1987)
- Nesse, Randolph M., and Williams, George C., *Why We Get Sick: the new science of Darwinian medicine* (New York, Random House, 1994)
- Norris, Pippa, and Inglehart, Ronald, *Sacred and Secular: religion and politics worldwide* (New York, Cambridge University Press, 2004)
- Pinker, Steven, *The Blank Slate* (London, Allen Lane, 2002)
- Pinker, Steven, *How the Mind Works* (London, Allen Lane, 1997)
- Pinker, Steven, *The Language Instinct* (London, Penguin, 1994)
- Ridley, Matt, *Nature via Nurture: genes, experience and what makes us human* (London, Fourth Estate, 2003)
- Richmond, M. H., and Smith, D. C., *The Cell as a Habitat* (London, Royal Society of London Publications, 1979), ch. 1

- Sagan, Carl, *Pale Blue Dot: a vision of the human future in space* (New York, Random House, 1994)
- Segerstrale, Ullica, *Defenders of the Truth: the sociobiology debate* (Oxford, Oxford University Press, 2000)
- Smith, John Maynard, 'Current controversies in evolutionary biology', in M. Grene, ed., *Dimensions of Darwinism* (Cambridge, Cambridge University Press, 1983)
- Thomas, Lewis, *The Lives of a Cell* (London, Futura, 1974)
- Weismann, August, *The Germ Plasm: a theory of heredity*, trans. W. N. Parker and H. Ronnfeldt (London, W. Scott, 1893)
- Wilson, Edward O., *Sociobiology: the new synthesis* (Cambridge, Mass., Harvard University Press, 1975)
- Wolpert, Lewis, *Malignant Sadness: the anatomy of depression* (London, Faber, 2006)

찾아보기

ㄹ

ㅁ

ㅂ

ㅅ

ㅇ

ㅈ

ㅊ

ㅋ

Books Do Furnish A Life